U0793213

高职高专机电类专业系列教材

电路基础

第3版

教育部机械职业教育教学指导委员会 组编
中国机械工业教育协会

主　编　赵　辉
副主编　王　琳
参　编　王鹏宇　仲文祥　孙　凯
主　审　储克森

机械工业出版社

本书是高职高专机电类系列教材。全书共分10章，主要内容有：电路的基本概念和基本定律；直流电路分析；正弦交流电路；谐振与互感电路；三相电路；非正弦周期电流电路；动态电路的时域分析；动态电路的复频域分析；二端口网络；低压电器与电动机。

本书充分考虑高职教育培养应用型人才的实际需要，按照循序渐进、理论联系实际的原则编写，教材内容以适量、实用为度，不贪求多、难。在编写中力求叙述简练，概念清晰，通俗易懂，便于自学。对于电路的分析求解，做到步骤清楚，结果正确，举例结合实际并具有典型性，例题、习题安排合理。为方便教学和自学，书后附有习题答案。

为方便教学，本书配有免费电子课件、模拟试卷和习题详解，凡选用本书作为授课教材的学校，均可来电索取，咨询电话：010-88379375。

本书可作为高职高专电子信息、通信、自动化等相关专业的电路理论课教材。

图书在版编目（CIP）数据

电路基础/赵辉主编．—3版．—北京：机械工业出版社，2018.6（2024.8重印）
高职高专机电类专业系列教材
ISBN 978-7-111-59612-7

Ⅰ.①电…　Ⅱ.①赵…　Ⅲ.①电路理论–高等职业教育–教材　Ⅳ.①TM13

中国版本图书馆CIP数据核字(2018)第067135号

机械工业出版社（北京市百万庄大街22号　邮政编码100037）
策划编辑：于　宁　责任编辑：于　宁
责任校对：陈　越　封面设计：马精明
责任印制：张　博
北京雁林吉兆印刷有限公司印刷
2024年8月第3版第7次印刷
184mm×260mm · 14.5印张 · 356千字
标准书号：ISBN 978-7-111-59612-7
定价：45.00元

电话服务	网络服务
客服电话：010-88361066	机　工　官　网：www.cmpbook.com
010-88379833	机　工　官　博：weibo.com/cmp1952
010-68326294	金　　书　　网：www.golden-book.com
封底无防伪标均为盗版	机工教育服务网：www.cmpedu.com

前　言

本书是在高职高专“十一五”机电类专业系列教材《电路基础》第2版的基础上编写及修订而成的。考虑到后续专业课程的需要，第3版增加了一章内容：动态电路的复频域分析；同时对其他章节进行了适当的修改。全书共10章，主要内容有：电路的基本概念和基本定律；直流电路分析；正弦交流电路；谐振与互感电路；三相电路；非正弦周期电流电路；动态电路的时域分析；动态电路的复频域分析；二端口网络；低压电器与电动机。

本书充分考虑高职教育培养应用型人才的实际需要，按照循序渐进、理论联系实际的原则编写，教材内容以适量、实用为度，不贪求多、难。在编写中力求叙述简练，概念清晰，通俗易懂，便于自学。对于电路的分析求解，做到步骤清楚，结果正确，举例结合实际并具有典型性，例题、习题安排合理。为方便教学，本书附有习题详细解答，并重新制作了教学PPT。

本书可作为高职高专电子信息、通信、自动化等相关专业的电路理论课教材。

本书由天津电子信息职业技术学院赵辉担任主编，并编写了第1、2、4、5章；常州机电职业技术学院王琳担任副主编，并编写了第6、7章；天津理工大学中环信息学院王鹏宇编写了第8章并参与了PPT的重新制作；无锡机电高等职业技术学校仲文祥编写了第9、10章；南京铁道职业技术学院孙凯编写了第3章。安徽机电职业技术学院储克森副院长担任主审工作。

本书在编写和修订过程中，查阅和参考了相关的文献资料，得到许多教益和启发，在此向参考文献的作者表示诚挚的谢意。本书得到了中国机械教育发展中心的支持和帮助，在此表示忠心的感谢。

由于编者水平有限，书中难免存在疏漏和不妥之处，欢迎广大读者批评指正。

编　者

目　　录

第 1 章　电路的基本概念和基本定律

本章提要：

本章介绍电路及电路模型，电路的基本物理量：电流、电压、电功率；定义基本电路元件：电阻、电感、电容；电压源、电流源的定义及其等效变换；利用电阻的串、并联，Y-△等效变换进行无源网络的等效化简；基尔霍夫定律；受控源的概念及含有受控源电路的等效化简。

1.1　电路及电路模型

1.1.1　实际电路

电路的种类多种多样，在日常生活以及生产、科研中都有着广泛的应用。如各种家用电器、传输电能的高压输电线路、自动控制电路、卫星接收设备和邮电通信设备等。这些电器及设备都是实际的电路。

实际电路是由一些电气器件按一定的方式连接而构成的。这里的电气器件泛指实际的电路部件，如电阻器、电容器、电感器、晶体管和变压器等。实际电路的作用有以下几个方面：①进行能量的传输、分配与转换，例如电力系统中的输电线路；②传送和处理信号，例如电话线路，放大器电路；③测量电路，例如万用表电路（用来测量电压、电流和电阻等）；④存储信息，例如计算机的存储电路。

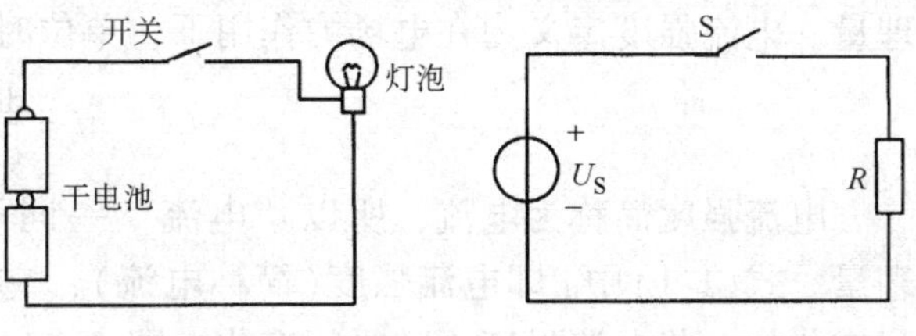

a) 手电筒电路　　b) 电路模型

图 1-1　实际电路和电路模型

实际电路组成的方式多种多样，但通常由电源、负载和中间环节三部分组成。电源是提供电能的装置，它将其他形式的能量转换成电能，例如干电池是将化学能转换成电能；负载是消耗电能的装置，例如电炉、灯泡和电动机等，它们将电能转换成其他形式的能量，如热能、光能和机械能等；中间环节是传输、分配和控制电能的部分，例如变压器、输电线和开关等。图 1-1a 所示是手电筒的实际电路，其电路元件有干电池、灯泡、开关和导线。

1.1.2　电路模型

为了便于对实际电路进行分析，往往将电路中的实际元件进行简化，在一定条件下忽略其次要性质，用足以表征其主要特性的模型来表示，即把它们近似地看作理想电路元件，并用规定的图形符号表示。例如照明用电灯、加热用电炉等电路器件，其消耗电能这一电磁特性在电路模型中均可用理想电阻元件 R 表示。定义电容元件是一种只储存电场能量的理想元件；电感元件是一种只储存磁场能量的理想元件。用电阻、电容、电感等理想电路元件来近似模拟实际电路中的每个电气器件和设备，再根据这些器件的连接方式，用理想导线将这些电路元件连接起来，这种由理想电路元件构成的电路就是实际电路的电路模型。图 1-1b 所示是手电筒电路的电路模型图。这里干电池用理想电压源 U_S 表示，灯泡用电阻 R 表示，导线电阻忽略不计。

1.1.3 电路的分类

电路可分为集中参数电路和分布参数电路，集中参数电路是指电路本身的几何尺寸相对于电路的工作频率所对应的波长 λ 小得多，因此在分析电路时可以忽略元件和电路本身几何尺寸的电路。例如，我国电力工程的电源频率是50Hz(对应的波长为6000km)，在这种低频电路中，几何尺寸为几米、几百米甚至于几千米的电路都可视为集中参数电路。分布参数电路是指电路本身的几何尺寸相对于工作波长不可忽略的电路。集中参数电路按其元件参数是否为常数，又分为线性电路和非线性电路。本课程重点学习集中参数线性电路的分析方法。

1.2 电路中的基本物理量

电路中的物理量很多，本节主要讨论电路的基本物理量：电流、电压和电功率。

1.2.1 电流

电荷在电场力作用下的定向移动形成电流。为了表示电流的强弱，引入电流强度这一物理量。电流强度定义为在电场力作用下，单位时间内通过导体横截面的电量，即

$$i = \frac{dq}{dt} \tag{1-1}$$

电流强度简称为电流，所以“电流”一词不仅表示一种物理现象，而且也代表一个物理量。式(1-1)中 i 即电流强度(简称电流)，它是时间的函数。在通常情况下，i 是随着时间变化的。若电流强度不随时间变化，即 $dq/dt=$ 常数，则这种电流叫做恒定电流，简称为直流。直流电流用大写字母 I 来表示。

在国际单位制(SI)中，时间 t 的单位是秒(s)，电荷量 q 的单位是库仑(C)，则电流 i 的单位是安培，简称安(A)。根据实际需要，电流的单位还有千安(kA)、毫安(mA)、微安(μA)等，它们与 SI 单位 A 的关系是：

$$1\text{kA}=10^3\text{A},\ 1\text{mA}=10^{-3}\text{A},\ 1\mu\text{A}=10^{-6}\text{A}$$

电流不但有大小，而且有方向，习惯规定正电荷运动的方向为电流的实际方向。当负电荷或电子运动时，电流的实际方向与负电荷运动的方向相反。

在分析复杂电路时，某段电路中电流的实际方向有时难以直接判断，因此引入了参考方向的概念。在电路分析中，可以任意选定一个方向作为某支路电流的参考方向，用箭头表示在电路图上。以此参考方向作为电路计算的依据，若算出 $i>0$，则表明电流的实际方向与设定的参考方向一致；若算出 $i<0$，则表明电流的实际方向与设定的参考方向相反。图 1-2 示

出了电流的实际方向与参考方向之间的关系。

1.2.2　电压

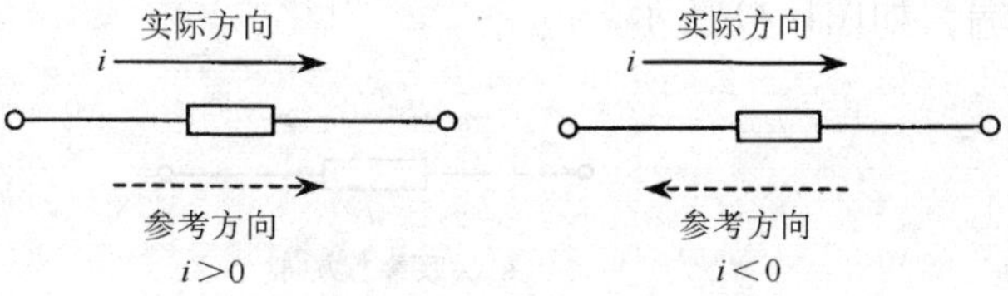

图 1-2　电流的实际方向与参考方向

在电路中，如果电场力将正电荷 dq 从电场中某一点 a 移动到 b 点所做的功是 dw，则 a、b 两点间的电压为

$$u_{ab}=\frac{dw}{dq} \tag{1-2}$$

即电路中 a、b 两点间的电压等于电场力将单位正电荷从 a 点移动到 b 点所做的功。

如果 $u_{ab}>0$，则当 $dq>0$ 时，$dw>0$，表明电场力做正功，电压的实际方向是从 a 到 b；如果 $u_{ab}<0$，则当 $dq>0$ 时，$dw<0$，表明电场力做负功，电压的实际方向是从 b 到 a，即电压的实际方向就是正电荷在电场中受电场力作用移动的方向。

在电路中任选一点为参考点，则从电路中某点 a 到参考点之间的电压称为 a 点的电位，用 V_a 表示。电位参考点可以任意选取，工程上常选大地、设备外壳或接地点作为参考点。参考点的电位为零。

电压与电位的关系是：电路中 a、b 两点之间的电压等于这两点之间的电位之差，即

$$u_{ab}=V_a-V_b \tag{1-3}$$

引入电位的概念之后，我们可以说，电压的实际方向是从高电位点指向低电位点，所以常将电压称为电压降。

参考点选择不同，各点电位会有所不同，但两点间的电位差不会改变。在电路分析中，参考点一旦选定，则不再改变。

按电压随时间变化的情况，可分为直流电压与交流电压。如果电压的大小和极性都不随时间变化，这样的电压就是直流电压，用 U 表示。如果电压的大小和极性均随时间周期性地变化，且在一周期内平均值为零，则这样的电压称为交流电压，用 u 表示。

在 SI 中，电压的单位是伏特，简称伏（V），根据实际需要，有时使用千伏（kV）、毫伏（mV）等。

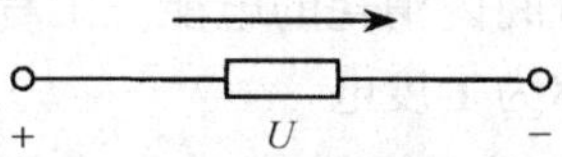

图 1-3　电压的参考方向和参考极性

如同对电流规定参考方向一样，对电压也需规定参考方向。在电路中任意选定电压的参考方向，一般用实线箭头表示，箭头方向即为电压的参考方向。有时电压用参考极性表示，在一段电路中，任意选定一点的极性为“+”，另一点的极性为“−”，这样选定的极性称为电压的参考极性，从任意选定的“+”极指向“−”极的方向称为电压的参考方向。通常将电压的参考方向和参考极性统称为电压的参考方向。图 1-3 所示为电压的参考方向与参考极性的表示方法。电压的参考方向还可用双下标来表示，如电压 u_{ab} 表示电压的参考方向是由 a 点指向 b 点。以选定的参考方向来计算电路，若 $u>0$，则表示电压的实际方向与参考方向一致；若 $u<0$，则表示电压的实际方向与参考方向相反。

在电路分析中，既要对电流规定参考方向，又要对电压规定参考方向，二者各自选定，不必强求一致。但为了分析方便，常选同一元件的电流参考方向和电压参考方向一致，即关联参考方向，就是电流的流向是由电压的“+”极性端流向“−”极性端，如

图 1-4a 所示；反之为非关联参考方向，即电流是从电压的“-”极性端流向“+”极性端，如图1-4b所示。

图 1-4 电压、电流的参考方向

1.2.3 电功率

在电路分析中常用到另一个物理量——电功率。当电场力推动正电荷在电路中运动时，电场力作功，电路吸收能量，电路在单位时间内吸收的能量称为电路吸收的电功率，简称功率。

设在 dt 时间内，电场力将正电荷 dq 由 a 点移到 b 点，且由 a 到 b 的电压降为 u，则在移动过程中电路吸收的能量为

$$\mathrm{d}w = u\mathrm{d}q = ui\mathrm{d}t \tag{1-4}$$

因此，单位时间内吸收的电能——即吸收的功率为

$$p = \frac{\mathrm{d}w}{\mathrm{d}t} = ui \tag{1-5}$$

式(1-5)表示在电压和电流关联参考方向下，电路吸收的功率。对直流电路，有 $P = UI$。若计算出 $p > 0$，则表示电路实际为吸收功率；若计算出 $p < 0$，则表示电路实际为发出功率。

通常，在电压和电流非关联参考方向下，电路吸收的功率取

$$p = -ui \tag{1-6}$$

这样规定后，若 $p > 0$，则仍表示电路吸收功率；若 $p < 0$，则表示电路发出功率。

在 SI 制中，功率的单位是瓦特，简称瓦(W)，工程上常用的功率单位还有兆瓦(MW)、千瓦(kW)和毫瓦(mW)等，它们与瓦的关系分别是

$$1\mathrm{MW} = 10^6\mathrm{W},\ 1\mathrm{kW} = 10^3\mathrm{W},\ 1\mathrm{mW} = 10^{-3}\mathrm{W}$$

当功率 p 的单位是瓦时，能量的单位是焦耳(J)，它等于功率是 1W 的用电设备在 1s 的时间内消耗的电能。工程上或生活中还常用千瓦小时(kW · h)作为电能的单位，1 kW · h 又称为 1 度电。

$$1\mathrm{kW}\cdot\mathrm{h} = 10^3\mathrm{W} \times 3600\mathrm{s} = 3.6 \times 10^6\mathrm{J}$$

例 1-1 如图 1-5 所示电路中，已知元件 A 的 $U = -5\mathrm{V}$，$I = 2\mathrm{A}$；元件 B 的 $U = 3\mathrm{V}$，$I = -5\mathrm{A}$，求元件 A、B 吸收的功率各为多少？

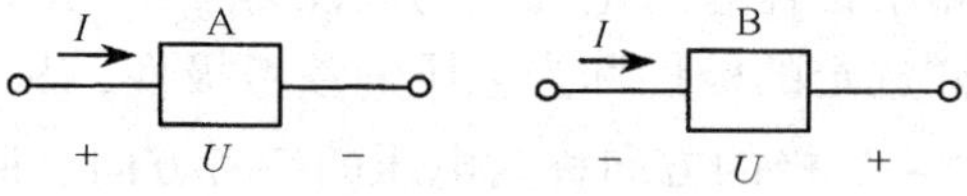

图 1-5 例 1-1 电路

解 元件 A，电压、电流为关联参考方向，故吸收的功率为

$$P_A = UI = (-5)\mathrm{V} \times 2\mathrm{A} = -10\mathrm{W}$$

元件 A 吸收的功率为 -10W，$P_A < 0$，表明元件 A 实际为发出功率 10W。

元件 B，电压、电流为非关联参考方向，故吸收的功率为

$$P_B = -UI = -(3)\mathrm{V} \times (-5)\mathrm{A} = 15\mathrm{W}$$

$P_B > 0$，表明元件 B 实际为吸收功率，吸收功率为 15W。

总之，根据电压、电流参考方向是否关联，可选用相应的公式计算功率；但不论用哪一种公式，都是按吸收功率计算的，若算得功率为正值，则表示实际为吸收功率；若算得功率为负值，则表示实际为发出功率。

1.3　电阻元件

电阻元件是最常见的电路元件之一，它是从实际电阻器抽象出来的理想化电路元件。实际电阻器由电阻材料制成，如线绕电阻、碳膜电阻和金属膜电阻等。电阻元件简称为电阻，它是一种对电流呈现阻碍作用的耗能元件。

1.3.1　线性非时变电阻

对于线性电阻元件，其欧姆定律为：施加于电阻元件上的电压与流过它的电流成正比，在电压与电流关联的参考方向下可写成

$$u = Ri \tag{1-7}$$

如果取电流为横坐标，电压为纵坐标，可绘出 u—i 平面上的一条曲线，称为电阻的伏安特性曲线。线性电阻元件的伏安特性曲线是一条通过坐标原点的直线，若伏安特性曲线是通过坐标原点的曲线，则称为非线性电阻。

电阻又可分为时变电阻和非时变电阻，如果电阻值不随时间 t 变化，则称为非时变电阻；反之称为时变电阻。本书只讨论线性、非时变电阻。

线性非时变电阻的电路符号和伏安特性如图 1-6 所示。其伏安特性曲线的斜率即为电阻的阻值。

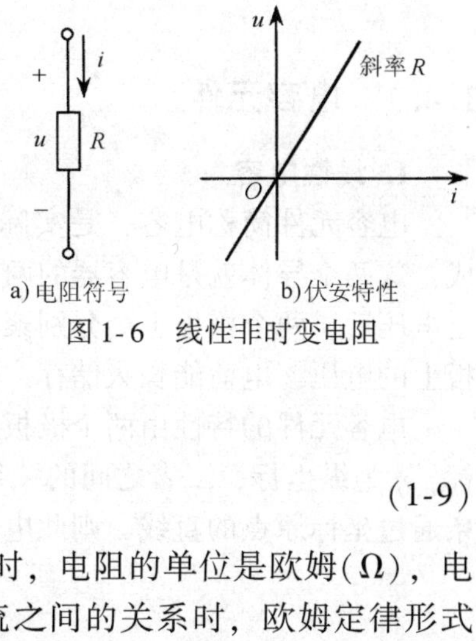

图 1-6　线性非时变电阻

式(1-7)是在电压、电流取关联参考方向时的欧姆定律形式，如果电压和电流为非关联参考方向，则应改写为

$$u = -Ri \tag{1-8}$$

电阻的倒数叫电导，用符号 G 表示，即

$$G = \frac{1}{R} \tag{1-9}$$

当电压 u 的单位为伏特(V)，电流 i 的单位为安培(A)时，电阻的单位是欧姆(Ω)，电导的单位是西门子，简称西(S)。用电导来表示电压和电流之间的关系时，欧姆定律形式写为

$$i = Gu（u、i\ 为关联参考方向）$$

$$i = -Gu（u、i\ 非关联参考方向）$$

由欧姆定律公式可见，任一时刻电阻的电压(或电流)由同一时刻的电流(或电压)所决定，而与该时刻以前的电流(或电压)无关。即线性电阻元件的电压(或电流)不能“记忆”电流(或电压)在“历史”上所起的作用。所以说，电阻元件是无记忆元件。

1.3.2　电阻元件吸收的功率

对于线性电阻元件，在电压与电流关联参考方向下，任何时刻电阻吸收的功率为

$$p = ui = Ri^2 = \frac{u^2}{R} = Gu^2 \tag{1-10}$$

由于线性电阻元件上电压、电流的实际方向总是一致的，并且 R 和 G 是正实常数，所以功率 P 恒为正值。说明在任何时刻电阻元件都不可能发出功率，而只能从电路中吸收功率，所以电阻元件是耗能元件。

能量是功率对时间的积分，由 t_0 到 t 时间内电阻元件上吸收的电能 w 表示为

$$w = \int_{t_0}^{t} p\mathrm{d}t = \int_{t_0}^{t} Ri^2\mathrm{d}t = \int_{t_0}^{t} Gu^2\mathrm{d}t \tag{1-11}$$

当电阻元件上的电流为直流时，$i = I$，不随时间变化，上式表示为

$$W = P(t - t_0) = UIT = RI^2T = GU^2T \tag{1-12}$$

式中，$T = (t - t_0)$，I、U 分别表示直流电流和直流电压。

例 1-2 额定功率是 40W，额定电压为 220V 的白炽灯泡，其额定电流和电阻值是多少？

解 由 $P = UI = \frac{U^2}{R}$，得

$$I = \frac{P}{U} = \frac{40\text{W}}{220\text{V}} = 0.18\text{A},\ R = \frac{U^2}{P} = \frac{220^2}{40}\Omega = 1210\Omega$$

1.4 电容元件与电感元件

1.4.1 电容元件

1. 线性电容

电容元件简称电容，是实际电容器的理想化模型。电容器由两个导体中间隔以介质组成，这两个导体就是电容器的两个极板，极板间有绝缘介质隔开。在电容两个极板间加上一定电压后，两个极板上会分别聚集起等量异性电荷，并在介质中形成电场。去掉电容两个极板上的电压，电荷能长久储存，电场仍然存在。因此电容器是一种能储存电场能量的元件。

电容元件的特性由两个极板上所加的电压 u 和极板上储存的电荷 q 来表征。取 u 为横坐标，q 为纵坐标，二者之间的关系可以用 q—u 平面上的一条曲线来确定。如果该曲线是一条通过坐标原点的直线，则此电容为线性电容。直线的斜率就是电容器的电容量 C，即

$$C = \frac{q}{u} \tag{1-13}$$

式中，电容量 C 简称为电容，因此电容一词既表示电容元件，又表示电容元件的参数，线性电容的电路符号和它在 q—u 平面上的特性曲线如图 1-7 所示。

电容的 SI 单位为法拉，简称法(F)。实际电容的电容量很小，因此常用的电容量单位为微法(μF)，皮法(pF)，它们与 SI 单位 F 的关系是

$$1\mu\text{F} = 10^{-6}\text{F},\quad 1\text{pF} = 10^{-12}\text{F}$$

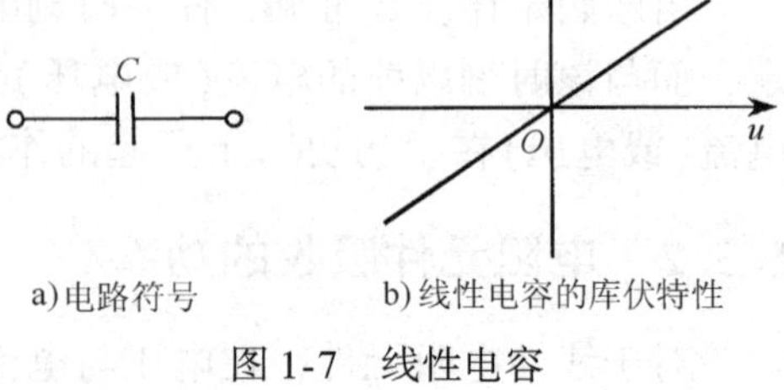

a) 电路符号　　b) 线性电容的库伏特性

图 1-7 线性电容

2. 电容元件的电压电流关系

如果加在电容两个极板上的电压为直流电压，则极板上的电荷量不发生变化，电路中没有电流，

电容相当于开路，所以电容有隔断直流的作用。如果加在电容上的电压随时间变化，则极板上的电荷就会随之变化，电路中就会产生传导电流。如图 1-8 所示，当 u、i 为关联参考方向时

$$i=\frac{\mathrm{d}q}{\mathrm{d}t}=C\frac{\mathrm{d}u}{\mathrm{d}t} \tag{1-14}$$

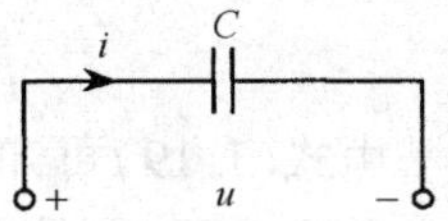

图1-8　电容上电压与电流的关联参考方向

式(1-14)是电容元件伏安关系的微分形式，由此得出以下结论：

① 任一时刻通过电容的电流与电容两端电压的变化率成正比，而与该时刻的电压值无关。当电压升高时，$\frac{\mathrm{d}u}{\mathrm{d}t}>0$，则$\frac{\mathrm{d}q}{\mathrm{d}t}>0$，$i>0$，极板上电荷量增加，电容器充电；当电压降低时，$\frac{\mathrm{d}u}{\mathrm{d}t}<0$，则$\frac{\mathrm{d}q}{\mathrm{d}t}<0$，$i<0$，极板上电荷量减少，电容器放电。

② 对于直流电，电压不随时间变化，即$\frac{\mathrm{d}u}{\mathrm{d}t}=0$，所以 $i=0$。

③ 在任何时刻，如果通过电容的电流为有限值，则$\frac{\mathrm{d}u}{\mathrm{d}t}$就必须为有限值，这意味着电容两端的电压不可能发生跃变，而只能是连续变化的。

对式(1-14)两边同时积分，可得电容伏安关系的积分形式

$$u(t)=\frac{1}{C}\int_{-\infty}^{t}i(t)\,\mathrm{d}t \tag{1-15}$$

式中，积分下限 $-\infty$ 表示电容未充电的时刻，在该时刻电容电压为 $u(-\infty)=0$。

如果取 $t=0$ 的时刻作为研究电容电压变化规律的起始时刻，则式(1-15)可改写为

$$u(t)=\frac{1}{C}\int_{-\infty}^{0}i(t)\,\mathrm{d}t+\frac{1}{C}\int_{0}^{t}i(t)\,\mathrm{d}t$$

$$=u(0)+\frac{1}{C}\int_{0}^{t}i(t)\,\mathrm{d}t \tag{1-16}$$

式中，$u(0)$是 $t=0$ 时刻电容上电压的初始值，上式表明电容在 t 时刻的电压与 $-\infty$ 到 t 这一时段内所有的电流都有关，可见电容具有“记忆”电流的作用。当 $u(0)=0$ 时，有

$$u(t)=\frac{1}{C}\int_{0}^{t}i(t)\,\mathrm{d}t \tag{1-17}$$

3. 电容元件储存的能量

在电压电流关联参考方向下，任一时刻电容元件吸收的瞬时功率为

$$p(t)=u(t)i(t)=Cu(t)\frac{\mathrm{d}u(t)}{\mathrm{d}t} \tag{1-18}$$

由式(1-18)可见，电容上电压电流的实际方向可能相同，也可能不同，因此瞬时功率可正可负，当 $p(t)>0$ 时，表明电容实际为吸收功率，即电容被充电；$p(t)<0$ 时，表明电容实际为发出功率，即电容放电。

在 $\mathrm{d}t$ 时间内，电容元件吸收的能量为

$$\mathrm{d}w_C(t)=p(t)\mathrm{d}t=Cu(t)\mathrm{d}u(t)$$

因为 $t=-\infty$ 时，$u(-\infty)=0$，则从 $-\infty$ 到 t 时间内，电容元件吸收的能量为

$$w_C(t) = \int_{-\infty}^{t} p(t)\,\mathrm{d}t = C\int_{u(-\infty)}^{u(t)} u(t)\,\mathrm{d}u(t) = \frac{1}{2}Cu^2(t)$$

即

$$w_C(t) = \frac{1}{2}Cu^2(t) \tag{1-19}$$

由式(1-19)可知，电容在任一时刻 t 储存的能量仅与此时刻的电压有关，而与电流无关。并且 $w_C \geqslant 0$。电容充电时将吸收的能量全部转变为电场能量，放电时又将储存的电场能量释放回电路，它不消耗能量，因此称电容是储能元件。

例 1-3 已知 20μF 的电容两端所加电压 $u(t)=20\sin 100t\text{V}$，u、i 为关联参考方向，试求电流 $i(t)$ 的表达式。

解 $i(t) = C\dfrac{\mathrm{d}u(t)}{\mathrm{d}t} = 20\times10^{-6}\times\dfrac{\mathrm{d}20\sin100t}{\mathrm{d}t}\text{A}$

$= 20\times10^{-6}\times20\times100\cos100t\text{A} = 0.04\cos100t\text{A}$

1.4.2 电感元件

1. 线性电感

电感元件是理想化的电路元件，它是实际电路中储存磁场能量这一物理性质的科学抽象。把金属良导体绕在一骨架上，就构成一个实际的电感器，如图 1-9 所示。当电感器中有电流通过时，就会在其周围产生磁场，并储存磁场能量。若忽略电感器的导线电阻，电感器就成为理想化的电感元件，简称电感。

当电感元件中通过电流 i 时，在每匝线圈中会产生磁通 Φ；若线圈有 N 匝，则与 N 匝线圈交链的磁通总量为 $N\Phi$，称为磁链 Ψ，即 $\Psi = N\Phi$。由于 Ψ 是由电流 i 产生的，所以 Ψ 是 i 的函数，并且规定磁链 Ψ 的参考方向与电流 i 的参考方向之间符合右手螺旋关系(即关联参考方向)。如果取 Ψ 为纵坐标，i 为横坐标，二者的关系可以用 Ψ-i 平面上的一条曲线来表示，该曲线称为电感元件的韦-安特性曲线。如果该曲线是一条通过坐标原点的直线，如图 1-10b 所示，则此电感为线性电感(否则为非线性电感)，直线的斜率就是电感的电感量 L，即

$$\Psi(t) = Li(t) \tag{1-20}$$

式中，L 简称为电感或自感，其电路符号如图 1-10a 所示。电感 L 既表示电感元件，又表示元件参数。

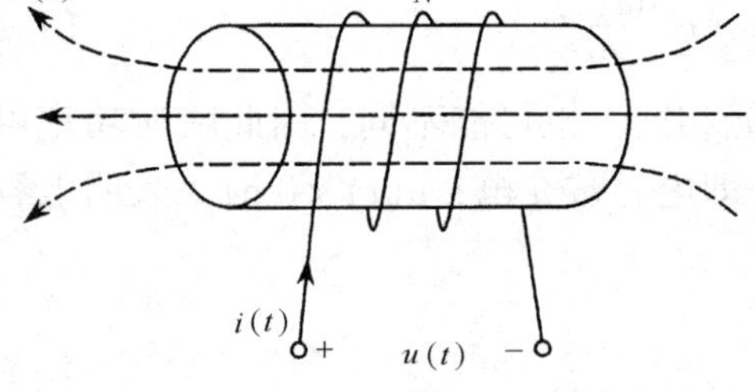

图 1-9 实际电感器

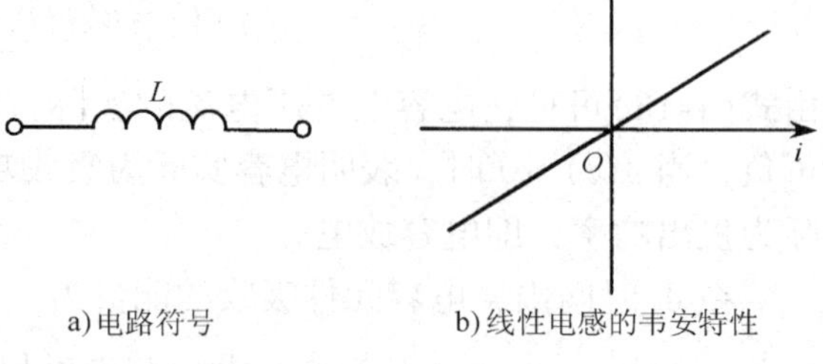

图 1-10 线性电感

在国际单位制中，Ψ 的单位是韦伯(Wb)，i 的单位是安培(A)，则电感的单位是亨利，简称亨(H)，常用的电感单位还有毫亨(mH)、微亨(μH)，它们与 SI 单位的关系是

$$1\text{mH}=10^{-3}\text{H},\quad 1\mu\text{H}=10^{-6}\text{H}$$

2. 电感元件的电压电流关系

当电感元件中的电流发生变化时，自感磁链也发生变化，元件内将产生自感电动势，当取自感电动势 e_L 和自感磁通的参考方向符合右手螺旋关系(即关联参考方向)时，有

$$e_L=-\frac{\mathrm{d}\Psi}{\mathrm{d}t}$$

因为 Ψ 与 i 在关联参考方向(满足右手螺旋关系)下，满足关系式 $\Psi=Li$，所以

$$e_L=-\frac{\mathrm{d}\Psi}{\mathrm{d}t}=-\frac{\mathrm{d}Li}{\mathrm{d}t}=-L\frac{\mathrm{d}i}{\mathrm{d}t} \tag{1-21}$$

由于自感电动势的存在，在电感两端产生电压 u_L。通常选择电感元件上电流、自感电动势、电压三者为关联参考方向，如图 1-11 所示。于是有

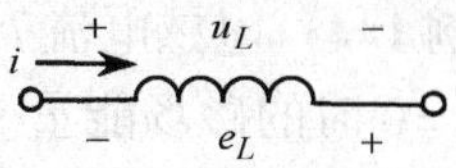

图 1-11　电感元件上 i、e_L、u_L 的关联参考方向

$$u_L=-e_L=L\frac{\mathrm{d}i}{\mathrm{d}t} \tag{1-22}$$

上式是电感元件伏安关系的微分形式，由此可知。

(1) 电感元件上任一时刻的电压与该时刻电感电流的变化率成正比，电流变化越快($\mathrm{d}i/\mathrm{d}t$ 越大)，u_L 也越大，即使某时刻 $i=0$，也可能有电压。

(2) 对于直流电，电流不随时间变化，则 $u_L=0$，电感相当于短路。

(3) 如果任一时刻电感电压为有限值，则 $\mathrm{d}i/\mathrm{d}t$ 为有限值，电感上的电流不能发生跃变。

当电感元件上电压与电流为非关联参考方向时，式(1-22)改写为

$$u_L=-L\frac{\mathrm{d}i}{\mathrm{d}t} \tag{1-23}$$

对式(1-22)两边同时积分，得电感元件伏安关系的积分形式

$$\begin{aligned} i(t)&=\frac{1}{L}\int_{-\infty}^{t}u(t)\,\mathrm{d}t\\ &=\frac{1}{L}\int_{-\infty}^{0}u(t)\,\mathrm{d}t+\frac{1}{L}\int_{0}^{t}u(t)\,\mathrm{d}t\\ &=i(0)+\frac{1}{L}\int_{0}^{t}u(t)\,\mathrm{d}t \end{aligned} \tag{1-24}$$

式中，$i(0)$是 $t=0$ 时刻电感电流的初始值，它反映了 $t=0$ 之前电压对电流的贡献。式(1-24)说明了任一时刻的电感电流，不仅与该时刻的电压有关，而且与 $-\infty$ 到 t 之间的所有电压都有关。可见电感元件具有“记忆”电压的作用。

3. 电感元件储存的能量

在电感元件电压电流的关联参考方向下，任一时刻电感元件吸收的瞬时功率为

$$p(t)=u(t)i(t)=Li(t)\frac{\mathrm{d}i(t)}{\mathrm{d}t} \tag{1-25}$$

同电容一样，电感元件上的瞬时功率可正可负。当 $p>0$ 时，表明电感从电路中吸收功

率，储存磁场能量；$p<0$，表明电感向电路发出功率，释放磁场能量。电感元件不消耗能量，也是一种储能元件。

在 dt 时间内，电感元件吸收的能量为

$$dw_L(t)=p(t)dt=Li(t)di(t)$$

因为 $t=-\infty$ 时，$i(-\infty)=0$，则从 $-\infty$ 到 t 时间内，电感元件吸收的能量为

$$w_L(t)=\int_{-\infty}^{t}p(t)dt=L\int_{i(-\infty)}^{i(t)}i(t)di(t)=\frac{1}{2}Li^2(t)$$

即

$$w_L(t)=\frac{1}{2}Li^2(t) \tag{1-26}$$

由上式可知，电感在任一时刻的储能仅与该时刻的电流值有关，只要电流存在，电感就储存有磁场能，并且 $w_L\geqslant 0$。

例 1-4 电感电流 $i=50e^{-0.5t}$mA，$L=2$H，求电感上电压表达式，当 $t=0$ 时的电感电压，$t=0$ 时的磁场能量。（u、i 参考方向一致）

解 u、i 参考方向一致时

$$u_L(t)=L\frac{di}{dt}=2\times\frac{d50e^{-0.5t}}{dt}\text{mV}$$
$$=-2\times50\times0.5e^{-0.5t}\text{mV}$$
$$=-50e^{-0.5t}\text{mV}$$
$$u_L(0)=-50\text{mV}$$
$$w_L(0)=\frac{1}{2}Li^2(0)=\frac{1}{2}\times2\times2500\times10^{-6}\text{J}=2.5\times10^{-3}\text{J}$$

1.5 电路中的独立电源

电源是一种将其他形式的能量转换成电能的装置或设备。独立电源是指其外特性由电源本身的参数决定，而不受电源之外的其他参数控制，这里的独立二字是相对于后面要介绍的受控电源的受控二字而言的。

常见的直流电源有：干电池、蓄电池、直流发电机、直流稳压电源和直流稳流电源等。常见的交流电源有：交流发电机、交流稳压电源和各种信号发生器等。实际电源工作时，在一定条件下，有的端电压基本不随外电路而变化，如新的干电池、大型电网等；有的提供的电流基本不随外部电路而变化，如光电池、晶体管稳流电源等。因而得到两种电源模型：电压源和电流源。

1.5.1 理想电压源和理想电流源

1. 理想电压源

理想电压源是从实际电源抽象出来的理想化二端电路元件。凡端电压为恒定值或按照某种给定的规律变化而与其电流无关的电源，就称为理想电压源，简称电压源。图 1-12a、b 分别示出了直流电压源和一般电压源的电路符号。

理想电压源具有如下两个特点：①它的端电压是恒定的值 U_S 或是一个固定的时间函数 $u_S(t)$，与流过它的电流无关；②流过它的电流取决于它所连接的外电路，电流的大小和方

向都由外电路决定，视电流方向的不同，电压源可以对外电路提供能量，也可以从外电路吸收能量。

直流电压源的伏安特性如图 1-13 所示，它是一条平行于 i 轴的直线，表明其端电压的大小与电流大小、方向无关，直流电压源也称为恒压源。

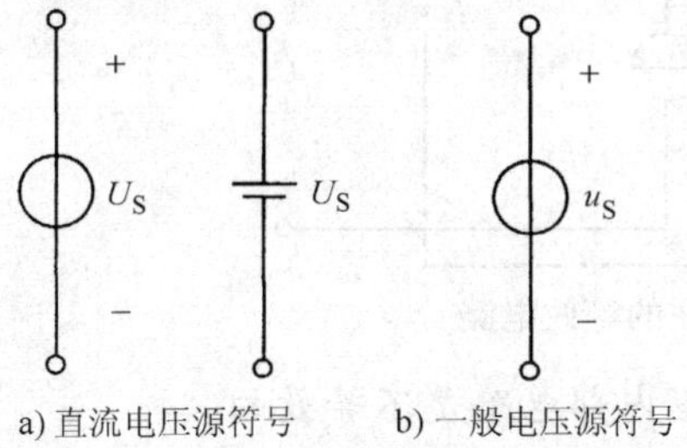

图 1-12　电压源符号

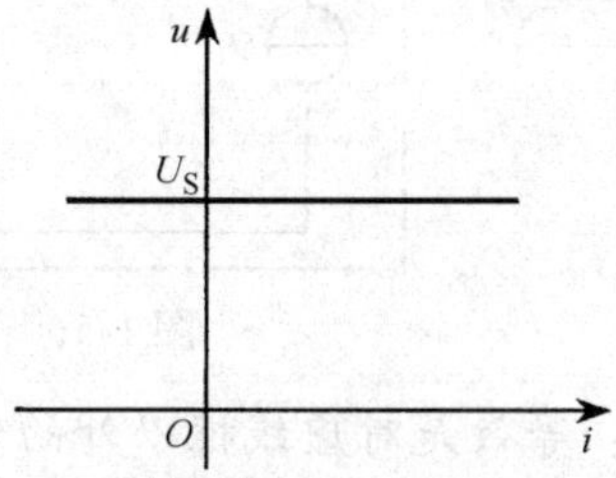

图 1-13　直流电压源伏安特性曲线

由理想电压源的特点可知，其两端电压 U_S 为定值，不随端口电流 I 改变，所以，电压源与任何二端元件并联，都可以等效为电压源，如图 1-14 所示。

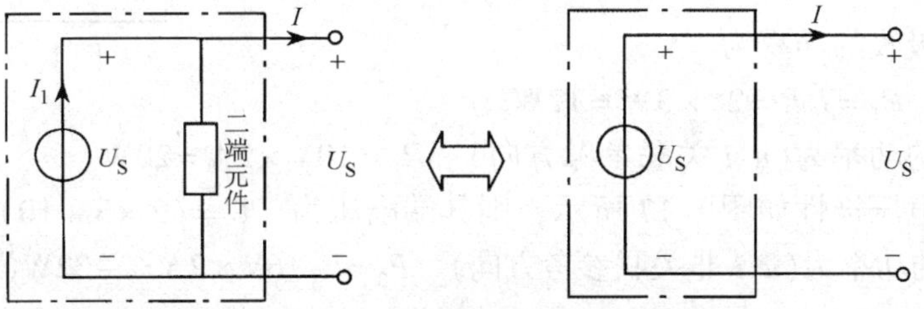

图 1-14　电压源与二端元件并联的等效电路

注意：等效是对虚线框以外的外电路而言，虚线框内部电路是不等效的。

2. 理想电流源

理想电流源也是一个理想的二端电路元件，简称为电流源。有些电子器件或设备在一定范围内工作时能产生恒定电流，例如光电池在一定光线照射下，能被激发产生一定值的电流，这电流与光的照度成正比；它的特性比较接近电流源。

理想电流源具有的特点是：①它输出的电流是一个定值 I_S 或一定的时间函数 $i_S(t)$，与它两端的电压无关；②电流源两端的电压取决于它所连接的外电路，外电路可以使它两端的电压有不同的极性，因而电流源可以向外电路提供能量，也可以从外电路获得能量。图 1-15a、b 分别为电流源的电路符号和直流电流源的伏安特性。图 1-15a 中箭头表示电流源输出电流的参考方向，i_S 表示一般电流源，I_S 表示直流电流源。

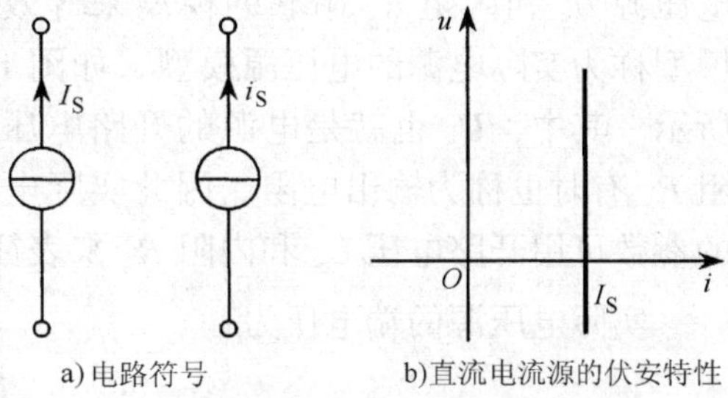

图 1-15　电流源的电路符号和伏安特性

由图 1-15b 可见，直流电流源提供的电流是一恒定的 I_S，其伏安特性是一条平行于 u 轴的直线，表明电流的大小与电压的大小和极性无关；直流电流源也称为恒流源。

由理想电流源的特点可知，其输出电流 I_S 为定值，不随端电压 U 而改变，所以，电流源与任何二端元件串联，可以等效为电流源，如图 1-16 所示。

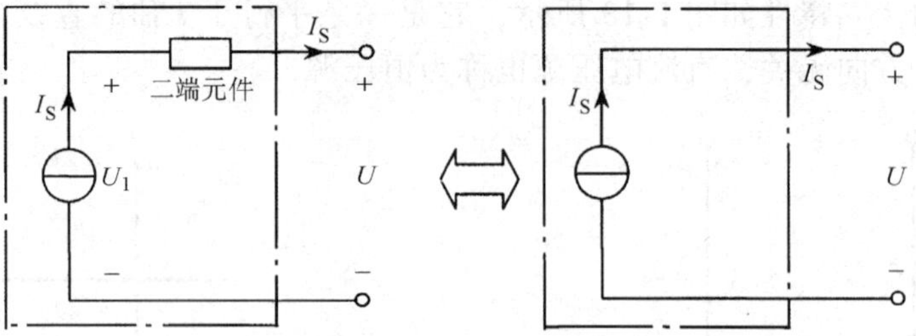

图 1-16　电流源与二端元件串联的等效电路

注意：等效是对虚线框以外的外电路而言，虚线框内部电路是不等效的。

例 1-5　图 1-17 所示电路中，求各元件吸收或发出的电功率。

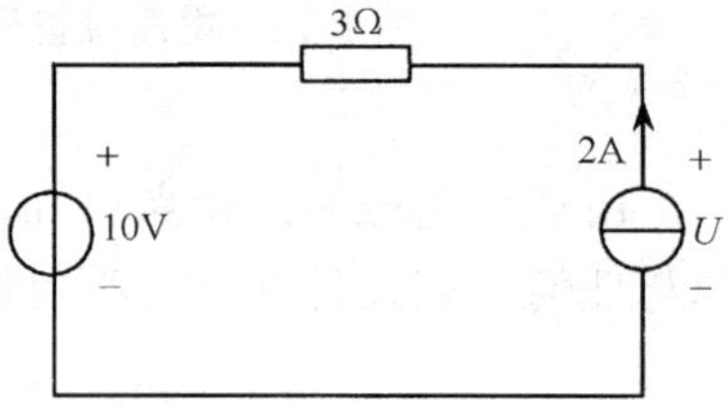

图 1-17　例 1-5 电路

解　由电流源的特点可知，电流源提供的电流为 2A，与外电路无关。因此流过 3Ω 电阻和 10V 电压源的电流均为 2A。

电阻元件上吸收的功率为

$$P_1 = I^2R = 2^2 \times 3\text{W} = 12\text{W}$$

电压源吸收的功率为（u、i 关联参考方向）　$P_2 = 10\text{V} \times 2\text{A} = 20\text{W}$

设电流源上电压极性如图 1-17 所示，则其端电压为　$U = (2 \times 3 + 10)\text{V} = 16\text{V}$

电流源吸收的功率为（u、i 非关联参考方向）　$P_3 = -16\text{V} \times 2\text{A} = -32\text{W}$（实际为发出功率）

1.5.2　实际电压源模型和实际电流源模型

1. 实际电压源模型

理想电压源实际上是不存在的，实际电压源在对外电路提供功率的同时，在其电源内部也会有功率损耗，即实际电源是存在内阻的，因此对于一个实际电压源，可用一个电压源 U_S 和内阻 R_S 串联的模型来等效，此模型称为实际电源的电压源模型。如图 1-18a 所示。其中，U_S 也就是电源的开路电压，内阻 R_S 有时也称为输出电阻。因此实际电压源的参数可用开路电压 U_S 和内阻 R_S 来表征。

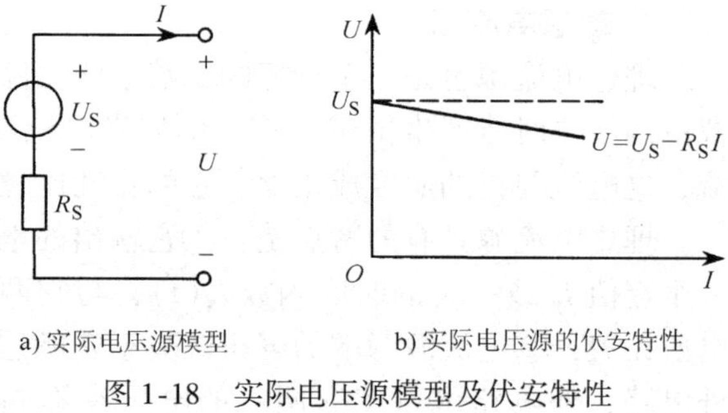

图 1-18　实际电压源模型及伏安特性

实际电压源的端电压为

$$U = U_S - R_SI \tag{1-27}$$

实际电压源的伏安特性如图 1-18b 所示。可见，电源的内阻 R_S 越小，其端电压 U 越接近于 U_S，实际电压源就越接近于理想电压源。

2. 实际电流源模型

同理想电压源一样，理想电流源也是不存在的，实际电流源的输出电流是随着端电压的变化而变化的。例如光电池，被光激发而产生的电流，并不是全部流出，而是有一部分在光电池内部流动。因此对于一个实际电流源，可用一个电流源 I_S 和内阻 R_S 并联的模型来表征，此模型称为实际电源的电流源模型。如图 1-19a 所示。其中，I_S 是电源的短路电流，内阻 R_S 表明了电源内部的分流效应。因此，实际电流源可用它的短路电流 I_S 和内阻 R_S 这两个参数来表征。

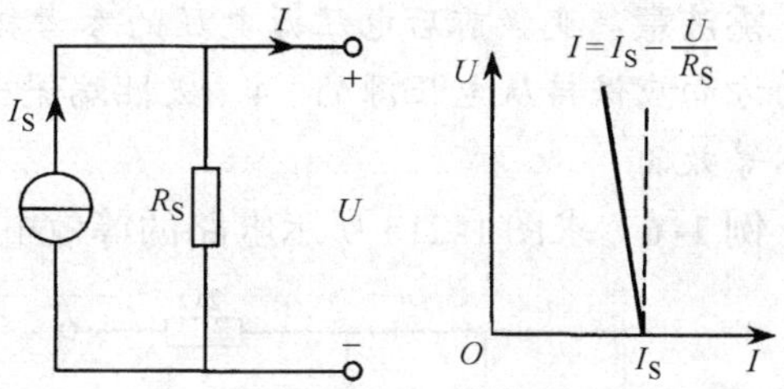

a) 电流源模型　　b) 实际电流源的伏安特性

图 1-19　实际电流源模型及伏安特性

实际电流源的输出电流为

$$I = I_S - \frac{U}{R_S} \tag{1-28}$$

实际电流源的伏安特性如图 1-19b 所示。可见，电源的内阻 R_S 越大，其输出电流 I 越接近于 I_S，实际电流源就越接近于理想电流源。

1.5.3　两种电源模型的等效变换

以上两种电源模型之间是可以等效变换的。对外电路来说，任何一个含有内阻的电源都可以等效成一个电压源和电阻的串联，或者等效为一个电流源和电阻的并联电路。

这里所说的等效变换是指对外电路的等效，就是变换前后，端口处伏安关系不变，即 a、b 端口电压 U、电流 I 相同。

对于图 1-20a 所示的电压源模型有：$U = U_S - R_SI$，可改写为

$$I = \frac{U_S}{R_S} - \frac{U}{R_S}$$

对于图 1-20b 所示的电流源模型，其输出电流为

$$I = I_S - \frac{U}{R'_S}$$

比较上面两式，得两种电源模型等效的条件为

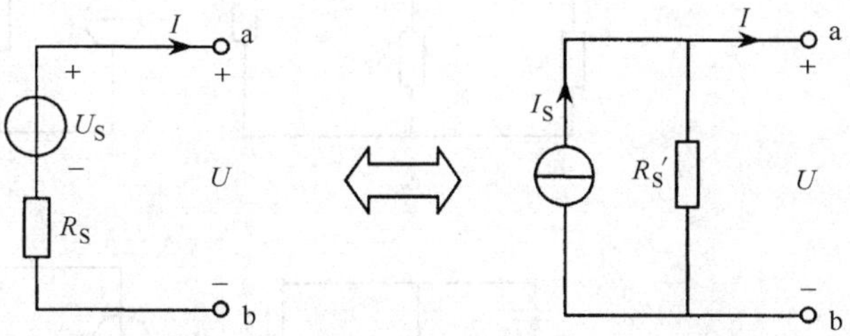

a) $I=\frac{U_S}{R_S}-\frac{U}{R_S}$　　b) $I=I_S-\frac{U}{R_S'}$

图 1-20　两种电源模型的等效互换

$$\begin{cases} I_S = \dfrac{U_S}{R_S} \\ R_S = R'_S \end{cases} \tag{1-29}$$

由式(1-29)可知，如果已知图 1-20a 所示电压源模型，则其等效电流源模型如图 1-20b 所示，并且其 $I_S = U_S/R_S$，$R'_S = R_S$；如果已知图 1-20b 所示的电流源模型，则其等效的电压源模型如图 1-20a 所示，并且 $U_S = R_SI_S$，$R_S = R'_S$。

需注意：变换前后电压源电压的参考极性与电流源电流的参考方向之间的关系（电流源 I_S 的方向应保持从电压源的"+"极性端流出）；另外等效是指对外电路的等效，对电源内部是不等效的。

例 1-6 求图 1-21a 所示电路的等效电流源模型。

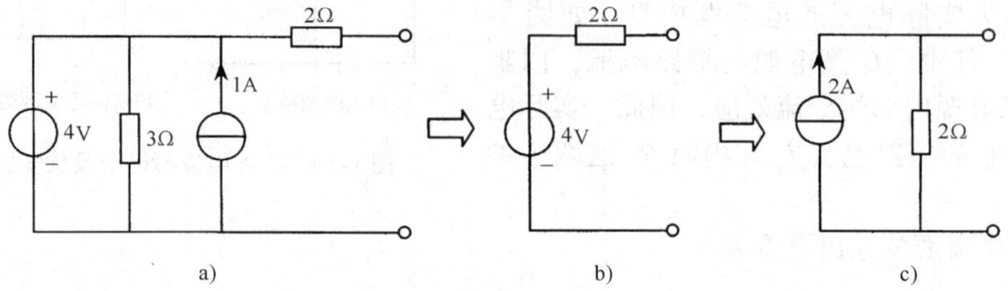

图 1-21 例 1-6 电路

解 因为理想电压源与任何二端元件并联都等效为一个理想电压源，因此图 1-21a 电路可等效为图 1-21b 所示电路。

图 1-21b 电路中的 $U_S = 4V$，$R_S = 2\Omega$，故其等效电流源模型中的电流为

$$I_S = \frac{U_S}{R_S} = \frac{4}{2}A = 2A$$

根据电压源中 U_S 的极性，可知电流源中 I_S 的方向应向上。电流源模型中的电阻仍为 2Ω，电路如图 1-21c 所示。

例 1-7 图 1-22a 所示电路中，已知 $U_{S1} = 10V$，$U_{S2} = 6V$，$R_1 = 2\Omega$，$R_2 = 3\Omega$，$R = 2\Omega$，求：电阻 R 上的电流 I。

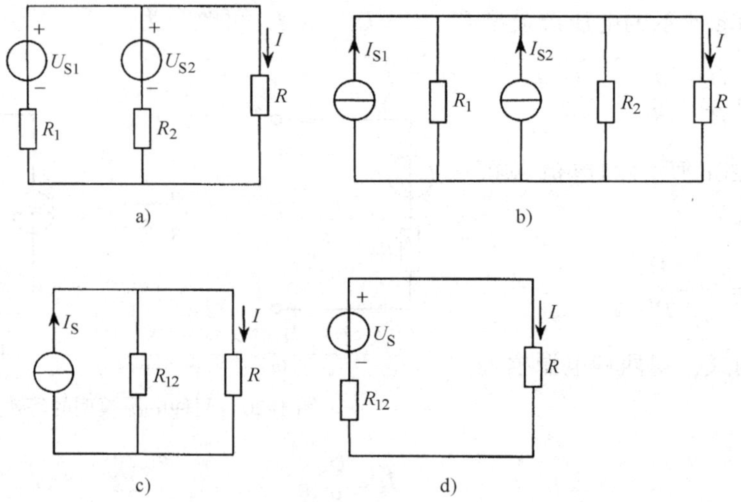

图 1-22 例 1-7 电路

解 应用电压源和电流源的等效变换将电路化简。先将 U_{S1}、R_1 串联支路和 U_{S2}、R_2 串联支路等效变换为 I_{S1}、R_1 并联支路和 I_{S2}、R_2 并联支路，电路如图 1-22b 所示。其中

$$I_{S1} = \frac{U_{S1}}{R_1} = \frac{10}{2}A = 5A$$

$$I_{S2}=\frac{U_{S2}}{R_2}=\frac{6}{3}\text{A}=2\text{A}$$

图 1-22b 中，两个并联的电流源可以用一个电流源代替，如图 1-22c 所示，其中

$$I_S=I_{S1}+I_{S2}=(5+2)\text{A}=7\text{A}$$

$$R_{12}=\frac{R_1\times R_2}{R_1+R_2}=\frac{2\times3}{2+3}\Omega=1.2\Omega$$

再将图 1-22c 中的电流源等效变换为图 1-22d 所示电路，则电压源电压为

$$U_S=I_SR_{12}=7\times1.2\text{V}=8.4\text{V}$$

由图 1-22d 可求得

$$I=\frac{U_S}{R+R_{12}}=\frac{8.4}{2+1.2}\text{A}=2.625\text{A}$$

由上题可知，几个电流源并联时可合并为用一个电流源代替，同理，几个电压源串联时可合并为用一个电压源代替。

1.6　无源网络的等效化简

一个电路只有两个端钮与外部相连时，叫做二端网络，或称单口网络。每一个二端元件(如电阻元件、电感元件等)就是一个最简单的二端网络。图 1-23 所示为二端网络的一般符号，图中 U、I 分别叫做端口电压、端口电流。

一个二端网络的端口电压、电流关系和另一个二端网络的端口电压、电流关系相同时，称这两个网络对外部为等效网络。等效网络的内部结构虽然不同，但它们对外电路而言，影响是相同的。

二端网络内部含有独立电源时，称为有源二端网络；二端网络内部不含有独立电源时，称为无源二端网络。一个内部无源的电阻性二端网络，总可以用一个电阻元件与之等效。这个电阻元件的阻值叫做该网络的等效电阻或输入电阻，它等于该网络在关联参考方向下端口电压与端口电流的比值。

1.6.1　电阻的串并联

1. 电阻的串联

图 1-24a 所示为 n 个电阻串联形成的二端网络。该网络的端口电压为 U，各电阻元件上流过的电流为 I，电压与电流参考方向如图所示。根据串联电路的特点，可列出

$$\begin{aligned}U&=U_1+U_2+\cdots+U_n=R_1I+R_2I+\cdots R_nI\\&=(R_1+R_2+\cdots R_n)I=RI\end{aligned}$$

式中 R 称为串联等效电阻，即

$$R=\frac{U}{I}=R_1+R_2+\cdots R_n \tag{1-30}$$

图 1-24b 所示电路与图 1-24a 所示电路，就端口电压电流关系而言是等效的，表明 n 个电阻串联，可以对外等效为一个由式(1-30)确定的电阻。

在串联电路中，各电阻电压与端口电压之间满足

$$U_k = R_k I = \frac{R_k}{R}U \tag{1-31}$$

可见，在串联电路中，各电阻电压与该电阻阻值成正比，式(1-31)称为串联电阻的分压公式。

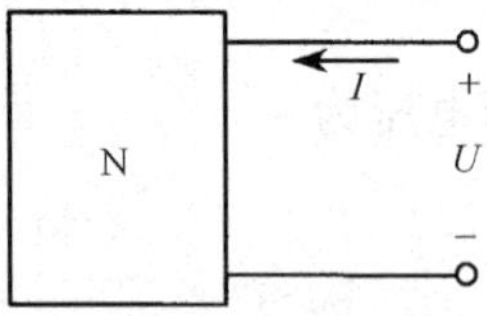

图1-23 二端网络

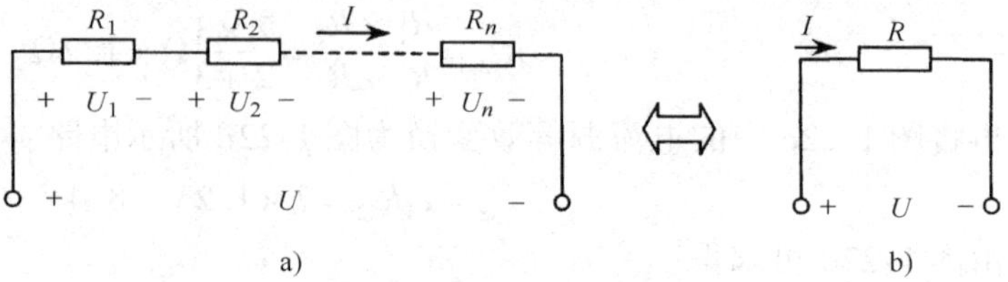

图1-24 电阻的串联

2. 电阻的并联

图1-25a所示为 n 个电阻并联构成的二端网络。并联电路的基本特点是各并联电阻上电压相同，端口电流等于各电阻上的电流之和，电压与电流参考方向如图所示。则有

$$I = I_1 + I_2 + \cdots I_n = \frac{U}{R_1} + \frac{U}{R_2} + \cdots + \frac{U}{R_n}$$

$$= \left(\frac{1}{R_1} + \frac{1}{R_2} + \cdots + \frac{1}{R_n}\right)U = \frac{1}{R}U$$

式中
$$\frac{1}{R} = \frac{1}{R_1} + \frac{1}{R_2} + \cdots + \frac{1}{R_n} \tag{1-32}$$

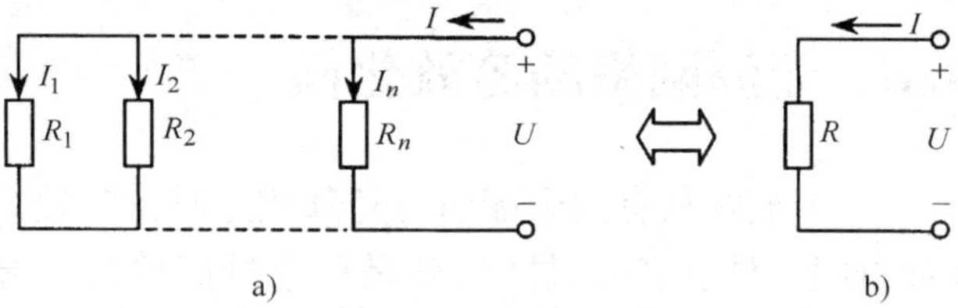

图1-25 电阻的并联

或写成

$$G = G_1 + G_2 + \cdots G_n \tag{1-33}$$

式(1-33)中 G 称为 n 个电阻元件并联的等效电导。电导是电阻的倒数，单位是西门子，简称西(S)。可见，n 个电阻并联时，其等效电导等于各并联电导之和。

由式(1-32)所确定的 n 个电阻并联的等效电阻电路如图1-25b所示。

当只有两个电阻 R_1、R_2 并联时，其等效电阻 R 为

$$R = \frac{R_1 R_2}{R_1 + R_2} \tag{1-34}$$

在并联电路中，流过各电阻(电导)上的电流与端口总电流之间满足

$$I_k = \frac{U}{R_k} = \frac{R}{R_k}I \tag{1-35}$$

或写成
$$I_k = G_k U = \frac{G_k}{G}I \tag{1-36}$$

式(1-35)、式(1-36)称为并联电阻的分流公式。当只有两个电阻 R_1、R_2 并联时，分流公式可写为

$$\begin{cases} I_1 = \dfrac{R_2}{R_1 + R_2}I \\ I_2 = \dfrac{R_1}{R_1 + R_2}I \end{cases} \tag{1-37}$$

3. 电阻的混联

既有电阻的串联，又有电阻并联的电路称为混联电路。电阻混联的二端网络仍可等效为

一个电阻。

例 1-8　在图 1-26 所示电路中，求 ab 端口的等效电阻。

解　为便于判断串并联关系，在图中标出一节点 c，先求出 cb 两点间的等效电阻

$$R_{cb}=3\Omega /\!/ (2+4)\Omega=\frac{3\times 6}{3+6}\Omega=2\Omega$$

因此 a、b 之间的等效电阻为

$$R_{ab}=5 /\!/ (1+R_{cb})=5\Omega /\!/ (1+2)\Omega=\frac{5\times 3}{5+3}\Omega=1.875\Omega$$

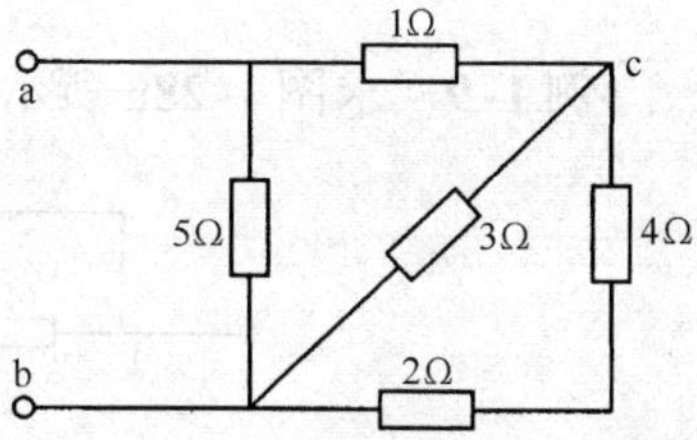

图 1-26　例 1-8 电路

1.6.2　电阻星形联结和三角形联结的等效变换

如果三个电阻的一端接在同一点上，另一端分别接到三个不同的端钮上，如图 1-27a 所示，则这种联结称为电阻的星形(Y 形)联结。如果将三个电阻分别接在三个端钮的每两个之间，如图 1-27b 所示，则称为电阻的三角形(△形)联结。

电阻的 Y 形联结与△形联结都是通过三个端钮与外部联系，构成一个最简单的三端电阻网络。所谓等效仍然指对外部等效，即当它们对应端钮间的电压相同，流过对应端钮的电流分别相同时，两种联结的电阻网络等效。可以证明 Y 形联结与△形联结电路的等效变换公式如下：

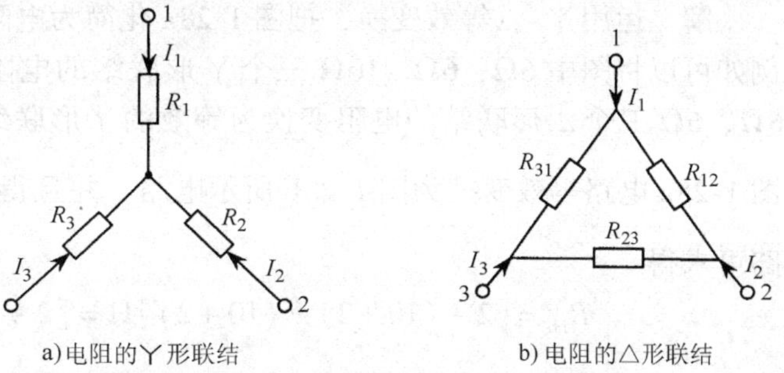

图 1-27　电阻的Y形联结与△形联结

将 Y 形联结变换为△形联结时

$$\begin{cases} R_{12}=\dfrac{R_1R_2+R_2R_3+R_3R_1}{R_3} \\ R_{23}=\dfrac{R_1R_2+R_2R_3+R_3R_1}{R_1} \\ R_{31}=\dfrac{R_1R_2+R_2R_3+R_3R_1}{R_2} \end{cases} \tag{1-38}$$

由上式可知，当 $R_1=R_2=R_3=R_Y$ 时，有 $R_{12}=R_{23}=R_{31}=R_\triangle$。并且

$$R_\triangle=3R_Y \tag{1-39}$$

将△形联结变换为 Y 形联结时

$$\begin{cases} R_1=\dfrac{R_{12}R_{31}}{R_{12}+R_{23}+R_{31}} \\ R_2=\dfrac{R_{12}R_{23}}{R_{12}+R_{23}+R_{31}} \\ R_3=\dfrac{R_{23}R_{31}}{R_{12}+R_{23}+R_{31}} \end{cases} \tag{1-40}$$

同样，当 $R_{12}=R_{23}=R_{31}=R_{\triangle}$ 时，有 $R_1=R_2=R_3=R_{\curlyvee}$。并有

$$R_{\curlyvee}=\frac{1}{3}R_{\triangle} \tag{1-41}$$

例 1-9 求图 1-28a 所示电路 ab 端口的等效电阻 R_{ab}。

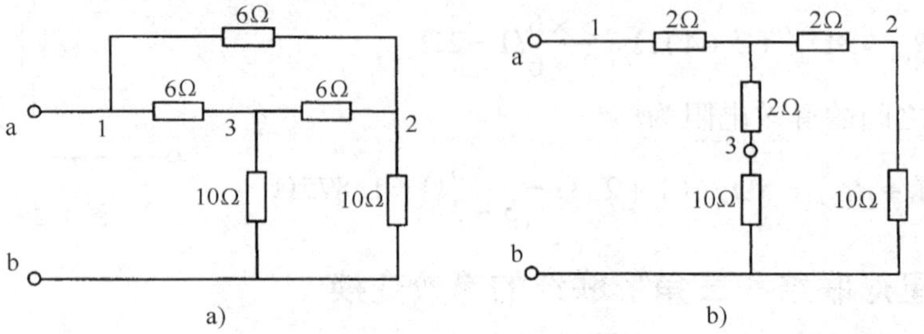

图 1-28 例 1-9 电路

解 运用Y-△等效变换，把图 1-28a 化简为电阻的串并联电路。变换的方法有好几种，例如可以将图中 6Ω、6Ω、10Ω 三个Y形联结的电阻变换为等效的△形联结；也可将 6Ω、6Ω、6Ω 三个△形联结的电阻变换为等效的Y形联结等等。我们选择第二种变换方式，将图 1-28a 电路等效变换为图 1-28b 所示电路，并且得到 $R_{\curlyvee}=\frac{1}{3}R_{\triangle}=2\Omega$。由图 1-28b 所示电路可求得

$$R_{ab}=[2+(10+2)/\!/(10+2)]\Omega=[2+12/\!/12]\Omega=(2+6)\Omega=8\Omega$$

1.7 基尔霍夫定律

由不同元件构成的电路整体中，各元件之间的互连使得各元件电流之间及各元件电压之间遵循一定的规律。基尔霍夫定律就是反映这方面规律的，它是在任何集中参数电路中都适用的基本定律。基尔霍夫定律包括电流定律和电压定律。

为了叙述方便，先介绍几个有关的电路名词。

(1) 支路：支路是由若干个元件串联而成，且流过同一电流的一个分支。如图 1-29 所示电路中，共有 6 条支路，它们是：abc、ad、dc、ae、de、ce。

(2) 节点：三条或三条以上支路的联结点叫做节点。图 1-29 中共有 a、c、d、e 四个节点，b 点不是节点。

(3) 回路：电路中任一闭合路径叫做回路。图 1-29 中 abcda、adea、abcea 等都是回路。

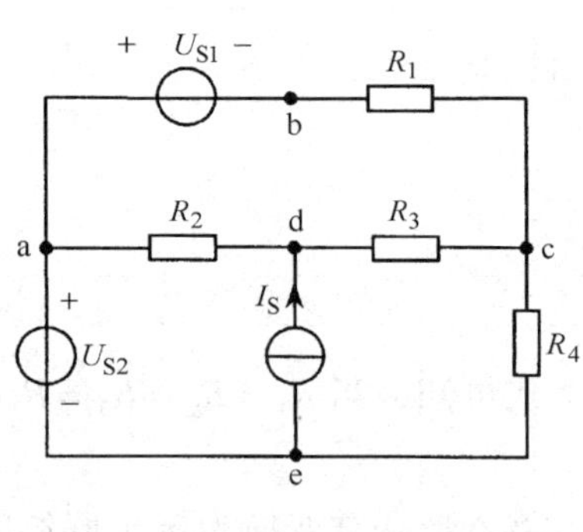

图 1-29 电路名词说明用图

(4) 网孔：除了构成回路本身的支路以外，在回路内部不再含有任何支路，这样的回路叫做网孔。图 1-29 中共有三个网孔，它们是 abcda、adea、dced。

1.7.1 基尔霍夫电流定律

基尔霍夫电流定律(Kirchhoff's Current Law)简称 KCL，表述如下：在任一瞬间，流入任

一节点的电流之和恒等于流出该节点的电流之和。基尔霍夫电流定律说明了电流的连续性，遵循电荷守恒定律。

例如在图1-30中，各支路电流的参考方向已标出，根据基尔霍夫电流定律可写出

$$I_1+I_4=I_2+I_3$$

也可写成

$$I_1+I_4-I_2-I_3=0$$

由此可得基尔霍夫电流定律的另一种表述方法：任一瞬间，流入任一节点的电流代数和恒为零，即

$$\sum I=0 \quad 或 \quad \sum i=0 \qquad (1\text{-}42)$$

这里规定流入节点的电流为正，流出节点的电流为负(也可作相反的规定)。

注意：*在列写KCL方程时，应首先确定各支路电流的参考方向，然后才能根据其流入或流出节点来确定它在式(1-42)中取正或是取负。*

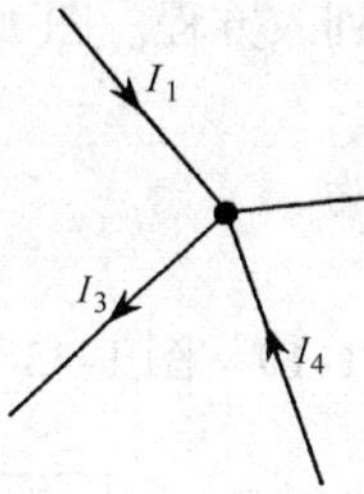

图1-30　基尔霍夫电流定律示图

KCL不仅适用于节点，也可推广运用于电路中的任一闭合封闭面，将该封闭面视为一个广义的节点，则流入任一封闭面的电流之和恒等于流出该封闭面的电流之和，对于图1-31电路中用虚线表示的封闭面，可列写KCL

$$I_1+I_2+I_3=0$$

应用基尔霍夫电流定律还可判断两部分电路之间的电流关系。如图1-32所示，两部分电路之间只有一条导线相连，根据KCL可知，此导线中的电流为零。

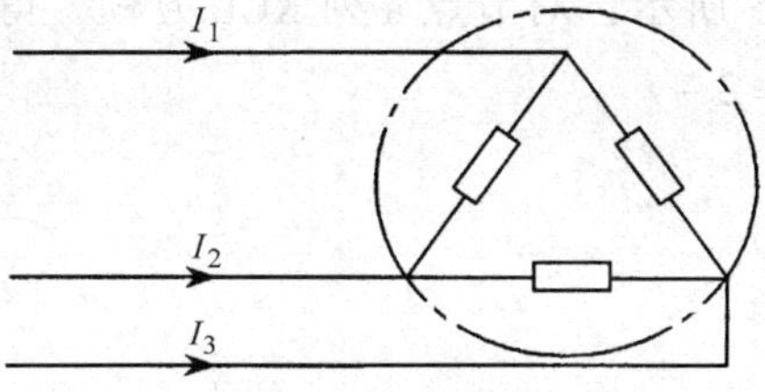

图1-31　广义节点

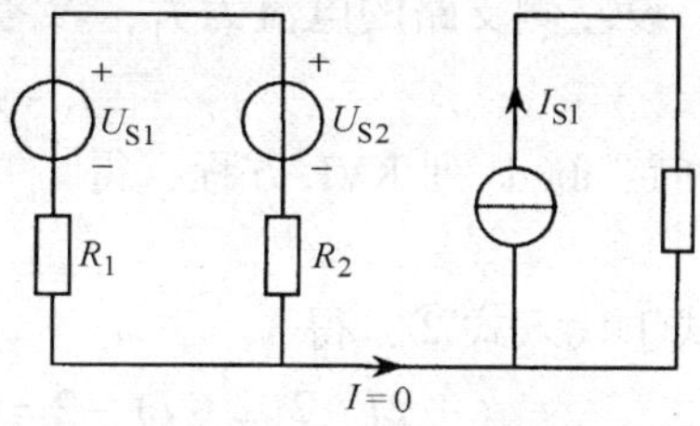

图1-32　KCL的应用

1.7.2　基尔霍夫电压定律

基尔霍夫电压定律(Kirchhoff's Voltage Law)简称KVL，表述如下：在任一瞬间，沿任一闭合回路绕行一周，所有电压降代数和恒为零。即

$$\sum U=0 \quad 或 \quad \sum u=0 \qquad (1\text{-}43)$$

在列写KVL方程时，首先任意选定一个回路的绕行方向，当电压参考方向与绕行方向一致时，该电压前面取“+”号；当电压参考方向与绕行方向相反时，该电压前面取“−”号。

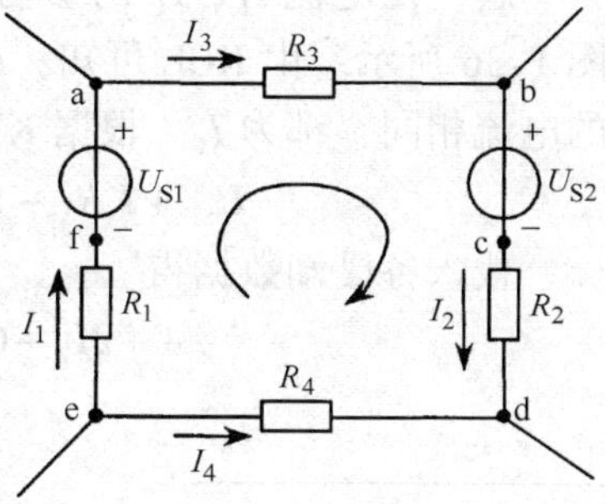

图1-33　基尔霍夫电压定律示图

图1-33所示为某电路的一个回路，回路绕行方向如图所示，由KVL，可列出

$$U_{ab}+U_{bc}+U_{cd}+U_{de}+U_{ef}+U_{fa}=0$$

根据图 1-33 中所标出的电压或电流的参考方向，可知：$U_{ab}=I_3R_3$，$U_{bc}=U_{S2}$，$U_{cd}=I_2R_2$，$U_{de}=-I_4R_4$，$U_{ef}=I_1R_1$，$U_{fa}=-U_{S1}$。因此可得图 1-33 所示回路的 KVL 方程为

$$I_3R_3+U_{S2}+I_2R_2-I_4R_4+I_1R_1-U_{S1}=0$$

上式还可写成

$$U_{ab}=I_3R_3=U_{S1}-I_1R_1+I_4R_4-I_2R_2-U_{S2}$$

这是基尔霍夫电压定律的又一种表现形式，其含义是：电路中任意两点 a、b 之间的电压，等于从 a 点沿着任一路径到 b 点途中所有电压降代数和。

基尔霍夫电压定律不仅用于闭合回路，还可以推广应用于任一开口电路，但要将开口处的电压列入方程。图 1-34 所示为某电路的一部分，沿顺时针方向绕行，其 KVL 方程为

$$U+IR_S-U_S=0$$

或改写为

$$U=U_S-IR_S$$

例 1-10　图 1-35 所示电路中，求电流 I。

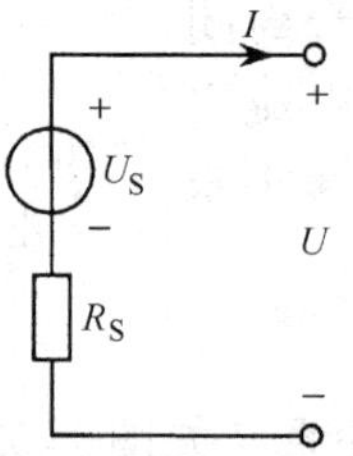

图 1-34　基尔霍夫电压定律的推广

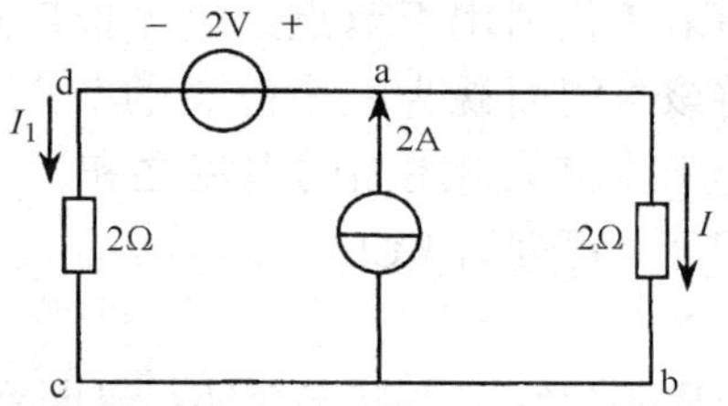

图 1-35　例 1-10 电路

解　设左侧支路的电流为 I_1，参考方向如图 1-35 所示，对节点 a 列 KCL 方程，得

$$I_1+I=2，得\quad I_1=2-I \qquad ①$$ [⊖]

对回路 abcda 列 KVL 方程，得

$$2I-2I_1-2=0 \qquad ②$$

将式①代入式②，得

$$2I-2(2-I)-2=0$$

$$I=1.5\text{A}$$

例 1-11　如图 1-36 所示电路中，已知 $R_1=2\Omega$，$R_2=3\Omega$，$U_{S1}=4\text{V}$，$U_{S2}=6\text{V}$，$U_{S3}=5\text{V}$。求：U_{ac}及 a 点的电位 V_a。

解　设电流 I_1、I_2 的参考方向及回路 A 的绕行方向如图 1-36 所示。由 KCL 可知：$I_2=0$，所以回路 A 中各元件上的电流相同，都为 I_1。根据 KVL 列回路 A 的方程

$$U_{S1}+I_1R_1-U_{S2}+I_1R_2=0$$

代入各已知数据得

$$4+2I_1-6+3I_1=0$$

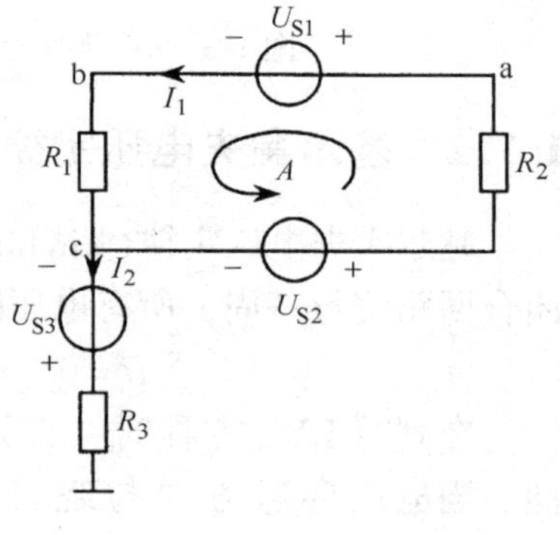

图 1-36　例 1-11 电路

⊖ 为方便读者阅读，本书后面述及的量方程中的量值部分省略了单位，如无特殊说明，电压、电流、电阻的单位分别是 V、A、Ω。

$$I_1 = 0.4\text{A}$$

由此可求得

$$U_{ac} = U_{S1} + I_1 R_1 = (4 + 0.4 \times 2)\text{V} = 4.8\text{V}$$

求 a 点的电位 V_a，V_a 是从 a 点沿任一条路径到零电位参考点的电压，即

$$V_a = U_{S1} + I_1 R_1 - U_{S3} = (4 + 0.4 \times 2 - 5)\text{V} = -0.2\text{V}$$

1.8 受控源

前面介绍过的电压源和电流源都是独立源，它们的输出电压或电流是一定值或是一个固定的时间函数，与电路中其他部分的电压或电流无关。而在电路分析中还会遇到另一类电源，它们的电压或电流受电路中其他部分的电压或电流的控制，称为受控源(Controlled Source)。受控源是许多实际电路元件的模型。例如半导体三极管的集电极电流受基极电流的控制，基极电流是控制量，集电极电流是受控量。这种控制与被控制的关系，可以通过受控源予以表达。

1.8.1 受控源的种类

受控源通常有两对端钮，一对输入端和一对输出端。输入端施加的是控制量，控制量可以是电压也可以是电流，输出端输出的是被控制的电压或电流。因此按照控制量和被控制量的不同，受控源共有四种形式：电压控制电压源，即 VCVS(Voltage Control Voltage Source)；电压控制电流源，即 VCCS(Voltage Control Current Source)；电流控制电压源，即 CCVS(Current Control Voltage Source)；电流控制电流源，即 CCCS(Current Control Current Source)。其电路符号分别如图 1-37 所示。

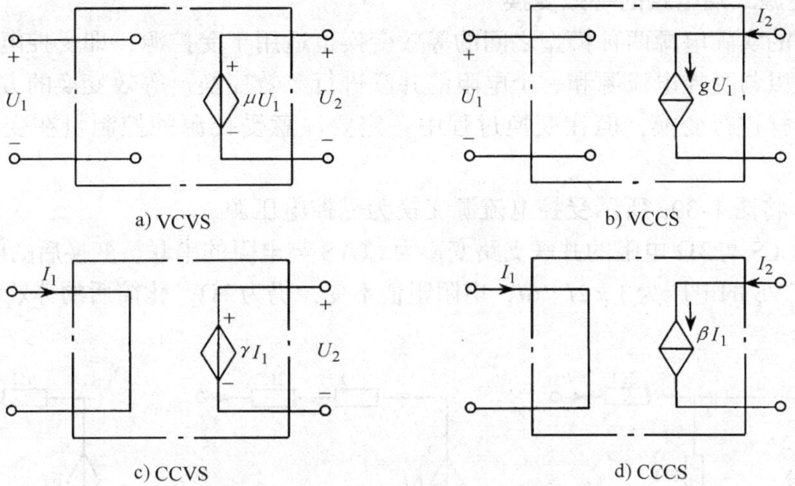

图 1-37 受控源的四种形式

根据国家标准规定，受控源用菱形符号表示，其中 μ、γ、g、β 称为控制系数，它们表示受控端与控制端的转移关系。其中

$\mu = \dfrac{U_2}{U_1}$称为电压控制电压源的转移电压比。

$g = \dfrac{I_2}{U_1}$称为电压控制电流源的转移电导。

$\gamma = \dfrac{U_2}{I_1}$称为电流控制电压源的转移电阻。

$\beta = \dfrac{I_2}{I_1}$称为电流控制电流源的转移电流比。

当这些系数为常数时，被控量与控制量成正比，受控源称为线性受控源。本书所讨论的受控源都是线性受控源。

需要注意的是受控源虽然是电源，但它与独立源有着本质的区别。独立源在电路中起激励作用，是电路中的能量转换装置，如干电池将化学能转换为电能。而受控源反映了电路中某处的电压或电流对另一处电压或电流的控制关系，它向外提供的能量来自于电路中维持正常工作的其他电源。

电路中含有受控源时，其分析方法与不含受控源的电路分析方法基本相同，可将受控源按照独立源对待。含源电路的分析方法对受控源同样适用。

例 1-12 电路如图 1-38 所示，求电流 I。

解 根据 KVL 列网孔电压方程

$$U_1 - 2U_1 + 3I - 5 = 0 \qquad ①$$

由图可知

$$U_1 = 2I$$

代入①得

$$2I - 4I + 3I - 5 = 0$$

$$I = 5\text{A}$$

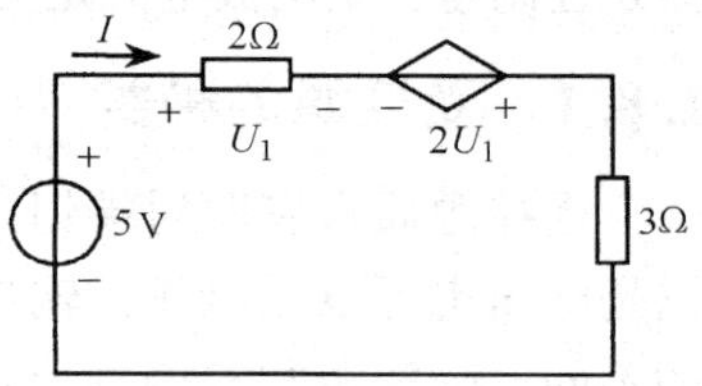

图 1-38 例 1-12 电路

1.8.2 含受控源二端电路的等效化简分析

1. 含受控源二端电路的等效变换

前面介绍的实际电源两种模型之间的等效变换也适用于受控源，即受控电压源与一个电阻的串联也可以与受控电流源和一个电阻的并联进行等效变换。等效变换的方法是将受控源当作独立源一样进行变换，但在变换过程中一定要注意受控源的控制量在变换前后应保持不变。

例 1-13 将图 1-39a 所示受控电流源变换为受控电压源。

解 将 CCCS 与 3Ω 电阻的并联支路变换为 CCVS 与电阻的串联，变换后的电路如图 1-39b 所示，其中 CCVS 的电压为 $3 \times 2I = 6I$，电阻阻值不变，仍为 3Ω。化简后的等效电路如图 1-39c 所示。

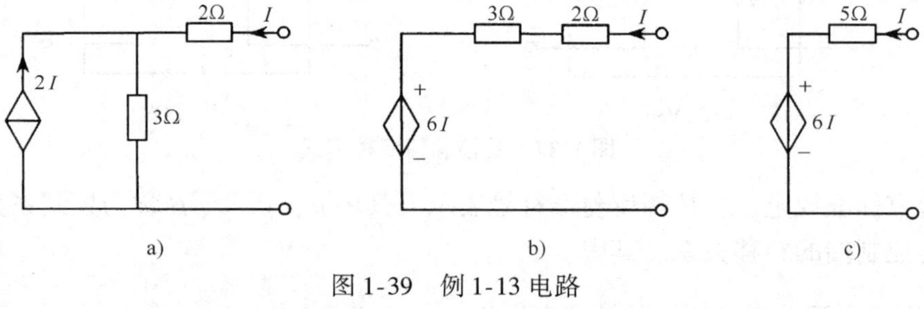

图 1-39 例 1-13 电路

2. 含受控源和电阻的二端电路的等效化简

含受控源和电阻的二端电路可以等效为一个电阻，由于电路中含有受控源，而受控源是可以提供能量的，因此含受控源的二端电路可以等效为一个正电阻，也可能等效为一个负电阻。其等效电阻的阻值等于端口处加一电压源电压 U 和由此而产生的端口电流 I 的比值。求等效电阻的方法是从列写端口处伏安关系入手，由此计算出端口电压与电流之比，即为所求等效电阻 R。

例 1-14　求图 1-40a 所示二端电路的等效电阻。

解　设在端口处加一电压源电压 U，由此而产生的电流为 I，U、I 参考方向如图 1-40a 中所示，求 U 与 I 的关系

$$U = U_1 = 2I_1 \qquad ①$$

由节点 a 列 KCL 方程　$I + 0.2U_1 - I_1 = 0$

$$I_1 = I + 0.2U_1 = I + 0.2U$$

将上式代入①式得

$$U = 2(I + 0.2U)$$

$$U - 0.4U = 2I$$

$$R = \frac{U}{I} = \frac{2}{0.6} = 3.33\Omega$$

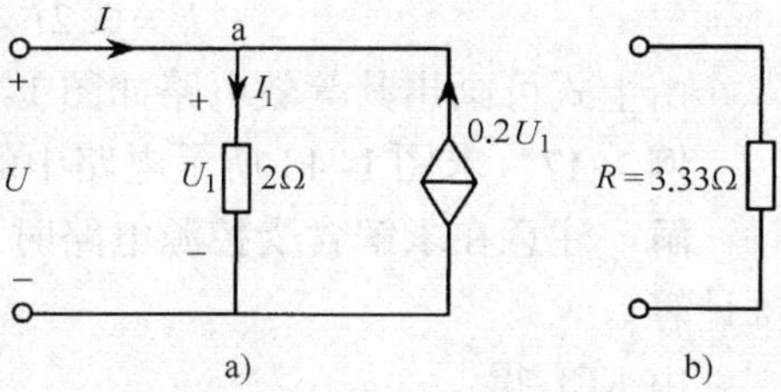

图 1-40　例 1-14 电路

图 1-40a 所示电路的等效电阻如图 1-40b 所示。

例 1-15　求图 1-41 所示二端电路的等效电阻。

解　在端口处加一电压源 U，由此产生一电流 I，端口伏安关系为

$$U = 4I - 6I_1 \qquad ①$$

节点 a 的 KCL 方程为　$I + I_1 + 2I_1 = 0$，得：$I_1 = -\frac{1}{3}I$

代入①式得　$U = 4I - 6 \times \left(-\frac{1}{3}I\right) = 6I$

等效电阻　$R = \frac{U}{I} = 6\Omega$

3. 含独立源、受控源和电阻的二端电路的等效化简

既然含受控源和电阻的二端电路可以等效为一个电阻，那么，含有独立源、受控源和电阻的二端电路就可以等效为一个电压源和电阻的串联电路，或一个电流源和电阻的并联电路。基本的求解方法是列写端口处的伏安关系并化简，然后根据最简伏安关系式画出其对应等效电路。

例 1-16　电路如图 1-42a 所示，求其最简等效电路。

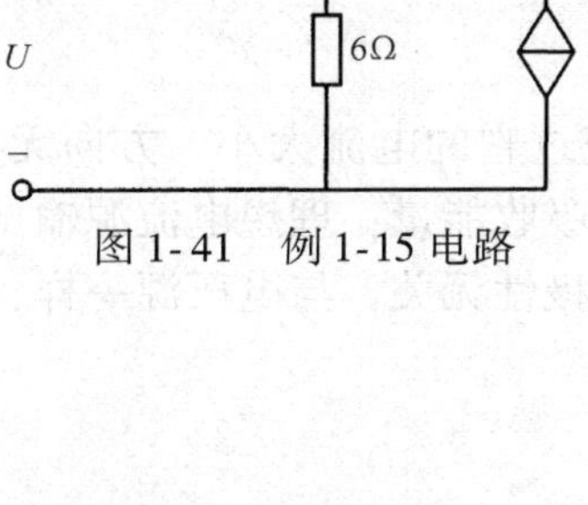

图 1-41　例 1-15 电路

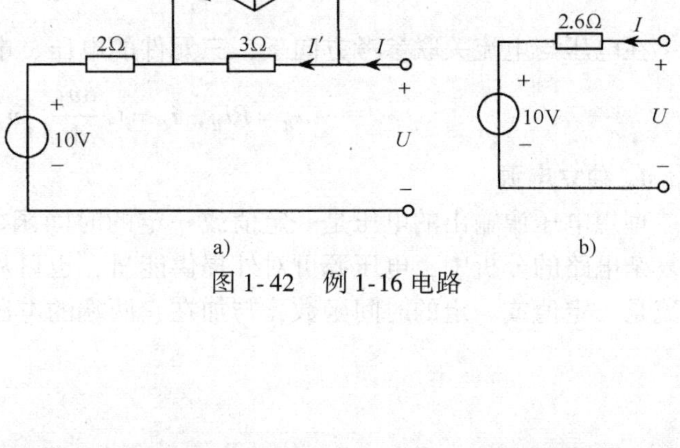

图 1-42　例 1-16 电路

解 端口电压电流参考方向如图 1-42a 所示，由图可知，流过 3Ω 电阻上的电流为

$$I' = I - 0.8I = 0.2I$$

端口处伏安关系为

$$U = 0.2I \times 3 + I \times 2 + 10\text{V} = 2.6I + 10\text{V}$$

由上式可画出其等效电路如图 1-42b 所示。

例 1-17 求图 1-43 所示电路中的电压 U。

解 注意在求解含受控源电路时，对电路的化简不要将受控源的控制量消除掉，否则无法计算。

由 KCL 得

$$3 + 5I_1 - I_1 - I = 0$$

又因为 $U = 5I_1 = 2I \Rightarrow I_1 = \frac{U}{5}$，$I = \frac{U}{2}$代入上式得

$$3 + 4 \times \frac{U}{5} - \frac{U}{2} = 0$$

所以 $$U = -10\text{V}$$

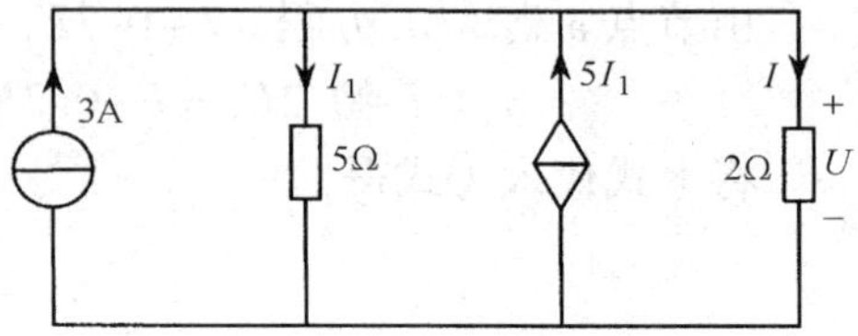

图 1-43 例 1-17 电路

本 章 小 结

1. 理想电路元件是从实际电路元件中抽象出来的理想化模型。由理想电路元件构成的电路称为电路模型。在电路分析中，都是用电路模型代替实际电路进行分析和研究。

2. 电路的基本物理量

电流：电荷的定向移动形成电流。电流的大小用电流强度来表示，即 $i = \mathrm{d}q/\mathrm{d}t$。电流的实际方向规定为正电荷运动的方向，在电路分析中可任意假定电流的参考方向。

电压：电路中 a、b 两点间的电压等于电场力把单位正电荷从 a 点移动到 b 点所做的功，即 $u_{ab} = \mathrm{d}W/\mathrm{d}q$。电路中 a、b 两点之间的电压又等于 a、b 两点的电位之差。规定电压的实际方向是从高电位点指向低电位点，在电路分析中可任意假定电压的参考方向。通常取同一元件上电压与电流的参考方向一致，即相关联的参考方向。

电功率：电功率是电路在单位时间内吸收或产生的能量，即 $p = \mathrm{d}W/\mathrm{d}t$。当电压与电流取关联参考方向时，电路吸收的功率为 $p = ui$；当电压与电流为非关联参考方向时，电路吸收的功率为 $p = -ui$。$p > 0$ 表示吸收功率，$p < 0$ 表示发出功率。

3. 基本电路元件

线性无源二端电路元件电阻、电容、电感的定义式分别为

$$R = \frac{u}{i},\ C = \frac{q}{u},\ L = \frac{\Psi}{i}$$

在电压与电流关联参考方向下，三元件的电压、电流关系分别为

$$u_R = Ri_R,\ i_C = C\frac{\mathrm{d}u_C}{\mathrm{d}t},\ u_L = L\frac{\mathrm{d}i_L}{\mathrm{d}t}$$

4. 独立电源

理想电压源输出的电压是一定值或一定的时间函数，与流过它的电流大小、方向无关，在复杂电路的分析中，电压源可对外提供能量，也可从外电路吸收能量；理想电流源输出的电流是一定值或一定的时间函数，与加在它两端的电压大小、极性无关，与电压源一样，电

流源既可对外提供能量，也可从外电路吸收能量。

实际电压源模型可等效为一个电压源 U_S 与内阻 R_S 的串联，其端口伏安关系式为 $U=U_S-R_SI$；实际电流源模型可等效为一个电流源 I_S 与内阻 R_S 的并联，其端口伏安关系式为 $I=I_S-U/R_S$。在端口伏安关系保持不变的前提下，两种电源模型之间可以进行等效变换。

5. 无源二端电路的化简

运用电阻的串并联知识和电阻的Y-△等效变换可对无源电阻网络进行等效化简，即任何一个无源二端网络都可等效为一个电阻。

6. 基尔霍夫定律

基尔霍夫电流定律：任一瞬间，流入任一节点的电流代数和恒为零，即 $\sum i=0$。基尔霍夫电流定律可推广应用于任一闭合封闭面。

基尔霍夫电压定律：任一瞬间，沿任一闭合回路绕行一周，所有电压降代数和恒为零，即 $\sum u=0$。基尔霍夫电压定律可推广应用于任一开口电路。

7. 受控源

受控源也是一种电源元件，其输出电压或电流受电路中其他地方的电压或电流控制。受控源有四种形式：电压控制电压源（VCVS），电压控制电流源（VCCS），电流控制电压源（CCVS），电流控制电流源（CCCS）。

受控电压源与受控电流源之间也可进行等效变换；含有受控源和电阻的二端电路可等效为一个电阻；含有独立源、受控源和电阻的二端电路可等效为一个电压源和电阻的串联电路。

习　题　一

1. 计算图1-44所示电路中各元件的功率，说明是吸收功率还是发出功率。

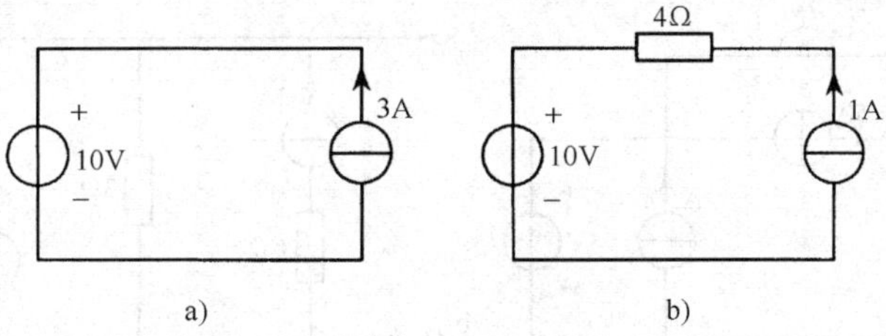

图　1-44

2. 计算图1-45所示电路中的 U 或 I。

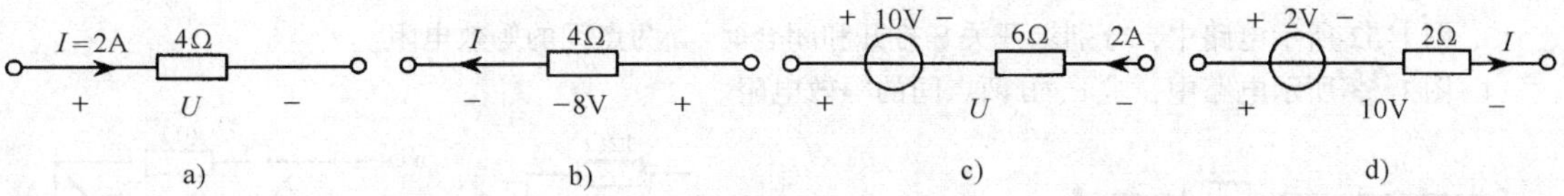

图　1-45

3. 某电容器容量 $C=5\mu F$，所加电压为 $u=200e^{-1000t}V$，设电压、电流为关联参考方向，求流过电容器的电流 i。

4. 已知0.5F电容器上电压 u_C 分别为：（1）$20\cos 50t$V；（2）$20t$V；（3）50V；求通过电容器的电流。（设电压、电流为关联参考方向）

5. 已知电感 $L=0.2H$，通过电流 $i=100(1-e^{-200t})A$，电压、电流参考方向一致，求电压 u。

6. 电感 $L=2\text{H}$，电压 $u=100\sin 50t\text{V}$，且 $i(0)=0$，u、i 参考方向一致，求电流 $i(t)$，及 $t=\frac{\pi}{300}\text{s}$ 时电流值。

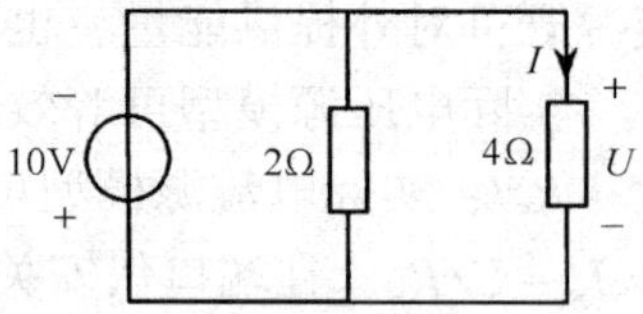

图 1-46

7. 计算图 1-46 所示电路中的电压 U 和电流 I。

8. 求图 1-47 所示电路的等效电压源模型。

9. 求图 1-48 所示电路的等效电流源模型。

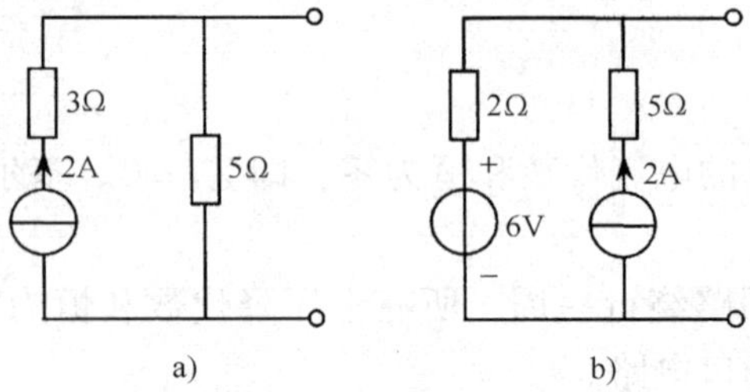

图 1-47

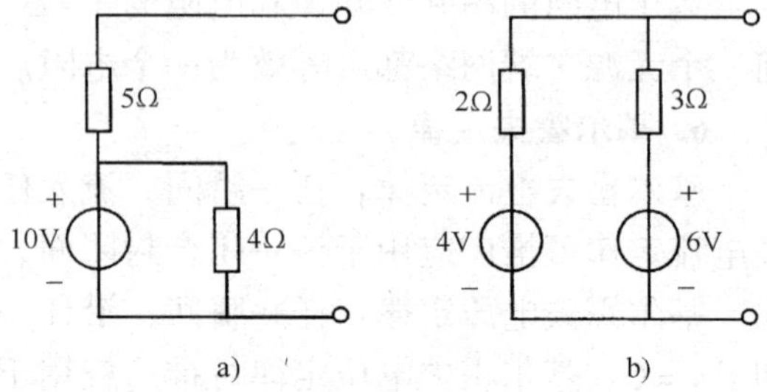

图 1-48

10. 求图 1-49 所示电路中的电压 U。

11. 求图 1-50 所示电路中 5Ω 电阻上的电流 I。

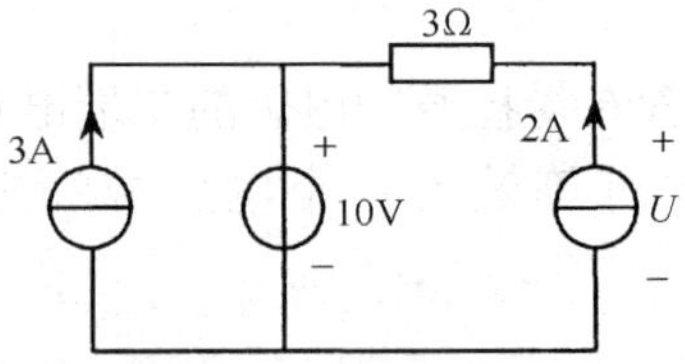

图 1-49

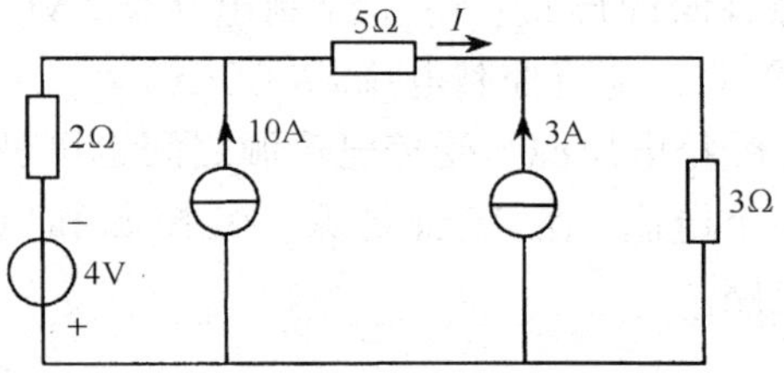

图 1-50

12. 求图 1-51 所示二端网络的最简等效电路。

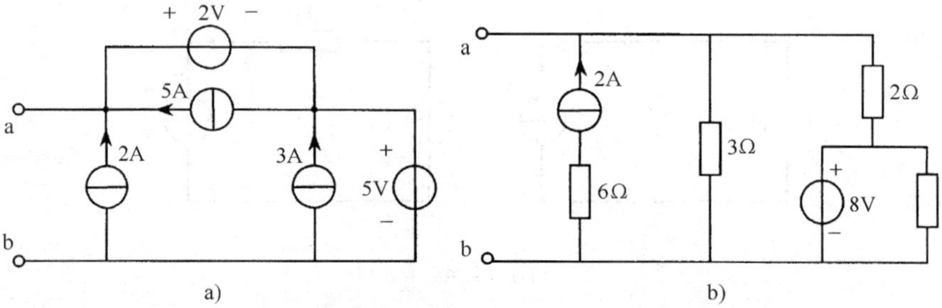

图 1-51

13. 图 1-52 所示电路中，分别求开关 S 打开和闭合时 ab 两点间的等效电阻。

14. 图 1-53 所示电路中，求 a、b 两点间的等效电阻。

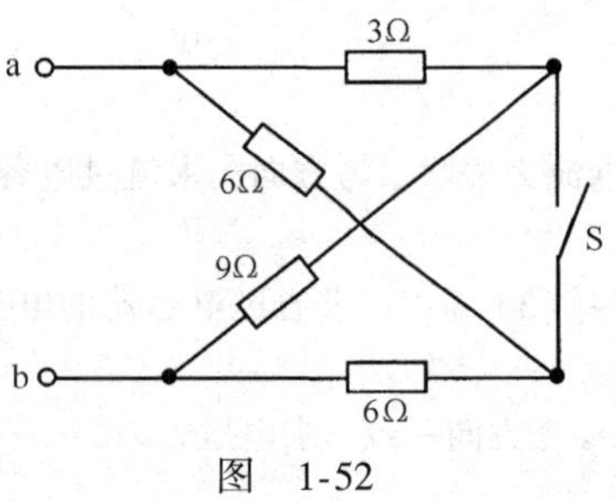

图 1-52

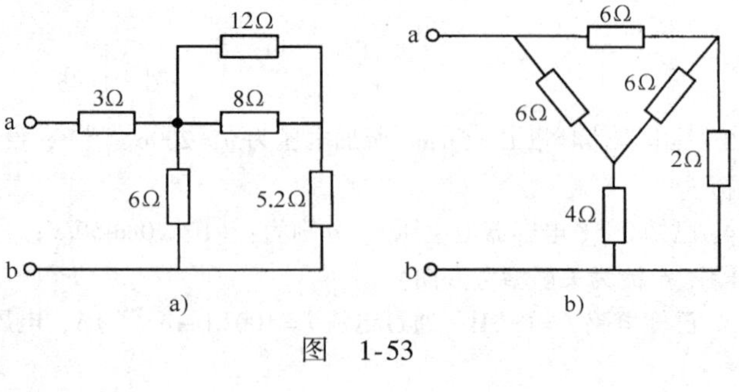

图 1-53

15. 图 1-54 所示电路中，求各元件吸收的功率。

16. 图 1-55 所示电路中，求电流 I。

17. 图 1-56 所示电路中，求 a 点和 b 点的电位。

18. 图 1-57 所示电路中，求含受控源和电阻二端网络的等效电阻。

19. 图 1-58 所示电路中，求电流 I。

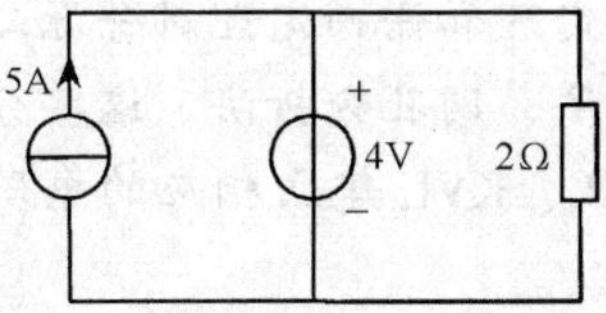

图　1-54

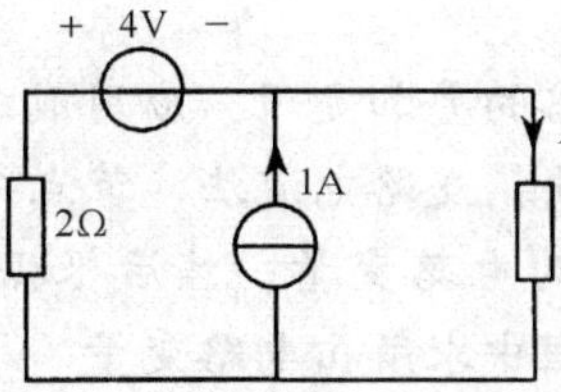

图　1-55

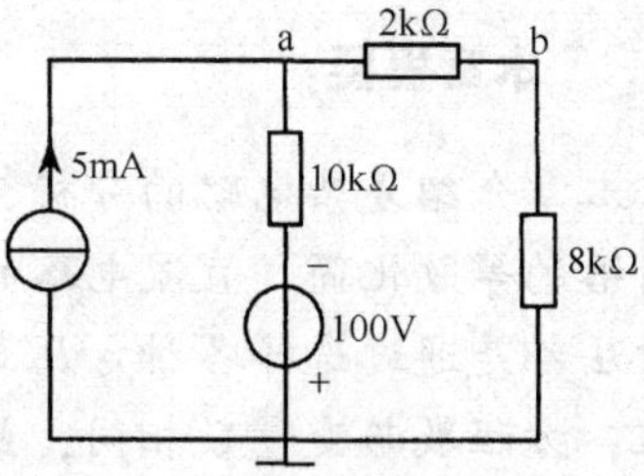

图　1-56

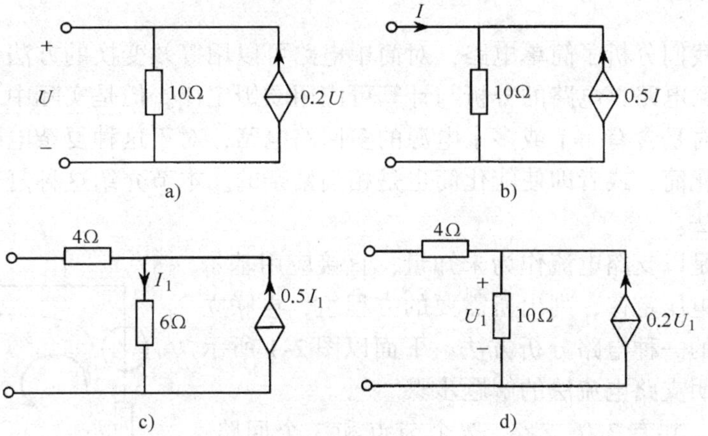

图　1-57

20. 化简图 1-59 所示电路，使其具有最简的形式。

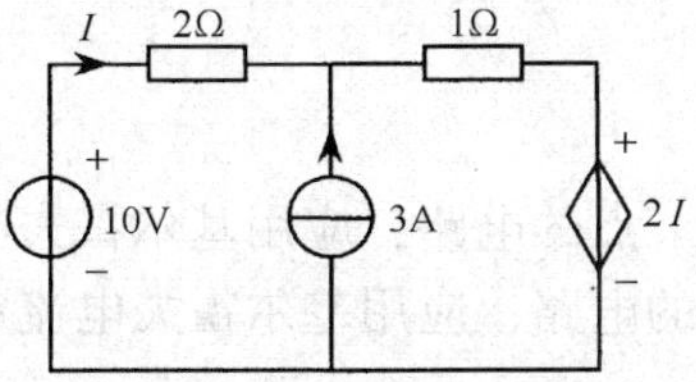

图　1-58

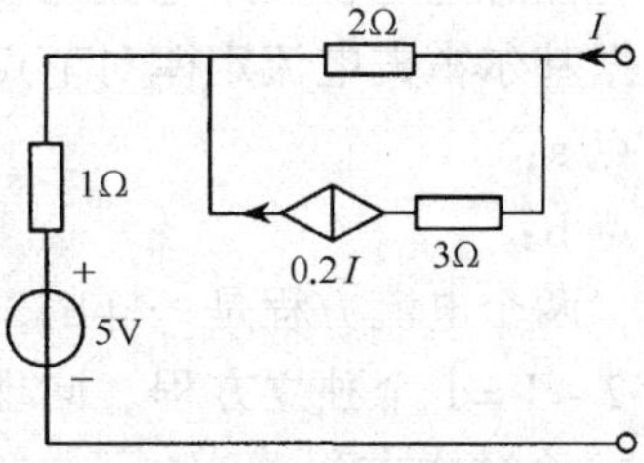

图　1-59

21. 如图 1-60 所示电路中，求电压 U。

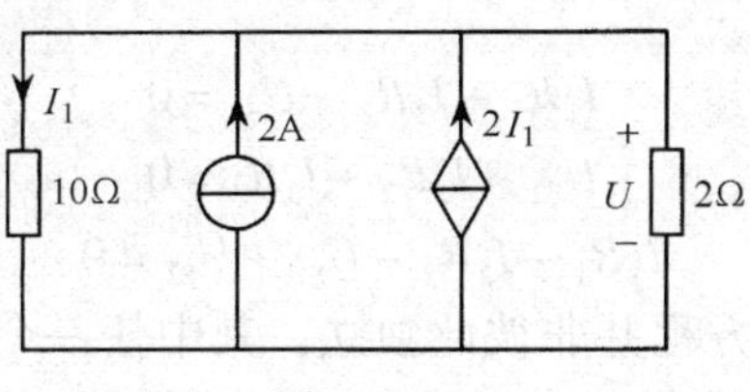

图　1-60

第 2 章　直流电路分析

本章提要：

本章介绍复杂电路的分析，线性电路的叠加定理，应用戴维南定理和诺顿定理对含源二端网络的等效化简，直流电路的分析方法：支路电流法、节点分析法、网孔分析法。这些分析方法都是通过选择各种电压或电流作为电路变量，然后根据 KCL、KVL 建立相应的电路方程，方程数与变量数相同，最后从方程中求解出电路变量。

2.1　支路电流法

上一章中，我们分析了简单电路，对简单电路可以用等效变换的方法化简成只有一个回路，即所谓单回路电路，电路的分析与计算可应用欧姆定律。但是实际中遇到的电路往往不是这种形式，有时是含有一个或多个电源的多回路电路，对于这种复杂电路，一般不能用串并联的方法进行化简，或者即使能化简也是相当繁杂的。本节介绍这种复杂电路的分析方法之一：支路电流法。

支路电流法是以支路电流作为未知量，直接应用基尔霍夫电流定律、电压定律，列出所需要的方程组，再联立解出各支路电流的一种电路分析方法。下面以图 2-1 所示电路为例，来说明支路电流法的解题步骤。

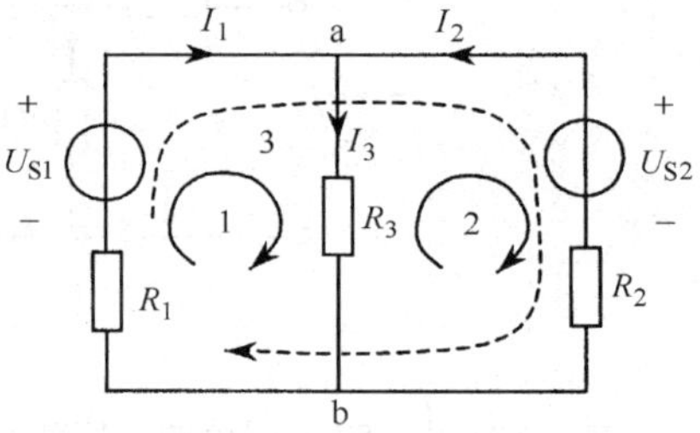

图 2-1　支路电流法

在本电路中，共有 3 条支路，2 个节点和 3 个回路，为求出 3 个未知支路电流，需要列出三个独立方程。列方程时，首先任意选定各支路电流的参考方向，如图 2-1 中所示，根据基尔霍夫电流定律对节点列出电流方程。

对节点 a：　$I_1 + I_2 - I_3 = 0$

对节点 b：　$I_3 - I_1 - I_2 = 0$

显然，两个电流方程是一样的。因此，对具有 2 个节点的电路，应用基尔霍夫电流定律只能列出 $2-1=1$ 个独立方程。同理，对具有 n 个节点的电路，应用基尔霍夫电流定律只能列出$(n-1)$个独立方程。

然后，选定回路绕行方向(回路绕行方向如图中所示)，根据基尔霍夫电压定律对回路列出电压方程。

对回路 1：　$I_1R_1 + I_3R_3 - U_{S1} = 0$

对回路 2：　$U_{S2} - I_2R_2 - I_3R_3 = 0$

对回路 3：　$I_1R_1 - I_2R_2 - U_{S1} + U_{S2} = 0$

不难发现，上述三个回路方程并非彼此独立，其中任一个方程都可以从其他两个方程中推导出来，如回路 1、回路 2 两式相加可得到回路 3 方程，所以只有两个方程是独立的。

可以证明，对于有 b 条支路，n 个节点的电路，应用基尔霍夫电压定律能列出 $l = b -$

$(n-1)$个独立回路电压方程。与这些方程相对应的回路称为独立回路。独立回路的选择，原则上是任意的，只要使所选回路中至少具有一条新支路，那么这个回路就一定是独立的。通常平面电路中的单孔回路(称为网孔)就是一个独立回路，网孔数即为独立回路数，所以一般取网孔作为独立回路，据此所列出的回路电压方程就是独立方程。

综上所述，可将支路电流法的解题步骤归纳如下：

1）任意选定各支路(b条支路)电流参考方向。

2）按基尔霍夫电流定律，对$(n-1)$个独立节点列出节点电流方程。

3）通常取网孔为独立回路，独立回路个数为$l=b-(n-1)$，设定独立回路绕行方向，应用基尔霍夫电压定律，对独立回路列电压方程。

4）联立求解2)、3)两步得到的b个方程，由此得到待求的各支路电流。

例2-1　图2-2所示电路中，设$U_{S1}=140V$，$U_{S2}=90V$，$R_1=20\Omega$，$R_2=5\Omega$，$R_3=6\Omega$，试求各支路电流。

解　1）选定各支路电流参考方向，如图2-2所示。

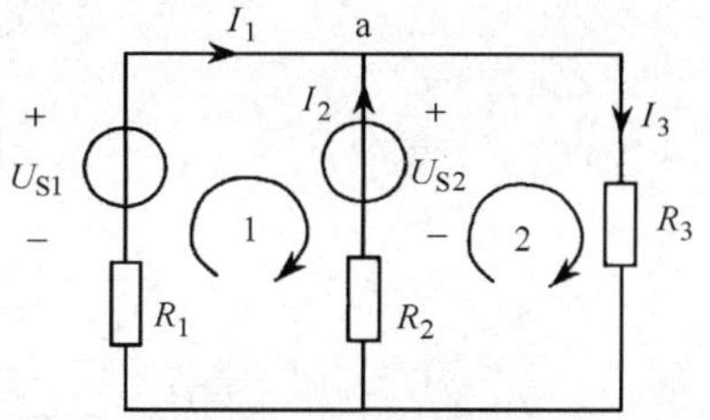

图2-2　例2-1电路

2）本电路节点数$n=2$，可列出一个独立节点电流方程，对节点a有

$$I_1+I_2-I_3=0$$

3）本电路支路数$b=3$，取网孔为独立回路，并设定回路的绕行方向如图2-2所示，根据基尔霍夫电压定律，可得

回路1　　$I_1R_1-I_2R_2-U_{S1}+U_{S2}=0$

回路2　　$I_2R_2+I_3R_3-U_{S2}=0$

以上三式代入已知数据，有$\begin{cases}I_1+I_2-I_3=0\\20I_1-5I_2-140V+90V=0\\5I_2+6I_3-90V=0\end{cases}$

再联立求解，解得

$$I_1=4A,\quad I_2=6A,\quad I_3=10A$$

例2-2　在图2-3所示电路中，列出求解各支路电流所需的方程。

解　这个电路的支路数$b=6$，节点数$n=4$。各支路电流参考方向如图2-3中所示，因此应用基尔霍夫定律可列出下列6个方程：

对节点a　　$I_1+I_2-I_5=0$

对节点b　　$-I_1-I_3+I_4=0$

对节点c　　$I_3+I_5-I_6=0$

对回路1

$$I_1R_1+I_5R_5-I_3R_3=U_{S1}-U_{S3}$$

对回路2

$$I_2R_2+I_5R_5+I_6R_6=U_{S2}$$

对回路3　　$I_3R_3+I_6R_6+I_4R_4=U_{S3}+U_{S4}$

由本例可见，应用支路电流法，所列方程比较直观，但必须联立求解6个方程。当电路比较复杂、支路数较多时，手算求解很费时间。

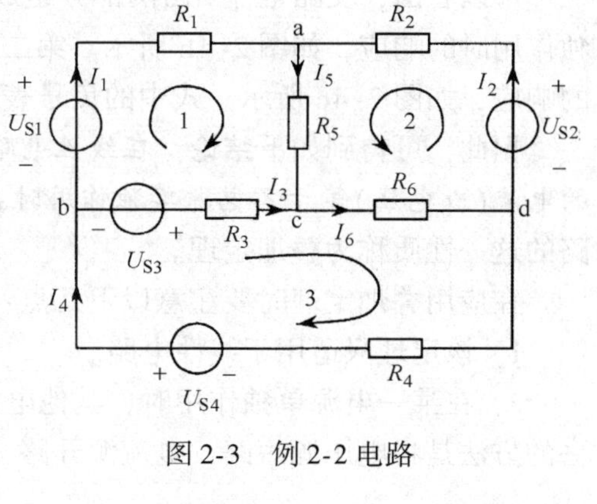

图2-3　例2-2电路

2.2 叠加定理与替代定理

2.2.1 叠加定理

叠加定理是反映线性电路基本性质的一个重要定理，下面以图 2-4 所示电路为例加以说明。在图 2-4a 所示电路中，如果求电路中电流 I，应用基尔霍夫定律列出方程为

$$(R_1+R_2+R_3)I+U_{S2}-U_{S1}=0$$

$$I=\frac{U_{S1}-U_{S2}}{R_1+R_2+R_3}=\frac{U_{S1}}{R_1+R_2+R_3}-\frac{U_{S2}}{R_1+R_2+R_3}$$

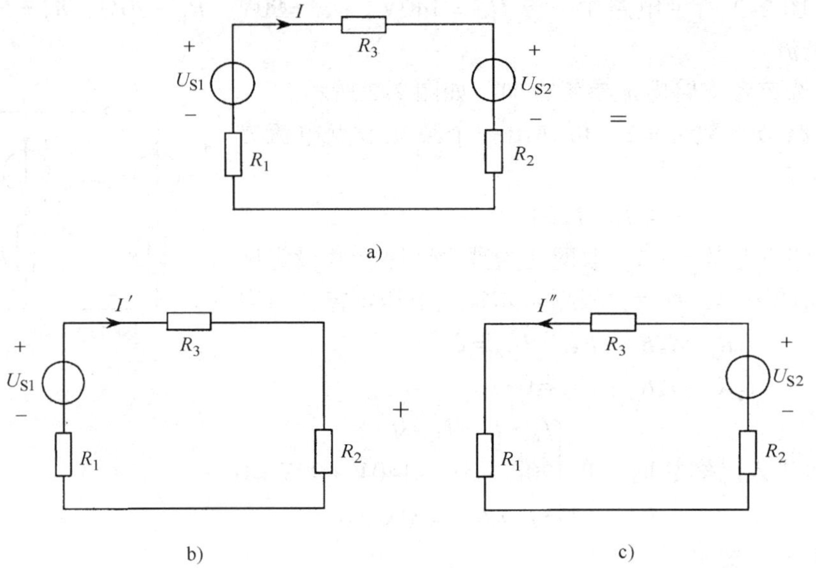

图 2-4 叠加定理说明

若设 $I'=\frac{U_{S1}}{R_1+R_2+R_3}$，$I''=\frac{U_{S2}}{R_1+R_2+R_3}$

则 $I=I'-I''$

可以看出，支路电流 I 由两部分组成，第一部分 I' 是把 U_{S2} 视为零值(U_{S2} 短路)、U_{S1} 单独作用时的响应，如图 2-4b 所示。第二部分 I'' 是把 U_{S1} 视为零值(U_{S1} 短路)、U_{S2} 单独作用时的响应，如图 2-4c 所示。式中的负号表示 I'' 的参考方向与 I 的参考方向相反。

据此，可得到如下**结论**：*在线性电路中，当有多个电源共同作用时，在电路中任一支路的电流(或电压)等于各电源单独作用时在该支路所产生的电流(或电压)的代数和。*线性电路的这一性质称为叠加定理。

在应用叠加定理时要注意以下几点：

1）该定理只适用于线性电路。

2）在某一电源单独作用时，其他电源不起作用，也就是将电路中其他电源均除去，除去的方法是将电压源短路，电流源开路，但它们的内阻(如果给出的话)仍保留在原处。

3）叠加时要注意电流（或电压）的参考方向。当各电源单独作用时电路的电流（或电压）与原电路中电流（或电压）的参考方向相同时，取正号；相反时取负号。

4）在线性电路中，电压、电流可以叠加，但不能用叠加定理来计算功率。因为功率与电流（或电压）之间不是线性关系。例如图 2-4 中电阻 R_3 的功率 $P_3 = I^2R_3 = (I' - I'')^2R_3 \neq I'^2R_3 - I''^2R_3$。

5）应用叠加定理时，受控源要与电阻一样看待。即叠加时只对独立电源产生的电流（或电压）进行叠加，受控源在每个独立电源单独作用时都应在相应的电路中保留。

例 2-3　用叠加定理求图2-5a 所示电路中的电流 I_1 和 I_2。已知 $R_1 = 12\Omega$，$R_2 = 6\Omega$，$U_S = 9V$，$I_S = 3A$。

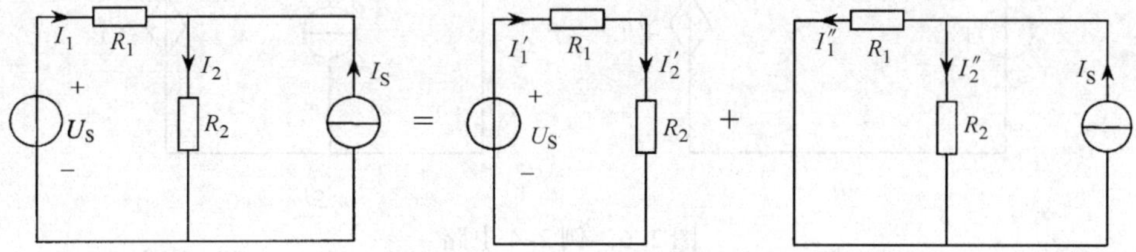

图 2-5　例 2-3 电路

解　电路由两个电源 U_S 和 I_S 共同作用。电压源 U_S 单独作用时，电流源 I_S 开路，电路如图 2-5b 所示，由此可求得

$$I_1' = I_2' = \frac{U_S}{R_1 + R_2} = \frac{9}{12+6}A = 0.5A$$

当电流源 I_S 单独作用时，则电压源 U_S 短路，电路如图 2-5c 所示，由此可求得

$$I_1'' = \frac{R_2}{R_1 + R_2}I_S = \frac{6}{12+6} \times 3A = 1A$$

$$I_2'' = \frac{R_1}{R_1 + R_2}I_S = \frac{12}{12+6} \times 3A = 2A$$

叠加后得

$$I_1 = I_1' - I_1'' = (0.5-1)\ A = -0.5A$$

$$I_2 = I_2' + I_2'' = (0.5+2)\ A = 2.5A$$

例 2-4　用叠加定理求图 2-6a 所示电路中的电压 U_1。

解　由图可见，这是一个含有受控源的电路，根据叠加定理，4V 电压源单独作用时的电路如图 2-6b 所示，用基尔霍夫电压定律列方程得

$$U_1' + 4V - 2U_1' - 3I = 0$$

其中 $I = -\frac{U_1'}{2}$，代入上式解得

$$U_1' = -8V$$

2A 电流源单独作用时的电路如图 2-6c 所示，由基尔霍夫定律列方程有

$$\begin{cases} I_1 = I_2 + 2A \\ 3I_2 + U_1'' - 2U_1'' = 0 \end{cases}$$

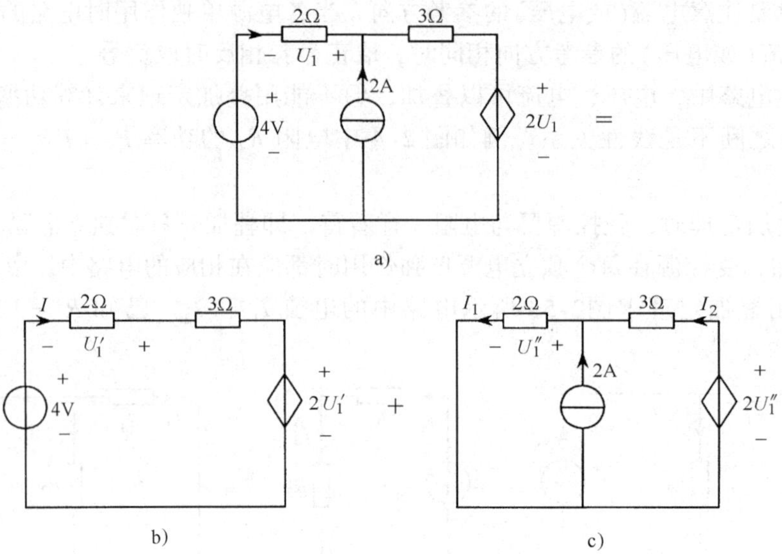

图 2-6 例 2-4 电路

又因为 $U_1''=2I_1$，解此方程组得

$$U_1''=12\text{V}$$

根据叠加定理有 $U_1=U_1'+U_1''=(-8+12)\text{V}=4\text{V}$

2.2.2 替代定理

在一个电路中，能否将某一电路元件用其他形式的电路元件来替换，而整个电路其余各部分的工作状态不改变？若能替换，那么所用的替换元件与被替换元件之间应遵循什么规则？这就是替代定理要阐述的内容。

替代定理指出：在任一电路中，若已知第 k 条支路的电压为 U_k、电流为 I_k，则不论该支路由什么元件组成，总可以用以下三种元件中的任意一种来替代：①电压为 U_k 的电压源；②电流为 I_k 的电流源；③阻值为 $R=\dfrac{U_k}{I_k}$的电阻。这样替代后，电路中各处电流电压均不变。

先用一个具体例子来说明该定理的正确性。图 2-7a 所示电路是例 2-1 的电路。前面已用支路电流法求得各支路电流为 $I_1=4\text{A}$，$I_2=6\text{A}$，$I_3=10\text{A}$。现用 $I_S=4\text{A}$ 的电流源来替代 I_1 支路，得到图 2-7b 所示电路。

用叠加定理对该电路进行计算，$I_S=4\text{A}$ 电流源单独作用时，将 $U_{S2}=90\text{V}$ 电压源短路，得到图 2-7c 所示电路，由此可求得

$$I_2'=\frac{R_3}{R_2+R_3}I_S=\frac{6}{5+6}\times4\text{A}=\frac{24}{11}\text{A}$$

$$I_3'=\frac{R_2}{R_2+R_3}I_S=\frac{5}{5+6}\times4\text{A}=\frac{20}{11}\text{A}$$

$U_{S2}=90\text{V}$ 电压源单独作用时，将 $I_S=4\text{A}$ 电流源开路，得图 2-7d 所示电路，由此可求得

$$I_2''=I_3''=\frac{U_{S2}}{R_2+R_3}=\frac{90}{5+6}\text{A}=\frac{90}{11}\text{A}$$

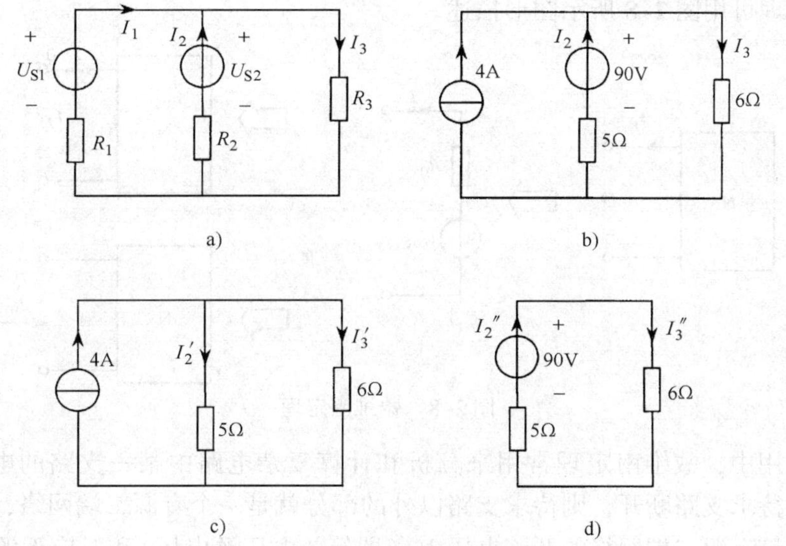

图 2-7　替代定理

当两个电源共同作用，得

$$I_2 = -I_2' + I_2'' = \left(-\frac{24}{11} + \frac{90}{11}\right)\text{A} = 6\text{A}$$

$$I_3 = I_3' + I_3'' = \left(\frac{20}{11} + \frac{90}{11}\right)\text{A} = 10\text{A}$$

由上面的计算结果可见，替代后电路中其他支路的电流不变，与原值相等。

对于替代定理的正确性，也可用数学解的惟一性定理来说明。以各支路电流或电压为未知量所列出的方程组，只要存在惟一确定解，则将其中一个未知量用其解去替代，不会引起其他变量解的变化。这样，替代后的电路与原电路具有相同形式的电路方程，替代定理是成立的。需要特别指出的是，使用替代定理时，并不要求电路是线性电路。

2.3　戴维南定理与诺顿定理

在某些情况下，我们只需计算复杂电路中某一特定支路的电流或电压，为了使计算简便，可不必如前面所述对复杂电路进行全面求解来算出这一支路的电流或电压值，这就要用到戴维南定理与诺顿定理。

任何一个具有两个端钮的网络，不管其内部结构如何，都称为二端网络，也称为单口网络。网络内部若含有独立电源(电压源或电流源)，则称为有源二端网络，否则称为无源二端网络。

2.3.1　戴维南定理

对于任意线性有源二端网络，对外电路的作用可以用一个理想电压源和内阻串联的电源模型来等效，其中电压源的电压等于该二端网络的开路电压 U_{oc}，内阻 R_0 等于有源二端网络除去电源(理想电压源短路,理想电流源开路)后所得无源二端网络的等效电阻，这就是戴维南定理。

戴维南定理可用图 2- 8 所示图形描述。

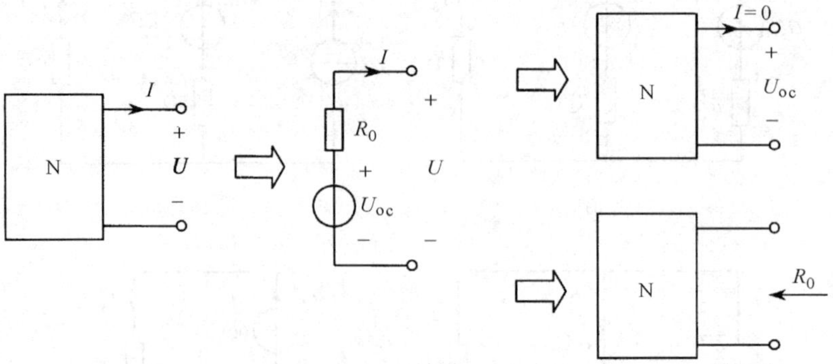

图 2- 8　戴维南定理

在实际应用中，戴维南定理常用来分析和计算复杂电路中某一支路的电流(或电压)。方法是：先将待求支路断开，则待求支路以外的部分就是一个有源二端网络，这时先应用戴维南定理求出该有源二端网络的开路电压 U_{oc}(即等效电压源电压)和对应无源网络的等效电阻 R_0(即等效电压源内阻)，然后接上待求支路，即可求出待求量。

图 2-9a 所示为含源二端网络(点划线内部的电路)与外电路电阻 R 串联的电路，根据戴维南定理，含源二端网络(点划线内部的电路)对外电路的作用可用图 2-9b 所示点划线内部电路来等效。所谓等效仍是指对外部电路而言，即变换前后该网络的端口电压 U 和电流 I 保持不变。

图 2-9b 的等效电路是一个简单的电路，其中电流可由下式计算：

$$I = \frac{U_{oc}}{R_0 + R} \tag{2-1}$$

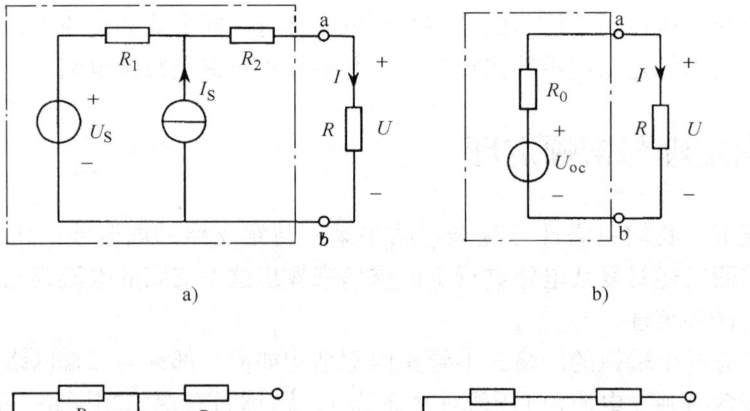

图 2-9　戴维南定理的应用

由戴维南定理可知，等效电压源电压 U_{oc} 和内阻 R_0 可通过下述方法计算：

电压 U_{oc} 在数值上等于把外电路断开后 a、b 两端之间的电压，即二端网络的开路电压。如图 2-9c 所示，由图可得该电路的开路电压为

$$U_{oc}=I_S R_1+U_S$$

内阻 R_0 等于有源二端网络化为无源二端网络，即所有电源均除去(将各理想电压源短路，理想电流源开路)后从 a、b 两端看进去的等效电阻。如图 2-9d 所示，由图得该电路的等效电阻为

$$R_0=R_1+R_2$$

值得注意的是，应用戴维南定理时，遇到含有受控源的电路，求开路电压 U_{oc} 是对含受控源电路的计算，前面介绍的含受控源电路的分析方法均可采用。求等效电压源中的内阻 R_0 时，去掉独立源，受控源要同电阻一样保留，此时等效电阻的计算采用外加电源法，即在两端口处外加一电压 U，求得端口处的电流 I，则 $R=\dfrac{U}{I}$ 即为等效内阻 R_0。

例 2-5 应用戴维南定理计算图2-10a 所示电路中通过电阻 R_3 的电流 I_3。

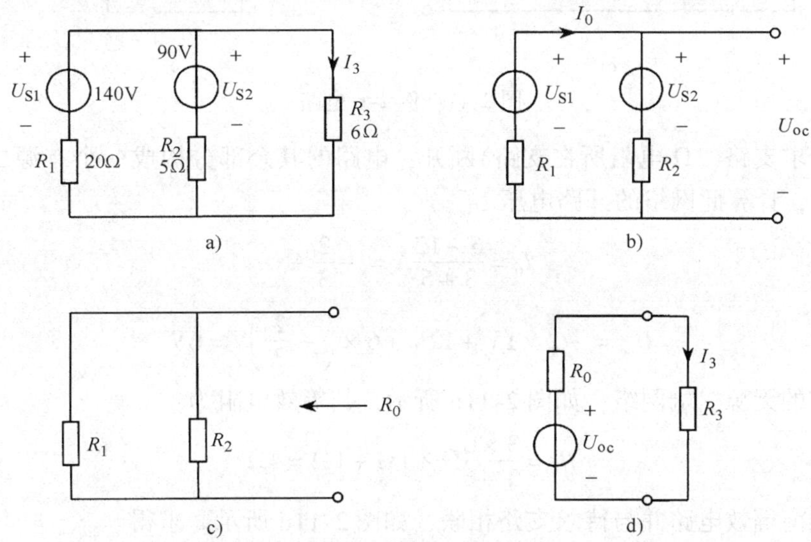

图 2-10 例 2-5 电路

解 将 R_3 电阻支路断开，电路的其余部分构成一个有源二端网络，如图 2-10b 所示。此网络的开路电压 U_{oc} 计算如下：

$$I_0=\frac{U_{S1}-U_{S2}}{R_1+R_2}=\frac{140-90}{20+5}\text{A}=2\text{A}$$

$$U_{oc}=U_{S2}+I_0R_2=(90+2\times5)\text{V}=100\text{V}$$

作出相应的无源二端网络，如图 2-10c 所示，其等效电阻为

$$R_0=\frac{R_1R_2}{R_1+R_2}=\frac{20\times5}{20+5}\Omega=4\Omega$$

作出戴维南等效电路并与待求支路相联，如图 2-10d 所示。求得

$$I_3=\frac{U_{oc}}{R_0+R_3}=\frac{100}{4+6}\text{A}=10\text{A}$$

例 2-6 应用戴维南定理求图2-11a 所示电路中 2Ω 电阻的电流 I。

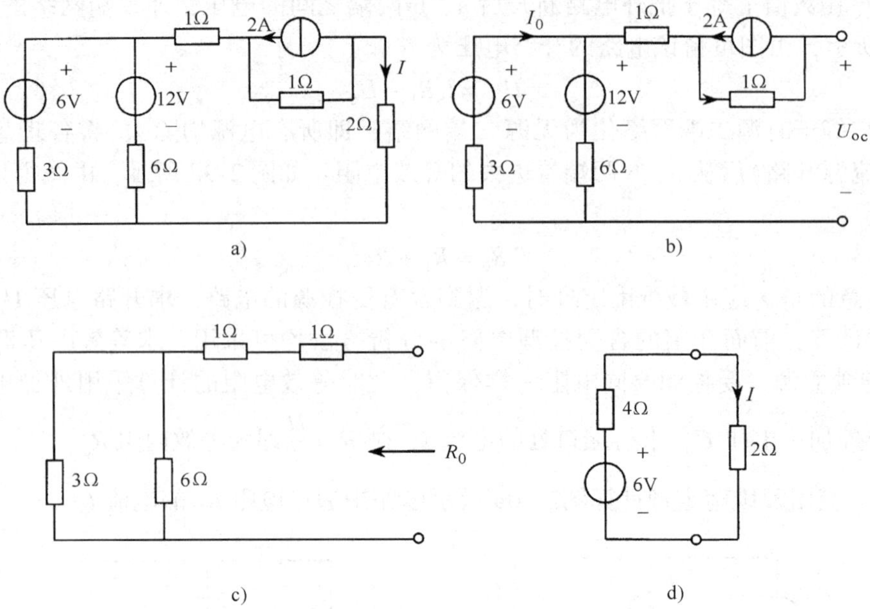

图 2-11 例 2-6 电路

解 将待求支路(2Ω 电阻所在支路)断开，电路的其余部分构成一个有源二端网络，如图 2-11b 所示，计算此网络的开路电压 U_{oc}。

$$I_0 = \frac{6-12}{3+6}\text{A} = -\frac{2}{3}\text{A}$$

$$U_{oc} = -2\times 1\text{V} + 12\text{V} + 6\times\left(-\frac{2}{3}\right)\text{V} = 6\text{V}$$

作出相应的无源二端网络，如图 2-11c 所示，其等效电阻为

$$R_0 = \frac{3\times 6}{3+6}\Omega + 1\Omega + 1\Omega = 4\Omega$$

作出戴维南等效电路并与待求支路相联，如图 2-11d 所示。求得

$$I = \frac{6}{4+2}\text{A} = 1\text{A}$$

例 2-7 图 2-12a 电路中，已知 $R_1=6\Omega$，$R_2=4\Omega$，$U_S=10\text{V}$，$I_S=4\text{A}$，$r=10\Omega$，用戴维南定理求电流源的端电压 U_3。

解 将待求支路断开，即将电流源从原电路中断开移去，如图 2-12b 所示电路中求开路电压 U_{oc}。因为端钮电流为零，所以有

$$I_1 = \frac{U_S}{R_1+R_2} = \frac{10}{6+4}\text{A} = 1\text{A}$$

$$U_{oc} = -rI_1 + I_1R_2 = -10\times 1\text{V} + 1\times 4\text{V} = -6\text{V}$$

作出相应的无源二端网络，如图 2-12c 所示，注意该图中仅将原网络中的电压源看作短路，而保留了受控电压源，采用外加电源法，在端钮间外加一电压 U，端钮处电流为 I，则根据分流公式，有

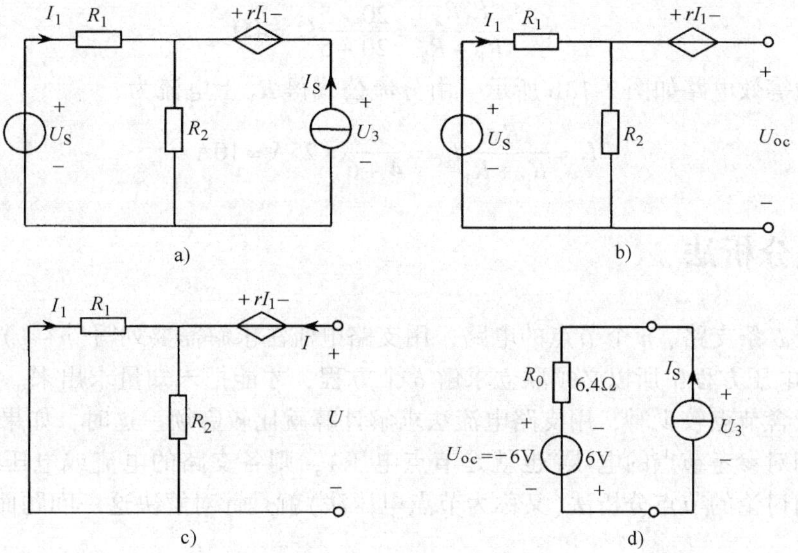

图 2-12　例 2-7 电路

$$I_1 = -\frac{R_2}{R_1 + R_2}I = -\frac{4}{6+4}I = -0.4I$$

$$U = -rI_1 - R_1 I_1 = (-10-6) \times (-0.4I) = 6.4I$$

所以其等效电阻为

$$R_0 = \frac{U}{I} = 6.4\Omega$$

作出戴维南等效电路并与待求支路相联，如图 2-12d 所示。因为计算出的 $U_{oc} = -6V$，因而图 2-12d 中的等效电压源实际极性为上负下正。由图可求得

$$U_3 = I_S R_0 + U_{oc} = 4 \times 6.4V - 6V = 19.6V$$

2.3.2　诺顿定理

在戴维南定理中等效电源是用电压源来表示的，根据前面所述，一个电源除了可以用理想电压源和内阻串联的电源模型表示外，还可以用理想电流源和内阻并联的电源模型来等效。

诺顿定理的内容是：任何一个线性有源二端网络，对外电路来说，可以用一个理想电流源和电阻并联的电源模型来代替，其中理想电流源的电流 I_S 等于二端网络的短路电流 I_{SC}（即将两端钮短接后其中的电流），内阻 R_0 等于有源二端网络中所有电源均除去（理想电压源短路，理想电流源开路）后所得无源二端网络的等效电阻。

例 2-8　如例 2-5 中图 2-10a 所示电路，用诺顿定理重求电阻 R_3 上的电流 I_3。

解　将 R_3 电阻支路断开，电路的其余部分构成一个有源二端网络，求此网络的短路电流 I_{SC}，电路如图2-13a 所示，计算如下：

$$I_{SC} = \frac{U_{S1}}{R_1} + \frac{U_{S2}}{R_2} = \frac{140}{20}A + \frac{90}{5}A = 25A$$

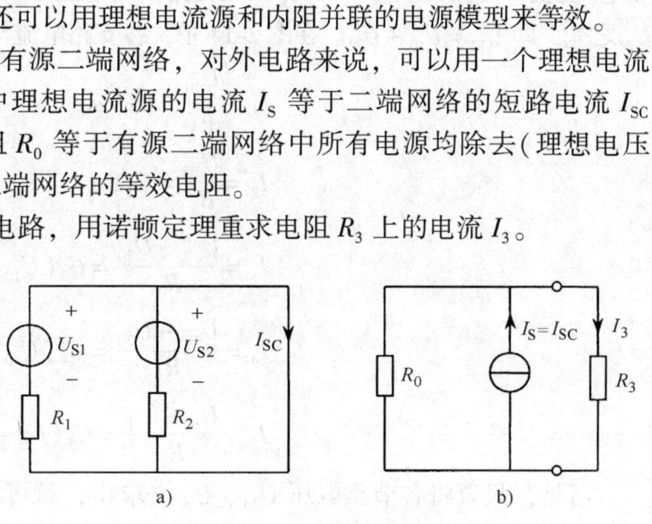

图 2-13　例 2-8 电路

无源二端网络等效电阻为

$$R_0=\frac{R_1R_2}{R_1+R_2}=\frac{20\times5}{20+5}\Omega=4\Omega$$

化简后的等效电路如图2-13b所示。由分流公式得 R_3 上电流为

$$I_3=\frac{R_0}{R_0+R_3}I_{SC}=\frac{4}{4+6}\times25\text{A}=10\text{A}$$

2.4 节点分析法

对于一个 b 条支路、n 个节点的电路，用支路电流法求解需要列写 $(n-1)$ 个电流方程和 $b-(n-1)$ 个电压方程，所以必须联立求解 b 个方程，才能把未知量求出来。当电路的支路数较多，而所含节点较少时，用支路电流法求解计算就比较麻烦。这时，如果能求出电路中各独立节点相对参考节点的电压(也就是节点电压)，则各支路的电流或电压就可以很方便地求出。下面讨论的节点分析法(又称为节点电压法)就是针对解决这一问题而提出来的。

2.4.1 节点电压方程的一般形式

节点分析法的基本思想是用节点电压作为未知量，按照基尔霍夫电流定律列写方程。首先以电路中的某一节点作为参考节点，并将它设定为零电位点，则其他独立节点对该参考节点的电压就是节点电压。当节点电压通过联立方程求得后，各支路电流就可以通过节点电压求得。下面通过图2-14所示电路加以说明。

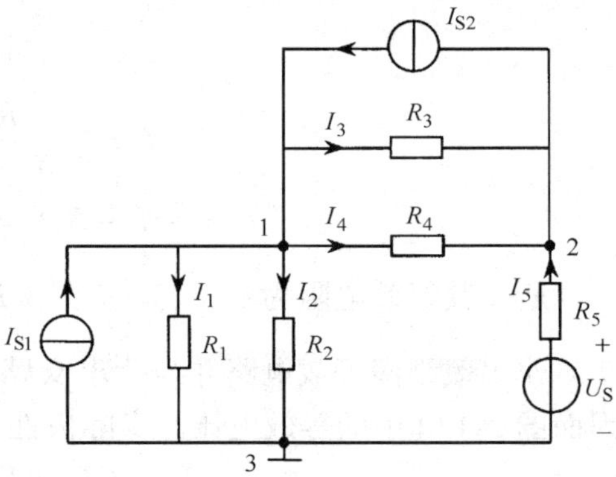

图2-14 节点分析法

在电路中，首先选定任一节点(如节点3)作为参考节点，则节点1和节点2对应于参考节点的电压分别为 U_{10} 和 U_{20}，节点电压的参考方向规定为由独立节点指向参考节点。这样，各支路电压均可用节点电压表示。例如支路3（即 R_3 所在支路）的电压 U_{12} 可表示为节点1的电压 U_{10} 和节点2的电压 U_{20} 之差，即 $U_{12}=U_{10}-U_{20}$。在图2-14中，各支路电流与节点电压之间关系如下：

$$\left.\begin{aligned}
I_1&=\frac{U_{10}}{R_1}=G_1U_{10}\\
I_2&=\frac{U_{10}}{R_2}=G_2U_{10}\\
I_3&=\frac{U_{10}-U_{20}}{R_3}=G_3(U_{10}-U_{20})\\
I_4&=\frac{U_{10}-U_{20}}{R_4}=G_4(U_{10}-U_{20})\\
I_5&=\frac{U_S-U_{20}}{R_5}=G_5(U_S-U_{20})
\end{aligned}\right\}\qquad(2\text{-}2)$$

可见，只要将各节点电压 U_{10}、U_{20} 先求出，就可以根据基尔霍夫电压定律或欧姆定律求出各支路电流 $I_1\sim I_5$。节点电压法就是以电路的 $(n-1)$ 个独立节点电压为未知量列写方程而

求解电路的分析方法。下面进一步说明如何建立节点电压方程。

根据基尔霍夫电流定律列写节点 1 和 2 的 KCL 方程

节点 1　$-I_1 - I_2 - I_3 - I_4 + I_{S1} + I_{S2} = 0$

节点 2　$I_3 + I_4 + I_5 - I_{S2} = 0$

将式(2-2)中的 $I_1 \sim I_5$ 代入上面两式，得

$$\begin{cases} -G_1U_{10} - G_2U_{10} - G_3(U_{10} - U_{20}) - G_4(U_{10} - U_{20}) + I_{S1} + I_{S2} = 0 \\ G_3(U_{10} - U_{20}) + G_4(U_{10} - U_{20}) + G_5(U_S - U_{20}) - I_{S2} = 0 \end{cases}$$

将以上两式整理后可得到：

$$\begin{cases} (G_1 + G_2 + G_3 + G_4)U_{10} - (G_3 + G_4)U_{20} = I_{S1} + I_{S2} \\ -(G_3 + G_4)U_{10} + (G_3 + G_4 + G_5)U_{20} = G_5U_S - I_{S2} \end{cases} \tag{2-3}$$

式(2-3)就是图 2-14 所示电路的节点电压方程。式中，令 $G_{11} = G_1 + G_2 + G_3 + G_4$，是与节点 1 相连的所有电导之和，称为自电导；同理 $G_{22} = G_3 + G_4 + G_5$，是与节点 2 相连的所有电导之和，自电导取正值。$G_{12} = G_{21} = -(G_3 + G_4)$，是节点 1 和节点 2 之间连接的所有电导之和，称为互电导，互电导取负值。等号右边令：$I_{S11} = I_{S1} + I_{S2}$，$I_{S22} = G_5U_S - I_{S2}$，分别为流入节点 1 和节点 2 的电流源电流的代数和(流入取正,流出取负)；若是电压源与电阻相串联的支路，则等效变换成电流源与电导相并联的支路。这样，式(2-3)可写成：

$$\begin{cases} G_{11}U_{10} + G_{12}U_{20} = I_{S11} \\ G_{21}U_{10} + G_{22}U_{20} = I_{S22} \end{cases} \tag{2-4}$$

式(2-4)是具有两个独立节点电路的节点电压方程的一般形式。将式(2-4)推广，若电路中有 n 个节点，将第 n 个节点指定为参考节点，则对于其他 $n-1$ 个独立节点，其节点电压方程的一般形式为：

$$\begin{cases} G_{11}U_{10} + G_{12}U_{20} + \cdots + G_{1(n-1)}U_{(n-1)0} = I_{S11} \\ G_{21}U_{10} + G_{22}U_{20} + \cdots + G_{2(n-1)}U_{(n-1)0} = I_{S22} \\ \cdots\cdots \\ G_{(n-1)1}U_{10} + G_{(n-1)2}U_{20} + \cdots + G_{(n-1)(n-1)}U_{(n-1)0} = I_{S(n-1)(n-1)} \end{cases} \tag{2-5}$$

式中有相同下标的电导 G_{11}、G_{22}…、$G_{(n-1)(n-1)}$ 分别为各节点的自电导，有不同下标的电导 G_{12}、G_{21}……分别为各节点之间的互电导，并且互电导之间有：$G_{ij} = G_{ji}$。自电导为正，互电导为负。若两节点间没有电导支路相连时，则相应的互电导为零。

根据以上讨论，可归纳出节点电压法分析电路的步骤如下：

1）任意选定某一节点为参考节点，并将其余各节点对应于参考节点的电压(节点电压)作为未知量，指定各节点电压的参考方向均从独立节点指向参考节点。

2）按照式(2-5)节点电压方程的一般形式，列出节点电压方程。

3）联立求解方程组，解得各节点电压。

4）根据解得的各节点电压值求出其他待求量。

在含有 n 个节点的电路中，节点分析法只需对$(n-1)$个独立节点列写 KCL 方程，所以这种分析方法对节点数较少的电路特别适用。

例 2-9　在图 2-15 所示电路中，已知 $I_{S1} = 4\text{A}$，$I_{S2} = 2\text{A}$，$I_{S3} = 4\text{A}$，$U_S = 4\text{V}$，$R_1 = 3\Omega$，$R_2 = 1\Omega$，$R_3 = 2\Omega$，用节点分析法求 R_1、R_2、R_3 各支路电流。

解 本电路有3个节点，选定节点3为参考点，设独立节点1、2的电压分别为 U_{10} 和 U_{20}。列节点电压方程

$$\begin{cases}\left(\dfrac{1}{R_1}+\dfrac{1}{R_2}\right)U_{10}-\dfrac{1}{R_2}U_{20}=I_{S1}-I_{S2}\\ -\dfrac{1}{R_2}U_{10}+\left(\dfrac{1}{R_2}+\dfrac{1}{R_3}\right)U_{20}=I_{S2}-I_{S3}+\dfrac{U_S}{R_3}\end{cases}$$

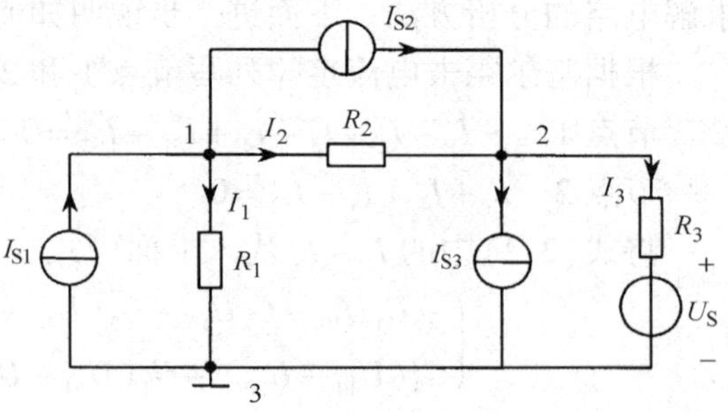

图2-15 例2-9电路

将已知数据代入方程得

$$\begin{cases}\left(\dfrac{1}{3\Omega}+\dfrac{1}{1\Omega}\right)U_{10}-\dfrac{1}{1\Omega}\cdot U_{20}=(4-2)\text{A}\\ -\dfrac{1}{1\Omega}\cdot U_{10}+\left(\dfrac{1}{1\Omega}+\dfrac{1}{2\Omega}\right)U_{20}=\left(2-4+\dfrac{4}{2}\right)\text{A}\end{cases}$$

解方程组得

$$U_{10}=3\text{V}\qquad U_{20}=2\text{V}$$

选定各支路电流参考方向如图所示，解得

$$I_1=\frac{U_{10}}{R_1}=\frac{3}{3}\text{A}=1\text{A}$$

$$I_2=\frac{U_{10}-U_{20}}{R_2}=\frac{3-2}{1}\text{A}=1\text{A}$$

$$I_3=\frac{U_{20}-U_S}{R_3}=\frac{2-4}{2}\text{A}=-1\text{A}$$

2.4.2 电路中含理想电压源支路的处理方法

当电路中某一支路只含有理想电压源时，因为理想电压源不能变换为等效的电流源，所以上述方法不能直接采用。如何解决这一问题，下面将通过一个例子加以说明。

例2-10 用节点电压法求图2-16所示电路中各支路电流。

解 本电路共有4个节点，有一条支路含有理想电压源（即节点1、4间的2V电压源）。对于这样的电路，常用的处理方法是选理想电压源的一端为参考节点，例如设图中的节点4为参考节点，那么与理想电压源相连接的另一节点1的电位就是已知的，即为该理想电压源电压。这样，对应的节点电压就为已知，可作为辅助方程列出。因此图2-16电路的节点电压方程如下：

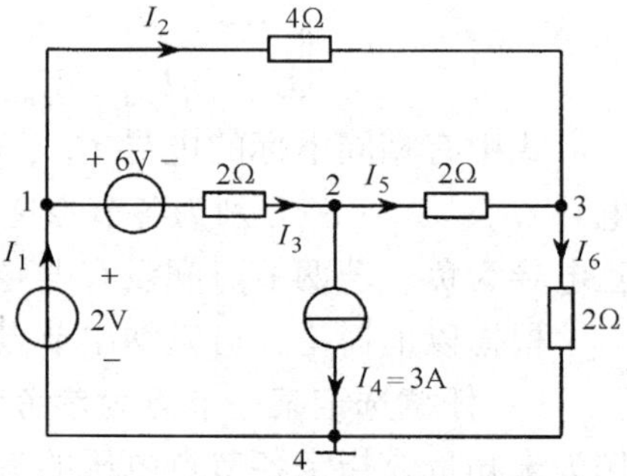

图2-16 例2-10电路

$$\begin{cases}U_{10}=2\text{V}\\ -\dfrac{1}{2\Omega}U_{10}+\left(\dfrac{1}{2\Omega}+\dfrac{1}{2\Omega}\right)U_{20}-\dfrac{1}{2\Omega}U_{30}=\left(-3-\dfrac{6}{2}\right)\text{A}\\ -\dfrac{1}{4\Omega}U_{10}-\dfrac{1}{2\Omega}U_{20}+\left(\dfrac{1}{2\Omega}+\dfrac{1}{2\Omega}+\dfrac{1}{4\Omega}\right)U_{30}=0\text{A}\end{cases}$$

解方程组得 $U_{10}=2\text{V}$，$U_{20}=-6\text{V}$，$U_{30}=-2\text{V}$。

各支路电流分别为

$$I_2=\frac{U_{10}-U_{30}}{4}=\frac{2-(-2)}{4}\text{A}=1\text{A}$$

$$I_3=\frac{U_{10}-U_{20}-6}{2}=\frac{2-(-6)-6}{2}\text{A}=1\text{A}$$

$$I_1=I_2+I_3=(1+1)\text{ A}=2\text{A}$$

$$I_4=3\text{A}$$

$$I_5=\frac{U_{20}-U_{30}}{2}=\frac{-6-(-2)}{2}\text{A}=-2\text{A}$$

$$I_6=\frac{U_{30}}{2}=\frac{-2}{2}\text{A}=-1\text{A}$$

本题中，如果选 3 为参考节点，则节点电压方程为

$$\begin{cases}\left(\frac{1}{2\Omega}+\frac{1}{4\Omega}\right)U_{10}-\frac{1}{2\Omega}U_{20}=\frac{6}{2}\text{A}+I_1\\ -\frac{1}{2\Omega}U_{10}+\left(\frac{1}{2\Omega}+\frac{1}{2\Omega}\right)U_{20}=\left(-\frac{6}{2}-3\right)\text{A}\\ \frac{1}{2\Omega}U_{40}=3\text{A}-I_1\\ U_{10}-U_{40}=2\text{V}\end{cases}$$

2.5 网孔分析法

2.5.1 网孔电流方程的一般形式

节点分析法对一个具有 b 条支路，n 个节点的电路，只需列$(n-1)$个独立节点的 KCL 方程即可，解决了支路电流法分析电路时，当支路数较多导致方程数目过多的问题。本节所讲的网孔分析法，是根据基尔霍夫电压定律，对 $b-(n-1)$个网孔列回路电压方程，从而对电路进行求解的另一种电路分析方法。

网孔分析法的基本思想是选网孔为独立回路，假设有一沿网孔闭合流动的电流(称之为网孔电流)，并以网孔电流作为未知量，根据基尔霍夫电压定律列出网孔回路的 KVL 方程，联立求解方程得各网孔电流。如果需要，以网孔电流为已知，再进一步求解支路电流。

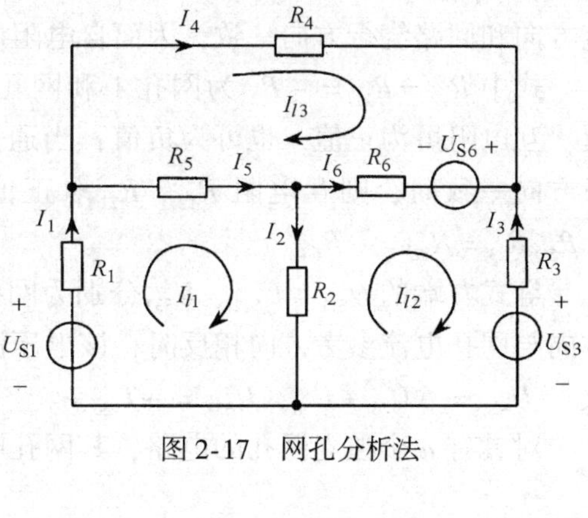

图 2-17 网孔分析法

下面通过图 2-17 所示电路为例来说明。本电路共有 6 条支路，4 个节点，各支路电流为 $I_1\sim I_6$。I_{l1}、I_{l2}、I_{l3}为假设的网孔电流，其参考方向如图所示。注意这些网孔电流是假想的，电路中实际存在的仍然是支路电流 $I_1\sim I_6$。根据基尔霍夫电流定律，可以列出各支路电流与网孔电流间的关系

$$\begin{cases}I_1=I_{l1}\\I_2=I_{l1}-I_{l2}\\I_3=-I_{l2}\\I_4=I_{l3}\\I_5=I_{l1}-I_{l3}\\I_6=I_{l2}-I_{l3}\end{cases} \tag{2-6}$$

从上式可以看出，网孔电流有3个，如果能列出3个独立方程求出网孔电流，那么6个支路电流就可全部求出。

以3个网孔电流 I_{l1}、I_{l2}、I_{l3} 为未知量，选网孔为回路，根据基尔霍夫电压定律，分别对三个网孔列电压方程，得

$$\begin{cases}I_1R_1+I_5R_5+I_2R_2-U_{S1}=0\\-I_2R_2+I_6R_6-U_{S6}-I_3R_3+U_{S3}=0\\I_4R_4+U_{S6}-I_6R_6-I_5R_5=0\end{cases} \tag{2-7}$$

将式(2-6)中的 $I_1\sim I_6$ 代入上式，得

$$\begin{cases}I_{l1}R_1+(I_{l1}-I_{l3})R_5+(I_{l1}-I_{l2})R_2-U_{S1}=0\\-(I_{l1}-I_{l2})R_2+(I_{l2}-I_{l3})R_6-U_{S6}+I_{l2}R_3+U_{S3}=0\\I_{l3}R_4+U_{S6}-(I_{l2}-I_{l3})R_6-(I_{l1}-I_{l3})R_5=0\end{cases} \tag{2-8}$$

将上面方程组整理后得

$$\begin{cases}(R_1+R_2+R_5)I_{l1}-R_2I_{l2}-R_5I_{l3}=U_{S1}\\-R_2I_{l1}+(R_2+R_3+R_6)I_{l2}-R_6I_{l3}=-U_{S3}+U_{S6}\\-R_5I_{l1}-R_6I_{l2}+(R_4+R_5+R_6)I_{l3}=-U_{S6}\end{cases} \tag{2-9}$$

上式可进一步写成

$$\begin{cases}R_{11}I_{l1}+R_{12}I_{l2}+R_{13}I_{l3}=U_{S11}\\R_{21}I_{l1}+R_{22}I_{l2}+R_{23}I_{l3}=U_{S22}\\R_{31}I_{l1}+R_{32}I_{l2}+R_{33}I_{l3}=U_{S33}\end{cases} \tag{2-10}$$

式(2-10)是具有三个独立网孔的电路中，网孔电流方程的一般形式。对照式(2-9)和式(2-10)，不难发现，$R_{11}=R_1+R_2+R_5$ 是网孔1的所有电阻之和，称为网孔1的自电阻。同理，$R_{22}=R_2+R_3+R_6$，$R_{33}=R_4+R_5+R_6$ 分别为网孔2和网孔3的自电阻。通常取网孔电流方向和回路绕行方向一致，因而自电阻取正值。

式中 $R_{12}=R_{21}=-R_2$ 为网孔1和网孔2之间的公共电阻，称为网孔1和网孔2的互电阻。互电阻可为正值，也可为负值，当通过网孔1、2公共电阻 R_2 的网孔电流 I_{l1} 和 I_{l2} 的参考方向一致时，则互电阻 R_{12}、R_{21} 取正值；相反时互电阻取负值。本例中的 $R_{13}=R_{31}=-R_5$，$R_{23}=R_{32}=-R_6$。

等式右端的 U_{S11}、U_{S22}、U_{S33} 分别为网孔1、2、3中电压源电压的代数和。当电压源电压方向与网孔电流参考方向相反时，该电压源电压前面取正号，相同时取负号。本例中 $U_{S11}=U_{S1}$，$U_{S22}=-U_{S3}+U_{S6}$，$U_{S33}=-U_{S6}$。

对具有 n 个独立网孔的电路，其网孔电流方程的一般形式可由式(2-10)推广而得。即

$$\begin{cases} R_{11}I_{l1}+R_{12}I_{l2}+\cdots+R_{1n}I_{ln}=U_{S11} \\ R_{21}I_{l1}+R_{22}I_{l2}+\cdots+R_{2n}I_{ln}=U_{S22} \\ \vdots \\ R_{n1}I_{l1}+R_{n2}I_{l2}+\cdots+R_{nn}I_{ln}=U_{Snn} \end{cases} \tag{2-11}$$

式中具有相同下标的电阻 R_{11}、R_{22}、$\cdots R_{nn}$ 等为各独立网孔的自电阻，有不同下标的电阻 R_{12}、R_{21}、R_{1n} 等为各网孔间的互电阻，同样有 $R_{ij}=R_{ji}$。显然，若两个回路间没有公共电阻，则相应的互电阻为零。

根据以上讨论，现将网孔电流法的主要步骤归纳如下：

1）任意选定网孔电流的参考方向(一般取顺时针)，并以此方向作为回路的绕行方向。

2）根据式(2-11)网孔电流方程的一般形式，列出网孔电流方程。

3）联立求解方程组，求得各网孔电流。

4）由网孔电流求得其他待求量。

例 2-11　图 2-18 所示电路中，已知 $U_{S1}=6\text{V}$，$U_{S2}=9\text{V}$，$U_{S5}=3\text{V}$，$U_{S6}=12.5\text{V}$，$R_1=R_6=3\Omega$，$R_2=R_3=2\Omega$，$R_4=6\Omega$，$R_5=1\Omega$。用网孔分析法求各支路电流。

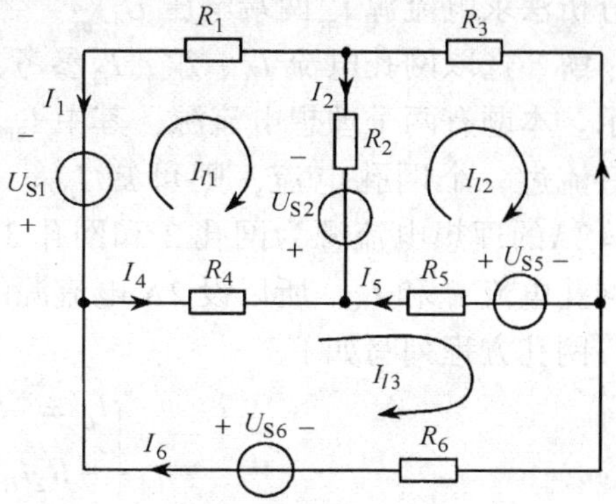

图 2-18　例 2-11 电路

解　任意选定网孔电流 I_{l1}、I_{l2}、I_{l3} 的参考方向，如图 2-18 所示。列出网孔电流方程为

$$\begin{cases} (R_1+R_2+R_4)I_{l1}-R_2I_{l2}-R_4I_{l3}=-U_{S1}+U_{S2} \\ -R_2I_{l1}+(R_2+R_3+R_5)I_{l2}-R_5I_{l3}=-U_{S2}+U_{S5} \\ -R_4I_{l1}-R_5I_{l2}+(R_4+R_5+R_6)I_{l3}=-U_{S5}+U_{S6} \end{cases}$$

代入已知数据，得

$$\begin{cases} (3+2+6)\Omega I_{l1}-2\Omega I_{l2}-6\Omega I_{l3}=(-6+9)\text{V} \\ -2\Omega I_{l1}+(2+2+1)\Omega I_{l2}-1\Omega I_{l3}=(-9+3)\text{V} \\ -6\Omega I_{l1}-1\Omega I_{l2}+(6+1+3)\Omega I_{l3}=(-3+12.5)\text{V} \end{cases}$$

解方程组，得

$$I_{l1}=1\text{A},\quad I_{l2}=-0.5\text{A},\quad I_{l3}=1.5\text{A}$$

根据图中标出的各支路电流参考方向，求得各支路电流为

$$\begin{cases} I_1=-I_{l1}=-1\text{A} \\ I_2=I_{l1}-I_{l2}=1-(-0.5)=1.5\text{A} \\ I_3=-I_{l2}=0.5\text{A} \\ I_4=I_{l3}-I_{l1}=(1.5-1)\text{A}=0.5\text{A} \\ I_5=I_{l2}-I_{l3}=(-0.5-1.5)\text{A}=-2\text{A} \\ I_6=I_{l3}=1.5\text{A} \end{cases}$$

2.5.2　电路中含有理想电流源支路的处理方法

当网络中含有理想电流源时，因为理想电流源不能变换为电压源，而网孔电流方程的每一项均为电压。所以在列写回路电压方程时，可根据理想电流源所处的位置不同采取不同的方法。

一种情况是：含理想电流源的支路为某一网孔所独有，则该网孔电流就等于已知的电流源电流。这样网孔电流变量就减少一个，方程数也相应少一个，即对应的网孔电压方程不必列出，其他网孔方程仍按常规方法列出。

另一种情况是：含理想电流源的支路同时为两个网孔所共有，则为了列这两个网孔的回路电压方程，要增设理想电流源的端电压为未知变量。由于未知变量增加，方程数相应也要增加，所以要补充一个能反映该理想电流源电流与相关网孔电流间关系的辅助方程。

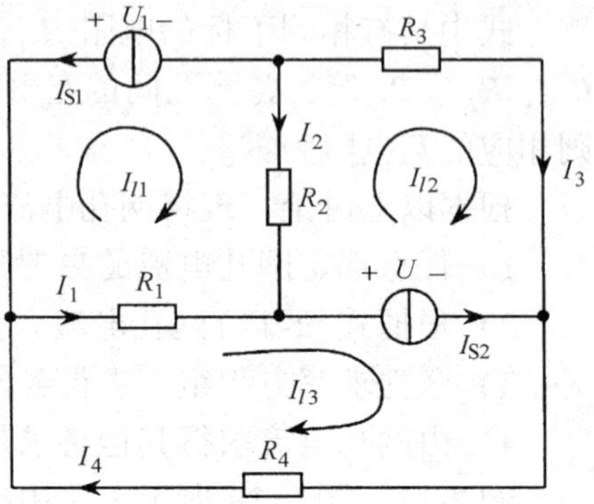

图 2-19 例 2-12 电路

例 2-12 在图 2-19 所示电路中，已知 $I_{S1}=6A$，$I_{S2}=2A$，$R_1=2\Omega$，$R_2=1\Omega$，$R_3=2\Omega$，$R_4=3\Omega$。用网孔分析法求电流源 I_{S1} 两端电压 U_1。

解 选取网孔电流 I_{l1}、I_{l2}、I_{l3} 参考方向如图 2-19 中所示。本题有两个理想电流源，其中 $I_{S1}=6A$ 的理想电流源只流过一个网孔电流，则可知 $I_{l1}=-I_{S1}=-6A$。而 $I_{S2}=2A$的理想电流源为网孔 2 和网孔 3 所共有，流过两个网孔电流 I_{l2}和 I_{l3}，所以设 2A 电流源的端电压为 U，参考方向如图 2-19 所示。

网孔方程列写如下

$$\begin{cases} I_{l1}=-I_{S1}=-6A \\ -R_2 I_{l1}+(R_2+R_3)I_{l2}=U \\ -R_1 I_{l1}+(R_1+R_4)I_{l3}=-U \end{cases}$$

再添加一个辅助方程为 $I_{l3}-I_{l2}=I_{S2}$

代入已知数据得

$$\begin{cases} I_{l1}=-6A \\ -1\Omega I_{l1}+(1+2)\Omega I_{l2}=U \\ -2\Omega I_{l1}+(2+3)\Omega I_{l3}=-U \\ I_{l3}-I_{l2}=2A \end{cases}$$

联立求解得

$$I_{l1}=-6A,\ I_{l2}=-3.5A,\ I_{l3}=-1.5A,\ U=-4.5V$$

电流源 I_{S1} 两端电压为

$$\begin{aligned} U_1 &= I_1R_1-I_2R_2=(I_{l3}-I_{l1})R_1-(I_{l1}-I_{l2})R_2 \\ &=(-1.5+6)\times 2V-(-6+3.5)\times 1V \\ &=11.5V \end{aligned}$$

例 2-13 用网孔电流法求图 2-20 所示电路中的网孔电流。

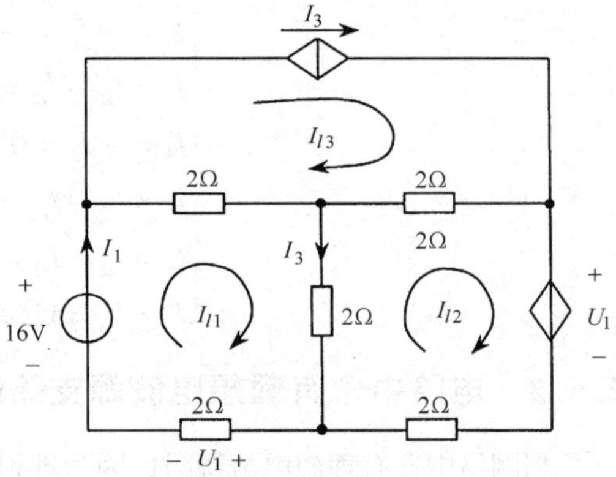

图 2-20 例 2-13 电路

解 选取网孔电流参考方向如图 2-20 中所示。网络中含有受控源，在列写电路方程时，可先将受控源作为独立电源处理，然后再找出受控

源的控制量与网孔电流的关系，作为辅助方程列出即可。网孔电流方程为

$$\begin{cases}(2+2+2)\Omega I_{l1}-2\Omega I_{l2}-2\Omega I_{l3}=16\text{V}\\ -2\Omega I_{l1}+(2+2+2)\Omega I_{l2}-2\Omega I_{l3}=-U_1\\ I_{l3}=I_3\end{cases}$$

辅助方程为

$$\begin{cases}U_1=2\Omega I_{l1}\\ I_3=I_{l1}-I_{l2}\end{cases}$$

联立求解以上五个方程，得

$$I_{l1}=4\text{A},\ I_{l2}=1\text{A},\ I_{l3}=3\text{A}$$

本章小结

1. 支路电流法是电路分析最基本的方法。它是以支路电流为未知量，应用基尔霍夫电流定律和基尔霍夫电压定律列出方程进行求解的一种电路分析方法。因为以支路电流为未知量，所以方程个数就是支路电流数。这种方法的缺点是：当电路中支路数较多时，方程数也较多，不便求解。

2. 叠加定理与替代定理

在线性电路中，当有多个电源共同作用时，在电路中任一支路所产生的电流(或电压)可以看成是各电源单独作用时在该处所产生的电流(或电压)叠加的结果。叠加定理多用于推导有关电路理论问题，叠加定理不能用于非线性电路，也不能用来计算线性电路中的功率。

在电路中，若已知某支路的电压和电流分别为 U_k 和 I_k，那么这条支路就可以用：①电压为 U_k 的理想电压源，②电流为 I_k 的理想电流源，③$R=U_k/I_k$ 的电阻，三种元件中的任意一种来替代，替代前后，电路各处电流电压不变，这就是替代定理。该定理常用于证明网络定理或用于网络的分析计算，它并不要求电路一定是线性电路。

3. 戴维南定理与诺顿定理

任何一个线性有源二端网络都可以用一个电源来等效代替。若等效的电源用电压源表示，则为戴维南定理。其中，等效电压源的电压等于有源二端网络的开路电压，等效电源内电阻等于有源二端网络内全部电源为零(理想电压源短路、理想电流源开路)时所得无源二端网络的等效电阻。若等效的电源用电流源表示，则为诺顿定理。其中，等效电流源的电流等于有源二端网络的短路电流，等效电源内电阻等于有源二端网络内全部电源为零(理想电压源短路、理想电流源开路)时所得无源二端网络的等效电阻。

当只需计算线性电路中某一支路的电流或电压时，用该定理计算比较简便。

4. 节点分析法

节点分析法是以独立节点电压为未知量，根据基尔霍夫电流定律列节点电流方程进行求解的一种分析方法。当节点电压通过联立方程求得后，各支路电流就可以通过节点电压求得。网络中节点数较少时比较适用此分析方法。

5. 网孔分析法

网孔分析法是以假想的网孔电流为未知量，根据基尔霍夫电压定律列出回路电压方程进行求解电路的一种分析方法。当网孔数较少时应用此分析方法比较简便。

习 题 二

1. 用支路电流法求图 2-21 所示电路中各支路的电流。

2. 用支路电流法求图 2-22 所示电路中各支路的电流。已知 $U_1 = 660\text{V}$，$U_2 = U_3 = 330\text{V}$，内阻 $R_{01} = R_{02} = R_{03} = 1\Omega$，负载电阻 $R_1 = R_2 = R_3 = 9\Omega$。

3. 图 2-23 所示电路中，求各支路电流及各元件吸收或产生的功率，并验证功率平衡关系。

4. 用叠加定理求图 2-24 中的电流 I。

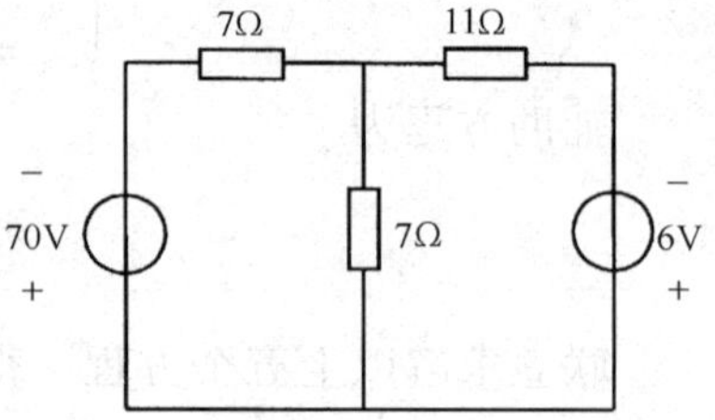

图 2-21

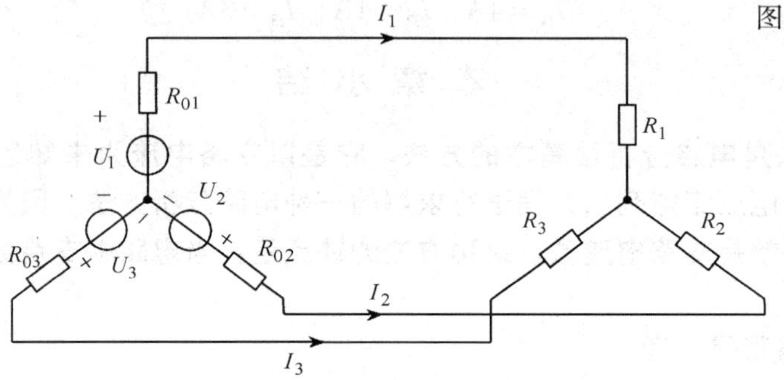

图 2-22

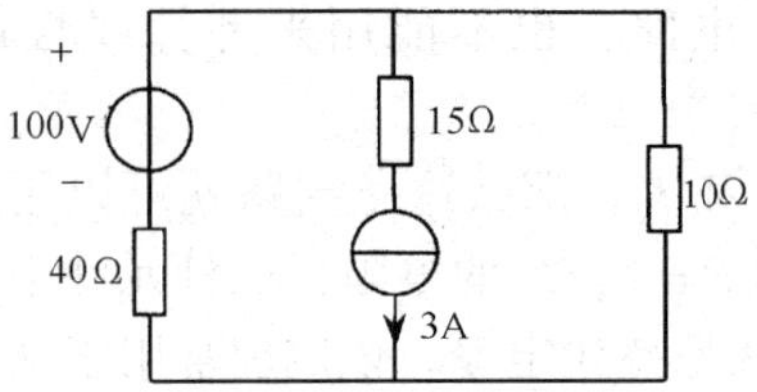

图 2-23

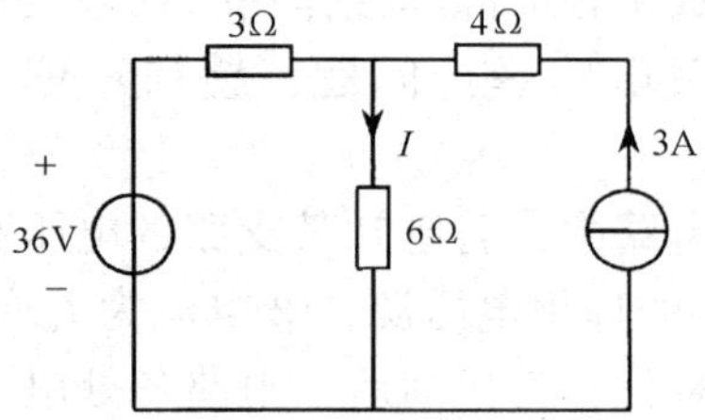

图 2-24

5. 用叠加定理求图 2-25 所示电路中的 I。

6. 用叠加定理求图 2-26 所示电路中的 U。

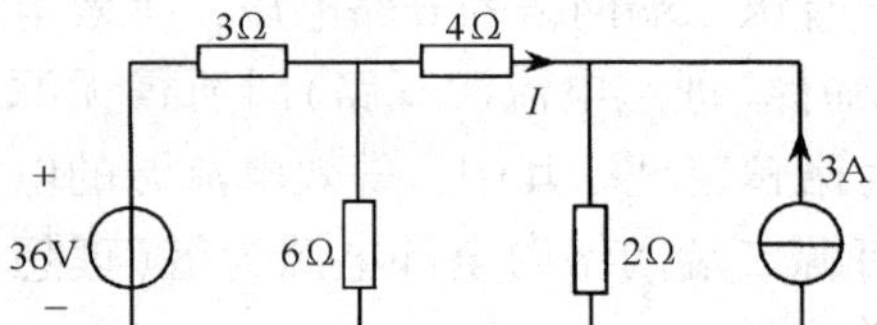

图 2-25

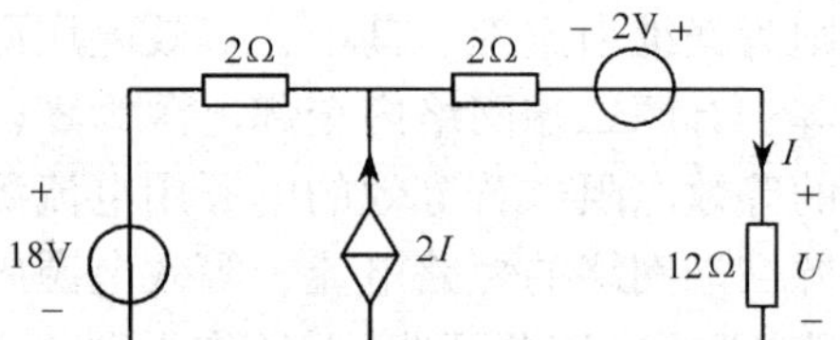

图 2-26

7. 分别应用戴维南定理和诺顿定理将图 2-27 所示各电路化简为等效电压源模型和等效电流源模型。

8. 应用戴维南定理计算图 2-28 所示电路中的电流 I。

9. 试用戴维南定理求图 2-29 所示电路中电阻 R 上的电流 I。

10. 试用戴维南定理求图 2-30 所示电路中的电流 I。

11. 用节点分析法求图 2-31 所示电路中各电阻中的电流。

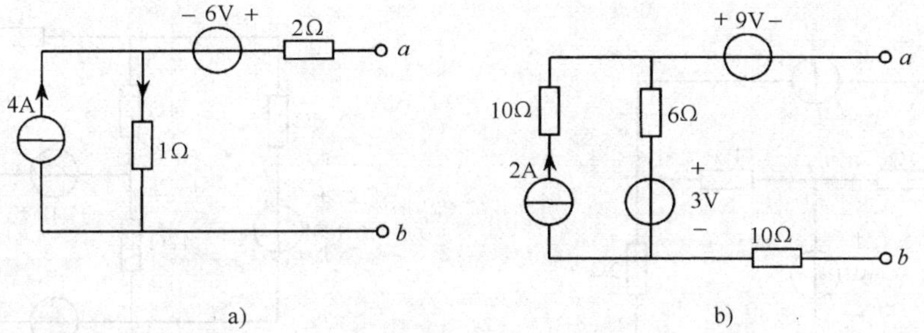

图　2-27

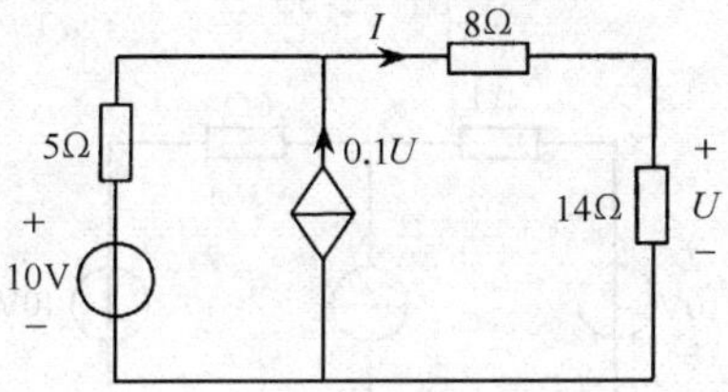

图　2-28

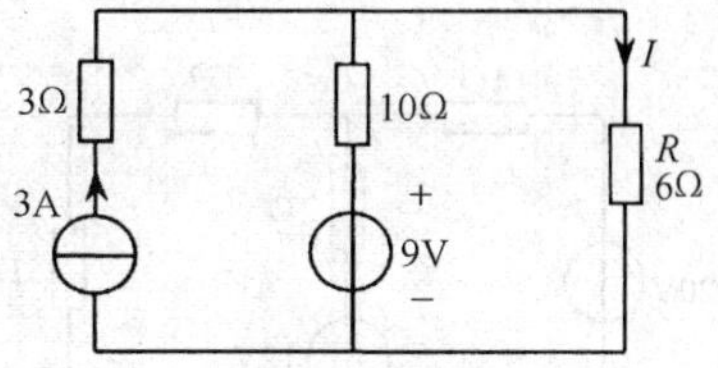

图　2-29

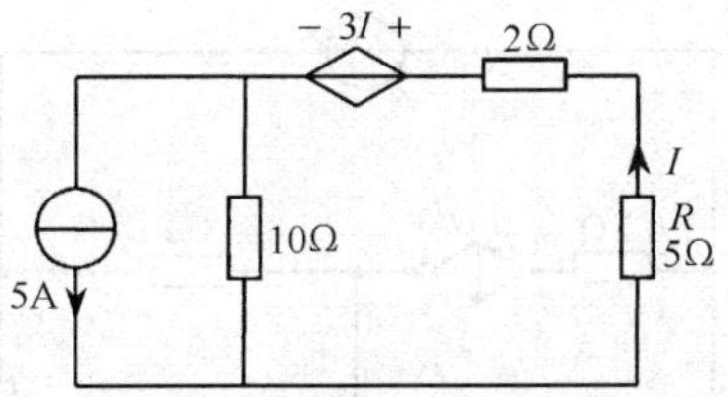

图　2-30

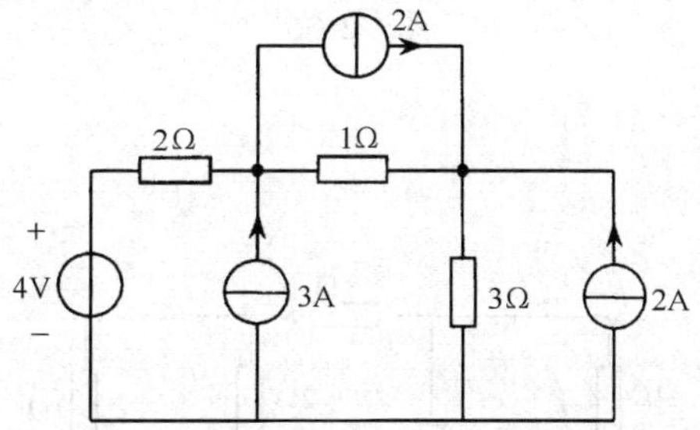

图　2-31

12. 用节点分析法求图 2-32 所示电路中的 60V 电压源提供的功率。

13. 用节点分析法求图 2-33 所示电路各电阻中通过的电流。

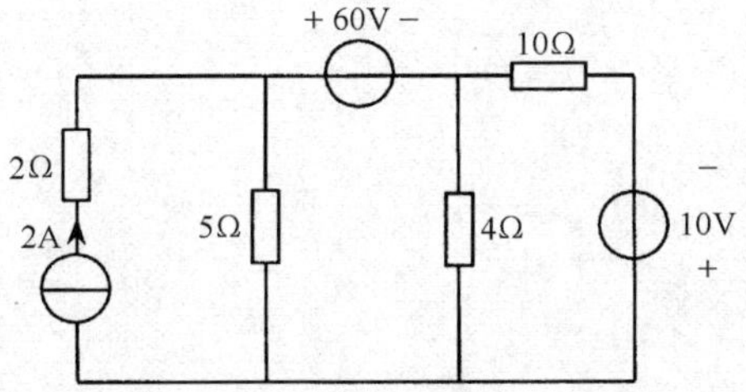

图　2-32

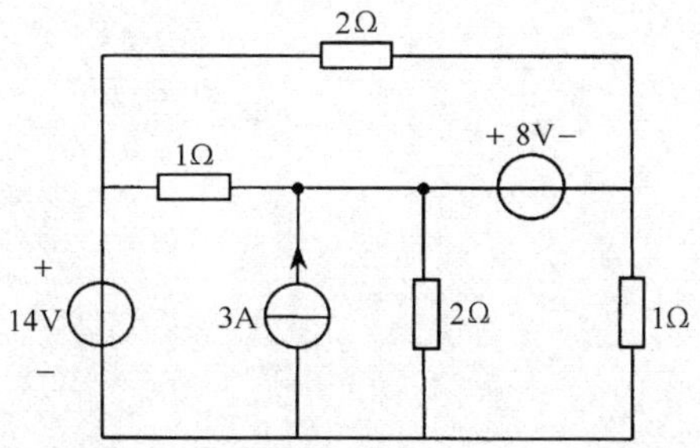

图　2-33

14. 用节点分析法求图 2-34 所示电路中 3A 电流源两端的电压 U。

15. 用网孔分析法求图 2-35 所示电路中的各支路电流。

16. 用网孔分析法求图 2-36 所示电路中 5Ω 电阻吸收的功率。

17. 用网孔分析法求图 2-37 所示电路中的 U。

18. 用网孔分析法求图 2-38 电路中的 I 和 U。

19. 用网孔分析法求图 2-39 所示电路中的 U。

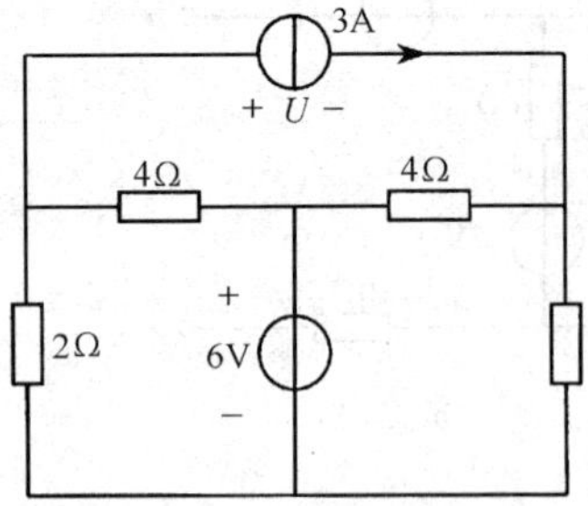

图 2-34

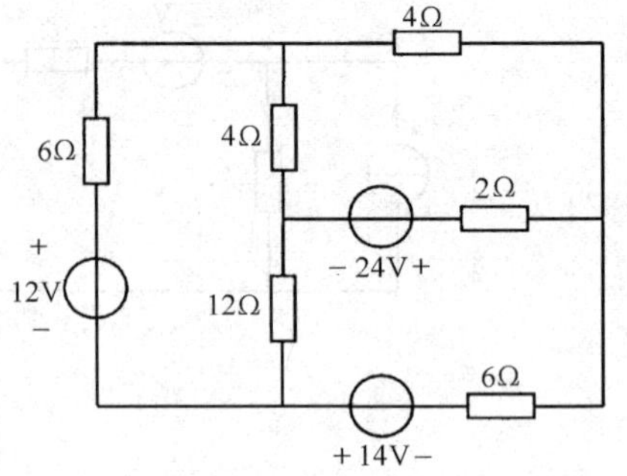

图 2-35

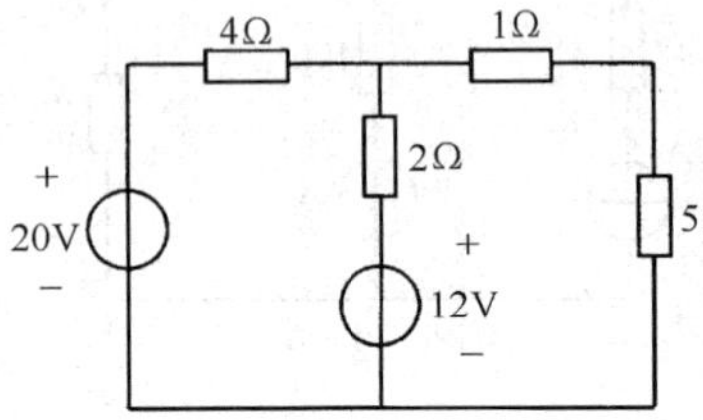

图 2-36

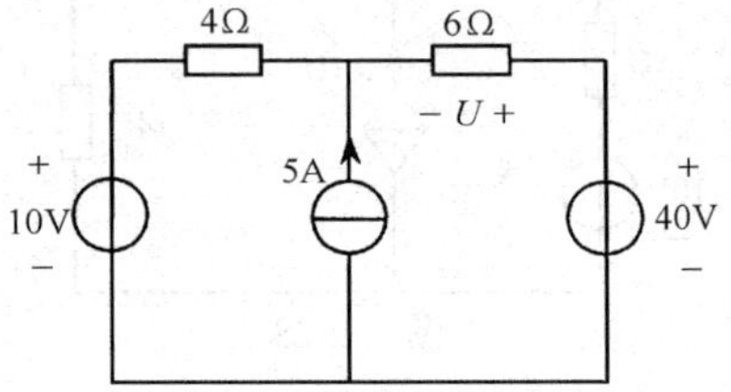

图 2-37

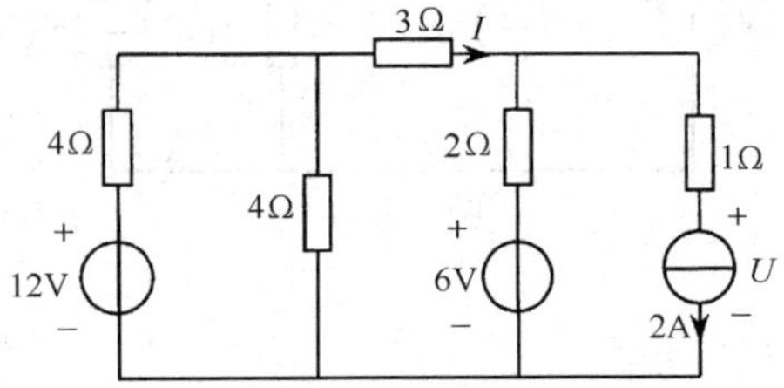

图 2-38

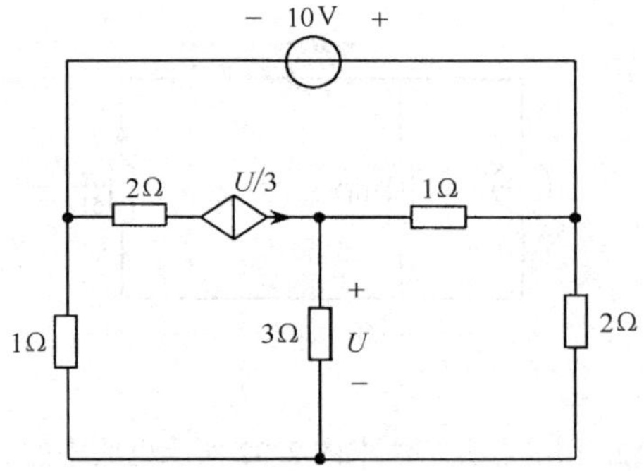

图 2-39

第 3 章　正弦交流电路

本章提要：

本章介绍正弦交流电路的分析，主要内容有：正弦量的三要素及其相量表示，KCL、KVL 及基本元件电压电流关系的相量形式，复阻抗与复导纳的概念，以及串联电路和并联电路的分析方法，正弦交流电路的相量分析法，正弦交流电功率的计算。

3.1　正弦量

在电工技术中，常用到大小和方向随时间按一定规律周期性变化的交变电流（电压、电动势），简称“交流”。交变电流中，应用最多的是随时间按正弦规律周期性变化的电流，叫做正弦电流。正弦电流、电压和电动势统称为正弦量。正弦量变化一周所用的时间称为周期 T，它的 SI 单位为秒(s)，正弦量每秒钟时间内重复变化的次数称为频率 f，频率是周期的倒数，即

$$f = \frac{1}{T} \tag{3-1}$$

3.1.1　正弦量的三要素

正弦量在每一瞬间的数值叫做瞬时值，用小写字母 u、i、e 表示。以电流为例，正弦量的瞬时值解析式为

$$i = I_m \sin(\omega t + \psi) \tag{3-2}$$

式中，I_m、ω、ψ 分别称为幅值、角频率和初相位，它们构成正弦量的三要素。其波形如图 3-1 所示。

需要指出的是，正弦量的瞬时值解析式和波形图是对应于已选定的参考方向而言的。正弦量的大小和方向随时间变化，某一时刻瞬时值为正，表明其实际方向与所选定的参考方向一致；瞬时值为负，表明其实际方向与所选定的参考方向相反。

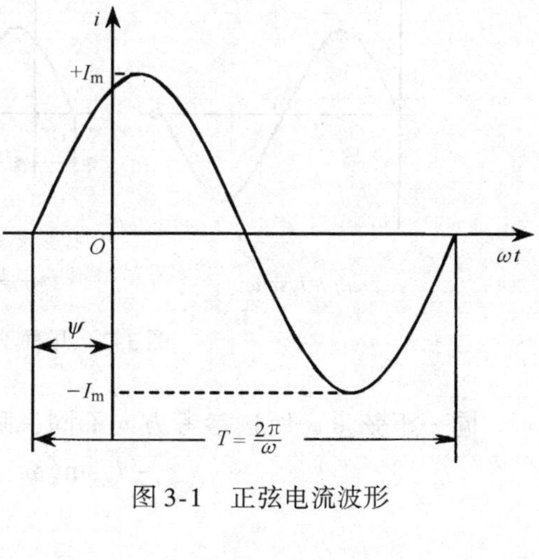

图 3-1　正弦电流波形

1. 幅值

正弦量各瞬时值中的最大值叫幅值，用字母 I_m 表示。正弦量一个周期内两次达到同样的最大值，只是方向不同。如图 3-1 中所示的 $+I_m$ 和 $-I_m$，正、负号所表示的电流方向不同。

2. 角频率

式(3-2)中的($\omega t+\psi$)叫做正弦量的相位角，

简称相位。正弦量在不同的时刻有着不同的相位。如果已知正弦量在某一时刻的相位，就可确定正弦量在该时刻的瞬时值、方向和变化趋势。因此，相位反映了正弦量在每一时刻的状态。相位随时间而变化，相位每增加2π(弧度)，正弦量经历一个周期，又重复原来的变化规律。

角频率 ω 是指正弦量单位时间内所经历的相位角，即 $\omega=\dfrac{\mathrm{d}(\omega t+\psi)}{\mathrm{d}t}$，它反映了正弦量变化的快慢，其SI单位为弧度/秒(rad/s)。

因为正弦量变化一个周期 T，相位变化2π，而频率又是周期的倒数，因此，T、f 和 ω 三者之间的关系为

$$\omega=\frac{2\pi}{T}=2\pi f \tag{3-3}$$

T、f 和 ω 都能反映正弦量变化的快慢，ω 越大，即 f 越大(T 越小)，正弦量变化越快；ω 越小，即 f 越小(T 越大)，正弦量变化越慢。直流电的大小、方向不变，可以看成是 $\omega=0$，$f=0$，$T\to\infty$。

我国采用50Hz的频率作为交流电源的工业标准频率，称为工频，它的周期是0.02s，角频率为 $\omega=2\pi f=314\text{rad/s}$。工业上除了广泛应用的工频交流电以外，在其他技术领域里还采用各种不同的频率。如航空工业用的交流电是400Hz，工业高频电炉用的频率可达500kHz，无线电工程里的频率更高，可达2.3～23MHz。

3. 初相位

$t=0$ 时刻的相位角称为初相位或初相角，简称初相。式(3-2)中的 ψ 就是初相，初相反映了正弦量在计时起点的状态。正弦量初相的大小与计时起点的选择有关，计时起点选择不同，初相位不同。由于正弦量一个周期中瞬时值出现两次为零的情况，我们规定由负值向正值变化之间的一个零值点叫做正弦量的零点，则正弦量的初相就是波形图中从正弦量的零点到坐标原点($t=0$)之间的角度。

图3-2给出了几种不同计时起点的正弦电流的解析式和波形图。由波形图可以看出，若正弦量的零点在坐标原点，则初相 $\psi=0$；若零点在坐标原点左侧，则初相 $\psi>0$；若零点在坐标原点右侧，则初相 $\psi<0$。习惯上规定 ψ 的绝对值不超过180°。

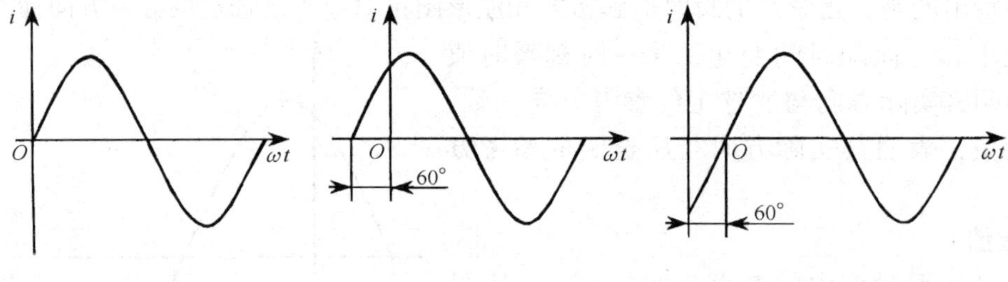

a) $i=I_m\sin\omega t$　　b) $i=I_m\sin(\omega t+60°)$　　c) $i=I_m\sin(\omega t-60°)$

图3-2　几种不同计时起点的正弦电流波形

同一正弦量，所选参考方向不同，瞬时值异号，解析式也异号，并且

$$-I_m\sin(\omega t+\psi)=I_m\sin(\omega t+\psi\pm\pi)$$

所以改变一个正弦量的参考方向的结果是把它的初相加上(或减去)π，而最大值和角频率则与参考方向的选择无关。

例 3-1　已知工频交流电流的最大值为 12A，初相为 45°，写出它的解析式，求 $t=0.01\text{s}$ 时电流的瞬时值。

解　工频交流电的角频率为 314rad/s，因此该电流的解析式为

$$i=12\sin(314t+45°)\text{A}$$

$t=0.01\text{s}$ 时，$i=12\sin(100\pi\times0.01+45°)\text{A}=12\sin225°\text{A}=-8.49\text{A}$

例 3-2　在选定的参考方向下，已知两正弦量的解析式为

$$u=200\sin(1000t+210°)\text{V},\ i=-5\sin(314t+60°)\text{A}$$

试求两个正弦量的三要素。

解　(1) $u=200\sin(1000t+210°)\text{V}=200\sin(1000t-150°)\text{V}$

所以电压的振幅值 $U_m=200\text{V}$，角频率 $\omega=1000\text{rad/s}$，初相 $\psi=-150°$。

(2) $i=-5\sin(314t+60°)\text{A}=5\sin(314t+60°-180°)\text{A}$

$=5\sin(314t-120°)\text{A}$

所以电流的振幅值 $I_m=5\text{A}$，角频率 $\omega=314\text{rad/s}$，初相 $\psi=-120°$。

例 3-3　已知选定参考方向下正弦量的波形如图 3-3 所示，试写出正弦量的解析式。

解

$$u_1=200\sin\left(\omega t+\frac{\pi}{3}\right)\text{V}$$

$$u_2=250\sin\left(\omega t-\frac{\pi}{6}\right)\text{V}_1$$

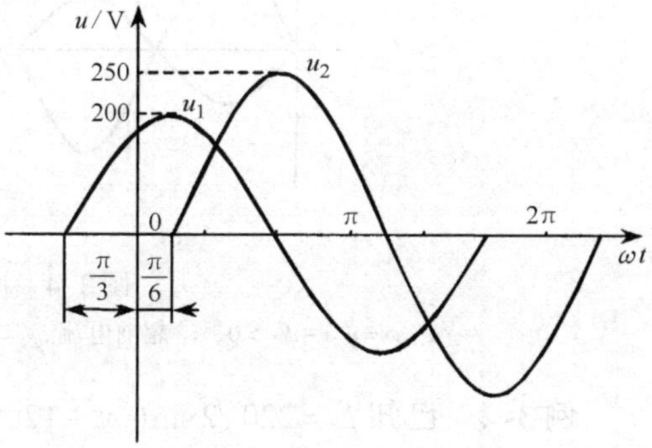

图 3-3　例 3-3 电路

3.1.2 同频率正弦量的相位差

两个同频率正弦量的相位之差，称为相位差，用字母“φ”表示。例如：

$$i_1=I_{1m}\sin(\omega t+\psi_1)$$
$$i_2=I_{2m}\sin(\omega t+\psi_2)$$

相位差

$$\varphi=(\omega t+\psi_1)-(\omega t+\psi_2)=\psi_1-\psi_2 \tag{3-4}$$

可见，对于两个同频率的正弦量，相位差在任何瞬时都是一个常数，等于它的初相之差，而与时间无关。相位差是区分两个同频率正弦量的重要标志之一，也采用绝对值不超过 180°的角度表示。

1. 超前和滞后

如果 $\varphi=\psi_1-\psi_2>0$，则称电流 i_1 超前电流 i_2(或称为电流 i_2 滞后电流 i_1)，如图 3-4a 所示；如果 $\varphi=\psi_1-\psi_2<0$，则称电流 i_1 滞后电流 i_2(或称为电流 i_2 超前电流 i_1)。

2. 同相和反相

如果 $\varphi=\psi_1-\psi_2=0$，即相位差为零，则称 i_1 与 i_2 同相位，这时，两个正弦量同时达到最大值，或同时通过零点，如图 3-4b 所示。

如果 $\varphi=\psi_1-\psi_2=\pi$，则称 i_1 与 i_2 反相。反相的两个正弦量变化进程相反，当 i_1 达到正的最大值时，i_2 达到负的最大值，如图 3-4c 所示。

3. 正交

如果 $\varphi=\psi_1-\psi_2=\pi/2$，则称为两正弦量正交。正交的两个正弦量中的一个达到(正或负的)最大值时，另一个就等于零，如图 3-4d。

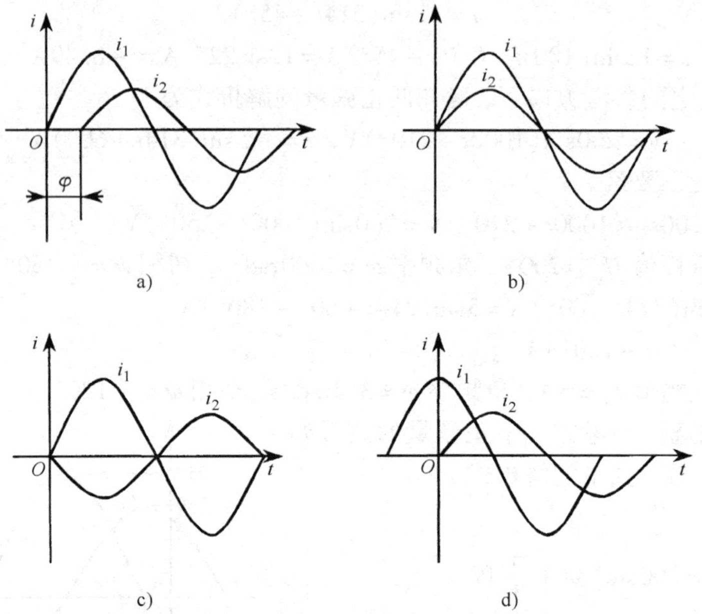

图 3-4 同频率正弦量的相位差

a) $\varphi=\psi_1-\psi_2>0$，i_1 超前电流 i_2 b) i_1 与 i_2 同相 c) i_1 与 i_2 反相 d) i_1 与 i_2 正交

例 3-4 已知 $i_1=220\sqrt{2}\sin(\omega t+120°)$ A，$i_2=220\sqrt{2}\sin(\omega t-90°)$ A，试分析二者的相位关系。

解 i_1 的初相为 $\psi_1=120°$，i_2 的初相为 $\psi_2=-90°$，i_1 和 i_2 的相位差为

$$\varphi=\psi_1-\psi_2=120°-(-90°)=210°$$

考虑到正弦量的一个周期为 360°，故可以将 $\varphi=210°$ 表示为

$$\varphi=210°-360°=-150°<0$$

表明 i_1 滞后于 $i_2$150°。

3.1.3 正弦交流电的有效值

瞬时值是随时间变化的，不能用来表示正弦量的大小。最大值只是特定瞬间的数值，不能反映电压和电流做功的效果，所以也不用它表示正弦量的大小。工程上规定正弦量的大小用有效值来表示。

有效值是根据正弦电流和直流电流的热效应相等来规定的。交流电流 i 通过电阻 R 在一个周期内所产生的热量和直流电流 I 通过同一电阻 R 在相同的时间内产生的热量相等，则这个直流电流 I 的数值叫做交流电流 i 的有效值，用大写字母 I 表示，由此得出

$$I^2RT=\int_0^T i^2R\mathrm{d}t$$

所以，交流电流的有效值为

$$I = \sqrt{\frac{1}{T}\int_0^T i^2 \mathrm{d}t} \tag{3-5}$$

设正弦交流电流 $i = I_m \sin\omega t$，代入式(3-5)，它的有效值为

$$I = \sqrt{\frac{1}{T}\int_0^T I_m^2 \sin^2\omega t \mathrm{d}t} = \sqrt{\frac{I_m^2}{T}\int_0^T \frac{1}{2}(1 - \cos 2\omega t)\mathrm{d}t}$$

$$= \frac{I_m}{\sqrt{2}} = 0.707 I_m \tag{3-6}$$

同理，交流电压的有效值为

$$U = \frac{U_m}{\sqrt{2}} = 0.707 U_m \tag{3-7}$$

这表明振幅为1A的正弦电流，在能量等效上与0.707A的直流电流的实际效果相同。我们通常所说的交流电的数值：如380V和220V都是指有效值。电气设备铭牌上所标的电压、电流值以及一般交流电表所测的数值也都是有效值。

当采用有效值时，正弦电流的表达式也可以写成

$$i = \sqrt{2} I \sin(\omega t + \psi) \tag{3-8}$$

例3-5　一正弦电压的初相为60°，最大值为311V，角频率 $\omega = 314\text{rad/s}$，试求它的有效值、解析式，并求 $t = 0.003\text{s}$ 时的瞬时值。

解　因为 $U_m = 311\text{V}$，所以其有效值为

$$U = \frac{U_m}{\sqrt{2}} = \frac{311}{\sqrt{2}}\text{V} = 220\text{V}$$

则电压的解析式为

$$u = 220\sqrt{2}\sin(314t + 60°)\text{V}$$

将 $t = 0.003\text{s}$ 代入，得

$$u = 220\sqrt{2}\sin(100\pi \times 0.003 + 60°)\text{V} = 311\sin 114°\text{V} = 284.1\text{V}$$

3.2　正弦量的相量表示法

前面介绍了正弦量的解析式和波形图两种表示方法。但这两种方法在分析和计算交流电路时比较麻烦，为简化计算，可以将正弦量用相量表示，按复数的运算规律进行运算，然后再将计算结果表示成正弦量。这一节介绍正弦量的相量表示法。复数和复数运算是相量法的基础，先对复数的概念进行复习。

3.2.1　复数及运算规律

1. 复数的表示

在数学中常用 $A = a + \mathrm{j}b$ 表示复数。其中 a 为实部，b 为虚部，$\mathrm{j} = \sqrt{-1}$ 称为虚单位。用来表示复数的直角坐标平面称为复平面。其中，横轴的单位为“1”，称为实轴；纵轴的单位为“j”，称为虚轴。每一个复数在复平面上都可以找到惟一的点与之对应，而复平面上每

一个点也都对应着惟一的复数。例如复数 $A=4+\mathrm{j}3$、$B=3-\mathrm{j}2$，如图 3-5a 所示，在复平面上分别对应于 A 点和 B 点。

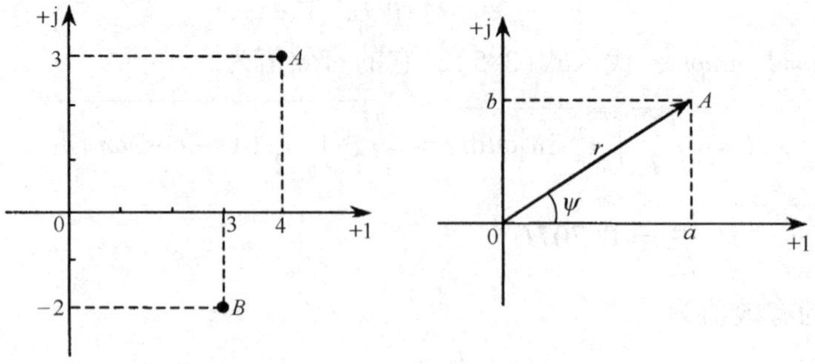

a) b)

图 3-5 复数在复平面上的表示

复数 $A=a+\mathrm{j}b$ 还可以用复平面上一个矢量来表示，如图 3-5b 所示，这种矢量称为复矢量。矢量的长度 r 称为复数的模，矢量与实轴正方向的夹角 ψ 称为复数的辐角。所以复数除了可以用 $A=a+\mathrm{j}b$ 的代数形式表示，还可以用极坐标形式表示

$$A = r\angle\psi \tag{3-9}$$

若已知复数代数形式为 $A=a+\mathrm{j}b$，则极坐标形式中

$$r=|A|=\sqrt{a^2+b^2}$$

$$\psi=\arctan\frac{b}{a}$$

若已知极坐标形式 $A=r\angle\psi$，则代数形式 $A=a+\mathrm{j}b$ 中

$$a=r\cos\psi$$

$$b=r\sin\psi$$

可以看出，复数 A 的模在实轴上的投影 a 就是复数 A 的实部，在虚轴上的投影 b 就是复数 A 的虚部。

除此之外，复数还可以表示成三角形式和指数形式，即

$$A = r\cos\psi + \mathrm{j}r\sin\psi \tag{3-10}$$

$$A = r\mathrm{e}^{\mathrm{j}\psi} \tag{3-11}$$

2. 复数的运算规律

(1) 加减运算规律　两个复数相加(或相减)时，将复数化成代数形式，然后实部与实部相加减，虚部与虚部相加减。即

$$A_1=a_1+\mathrm{j}b_1=r_1\angle\psi_1$$

$$A_2=a_2+\mathrm{j}b_2=r_2\angle\psi_2$$

则

$$A_1\pm A_2=(a_1\pm a_2)+\mathrm{j}(b_1\pm b_2)$$

图 3-6 为复数加、减运算的矢量图。复数相加、减符合“平行四边形法则”或“三角形法则”。

(2) 乘除运算　乘除运算时，将复数化成极坐标形式，两复数相乘，将模相乘、辐角相加；两复数相除，将模相除、辐角相减。即

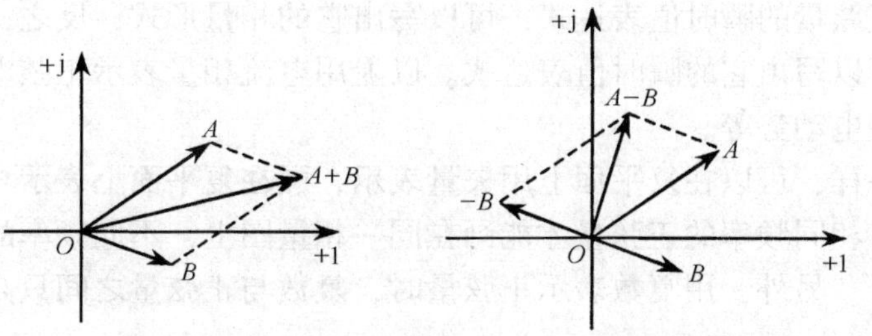

a) 复数相加　　　　b) 复数相减

图 3-6　复数加、减运算矢量图

$$A_1A_2 = r_1\angle\psi_1 \times r_2\angle\psi_2 = r_1r_2\angle\psi_1+\psi_2$$

$$\frac{A_1}{A_2} = \frac{r_1\angle\psi_1}{r_2\angle\psi_2} = \frac{r_1}{r_2}\angle\psi_1-\psi_2$$

例 3-6　已知 $A=20\angle 36.9°$，$B=6+\mathrm{j}8$，求 $A+B$、$A-B$。

解　需将 A 化成代数形式

$$A=20\angle 36.9° = 20\cos 36.9° + \mathrm{j}20\sin 36.9° = 16+\mathrm{j}12$$

则

$$A+B=(16+\mathrm{j}12)+(6+\mathrm{j}8)=22+\mathrm{j}20=29.73\angle 42.3°$$

$$A-B=(16+\mathrm{j}12)-(6+\mathrm{j}8)=10+\mathrm{j}4=10.77\angle 21.8°$$

例 3-7　已知 $A=10\angle 36.9°$，$B=6-\mathrm{j}8$，求 AB。

解　需将 B 化成极坐标形式

$$B=6-\mathrm{j}8=10\angle -53.1°$$

$$A\cdot B=10\angle 36.9°\cdot 10\angle -53.1° = 100\angle -16.2°$$

3.2.2　正弦量的相量表示

知道正弦量的最大值、角频率和初相角这三个要素就可以写出该正弦量的瞬时值表达式。在正弦交流电路中，所有的激励和响应都是同频率的正弦量，所以在正弦交流电路的分析中，不需要表示出频率这一要素，只需描述出正弦量的幅值和初相角两个要素即可。又因为一个复数也可以说由两个要素构成，即“模”和“辐角”。这样就可以用复数来表示正弦量。如正弦电流

$$i=\sqrt{2}I\sin(\omega t+\psi)$$

ω 作为已知量，不必用复数表示，我们只需把电流的幅值和初相角两个要素用复数来描述，方法是：

1）电流的幅值对应复数的模。

2）电流的初相角对应复数的辐角。

这样正弦电流可表示成复数形式

$$\dot{I} = I\angle\psi \tag{3-12}$$

$$\dot{I}_{\mathrm{m}} = I_{\mathrm{m}}\angle\psi$$

式中，$\dot{I}$称为有效值相量，$\dot{I}_{\mathrm{m}}$ 称为最大值相量。用复数形式表示的正弦量称为正弦量的相量

表示。如果知道正弦量的瞬时值表达式，可以写出它的相量形式；反之，知道了一个正弦量的相量形式，也可以写出它的瞬时值表达式。以上用电流相量表示正弦电流的方法同样适用于其他正弦电压、电动势等。

相量和复数一样，可以在复平面上用矢量表示，画在复平面上表示相量的图形称为相量图。必须注意只有相同频率的正弦量才能画在同一相量图上，不同频率的正弦量一般不能画在同一个相量图上。另外，用复数表示正弦量时，复数与正弦量之间只是对应关系，不是相等关系。

只有同频率的正弦量才能相互运算，运算方法按复数的运算规则进行。用相量表示正弦量进行正弦交流电路运算的方法称为相量法。

例 3-8 已知正弦量

$$i = 311\sin(\omega t + 30^\circ)\text{ A}$$
$$u = 537\sin(\omega t - 60^\circ)\text{ V}$$

写出它们的相量形式，并作相量图。

解

$$\dot{I} = \frac{311}{\sqrt{2}}\angle 30^\circ\text{A} = 220\angle 30^\circ\text{A}$$
$$\dot{U} = \frac{537}{\sqrt{2}}\angle -60^\circ\text{V} = 380\angle -60^\circ\text{V}$$

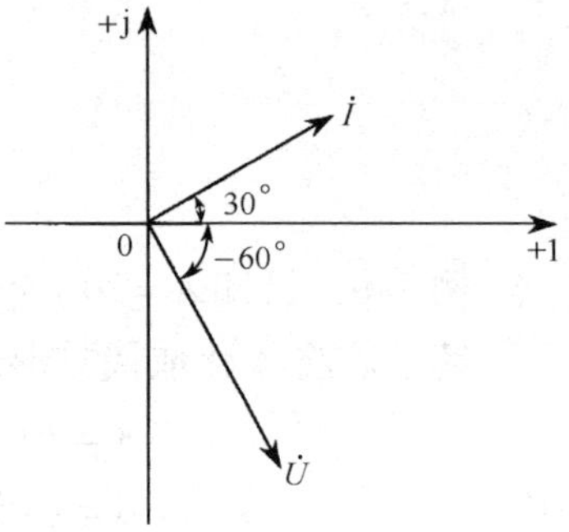

图 3-7 例 3-8 相量图

i 和 u 的相量图如图 3-7 所示。

例 3-9 已知正弦量的相量为 $\dot{I} = 10\angle 30^\circ\text{A}$，$\dot{U} = 8\angle -45^\circ\text{V}$，若频率 $f = 50\text{Hz}$，写出正弦量的瞬时值解析式。

解 正弦量的角频率为

$$\omega = 2\pi f = 2\pi \times 50\text{Hz} = 314\text{rad/s}$$

电流的瞬时值解析式为

$$i = 10\sqrt{2}\sin(314t + 30^\circ)\text{ A}$$

电压的瞬时值解析式为

$$u = 8\sqrt{2}\sin(314t - 45^\circ)\text{ V}$$

3.3 电路基本定律的相量形式

3.3.1 基本元件电压、电流关系的相量形式

电阻元件、电感元件以及电容元件是交流电路中的基本电路元件。这三个基本电路元件在电压、电流的关联参考方向下，其元件的伏安关系分别为

$$u = Ri$$
$$i = C\frac{\mathrm{d}u_C}{\mathrm{d}t}$$
$$u = L\frac{\mathrm{d}i_L}{\mathrm{d}t}$$

在正弦稳态电路中，这些元件的电压、电流都是同频率的正弦量，下面推导这三个基本电路元件电压、电流关系的相量形式。

1. 电阻元件电压、电流关系的相量形式

如图3-8a所示，电阻元件的电压、电流为关联参考方向，设电阻元件上正弦电流的瞬时值表达式为

$$i=\sqrt{2}I\sin(\omega t+\psi_i)$$

则电阻元件上的电压为

$$u=Ri=\sqrt{2}RI\sin(\omega t+\psi_i) \tag{3-13}$$

设　$u=\sqrt{2}U\sin(\omega t+\psi_u)$

则有

$$\begin{cases}U=RI\\ \psi_u=\psi_i\end{cases} \tag{3-14}$$

通过以上分析可知，在电阻元件的交流电路中，①电压与电流是两个同频率的正弦量；②电压与电流的有效值关系是 $U=RI$；③在关联参考方向下，电阻上的电压与电流同相位。它们的波形如图3-8b所示。

由式(3-14)可得到如下关系：

$$U\angle\psi_u=RI\angle\psi_i \tag{3-15}$$

或写为

$$\dot{U}=R\dot{I} \tag{3-16}$$

式(3-16)就是电阻元件上电压、电流关系的相量形式，也可写作 $\dot{I}=G\dot{U}$。图3-8c画出了电压、电流的相量图，两者同相位。

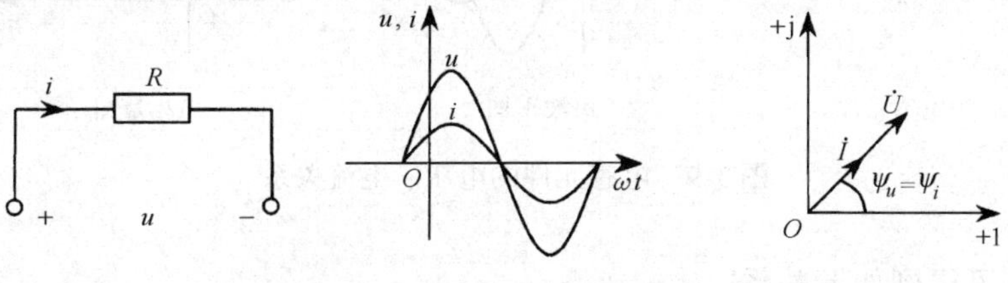

a) 电阻元件　　b) 波形图　　c) 相量图

图3-8　电阻元件的电压、电流关系

2. 电感元件电压、电流关系的相量形式

如图3-9a所示，电感元件上电压、电流为关联参考方向，设电感元件的正弦电流为

$$i=\sqrt{2}I\sin(\omega t+\psi_i)$$

则电感元件上的电压为

$$u=L\frac{\mathrm{d}i}{\mathrm{d}t}=\sqrt{2}\omega LI\cos(\omega t+\psi_i)=\sqrt{2}\omega LI\sin\left(\omega t+\psi_i+\frac{\pi}{2}\right) \tag{3-17}$$

设　$u=\sqrt{2}U\sin(\omega t+\psi_u)$

则有

$$\begin{cases} U = \omega LI \\ \psi_u = \psi_i + \dfrac{\pi}{2} \end{cases} \tag{3-18}$$

式(3-18)反映了电感元件电压、电流的有效值关系和相位关系。由式(3-18)得电压与电流的有效值之比为

$$\frac{U}{I} = \omega L = X_L \tag{3-19}$$

其中 $X_L = \omega L = 2\pi f L$ 称为感抗，单位为欧姆(Ω)，感抗的倒数 $B_L = \dfrac{1}{X_L} = \dfrac{1}{\omega L}$称为感纳，单位为西门子(S)。

感抗是用来表示电感元件对电流阻碍作用的一个物理量。在电压一定的条件下，感抗越大，电路中的电流越小。

在电感一定的情况下，电感的感抗与频率成正比，只有在一定的频率下，感抗才是一个常量。频率越高，感抗就越大。反之，频率越低，感抗也就越小。对于直流电来说，频率 $f=0$，感抗 $X_L = \omega L = 2\pi f L$ 也就为零，电感元件相当于短路。因此电感具有通直流、阻交流的作用。

通过以上分析可知，在电感元件的交流电路中，①电压与电流是两个同频率的正弦量；②电压与电流的有效值关系是 $U = X_L I$；③在关联参考方向下，电压相位超前电流相位 90°。其波形图和相量图分别如图 3-9b、c 所示。

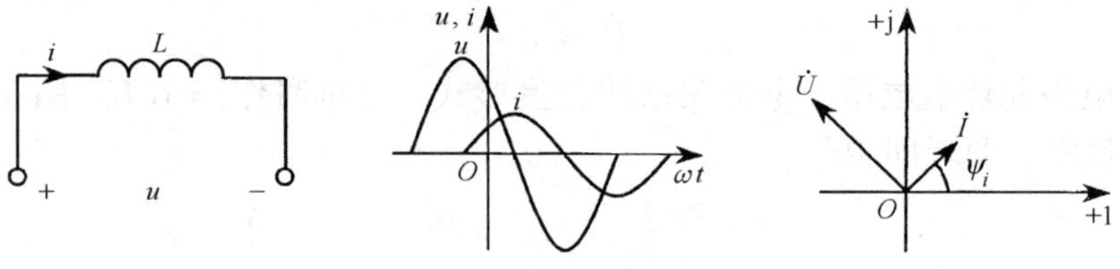

a)电感元件 b)波形图 c)相量图

图 3-9 电感元件的电压、电流关系

由式(3-18)可得到如下关系

$$U \angle \psi_u = \omega LI \angle \left(\psi_i + \frac{\pi}{2}\right) \tag{3-20}$$

或写为

$$\dot{U} = \mathrm{j}\omega L \dot{I} = \mathrm{j}X_L \dot{I} \tag{3-21}$$

式(3-21)是电感元件电压、电流关系的相量形式。它是一个复数关系式，既能表明电压、电流有效值之间的关系，又能表明电压、电流相位之间的关系。

例 3-10 已知一个电感 $L=3\text{H}$，接在 $u = 220\sqrt{2}\sin(314t - 60°)\text{V}$ 的电源上，求(1)感抗的大小；(2)电感元件的电流表达式。

解 (1) 电感元件的感抗为

$$X_L = \omega L = 314 \times 3\Omega = 942\Omega$$

(2) 电压相量为$\dot{U} = 220\angle -60°\text{V}$，由式(3-21)得

$$\dot{I}=\frac{\dot{U}}{\mathrm{j}X_L}=\frac{220\angle -60°}{942\angle 90°}\mathrm{A}=0.23\angle -150°\mathrm{A}$$

因此，电感元件的电流表达式为

$$i=0.23\sqrt{2}\sin(314t-150°)\mathrm{A}$$

3. 电容元件电压、电流关系的相量形式

电容元件的电压、电流为关联参考方向，如图 3-10a 所示。设电容元件的正弦电压为 $u=\sqrt{2}U\sin(\omega t+\psi_u)$

则电容元件上的电流为

$$i=C\frac{\mathrm{d}u}{\mathrm{d}t}=\sqrt{2}\omega CU\cos(\omega t+\psi_u)=\sqrt{2}\omega CU\sin\left(\omega t+\psi_u+\frac{\pi}{2}\right) \tag{3-22}$$

设

$$i=\sqrt{2}I\sin(\omega t+\psi_i)$$

则有

$$\begin{cases}I=\omega CU\\ \psi_i=\psi_u+90°\end{cases} \tag{3-23}$$

式(3-23)反映了电容元件电压、电流的有效值关系和相位关系。由式(3-23)得电压与电流的有效值之比为

$$\frac{U}{I}=\frac{1}{\omega C}=X_C \tag{3-24}$$

式中，$X_C=\frac{1}{\omega C}=\frac{1}{2\pi fC}$称为容抗，单位为欧姆(Ω)，容抗的倒数 $B_C=\frac{1}{X_C}=\omega C$ 称为容纳，单位为西门子(S)。

容抗是表示电容器在充放电过程中对电流的一种阻碍作用。在电压一定的条件下，容抗越大，电路中的电流越小。在电容一定的情况下，电容的容抗与频率成反比。只有在一定的频率下，容抗才是一个常量。频率越高，电容极板上电荷变化率越大，电容电流也越大，相应地容抗也就越小。反之，频率越低，容抗也就越大。对于直流电来说，频率 $f=0$，容抗 $X_C=\frac{1}{\omega C}=\frac{1}{2\pi fC}$趋于无穷大，虽然有电压作用于电容，但电流却为零，此时电容相当于开路。因此电容具有隔直流的作用。

通过以上分析可知，在电容元件的交流电路中：①电压与电流是两个同频率的正弦量；②电压与电流的有效值关系是 $U=X_CI$；③在关联参考方向下，电压相位滞后电流相位 90°。其波形图和相量图分别如图 3-10b、c 所示。

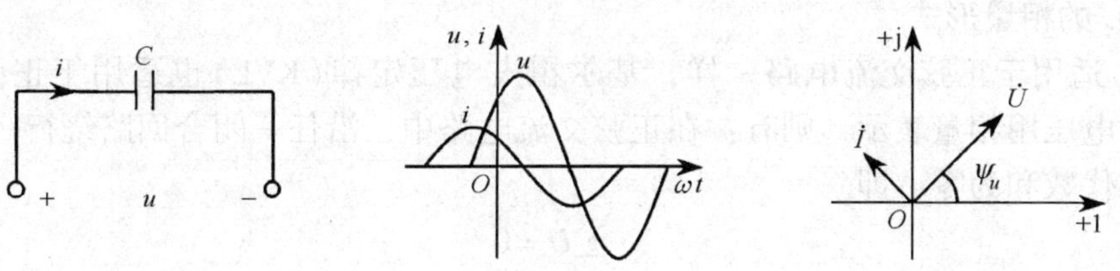

a) 电容元件 b) 波形图 c) 相量图

图 3-10 电容元件的电压、电流关系

由式(3-23)可得到如下关系

$$I\angle\psi_i = \omega CU\angle\psi_u + 90°$$

即

$$\dot{I} = \mathrm{j}\omega C\dot{U} \tag{3-25}$$

也可写作

$$\dot{U} = \frac{\dot{I}}{\mathrm{j}\omega C} = -\mathrm{j}X_C\dot{I} \tag{3-26}$$

式(3-26)是电容元件电压、电流关系的相量形式，它既反映了电容上电压、电流的有效值关系，又反映了电容电压与电流的相位关系。

例3-11 已知2μF电容两端的电压有效值为10V，初相为60°，角频率为1000rad/s。试求流过电容的电流，写出其瞬时值解析式。

解 电压的相量形式为

$$\dot{U} = 10\angle 60°\mathrm{V}$$

$$X_C = \frac{1}{\omega C} = \frac{1}{1000\times 2\times 10^{-6}}\Omega = 500\Omega$$

由式(3-26)得

$$\dot{I} = \frac{\dot{U}}{-\mathrm{j}X_C} = \frac{10\angle 60°}{500\angle -90°}\mathrm{A} = 0.02\angle 150°\mathrm{A}$$

电流的瞬时值解析式为

$$i = 0.02\sqrt{2}\sin(1000t + 150°)\ \mathrm{A}$$

3.3.2 基尔霍夫定律的相量形式

1. KCL的相量形式

基尔霍夫电流定律(KCL)适用于电路的任一瞬间，与元件的性质无关。在正弦电流电路中，任一瞬间，流入电路任一节点(或闭合面)的各支路电流瞬时值的代数和为零，即

$$\sum i = 0 \tag{3-27}$$

既然KCL对每一瞬间都适用，那么对表达瞬时值随时间按正弦规律变化的解析式也适用，即连接在电路任一节点的各支路正弦电流的解析式代数和为零。

正弦电流电路中，各电流、电压都是与激励同频率的正弦量，将这些正弦量用相量表示，便有：连接在电路任一节点的各支路电流相量的代数和为零，即

$$\sum \dot{I} = 0 \tag{3-28}$$

式(3-28)就是适用于正弦交流电路中KCL的相量形式。

2. KVL的相量形式

同KCL适用于正弦交流电路一样，基尔霍夫电压定律(KVL)也适用于正弦交流电路。将正弦交流电压用相量表示，则有：在正弦交流电路中，沿任一闭合回路绕行一周，各元件电压相量的代数和为零，即

$$\sum \dot{U} = 0 \tag{3-29}$$

这就是适用于正弦交流电路中的KVL的相量形式。

例3-12 图3-11a、b所示电路中，已知电流表A_1、A_2、A_3的读数都是10A，求电路中电流表A的读数。

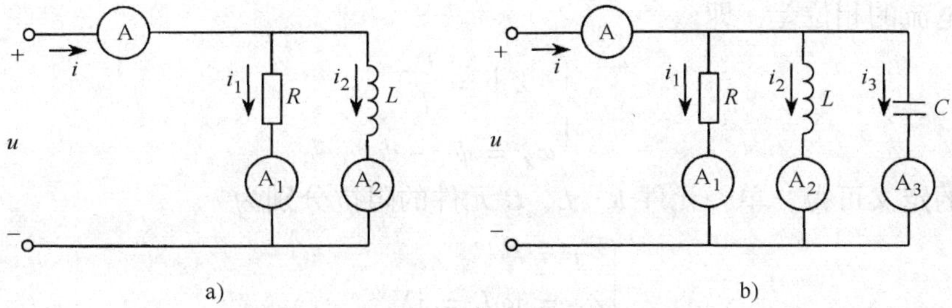

图 3-11　例 3-12 电路

解　设端电压

$$\dot{U}=U\angle 0°\text{V}$$

图 3-11a：选定电流的参考方向如图所示，则

$$\dot{I}_1=10\angle 0°\text{A}\qquad \dot{I}_2=10\angle -90°\text{A}$$

由 KCL 得

$$\dot{I}=\dot{I}_1+\dot{I}_2=10\angle 0°\text{A}+10\angle -90°\text{A}=10\sqrt{2}\angle -45°\text{A}$$

则电流表 A 的读数为 $10\sqrt{2}$A。**注意**：这与直流电路是不同的，总电流并不是 20A。

图 3-11b：选定电流的参考方向如图所示，则

$$\dot{I}_1=10\angle 0°\text{A}\qquad \dot{I}_2=10\angle -90°\text{A}\qquad \dot{I}_3=10\angle 90°\text{A}$$

由 KCL 得

$$\dot{I}=\dot{I}_1+\dot{I}_2+\dot{I}_3=10\angle 0°\text{A}+10\angle -90°\text{A}+10\angle 90°\text{A}=10\text{A}$$

则电流表 A 的读数为 10A。

3.4　复阻抗与复导纳

3.4.1　*R*、*L*、*C* 串联电路与复阻抗

1. 复阻抗定义

图 3-12a 所示无源二端网络中，在电压、电流关联参考方向下，复阻抗定义为端口电压相量与端口电流相量的比值，即

$$Z=\frac{\dot{U}}{\dot{I}}\tag{3-30}$$

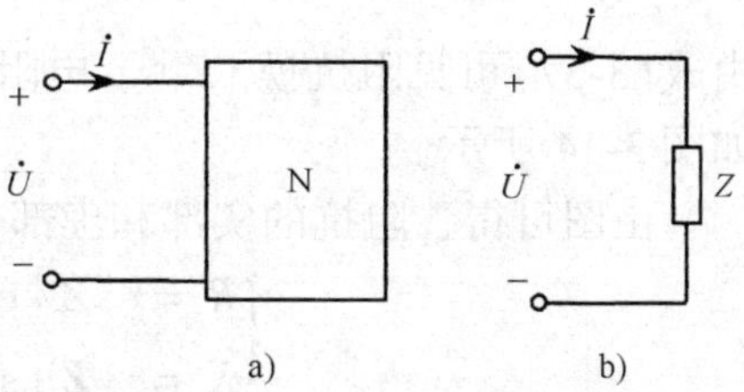

图 3-12　复阻抗的定义

式中的复阻抗 Z 也简称为阻抗，单位是欧姆(Ω)，它是电路的一个复数参数，而不是正弦量的相量。由式(3-30)可将图 3-12a 所示二端网络等效为 3-12b 所示电路模型。

由阻抗定义式(3-30)可得阻抗 Z 的极坐标形式为

$$Z=\frac{U\angle\psi_u}{I\angle\psi_i}=\frac{U}{I}\angle\psi_u-\psi_i=|Z|\angle\varphi_Z\tag{3-31}$$

式中，$|Z|$ 称为阻抗模，它等于电压有效值与电流有效值之比。φ_Z 称为阻抗角，它等于电

路中电压与电流的相位差，即

$$\begin{cases} |Z| = \dfrac{U}{I} \\ \varphi_Z = \psi_u - \psi_i \end{cases} \tag{3-32}$$

由阻抗的定义可得，单一元件 R、L、C 元件的阻抗分别为

$$\begin{cases} Z_R = R \\ Z_L = \mathrm{j}\omega L = \mathrm{j}X_L \\ Z_C = -\mathrm{j}\dfrac{1}{\omega C} = -\mathrm{j}X_C \end{cases} \tag{3-33}$$

2. *R*、*L*、*C* 串联电路的阻抗

R、L、C 串联电路如图 3-13 所示，设各元件电压 u_R、u_L、u_C 的参考方向与电流的参考方向关联，由 KVL 得，串联电路的电压

$$u = u_R + u_L + u_C$$

相应地其相量形式为

$$\dot{U} = \dot{U}_R + \dot{U}_L + \dot{U}_C \tag{3-34}$$

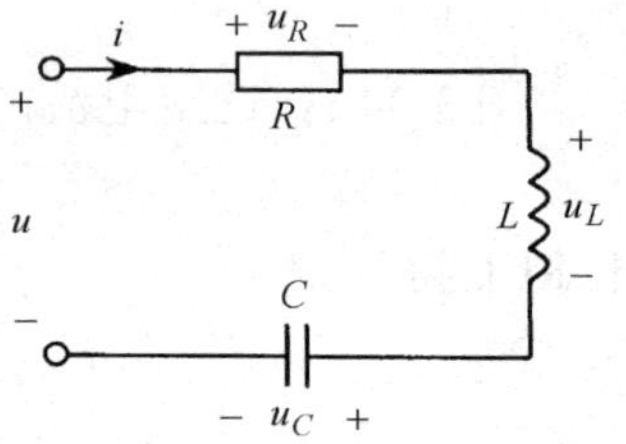

图 3-13 R、L、C 串联电路

其中，$\dot{U}_R = R\dot{I}$，$\dot{U}_L = \mathrm{j}X_L\dot{I}$，$\dot{U}_C = -\mathrm{j}X_C\dot{I}$，将它们代入式(3-34)得

$$\begin{aligned} \dot{U} &= \dot{U}_R + \dot{U}_L + \dot{U}_C = R\dot{I} + \mathrm{j}X_L\dot{I} - \mathrm{j}X_C\dot{I} \\ &= [R + \mathrm{j}(X_L - X_C)]\dot{I} = (R + \mathrm{j}X)\dot{I} = Z\dot{I} \end{aligned} \tag{3-35}$$

式(3-35)中 Z 是 R、L、C 串联电路的总阻抗，其值为

$$Z = \frac{\dot{U}}{\dot{I}} = R + \mathrm{j}(X_L - X_C) = R + \mathrm{j}X \tag{3-36}$$

式(3-36)是复阻抗的代数形式，它的数值等于电路中各元件(R、L、C)阻抗之和。其中，$X = X_L - X_C$ 称为电路的电抗。由式(3-36)可得，阻抗的模为

$$|Z| = \frac{U}{I} = \sqrt{R^2 + X^2} \tag{3-37}$$

阻抗角为

$$\varphi_Z = \psi_u - \psi_i = \arctan\frac{X}{R} = \arctan\frac{X_L - X_C}{R} \tag{3-38}$$

由式(3-37)可见阻抗模 $|Z|$、电阻 R 和电抗 X 可以构成一个直角三角形，称为阻抗三角形，如图 3-14 所示。

由图可得，阻抗的实部和虚部分别为

$$\begin{cases} R = |Z|\cos\varphi_Z \\ X = |Z|\sin\varphi_Z \end{cases} \tag{3-39}$$

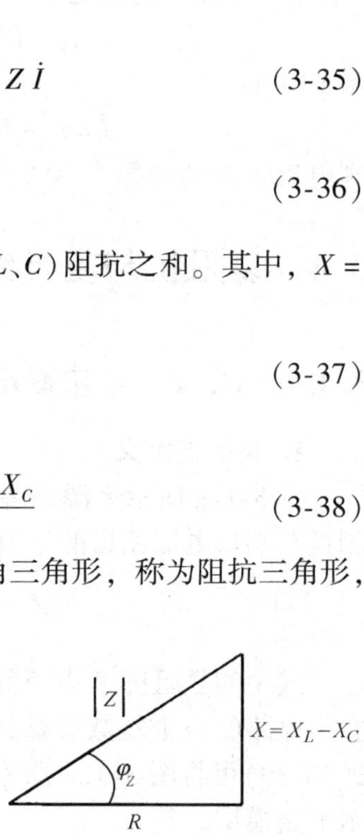

图 3-14 阻抗三角形

由式(3-38)可知：

1）当 $\varphi_Z > 0$ 时，则 $X_L > X_C$，$\psi_u > \psi_i$，电压比电流超前，电路是电感性的。

2）当 $\varphi_Z < 0$ 时，则 $X_L < X_C$，$\psi_u < \psi_i$，电压比电流滞后，电路是电容性的。

3）当 $\varphi_Z = 0$ 时，则 $X_L = X_C$，$\psi_u = \psi_i$，电压与电流同相，电路是电阻性的，此时电路发生串联谐振。

图3-15所示为R、L、C串联电路的相量图，由图可见，电压$\dot{U}_R$、$\dot{U}_X$和$\dot{U}$组成一直角三角形，称为电压三角形。电压三角形与阻抗三角形为相似三角形。

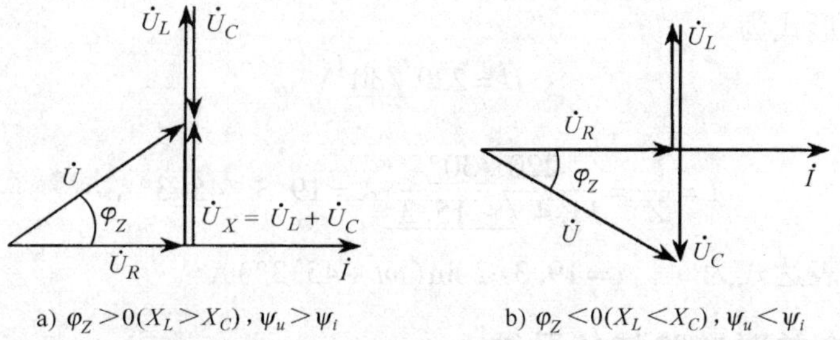

图3-15　R、L、C串联电路相量图

3. 复阻抗串联电路

图3-16给出了多个复阻抗串联的电路，电流和电压的参考方向如图所示。由KVL可得

$$\begin{aligned}\dot{U}&=\dot{U}_1+\dot{U}_2+\cdots+\dot{U}_n=\dot{I}Z_1+\dot{I}Z_2+\cdots+\dot{I}Z_n\\&=\dot{I}(Z_1+Z_2+\cdots+Z_n)=\dot{I}Z\end{aligned}$$

其中Z为串联电路的等效阻抗，由上式可得

$$Z=Z_1+Z_2+\cdots+Z_n \tag{3-40}$$

即串联电路的等效复阻抗等于各串联复阻抗之和。

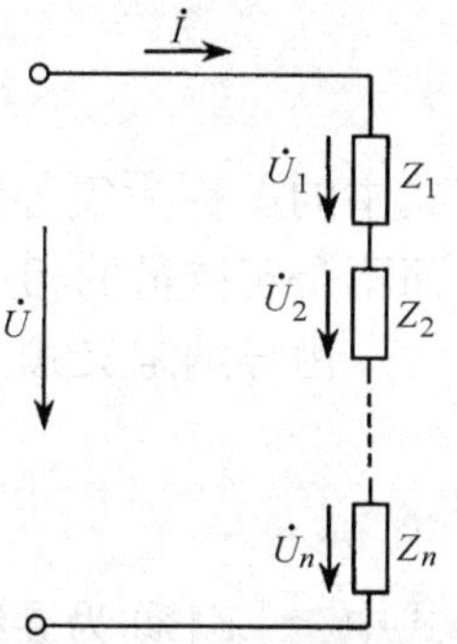

图3-16　复阻抗串联电路

例3-13　有一R、L、C串联电路，其中$R=30\Omega$，$L=382\text{mH}$，$C=39.8\mu\text{F}$，外加电压$u=220\sqrt{2}\sin(314t+60°)\text{V}$。试求：(1)复阻抗$Z$，并确定电路的性质；(2)$\dot{I}$、$\dot{U}_R$、$\dot{U}_L$、$\dot{U}_C$，并绘出相量图。

解　(1) $Z=R+\text{j}(X_L-X_C)=R+\text{j}\left(\omega L-\dfrac{1}{\omega C}\right)$

$$\begin{aligned}&=\left[30+\text{j}\left(314\times0.382-\frac{10^6}{314\times39.8}\right)\right]\Omega\\&=[30+\text{j}(120-80)]\Omega=(30+\text{j}40)\Omega=50\angle 53.1°\Omega\end{aligned}$$

$\varphi=53.1°>0$，所以此电路为电感性电路。

(2) $\dot{I}=\dfrac{\dot{U}}{Z}=\dfrac{220\angle 60°}{50\angle 53.1°}\text{A}=4.4\angle 6.9°\text{A}$

$$\begin{aligned}\dot{U}_R&=R\dot{I}=30\times4.4\angle 6.9°=132\angle 6.9°\text{V}\\\dot{U}_L&=\text{j}X_L\dot{I}=120\angle 90°\times4.4\angle 6.9°=528\angle 96.9°\text{V}\\\dot{U}_C&=-\text{j}X_C\dot{I}=80\angle -90°\times4.4\angle 6.9°\text{V}\\&=352\angle -83.1°\text{V}\end{aligned}$$

相量图如图3-17所示。

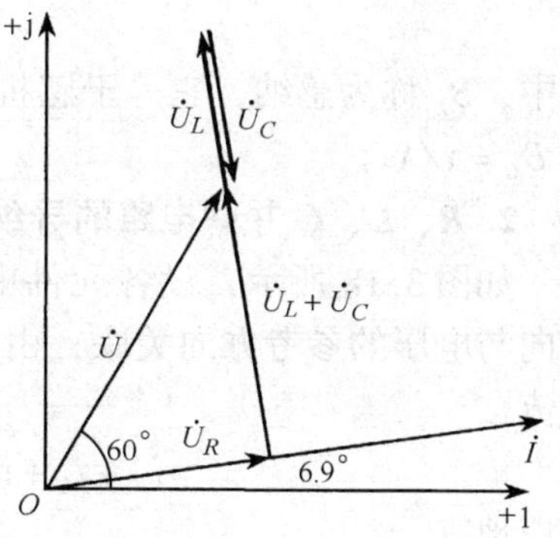

图3-17　例3-13相量图

例3-14　两个负载$Z_1=5+\text{j}5\Omega$和$Z_2=6-\text{j}8\Omega$相串联，接在$u=220\sqrt{2}\sin(314t+30°)\text{V}$的电源上。试求等效阻抗$Z$和电路电流$i$。

解 $Z=Z_1+Z_2=[(5+\mathrm{j}5)+(6-\mathrm{j}8)]\Omega$
$=(11-\mathrm{j}3)\Omega=11.4\angle -15.3°\Omega$

电压 u 的相量形式为

$$\dot{U}=220\angle 30°\mathrm{V}$$

电流相量为

$$\dot{I}=\frac{\dot{U}}{Z}=\frac{220\angle 30°}{11.4\angle -15.3°}\mathrm{A}=19.3\angle 45.3°\mathrm{A}$$

所以，电流的表达式为 $i=19.3\sqrt{2}\sin(\omega t+45.3°)\mathrm{A}$

3.4.2 *R*、*L*、*C* 并联电路与复导纳

1. 复导纳定义

在电压、电流关联参考方向下，复导纳等于端口电流相量与端口电压相量的比值，即

$$Y=\frac{\dot{I}}{\dot{U}} \tag{3-41}$$

式中的 Y 称为复导纳，简称为导纳，单位是西门子（S），和阻抗一样，它也是一个复数，而不是正弦量的相量。

由导纳定义式（3-41）可得导纳 Y 的极坐标形式为

$$Y=\frac{I\angle\psi_i}{U\angle\psi_u}=\frac{I}{U}\angle\psi_i-\psi_u=|Y|\angle\varphi_Y \tag{3-42}$$

式中，$|Y|$ 称为导纳模，它等于电流有效值与电压有效值之比。φ_Y 称为导纳角，它等于电路中电流与电压的相位差，即

$$\begin{cases}|Y|=\dfrac{I}{U}\\ \varphi_Y=\psi_i-\psi_u\end{cases} \tag{3-43}$$

由导纳的定义可得，单一元件 R、L、C 的导纳分别为

$$\begin{aligned}Y_R&=\frac{1}{R}=G\\ Y_L&=\frac{1}{\mathrm{j}X_L}=-\mathrm{j}B_L\\ Y_C&=-\frac{1}{\mathrm{j}X_C}=\mathrm{j}B_C\end{aligned} \tag{3-44}$$

式中，B_L 称为感纳，它等于感抗的倒数，即 $B_L=1/X_L$；B_C 称为容纳，它等于容抗的倒数，即 $B_C=1/X_C$。

2. *R*、*L*、*C* 并联电路的导纳

如图 3-18 所示，设各元件电流 i_R、i_L、i_C 的参考方向与电压的参考方向关联，由 KCL 得，并联电路的电流

$$i=i_R+i_L+i_C$$

相应地有

$$\dot{I}=\dot{I}_R+\dot{I}_L+\dot{I}_C \tag{3-45}$$

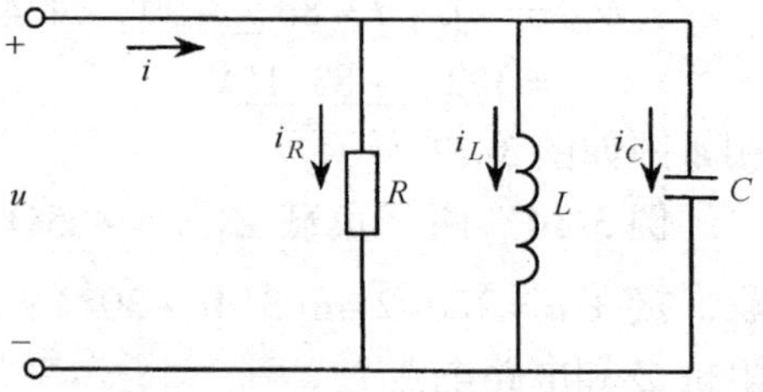

图 3-18 *R*、*L*、*C* 并联电路

其中

$$\begin{cases}\dot{I}_R = \dfrac{\dot{U}}{R} = G\dot{U} \\ \dot{I}_L = \dfrac{\dot{U}}{jX_L} = -jB_L\dot{U} \\ \dot{I}_C = \dfrac{\dot{U}}{-jX_C} = jB_C\dot{U}\end{cases} \tag{3-46}$$

把式(3-46)代入式(3-45)得

$$\begin{aligned}\dot{I} &= \dot{I}_R + \dot{I}_L + \dot{I}_C = G\dot{U} - jB_L\dot{U} + jB_C\dot{U} \\ &= [G + j(B_C - B_L)]\dot{U} \\ &= (G + jB)\dot{U}\end{aligned} \tag{3-47}$$

其中，$B = B_C - B_L$ 称为电路的电纳。由式(3-47)可得 R、L、C 并联电路的复导纳为

$$Y = \frac{\dot{I}}{\dot{U}} = (G + jB) = G + j(B_C - B_L) \tag{3-48}$$

式(3-48)为导纳的代数形式，导纳的模为

$$|Y| = \frac{I}{U} = \sqrt{G^2 + B^2} \tag{3-49}$$

由式(3-49)可见导纳模 $|Y|$、电导 G 和电纳 B 可以组成一直角三角形，称为导纳三角形。导纳三角形如图 3-19 所示。导纳角为

$$\varphi_Y = \angle\psi_i - \psi_u = \arctan\frac{B}{G} = \arctan\frac{B_C - B_L}{G} \tag{3-50}$$

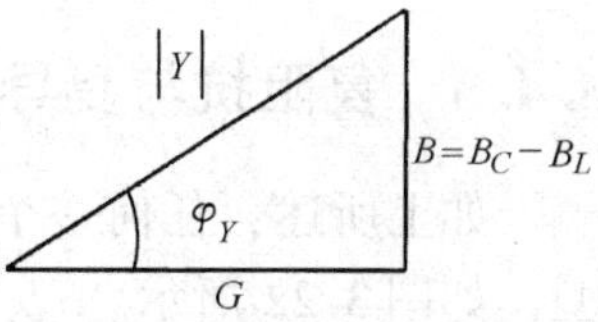

图 3-19 导纳三角形

由式(3-50)可知

当 $\varphi_Y > 0$ 时，则 $B_C > B_L$，$\psi_i > \psi_u$，电流比电压超前，电路是电容性的；

当 $\varphi_Y < 0$ 时，则 $B_C < B_L$，$\psi_i < \psi_u$，电流比电压滞后，电路是电感性的；

当 $\varphi_Y = 0$ 时，则 $B_C = B_L$，$\psi_i = \psi_u$，电流与电压同相，电路是电阻性的，此时电路发生并联谐振。

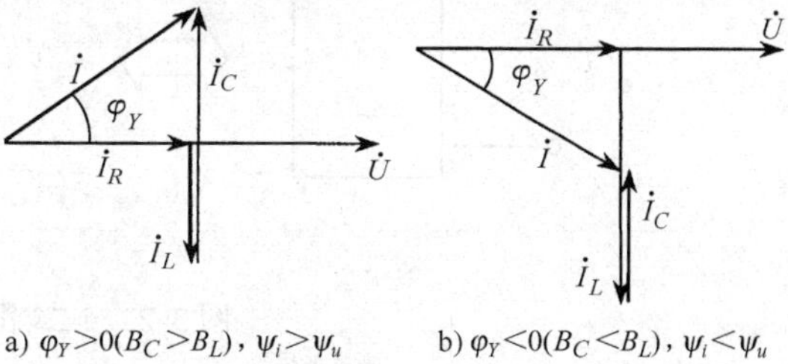

a) $\varphi_Y > 0(B_C > B_L)$，$\psi_i > \psi_u$　b) $\varphi_Y < 0(B_C < B_L)$，$\psi_i < \psi_u$

图 3-20 R、L、C 并联电路相量图

图 3-20 所示为 R、L、C 并联电路的相量图。由图可见，电流 $\dot{I}_R$、$\dot{I}_L + \dot{I}_C$ 和 $\dot{I}$ 组成一直角三角形，称为电流三角形。电流三角形和导纳三角形为相似三角形。

3. 复导纳并联电路

图 3-21 给出了多个复导纳并联的电路，电流和电压的参考方向如图所示。由 KCL 可得

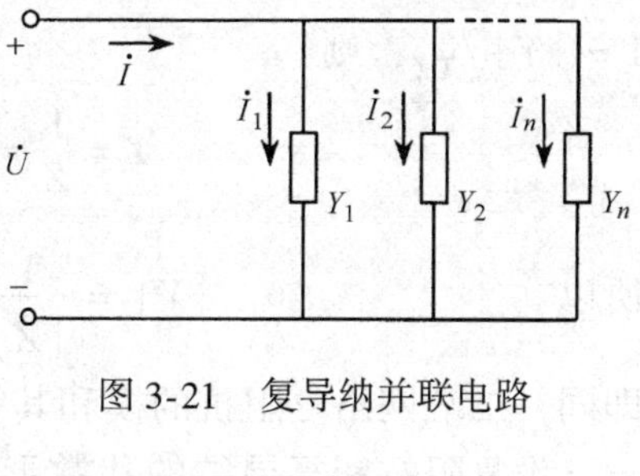

图 3-21 复导纳并联电路

$$\begin{aligned}\dot{I} &= \dot{I}_1 + \dot{I}_2 + \cdots + \dot{I}_n \\ &= (Y_1 + Y_2 + \cdots + Y_n)\dot{U} \\ &= Y\dot{U}\end{aligned}$$

其中 Y 为并联电路的等效导纳，由上式可得

$$Y = Y_1 + Y_2 + \cdots + Y_n \tag{3-51}$$

即并联电路的等效复导纳等于各并联复导纳之和。

例 3-15 R、L、C 并联电路，已知端电压为 $u = 220\sqrt{2}\sin(5000t + 30°)\text{V}$，$R = 25\Omega$，$L = 2\text{mH}$，$C = 5\mu\text{F}$，试求：$Y$、$\dot{I}_R$，$\dot{I}_L$，$\dot{I}_C$ 和$\dot{I}$。

解 $Y_R = \dfrac{1}{R} = \dfrac{1}{25}\text{S} = 0.04\text{S}$

$Y_L = \dfrac{1}{\text{j}X_L} = \dfrac{-\text{j}}{5000 \times 2 \times 10^{-3}}\text{S} = -\text{j}0.1\text{S}$

$Y_C = \dfrac{1}{-\text{j}X_C} = \text{j}\omega C = \text{j}5000 \times 5 \times 10^{-6}\text{S} = \text{j}0.025\text{S}$

$Y = Y_R + Y_L + Y_C = [0.04 + \text{j}(0.025 - 0.1)]\text{S} = (0.04 - \text{j}0.075)\text{S} = 0.085\underline{/-61.9°}\text{S}$

由已知$\dot{U} = 220\underline{/30°}\text{V}$，得

$\dot{I}_R = Y_R\dot{U} = 220\underline{/30°} \times 0.04\text{A} = 8.8\underline{/30°}\text{A}$

$\dot{I}_L = Y_L\dot{U} = 220\underline{/30°} \times (-\text{j}0.1)\text{A} = 22\underline{/-60°}\text{A}$

$\dot{I}_C = Y_C\dot{U} = 220\underline{/30°} \times \text{j}0.025\text{A} = 5.5\underline{/120°}\text{A}$

$\dot{I} = Y\dot{U} = 220\underline{/30°} \times 0.085\underline{/-61.9°}\text{A} = 18.7\underline{/-31.9°}\text{A}$

3.4.3 复阻抗与复导纳的等效变换

如上所述，任何一个线性无源二端口网络，都可以等效为复阻抗和复导纳两种形式的模型，如图 3-22 所示。

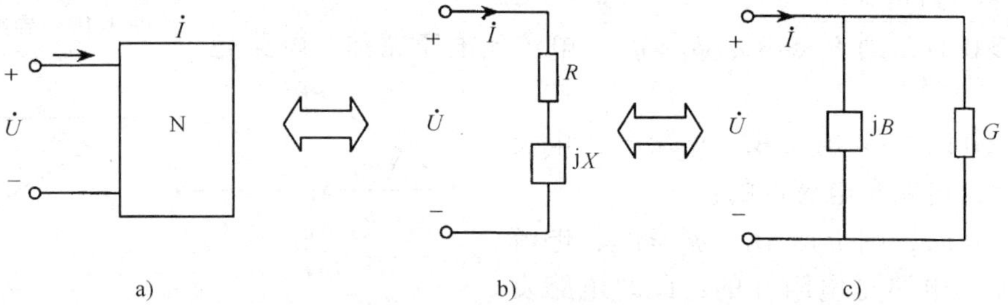

图 3-22 二端网络的两种等效电路

其中复阻抗的定义为：$Z = \dfrac{\dot{U}}{\dot{I}}$；而复导纳的定义为：$Y = \dfrac{\dot{I}}{\dot{U}}$。式中$\dot{U}$为网络端口的电压，$\dot{I}$为从端口流入的电流，由此可得复阻抗与复导纳极坐标形式的等效变换式。设 $Z = |Z|\underline{/\varphi_Z}$，$Y = |Y|\underline{/\varphi_Y}$，则

$$Y = \frac{1}{Z} = \frac{1}{|Z|\underline{/\varphi_Z}} = \frac{1}{|Z|}\underline{/-\varphi_Z} = |Y|\underline{/\varphi_Y}$$

所以
$$|Y| = \frac{1}{|Z|} \qquad \varphi_Y = -\varphi_Z \tag{3-52}$$

即同一二端网络复阻抗的模和其等效复导纳的模互为倒数，阻抗角和导纳角互为相反数。

设复阻抗和复导纳的代数形式分别为：$Z = R + \text{j}X$，$Y = G + \text{j}B$，则它们的等效变换公式为：

（1）已知复阻抗 $Z=R+\mathrm{j}X$，求其等效复导纳 Y，则

$$Y=\frac{1}{Z}=\frac{1}{R+\mathrm{j}X}=\frac{R-\mathrm{j}X}{R^2+X^2}=\frac{R}{R^2+X^2}-\frac{\mathrm{j}X}{R^2+X^2}=G+\mathrm{j}B$$

其中

$$G=\frac{R}{R^2+X^2}\qquad B=\frac{-X}{R^2+X^2}\tag{3-53}$$

（2）已知复导纳 $Y=G+\mathrm{j}B$，则它的等效复阻抗为

$$Z=\frac{1}{Y}=\frac{1}{G+\mathrm{j}B}=\frac{G-\mathrm{j}B}{G^2+B^2}=\frac{G}{G^2+B^2}-\frac{\mathrm{j}B}{G^2+B^2}=R+\mathrm{j}X$$

其中

$$R=\frac{G}{G^2+B^2}\qquad X=\frac{-B}{G^2+B^2}\tag{3-54}$$

例 3-16　如图 3-22b 所示电路，已知电阻 $R=8\Omega$，$X=6\Omega$，试求其等效复导纳。

解　已知

$$Z=R+\mathrm{j}X=(8+\mathrm{j}6)\Omega$$

由式(3-53)可知

$$G=\frac{R}{R^2+X^2}=\frac{8}{100}\mathrm{S}=0.08\mathrm{S}$$

$$B=\frac{-X}{R^2+X^2}=\frac{-6}{100}\mathrm{S}=-0.06\mathrm{S}$$

所以

$$Y=G+\mathrm{j}B=(0.08-\mathrm{j}0.06)\mathrm{S}$$

3.5　正弦交流电路的相量分析法

正弦交流电路中，如果构成电路的电阻、电感、电容元件都是线性的，且电路中的正弦电源都是同频率的，那么电路中各部分电压和电流仍将是同频率的正弦量。此时分析计算电路就可以采用相量法。

已经介绍过相量形式的欧姆定律与基尔霍夫定律，与直流电路中的这两个定律形式上完全相同，只不过直流电路中各量都是实数，而交流电路中各量是复数。如果把直流电路中的电阻换以复阻抗，电导换以复导纳，所有正弦量均用相量表示，那么讨论直流电路时所采用的各种网络分析方法、原理和定理都完全适用于线性正弦交流电路。

3.5.1　网孔电流法

如图 3-23 所示，若图中$\dot{U}_{S1}$、$\dot{U}_{S2}$、R、X_L、X_C 均已知，求各支路电流。

选定网孔电流$\dot{I}_{l1}$、$\dot{I}_{l2}$和各支路电流$\dot{I}_1$、$\dot{I}_2$、$\dot{I}_3$ 的参考方向，如图 3-23 所示。各网孔绕行方向和本网孔电流参考方向一致，列网孔电流方程为

$$\begin{cases}Z_{11}\dot{I}_{l1}+Z_{12}\dot{I}_{l2}=\dot{U}_{S11}\\ Z_{21}\dot{I}_{l1}+Z_{22}\dot{I}_{l2}=\dot{U}_{S22}\end{cases}$$

其中

$$\begin{cases} Z_{11} = R - \mathrm{j}X_C \\ Z_{12} = Z_{21} = -R \\ Z_{22} = R + \mathrm{j}X_L \\ \dot{U}_{S11} = \dot{U}_{S1} \\ \dot{U}_{S22} = -\dot{U}_{S2} \end{cases}$$

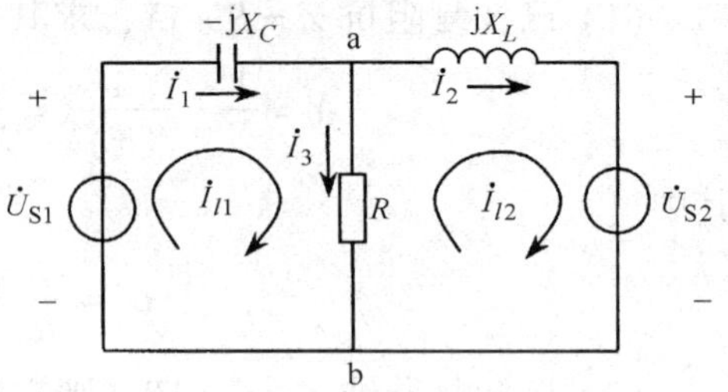

图 3-23 网孔电流法

由方程可求$\dot{I}_{l1}$和$\dot{I}_{l2}$，然后求出各支路电流为

$$\dot{I}_1 = \dot{I}_{l1},\ \dot{I}_2 = \dot{I}_{l2},\ \dot{I}_3 = \dot{I}_{l1} - \dot{U}_{l2}$$

例 3-17 电路如图 3-23 所示，用网孔电流法求各支路电流。其中$\dot{U}_{S1} = 100\underline{/0°}$ V，$\dot{U}_{S2} = 100\underline{/90°}$ V，$R = 5\Omega$，$X_L = 5\Omega$，$X_C = 2\Omega$。

解 选定各支路电流$\dot{I}_1$、$\dot{I}_2$、$\dot{I}_3$和网孔电流$\dot{I}_{l1}$、$\dot{I}_{l2}$的参考方向如图 3-23 所示，选定绕行方向和网孔电流的参考方向一致。列出网孔方程为

$$(5 - \mathrm{j}2)\dot{I}_{l1} - 5\dot{I}_{l2} = 100\underline{/0°} \tag{1}$$

$$-5\dot{I}_{l1} + (5 + \mathrm{j}5)\dot{I}_{l2} = -100\underline{/90°} \tag{2}$$

由(1)式得

$$\dot{I}_{l2} = \frac{(5 - \mathrm{j}2)\dot{I}_{l1} - 100}{5}$$

代入(2)式得

$$-5\dot{I}_{l1} + \frac{(5 + \mathrm{j}5)[(5 - \mathrm{j}2)\dot{I}_{l1} - 100]}{5} = -\mathrm{j}100$$

整理得

$$\dot{I}_{l1} = (15.38 - \mathrm{j}23.1) = 27.8\underline{/-56.3°}\ \mathrm{A}$$

$$\dot{I}_{l2} = (-13.82 - \mathrm{j}29.8) = 32.3\underline{/-115.4°}\ \mathrm{A}$$

所以各支路的电流为

$$\dot{I}_1 = \dot{I}_{l1} = 27.8\underline{/-56.3°}\ \mathrm{A}$$

$$\dot{I}_2 = \dot{I}_{l2} = 32.3\underline{/-115.4°}\ \mathrm{A}$$

$$\dot{I}_3 = \dot{I}_{l1} - \dot{I}_{l2} = (27.8\underline{/-56.3°} - 32.3\underline{/-115.4°}) = 29.9\underline{/11.9°}\ \mathrm{A}$$

3.5.2 节点电压法

例 3-18 用节点法求解图 3-23 所示电路中各支路电流。其中电路参数与例 3-17 相同。

解 各支路电流参考方向如图 3-23 所示，电路中有两个节点 a、b，选 b 点为参考节点，电位为零，则节点电压方程为：

$$(Y_1 + Y_2 + Y_3)\ \dot{U}_{ab} = Y_1\dot{U}_{S1} + Y_2\dot{U}_{S2}$$

其中

$$Y_1 = \frac{1}{-\mathrm{j}X_C} = -\frac{1}{\mathrm{j}2}\mathrm{S}$$

$$Y_2 = \frac{1}{\mathrm{j}X_L} = \frac{1}{\mathrm{j}5}\mathrm{S}$$

$$Y_3 = \frac{1}{R} = \frac{1}{5}\mathrm{S}$$

将上面三式代入节点电压方程得

$$\dot{U}_{ab}=\frac{\frac{100}{-j2}+\frac{j100}{j5}}{\frac{1}{-j2}+\frac{1}{j5}+\frac{1}{5}}V=\frac{20+j50}{0.2+j0.3}V=149.4\underline{/11.9^\circ}\ V$$

各支路电流为

$$\dot{I}_1=\frac{\dot{U}_{S1}-\dot{U}_{ab}}{-jX_C}=\frac{100-149.4\underline{/11.9^\circ}}{-j2}A=(15.4-j23.1)A=27.8\underline{/-56.3^\circ}\ A$$

$$\dot{I}_2=\frac{\dot{U}_{ab}-\dot{U}_{S2}}{jX_L}=\frac{149.4\underline{/11.9^\circ}-j100}{j5}A=(-13.8-j29.2)A=32.3\underline{/-115.3^\circ}\ A$$

$$\dot{I}_3=\frac{\dot{U}_{ab}}{R}=\frac{149.4\underline{/11.9^\circ}}{5}A=29.9\underline{/11.9^\circ}\ A$$

3.6 正弦交流电路中的功率

3.6.1 瞬时功率

交流电路中，在关联参考方向下，任一瞬间元件上电压的瞬时值与电流瞬时值的乘积叫做该元件吸收的瞬时功率，用小写字母 p 表示，即

$$p=ui \tag{3-55}$$

式中，若算得某一瞬间的 $p>0$，则表明该元件为吸收功率；若某一瞬间的 $p<0$，则表明该元件为发出功率。瞬时功率的 SI 单位为瓦(W)。

1. 电阻元件的瞬时功率

在电阻元件中，电压与电流同相位，即 $\psi_u=\psi_i$，因此设 $i=\sqrt{2}I\sin\omega t$，$u=\sqrt{2}U\sin\omega t$，则瞬时功率为

$$\begin{aligned}p&=ui=\sqrt{2}U\sin\omega t\cdot\sqrt{2}I\sin\omega t\\&=2UI\sin^2\omega t=UI(1-\cos2\omega t)\end{aligned} \tag{3-56}$$

由式(3-56)可绘出电阻元件瞬时功率的曲线，见图3-24。从图中可以看出，电阻元件的瞬时功率以电源频率的两倍作周期性变化，但始终大于或等于零。这说明电阻元件是耗能元件，除了电流为零的瞬间，电阻元件总是吸收功率的。

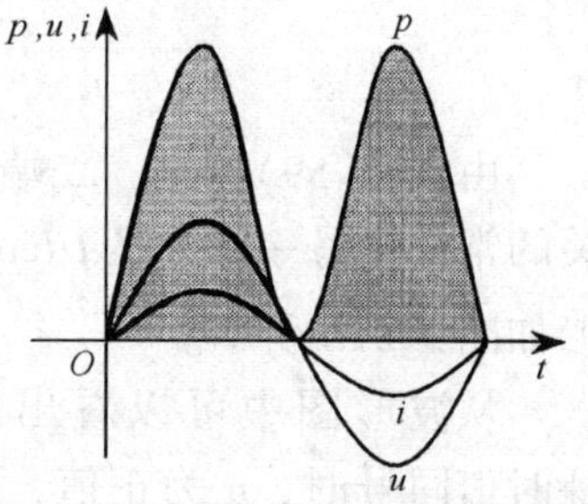

图3-24 电阻元件的瞬时功率

2. 电感元件的瞬时功率

在电感元件中，电压比电流超前90°，因此设 $i=\sqrt{2}I\sin\omega t$，$u=\sqrt{2}U\sin(\omega t+90^\circ)$，则瞬时功率为

$$\begin{aligned}p&=ui=\sqrt{2}U\sin(\omega t+90^\circ)\cdot\sqrt{2}I\sin\omega t\\&=2UI\cos\omega t\sin\omega t=UI\sin2\omega t\end{aligned} \tag{3-57}$$

由式(3-57)可绘出电感元件瞬时功率的曲线，见图3-25。从图中可以看出，电感元件的瞬时功率也是时间的正弦函数，其频率为电源频率的两倍。在正弦交流电流的第一个1/4周期，u、i 方向一致，瞬时功率 p 为正值，表示电感元件在吸收能量，并把吸收的能量转化

为磁场能量加以储存。在第二个 1/4 周期，u、i 方向相反，瞬时功率 p 为负值，表示电感元件在提供能量，把储存在磁场中的能量释放出来。以后的过程与此相似，随着电压、电流的交变，电感元件与电源之间不断地进行着能量的交换。

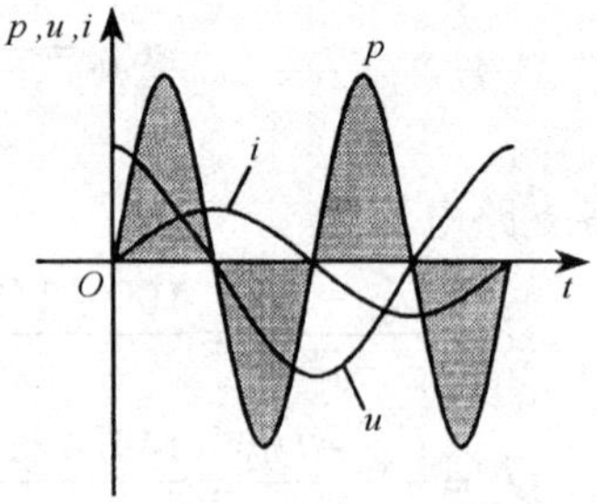

图 3-25 电感元件的瞬时功率

3. 电容元件的瞬时功率

在电容元件中，电压比电流滞后 90°，因此设 $i=\sqrt{2}I\sin\omega t$，$u=\sqrt{2}U\sin(\omega t-90°)$，则瞬时功率为

$$p=ui=\sqrt{2}U\sin(\omega t-90°)\cdot\sqrt{2}I\sin\omega t$$
$$=-2UI\sin\omega t\cos\omega t=-UI\sin 2\omega t \tag{3-58}$$

由式(3-58)可绘出电容元件瞬时功率的曲线，见图 3-26。显然，电容元件的瞬时功率同样是以两倍电源频率随时间变化的正弦函数。在正弦交流电流的第一个 1/4 周期，u、i 方向相反，瞬时功率 p 为负值，表示电容元件在提供能量，把储存在电场中的能量释放出来。在第二个 1/4 周期，u、i 方向一致，瞬时功率 p 为正值，表示电容元件在吸收能量，并把吸收的能量转化为电场能量加以储存。以后的过程与此相似，随着电压、电流的交变，电容元件与电源之间不断地进行着能量的交换。把电容和电感的瞬时功率曲线加以比较可以发现，如果它们通过的电流同相位，则当电容吸收能量时，电感恰恰在释放能量。

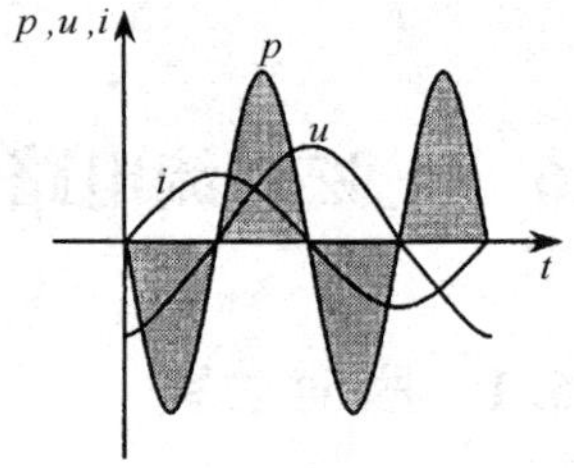

图 3-26 电容元件的瞬时功率

4. 无源二端网络的瞬时功率

二端网络的端口电压 u 和端口电流 i 的参考方向如图 3-27a 所示。设端口电流和端口电压分别为

$$i=\sqrt{2}I\sin\omega t$$
$$u=\sqrt{2}U\sin(\omega t+\varphi)$$

其中 $\varphi=\psi_u-\psi_i$ 为二端网络的阻抗角，则该二端网络吸收的瞬时功率为

$$p=ui=\sqrt{2}U\sin(\omega t+\varphi)\cdot\sqrt{2}I\sin\omega t$$
$$=2UI\sin(\omega t+\varphi)\sin\omega t$$
$$=UI[\cos\varphi-\cos(2\omega t+\varphi)] \tag{3-59}$$

由式(3-59)可见，二端电路的瞬时功率由两部分组成，一部分是 $UI\cos\varphi$，是与时间无关的常量；另一部分是 $UI\cos(2\omega t+\varphi)$，是二倍于电源角频率变化的正弦量。其瞬时功率波形如图 3-27b 所示。

从波形图中可以看出：当 u、i 瞬时值同号时，p 为正值，二端网络从外电路吸收功率；当 u、i 瞬时值异号时，p 为负值，二端网络向外电路提供功率。瞬时功率有正有负的现象说明在外电路和二端网络之间有能量的交换，这种现象是由储能元件造

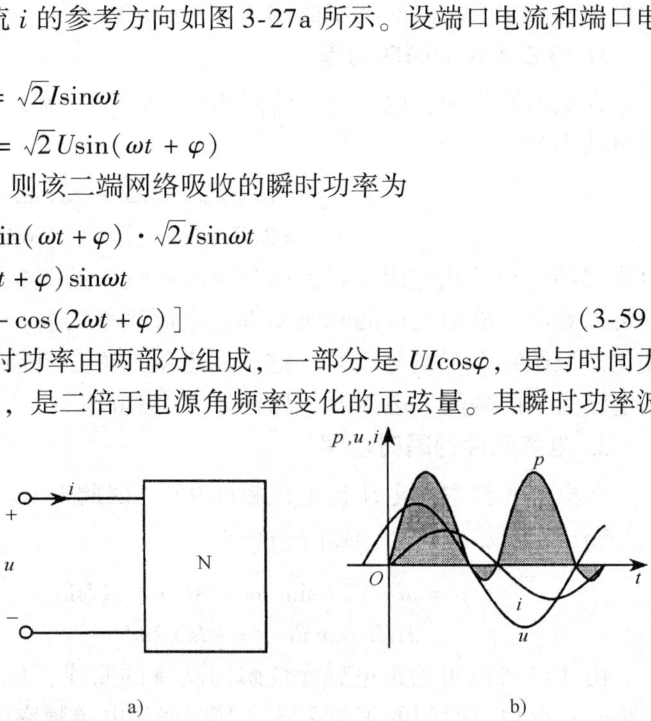

图 3-27 二端网络的瞬时功率

成的。从波形图还可以看出：功率 $p>0$ 的部分大于 $p<0$ 的部分，说明二端网络吸收的能量多于释放的能量，即网络与外电路交换能量的同时，由于电阻元件的存在也要消耗一部分能量。

3.6.2 平均功率和功率因数

瞬时功率 p 在一个周期内的平均值称为平均功率，平均功率也称为有功功率，用大写字母 P 表示，即

$$P = \frac{1}{T}\int_0^T p\mathrm{d}t \tag{3-60}$$

把式(3-59)代入上式得

$$P = \frac{1}{T}\int_0^T p\mathrm{d}t = \frac{1}{T}\int_0^T UI[\cos\varphi - \cos(2\omega t + \varphi)]\mathrm{d}t$$

$$P = UI\cos\varphi \tag{3-61}$$

式中，P 为二端电路的平均功率，它的 SI 单位为瓦(W)；$\cos\varphi$ 称为功率因数，它等于二端电路阻抗角的余弦。式(3-61)表明，二端电路的平均功率等于电路中电压、电流有效值的乘积乘以电路的功率因数。

对于单一的 R、L、C 元件，其消耗的平均功率为

1）电阻元件：阻抗角 $\varphi=\psi_u-\psi_i=0$，因此其平均功率为

$$P_R = U_R I_R\cos\varphi = U_R I_R \tag{3-62}$$

上式表明电阻元件的有功功率等于电阻两端电压与流过电阻电流的有效值乘积。也可写成

$$P_R = U_R I_R = RI_R^2 = \frac{U_R^2}{R} \tag{3-63}$$

2）电感元件：阻抗角 $\varphi=\psi_u-\psi_i=90°$，因此其平均功率为

$$P_L = U_L I_L\cos\varphi = 0 \tag{3-64}$$

表明电感元件在一个周期的时间内消耗的平均功率为零。电感元件是储能元件，它在电路中只储存和释放能量，而不消耗能量。

3）电容元件：阻抗角 $\varphi=\psi_u-\psi_i=-90°$，因此其平均功率为

$$P_C = U_C I_C\cos\varphi = 0 \tag{3-65}$$

与电感元件一样，电容元件也是储能元件，不消耗能量，它的平均功率也为零。

例 3-19 R、L 串联电路中，已知 $f=50\text{Hz}$，$R=300\Omega$，电感 $L=1.65\text{H}$，端电压的有效值 $U=220\text{V}$。试求电路的功率因数和消耗的有功功率。

解 电路的阻抗

$$Z = R + \mathrm{j}\omega L = (300 + \mathrm{j}2\pi\times 50\times 1.65)\Omega = (300 + \mathrm{j}518.1)\Omega = 598.7\underline{/60°}\ \Omega$$

由阻抗角 $\varphi=60°$，得功率因数为

$$\cos\varphi = \cos 60° = 0.5$$

电路中电流的有效值为

$$I = \frac{U}{|Z|} = \frac{220}{598.7}\text{A} = 0.367\text{A}$$

有功功率为

$$P = UI\cos\varphi = 220 \times 0.367 \times 0.5\text{W} = 40.4\text{W}$$

3.6.3 无功功率

把式(3-59)瞬时功率展开为另一种形式

$$p = UI\cos\varphi(1 - \cos2\omega t) + UI\sin\varphi\sin2\omega t \tag{3-66}$$

式中，第一项是瞬时功率 p 在一个周期内的平均值 $UI\cos\varphi$，即平均功率；第二项是以 2ω 为角频率而变化的正弦量，其最大值为 $UI\sin\varphi$，它在一个周期内的平均值为零，反映了二端电路与外界进行能量交换的情况。

因此，定义无功功率为二端电路与外电路进行能量交换的最大值，用大写字母 Q 表示，即

$$Q = UI\sin\varphi \tag{3-67}$$

无功功率的单位为乏尔，简称为乏(Var)。由式(3-67)可求得单一的 R、L、C 元件上的无功功率。

1）电阻元件：阻抗角 $\varphi = \psi_u - \psi_i = 0$，因此其无功功率为

$$Q_R = U_R I_R \sin\varphi = 0 \tag{3-68}$$

式(3-68)表明电阻元件只消耗有功功率，不与电路进行能量交换，电阻为耗能元件。

2）电感元件：阻抗角 $\varphi = \psi_u - \psi_i = 90°$，因此其无功功率为

$$Q_L = U_L I_L \sin\varphi = U_L I_L = I_L^2 X_L = \frac{U_L^2}{X_L} \tag{3-69}$$

表明电感元件的无功功率等于电感元件上电压、电流有效值的乘积。

3）电容元件：阻抗角 $\varphi = \psi_u - \psi_i = -90°$，因此其无功功率为

$$Q_C = U_C I_C \sin\varphi = -U_C I_C = -I_C^2 X_C = -\frac{U_C^2}{X_C} \tag{3-70}$$

由式(3-70)可见，电容元件的无功功率为负值。这是因为电感元件的电压超前电流 90°，而电容元件的电压滞后电流 90°，当交流电路中同时存在电感元件和电容元件时，电感元件吸收能量的时刻正是电容元件释放能量的时刻。电容元件无功功率的大小仍等于其电压与电流有效值的乘积。

例 3-20 荧光灯电路通常被看作 R、L 串联电路。已知荧光灯的功率为 100W，在额定电压 $U = 220\text{V}$ 下，其电流 $I = 0.91\text{A}$。求该荧光灯的功率因数及无功功率。

解 荧光灯的有功功率为

$$P = 100\text{W}$$

则

$$\cos\varphi = \frac{P}{UI} = \frac{100}{220 \times 0.91} = 0.5 \qquad \varphi = 60°$$

无功功率为

$$Q = UI\sin\varphi = 220 \times 0.91 \times \sin60°\text{Var} = 173.4\text{Var}$$

3.6.4 视在功率

定义二端电路电压和电流有效值的乘积为视在功率，用 S 表示，即

$$S = UI \tag{3-71}$$

视在功率的单位为伏安(VA)，工程上也常用千伏安(kVA)表示。

视在功率、有功功率和无功功率的关系如下：

$$\left.\begin{aligned} P &= UI\cos\varphi = S\cos\varphi \\ Q &= UI\sin\varphi = S\sin\varphi \\ S &= \sqrt{P^2 + Q^2} = UI \\ \varphi &= \arctan\frac{Q}{P} \end{aligned}\right\} \tag{3-72}$$

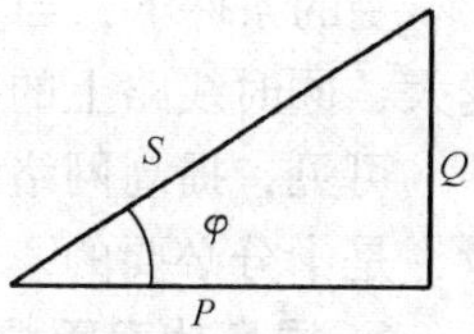

图 3-28 功率三角形

P、Q 和 S 也构成一个直角三角形，此三角形称为功率三角形，如图 3-28 所示。它和阻抗三角形是相似三角形。

*3.6.5 复功率

定义复功率 $\tilde{S}$ 为

$$\tilde{S} = P + \mathrm{j}Q = S\angle\varphi = UI\angle\psi_u - \psi_i \tag{3-73}$$

由式(3-73)可见，复功率的实部是有功功率，虚部为无功功率，复功率的模为视在功率。由于$\dot{U} = U\angle\psi_u$，$\dot{I} = I\angle\psi_i$，$\dot{I}^* = I\angle-\psi_i$（$\dot{I}$的共轭复数），所以复功率又可表示为

$$\tilde{S} = U\angle\psi_u \times I\angle-\psi_i = \dot{U}\dot{I}^* \tag{3-74}$$

当计算某一阻抗 Z 吸收的复功率时，可以把$\dot{U} = Z\dot{I}$代入上式，即

$$\tilde{S} = Z\dot{I}\dot{I}^* = ZI^2 = (R + \mathrm{j}X)I^2 \tag{3-75}$$

若已知某一导纳 Y，则可以把$\dot{I} = Y\dot{U}$代入式（3-74），得复功率的计算式为

$$\tilde{S} = \dot{U}(Y\dot{U})^* = \dot{U}Y^*\dot{U}^* = Y^*U^2 = (G - \mathrm{j}B)U^2 \tag{3-76}$$

复功率与阻抗相似，它们都是一个计算用的复数量，并不代表正弦量，因此也不能作为相量对待。

可以证明，对于任何复杂的正弦交流电路，总的有功功率等于电路各部分有功功率之和，总的无功功率等于电路各部分无功功率之和，所以总的复功率也等于电路各部分复功率之和。但视在功率并不等于电路各部分视在功率之和。

3.6.6 功率因数的提高

交流电力系统中的负载多为感性负载，功率因数普遍小于 1。如广泛使用的异步电动机，功率因数在满载时不过 0.8 左右，空载和轻载时仅为 0.2～0.5；照明用的荧光灯功率因数也只有 0.3～0.5。

1. 提高功率因数的意义

功率因数低会带来以下两方面的问题：

1）电源设备的容量不能充分利用。电源设备(发电机、变压器等)是依照它的额定电压与额定电流设计的。例如一台容量为 100kVA 的变压器，若负载功率因数 $\cos\varphi = 1$，则此变压器就能输出 100kW 的有功功率；若 $\cos\varphi = 0.7$，则此变压器只能输出 70kW 的有功功率，也就是说变压器的容量未能充分利用。

2）输电线路的电压降和功率损耗增加。因为 $I=\frac{P}{U\cos\varphi}$，在输送有功功率 P 和供电电压 U 不变的条件下，当功率因数小时，电流 I 必然增大。线路上的电流越大，线路中的损耗越大，同时线路上的电压降也就增大，会使负载上电压降低，从而影响负载的正常工作。

可见，提高网络的功率因数，对于充分利用电源设备的容量，提高供电效率和供电质量，是十分必要的。

2. 提高功率因数的方法

提高电路功率因数最简便的方法是用电容器与感性负载并联。电容的无功功率与电感的无功功率符号相反，标志着它们在能量交换方面的互补作用。利用这种互补作用，在感性负载的两端并联电容器，由电容器代替电源提供感性负载所需要的部分或全部无功功率，从而降低电源的无功损耗，提高电路的功率因数。

图 3-29 给出了一个电感性负载并联电容时的电路图和相量图，从相量图可以看出，电感性负载并联一个电容后，可以提高电路的功率因数。

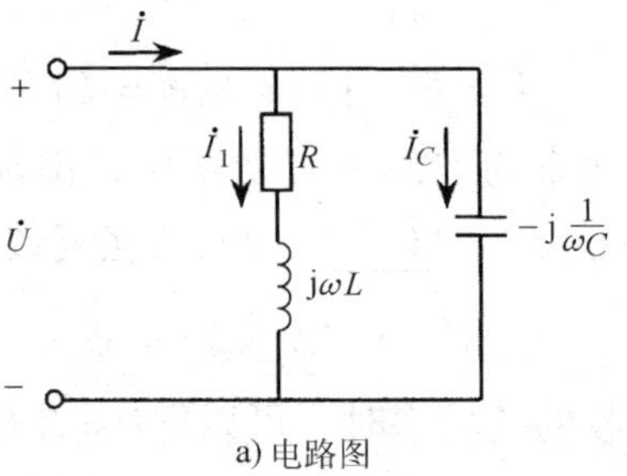

a) 电路图

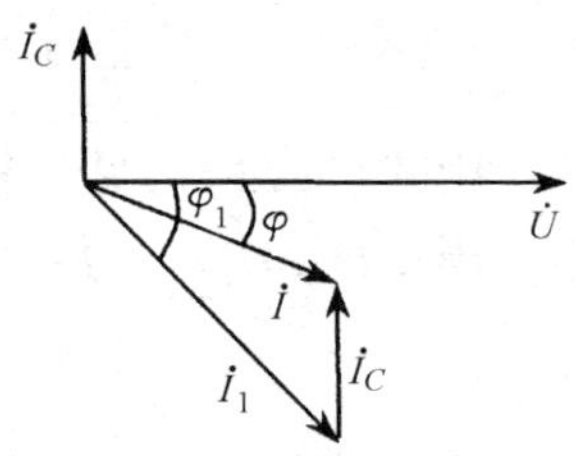

b) 相量图

图 3-29 电感性负载与电容器并联的电路和相量图

电感性负载未并联电容时，电流 $\dot{I}_1$ 滞后电压 $\dot{U}$ 为 φ_1 角，此时电路的总电流 $\dot{I}=\dot{I}_1$ 也滞后电压 $\dot{U}$ 为 φ_1 角；并联电容后，电压 $\dot{U}$ 不变，负载电流 $\dot{I}_1$ 也不变，但电容支路的电流 $\dot{I}_C$ 超前于电压 $\dot{U}$ 90°，总电流 $\dot{I}=\dot{I}_1+\dot{I}_C$，$\dot{I}$ 与 $\dot{U}$ 间相位差变小。所以 $\cos\varphi>\cos\varphi_1$，这样就提高了电路的功率因数。**应该注意：**所谓提高功率因数，并不是提高电感性负载本身的功率因数，负载在并联电容前后，由于电压没有变，负载本身的电流、有功功率和功率因数均无变化。提高功率因数是指提高了电路总的功率因数。

下面进一步分析并联电容容量的计算。

并联电容前 $\quad P=UI_1\cos\varphi_1 \qquad I_1=\frac{P}{U\cos\varphi_1}$

并联电容后 $\quad P=UI\cos\varphi \qquad I=\frac{P}{U\cos\varphi}$

由图 3-29b 可以看出

$$
\begin{aligned}
I_C &= I_1\sin\varphi_1 - I\sin\varphi = \frac{P\sin\varphi_1}{U\cos\varphi_1}-\frac{P\sin\varphi}{U\cos\varphi}\\
&= \frac{P}{U}(\mathrm{tg}\varphi_1-\mathrm{tg}\varphi)
\end{aligned}
$$

又知

$$I_C=\frac{U}{X_C}=\omega CU$$

代入上式可得

$$\omega CU=\frac{P}{U}(\mathrm{tg}\varphi_1-\mathrm{tg}\varphi)$$

即

$$C = \frac{P}{\omega U^2}(\mathrm{tg}\varphi_1 - \mathrm{tg}\varphi) \tag{3-77}$$

由式(3-77)可以求出把电感性负载的功率因数从 $\cos\varphi_1$ 提高到 $\cos\varphi$ 所需并联电容 C 的数值。

例 3-21 有一感性负载，其额定功率为 $P=100\mathrm{kW}$，功率因数 $\cos\varphi_1=0.6$，接在 50Hz，220V 的电源上，若要将功率因数提高到 0.85，问需并联多大的电容器？

解 $\cos\varphi_1=0.6$ $\quad\varphi_1=53.1°$ $\quad\mathrm{tg}\varphi_1=1.33$

$\cos\varphi_2=0.85$ $\quad\varphi_2=31.79°$ $\quad\mathrm{tg}\varphi_2=0.62$

由式(3-77)可得

$$C = \frac{P}{\omega U^2}(\mathrm{tg}\varphi_1 - \mathrm{tg}\varphi_2) = \frac{100\times1000}{2\pi\times50\times220^2}\times(1.33-0.62)\mathrm{F}$$

$$=0.00658\times0.71\mathrm{F}=4672\mu\mathrm{F}$$

本章小结

1. 正弦量

(1) 振幅、角频率和初相位是正弦交流电的三要素。

(2) 正弦交流电有解析式、波形图和相量三种表示形式。

(3) 两个同频率正弦量的相位之差称为相位差。

(4) 正弦量的有效值与最大值的关系为

$$U=\frac{U_m}{\sqrt{2}}=0.707U_m \qquad I=\frac{I_m}{\sqrt{2}}=0.707I_m$$

2. 电路基本定律的相量形式

(1) 基尔霍夫定律的相量形式：

$$\sum\dot{I}=0 \qquad \sum\dot{U}=0$$

(2) R、L、C 三种元件电压电流关系的相量形式：

$$\dot{U}=R\dot{I} \qquad \dot{U}=\mathrm{j}X_L\dot{I} \qquad \dot{U}=-\mathrm{j}X_C\dot{I}$$

3. 复阻抗与复导纳

(1) R、L、C 串联电路与复阻抗：

$$Z=(R+\mathrm{j}X)=R+\mathrm{j}(X_L-X_C)=R+\mathrm{j}\left(\omega L-\frac{1}{\omega C}\right)$$

(2) R、L、C 并联电路与复导纳：

$$Y=(G+\mathrm{j}B)=G+\mathrm{j}(B_C-B_L)=\frac{1}{R}+\mathrm{j}\left(\omega C-\frac{1}{\omega L}\right)$$

(3) 复阻抗与复导纳的等效变换：

$$|Y|=\frac{1}{|Z|} \qquad \varphi_Y=-\varphi_Z$$

4. 正弦交流电路的相量分析法

(1) 网孔电流法。

(2) 节点电压法。

5. 正弦交流电路中的功率

（1）正弦交流电路中有功功率、无功功率和视在功率的含义及计算。

（2）提高功率因数的方法：在电感性负载两端并联一电容器。

习 题 三

1. 已知 $i=50\sqrt{2}\sin(314t+30°)$ A，试求其频率、周期、振幅和初相位。

2. 一个工频正弦电流的最大值为537A，在 $t=0$ 时的值为 -268A，试求它的解析式并画出波形图。

3. 已知一正弦电压的振幅为311V，频率为50Hz，初相为 $-\pi/6$，试写出其解析式，并画出波形图。

4. 已知正弦电压的频率为50Hz，其波形如图3-30所示，试写出它的瞬时值解析式，当 $t=0.025$s 时求电压的大小。

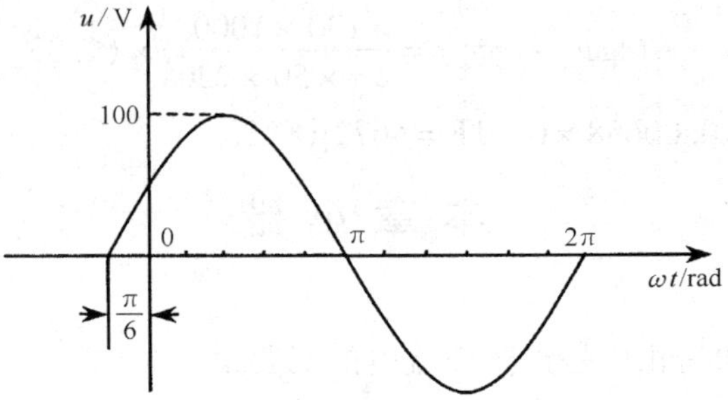

图 3-30

5. 已知 $i_1=20\sqrt{2}\sin(\omega t+50°)$ A，$i_2=20\sqrt{2}\sin(\omega t-150°)$ A，问：（1）i_1 与 i_2 的相位差等于多少？（2）谁超前，谁滞后？

6. 已知 $u=311\sin(\omega t+60°)$ V，求它的最大值和有效值。

7. 将下列复数写成极坐标形式。

（1）3 + j4　（2）-1 - j3　（3）6 - j8

（4）-3 + j2　（5）20 + j10　（6）7 - j3

8. 将下列复数写成代数形式。

（1）$10\angle 60°$　（2）$6\angle 90°$　（3）$4\angle -77°$　（4）$5\angle 53°$

9. 试写出下列正弦量的相量，并画出相量图。

（1）$u=220\sqrt{2}\sin(\omega t+30°)$ V

（2）$i=10\sqrt{2}\sin(\omega t-60°)$ A

（3）$i=50\sin(\omega t+120°)$ A

10. 已知两同频率正弦电流 $i_1=3\sqrt{2}\sin(\omega t+20°)$ A 和 $i_2=5\sqrt{2}\sin(\omega t-35°)$ A：

（1）试用相量表示；（2）用相量法求 i_1+i_2；（3）用相量法求 $i_1\cdot i_2$。

11. 正弦电压 $u=311\sin(314t+150°)$ V 加于 100Ω 电阻两端，用相量法求电阻中的电流 $\dot{I}$，并作电压和电流的相量图。

12. 电感 $L=20$mH，计算它在50Hz和500Hz频率下的感抗。计算结果说明了什么？

13. 已知 $L=0.2$H，外加电压 $u=220\sqrt{2}\sin(100t-30°)$ V。求通过电感的电流 i，并画出电流和电压的相量图。

14. 一个 $C=100\mu$F 的电容，先后接于 $f_1=50$Hz 和 $f_2=60$Hz 的电源上，计算在上述两种情况下的 X_C。

15. 电容 $C=50\mu$F，通过电容的电流为 $i=20\sqrt{2}\sin(10^6t+30°)$ mA，求（1）容抗 X_C；（2）电容两端的电压 u_C。

16. 图示 3-31 电路中，已知电流表 A_1、A_2 的读数均为 5A，求电路中电流表 A 的读数。

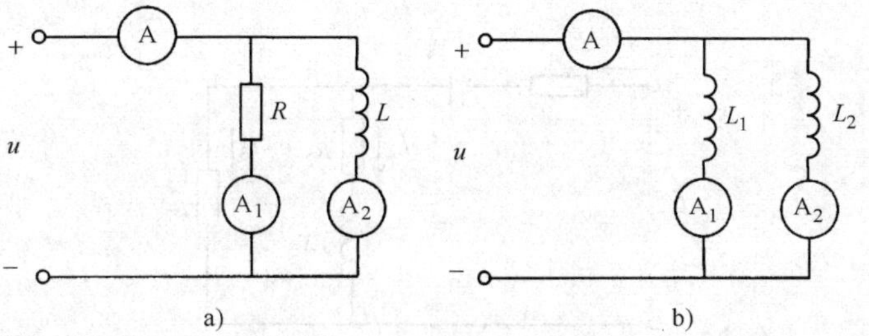

图　3-31

17. 图示 3-32 电路中，已知电压表 V_1、V_2、V_3 的读数均为 50V，求电路中电压表 V 的读数。

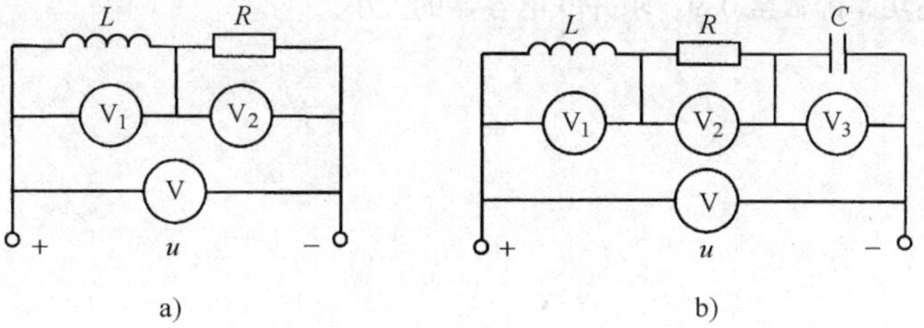

图　3-32

18. 一电阻 $R=30\Omega$ 与电感 $L=0.2$H 组成串联电路，电源频率为 $f=50$Hz，求此电路的阻抗。

19. 一电阻 $R=8\Omega$，电容 $C=167\mu$F 所组成的串联电路，接到 $u=220\sqrt{2}\sin(314t+60°)$V 的电源上，试求电流 i。

20. 有一 R、L、C 串联电路，其中 $R=15\Omega$，$L=60$mH，$C=25\mu$F，外加电压 $u=100\sqrt{2}\sin1000t$V。试求：(1) 复阻抗 Z，并确定电路的性质；(2) $\dot{I}$、$\dot{U}_R$、$\dot{U}_L$、$\dot{U}_C$，并绘出相量图。

21. 在 R、L、C 并联电路中，已知 $R=10\Omega$，$X_L=15\Omega$，$X_C=8\Omega$，外加电压 $U=120\angle 0°$V，$f=50$Hz。试求：(1) 复导纳 Y；(2) $\dot{I}_R$、$\dot{I}_L$、$\dot{I}_C$、$\dot{I}$，并绘出相量图。

22. 有一线圈，其电阻 $R=5\Omega$，电感 $L=0.1$H，试求当 $f=50$Hz 时其并联等效复导纳。

23. 图 3-33 所示电路中，已知 $Z_0=1+\mathrm{j}1\Omega$，$Z_1=6-\mathrm{j}8\Omega$，$Z_2=10+\mathrm{j}10\Omega$，电流源 $\dot{I}_S=2\angle 0°$A，求 $\dot{I}_1$、$\dot{I}_2$、$\dot{U}$。

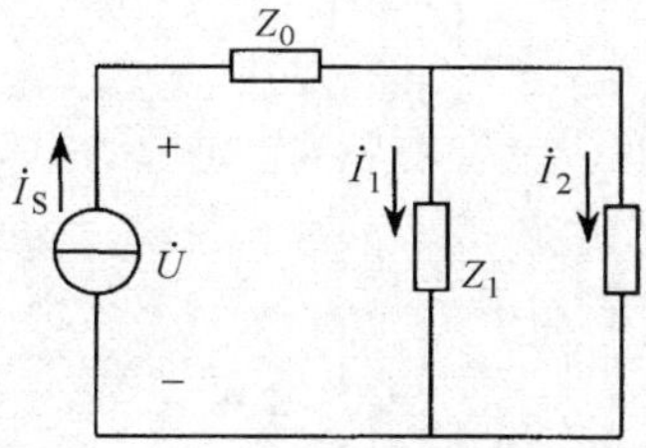

图　3-33

24. 已知一电容 $C=25\mu$F，接到 220V、$f=50$Hz 的正弦交流电源上，求电路中的电流 I_C 和无功功率 Q_C。

25. 一阻抗接在交流电路中，其电压、电流分别为 $\dot{U}=220\angle 30°$V，$\dot{I}=5\angle -30°$A，求：Z、$\cos\varphi$、P、Q、S。

26. 图 3-34 所示电路中，$R_1=20\Omega$，$X_1=60\Omega$，$R_2=30\Omega$，$X_2=40\Omega$，$R_3=45\Omega$，电源电压 $U=220$V，求

电流$\dot{I}_1$、$\dot{I}_2$、$\dot{I}_3$ 和电路的功率因数。

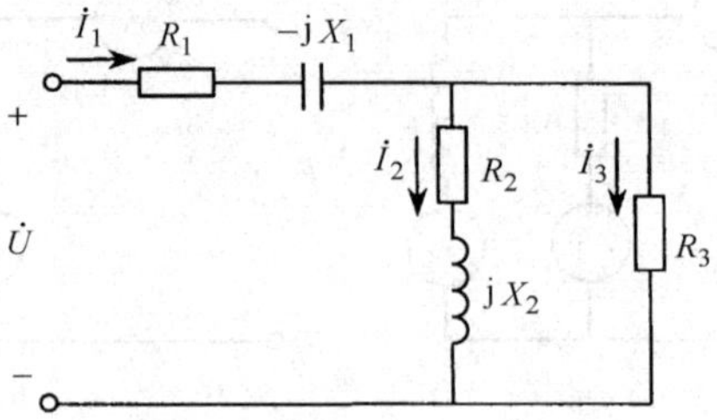

图 3-34

27. 单相感应电动机接到 220V、$f=50\text{Hz}$ 的正弦交流电源上，吸收功率 700W，功率因数 $\cos\varphi=0.7$。今并联一电容器以提高功率因数至0.9，求并联电容器的大小。

第 4 章　谐振与互感电路

本章提要：

本章介绍谐振电路和互感电路，主要内容有串联谐振和并联谐振电路的谐振条件，谐振时电路的特点以及谐振电路的选频特性；互感的概念，互感电路的电压电流关系；互感的去耦等效电路及互感电路的计算；空心变压器和理想变压器电路及其计算。

4.1　串联谐振与并联谐振

前面介绍正弦稳态电路的分析中，提到了串联电路和并联电路的谐振现象。工作在谐振状态的电路称为谐振电路，谐振电路在工程技术中有着广泛的应用，如高频或低频信号源的振荡器，电视和收音机的选频电路等，因此，研究谐振具有重要意义。

4.1.1　串联谐振

1. 谐振条件

R、L、C 串联电路如图 4-1 所示，电路的总阻抗为

$$Z = R + \mathrm{j}\left(\omega L - \frac{1}{\omega C}\right) \tag{4-1}$$

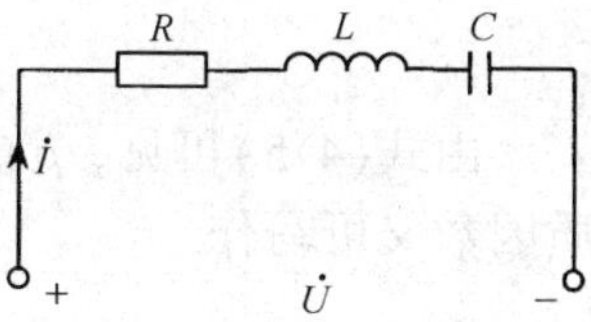

图 4-1　R、L、C 串联电路

上式中，当 $\omega L - \frac{1}{\omega C} = 0$ 时，即

$$\omega = \omega_0 = \frac{1}{\sqrt{LC}} \tag{4-2}$$

此时电路的阻抗 $Z = R$，电路的阻抗性质是电阻性的，电压 $\dot{U}$ 与电流 $\dot{I}$ 同相位，电路发生串联谐振。式(4-2)中的 ω_0 称为谐振角频率。由于 $\omega_0 = 2\pi f_0$，所以有

$$f_0 = \frac{1}{2\pi\sqrt{LC}} \tag{4-3}$$

上式中 f_0 称为谐振频率。式(4-2)和式(4-3)表示了 R、L、C 串联电路的谐振条件，对于任一给定的 R、L、C 串联电路，谐振频率仅决定于电路的电感和电容的量值，它反映了电路的一种固有性质。所以，f_0 和 ω_0 又称为电路的固有频率和固有角频率。

为使电路发生谐振，可调节电源频率 f，当电源频率等于电路的固有频率 f_0 时，电路发生谐振。也可以通过改变电路的参数 L 或 C，从而改变电路的固有频率 f_0，使 f_0 等于电源频率 f，电路就发生谐振，如收音机就是通过改变可调电容达到谐振的办法来选台的。

2. 串联谐振的特点

（1）串联谐振时，电路的阻抗最小且为电阻性。

因为谐振时，感抗、容抗相等，电抗 $X = \omega L - \frac{1}{\omega C} = 0$，所以

$$Z = R + \mathrm{j}\left(\omega L - \frac{1}{\omega C}\right) = R$$

$$|Z| = \sqrt{R^2 + \left(\omega L - \frac{1}{\omega C}\right)^2} = R$$

(2) 谐振时，电路中的电流最大，且与电源电压同相。

谐振时，电路电流 $I_0 = \frac{U}{|Z|} = \frac{U}{R}$，电流达到最大且与电压同相，而且此电流的值完全取决于电阻的阻值，与电感和电容无关。

(3) 串联谐振时，因为感抗和容抗相等，所以电感上电压 U_{L0} 和电容上电压 U_{C0} 的大小相等，相位相反，其大小为电源电压的 Q 倍，即 $U_{L0} = U_{C0} = QU$。其中

$$Q = \frac{U_{L0}}{U} = \frac{U_{C0}}{U} = \frac{\omega_0 L}{R} = \frac{1}{\omega_0 RC} \tag{4-4}$$

Q 称为谐振电路的品质因数，它等于感抗（或容抗）与电路电阻之比，是一个无量纲的数。其值一般在 50 ~ 200 之间，高质量的可超过 200。因此串联谐振时，电感和电容上的电压将远远大于电源电压，故串联谐振又称为电压谐振。

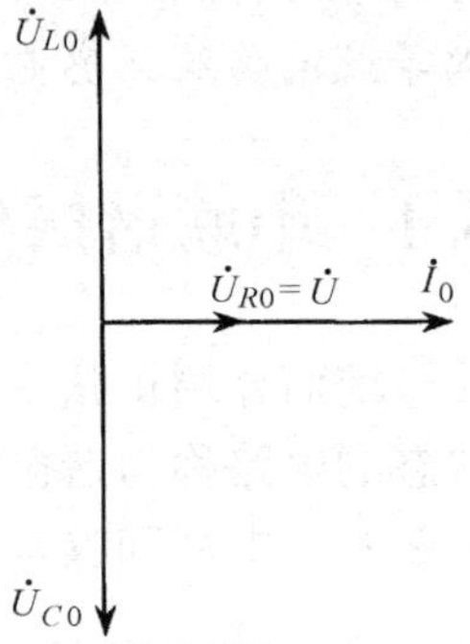

图 4-2 串联谐振时相量图

串联谐振时，各元件电压和回路电流的相量图如图 4-2 所示。

谐振时，感抗和容抗的值称为电路的特性阻抗，用 ρ 表示，即

$$\rho = \omega_0 L = \frac{1}{\omega_0 C} = \sqrt{\frac{L}{C}} \tag{4-5}$$

由式(4-5)可见，ρ 的数值仅由电路参数 L、C 决定，与谐振频率无关。因此，电路的品质因数又可写作

$$Q = \frac{\omega_0 L}{R} = \frac{1}{\omega_0 RC} = \frac{\rho}{R} \tag{4-6}$$

即品质因数等于电路的特性阻抗与电路电阻之比。

(4) 谐振时，电路中只有电阻元件消耗有功功率，电容和电感之间只进行电场能和磁场能的交换，而电路和电源间没有能量的交换，即电路不消耗无功功率。

3. 频率特性

在 R、L、C 串联电路中，当外加正弦交流电压的频率改变时，电路中的等效阻抗和电流将随频率的改变而改变，这种阻抗和电流与频率之间的关系，称为频率特性。

由阻抗模的形式

$$|Z| = \sqrt{R^2 + \left(\omega L - \frac{1}{\omega C}\right)^2} \tag{4-7}$$

可见当 ω 趋于 0 时，$|Z| \to \infty$；当 ω 趋于 ∞ 时，$|Z| \to \infty$；当 $\omega = \omega_0$ 时，$|Z| = R$。画出阻抗的频率特性如图 4-3a 所示。

R、L、C 串联电路的电流有效值为

$$I = \frac{U}{|Z|} = \frac{U}{\sqrt{R^2 + \left(\omega L - \frac{1}{\omega C}\right)^2}} \tag{4-8}$$

由此画出电流的频率特性如图 4-3b 所示。从图中可以看出，当 $\omega=\omega_0$ 时，电路的等效阻抗最小，回路电流达到最大值；当 ω 偏离 ω_0 时，回路阻抗 $|Z|$ 增大，电流下降；ω 偏离 ω_0 越远，电流下降越大。

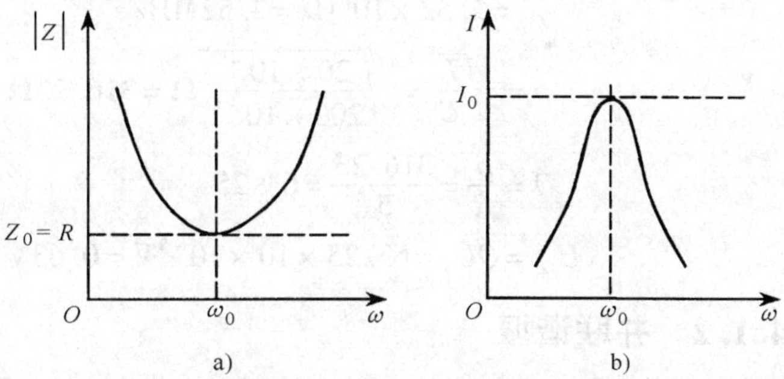

图 4-3 R、L、C 串联电路的频率特性

由串联谐振电路的频率特性可见，串联谐振回路对不同频率的信号具有不同的响应，它能将 ω_0 附近的无线电信号选择出来，同时将远离 ω_0 频率的信号加以削弱和抑制。所以串联谐振回路可用作选频电路。

电路的选频特性与品质因数 Q 的值密切相关，下面讨论 Q 值大小对选频特性的影响。由式(4-8)可得

$$I=\frac{U}{|Z|}=\frac{U}{\sqrt{R^2+\left(\omega L-\frac{1}{\omega C}\right)^2}}=\frac{U}{\sqrt{R^2+\left[\frac{\omega}{\omega_0}(\omega_0 L)-\frac{\omega_0}{\omega}\left(\frac{1}{\omega_0 C}\right)\right]^2}}$$

$$=\frac{U}{\sqrt{R^2+\rho^2\left(\frac{\omega}{\omega_0}-\frac{\omega_0}{\omega}\right)^2}}=\frac{U}{R\sqrt{1+\left(\frac{\rho}{R}\right)^2\left(\frac{\omega}{\omega_0}-\frac{\omega_0}{\omega}\right)^2}}$$

$$=\frac{I_0}{\sqrt{1+Q^2\left(\frac{\omega}{\omega_0}-\frac{\omega_0}{\omega}\right)^2}}$$

或写成

$$\frac{I}{I_0}=\frac{1}{\sqrt{1+Q^2\left(\frac{\omega}{\omega_0}-\frac{\omega_0}{\omega}\right)^2}} \tag{4-9}$$

式中，I_0 指谐振时的电流。此式表明了电流比 I/I_0 与角频率比 ω/ω_0 的函数关系。取 I/I_0 为纵坐标，ω/ω_0 为横坐标，可画出对应三个不同 Q 值的一组曲线，该曲线叫做通用电流谐振曲线。如图 4-4 所示。

由图 4-4 可见，品质因数 Q 的大小显著地影响着电路的选频特性，Q 值越高，曲线越尖锐。谐振时 $\omega/\omega_0=1$，$I/I_0=1$。而失谐时，ω/ω_0 稍微偏离，则 I/I_0 急剧下降。即 Q 值越高选频特性越好。如果 Q 值较低，则谐振点附近的 I/I_0 变化不大，电路的选频特性较差。

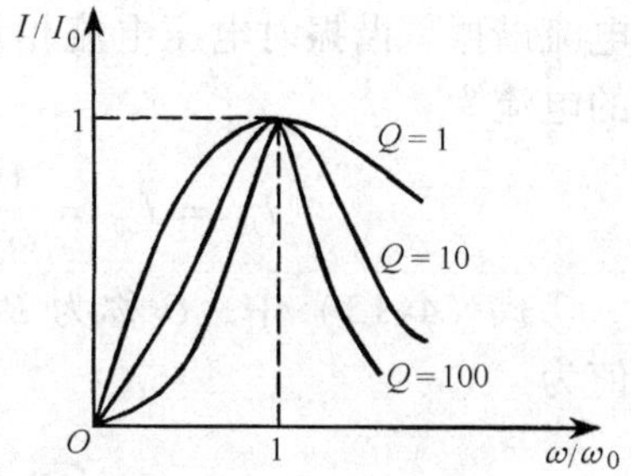

图 4-4 通用电流谐振曲线

例 4-1 已知 R、L、C 串联电路中的 $L=20\mu H$，$C=200pF$，$R=5\Omega$，电源电压为 10mV，若电路产生串联谐振，求电源频率 f_0，回路的特性阻抗 ρ，品质因数 Q 及 U_{C0}。

解 $f_0=\frac{1}{2\pi\sqrt{LC}}=\frac{1}{2\times3.14\sqrt{20\times10^{-6}\times200\times10^{-12}}}\text{Hz}$

$$=2.52\times10^{6}\text{Hz}=2.52\text{MHz}$$

$$\rho=\sqrt{\frac{L}{C}}=\sqrt{\frac{20\times10^{-6}}{200\times10^{-12}}}\Omega=316.23\Omega$$

$$Q=\frac{\rho}{R}=\frac{316.23}{5}=63.25$$

$$U_{C0}=QU_S=63.25\times10\times10^{-3}\text{V}=0.63\text{V}$$

4.1.2 并联谐振

1. *R-L-C* 并联谐振电路

R-L-C 并联电路如图 4-5 所示，电路的总导纳为

$$Y=G+\text{j}\left(\omega C-\frac{1}{\omega L}\right) \tag{4-10}$$

当 $\omega C-\frac{1}{\omega L}=0$ 时，电路发生谐振，因为是 *R-L-C* 的并联电路，所以称为并联谐振。谐振角频率为

$$\omega_0=\frac{1}{\sqrt{LC}} \tag{4-11}$$

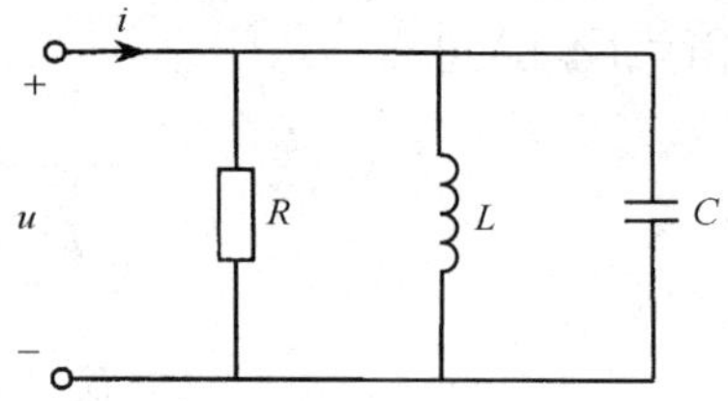

图 4-5 *R-L-C* 并联电路

谐振频率为

$$f_0=\frac{1}{2\pi\sqrt{LC}} \tag{4-12}$$

并联谐振电路的特点是：

1）谐振时，电路的导纳最小，或者说阻抗最大，电路阻抗为纯电阻性。

2）谐振时，因阻抗最大，所以电路中的总电流最小，且与电源电压同相，其值为

$$I_0=|Y|\cdot U=\frac{U}{|Z|}=\frac{U}{R}$$

3）并联谐振时，电感支路和电容支路的电流大小相等，相位相反，互相抵消，其大小为电路总电流的 Q 倍，因此并联谐振又称为电流谐振。谐振时电压电流相量图如图 4-6 所示。电感及电容支路的电流为

$$I_{L0}=I_{C0}=\frac{U_0}{\omega_0 L}=\frac{U_0}{R}\cdot\frac{R}{\omega_0 L}=QI_0 \tag{4-13}$$

式（4-13）中，Q 称为 *R-L-C* 并联谐振电路的品质因数，其值为

$$Q=\frac{R}{\omega_0 L}=\omega_0 RC \tag{4-14}$$

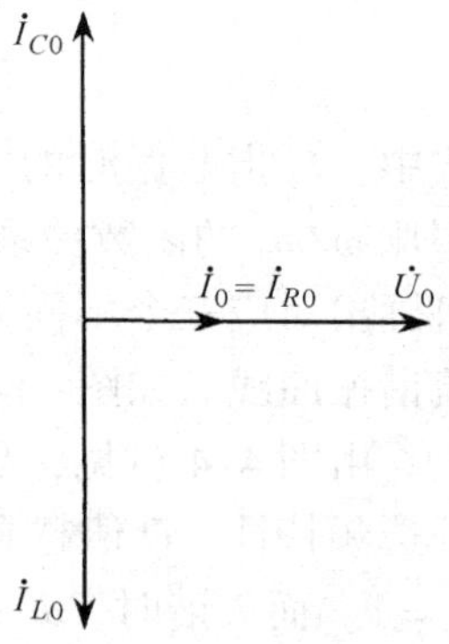

图 4-6 *R-L-C* 并联谐振电路电压电流相量图

并联谐振电路的选频特性与品质因数 Q 的大小有关，Q 值越大，电路的选频特性越好，反之越差。

2. 电感线圈与电容器并联谐振电路

在工程上和电子电路中广泛应用的是电感线圈和电容器并联组成的谐振电路，由于实际电感线圈具有电阻，与电容器并联时，其电路模型如图 4-7 所示。该电路的入端导纳为

$$Y = \frac{1}{R + j\omega L} + j\omega C = \frac{R}{R^2 + (\omega L)^2} - j\frac{\omega L}{R^2 + (\omega L)^2} + j\omega C$$

由此可见，电感线圈与电容器并联电路的谐振条件是：

$$\frac{\omega L}{R^2 + (\omega L)^2} = \omega C \tag{4-15}$$

由式(4-15)可知，谐振时的角频率为

$$\omega_0 = \sqrt{\frac{1}{LC} - \frac{R^2}{L^2}} = \frac{1}{\sqrt{LC}}\sqrt{1 - \frac{C}{L}R^2} \tag{4-16}$$

谐振频率为

$$f_0 = \frac{1}{2\pi\sqrt{LC}}\sqrt{1 - \frac{C}{L}R^2} \tag{4-17}$$

由上式可知，电路的谐振频率不仅与 L、C 有关，而且与 R 有关。并且只有当 $1 - \frac{C}{L}R^2 > 0$，即 $R < \sqrt{\frac{L}{C}}$ 时，ω_0 才为非零实数，电路才可能发生谐振。

当电感线圈的感抗远远大于线圈的等效电阻 R 时，图 4-7 就近似等效为一个简单的 L-C 并联电路，谐振条件近似为

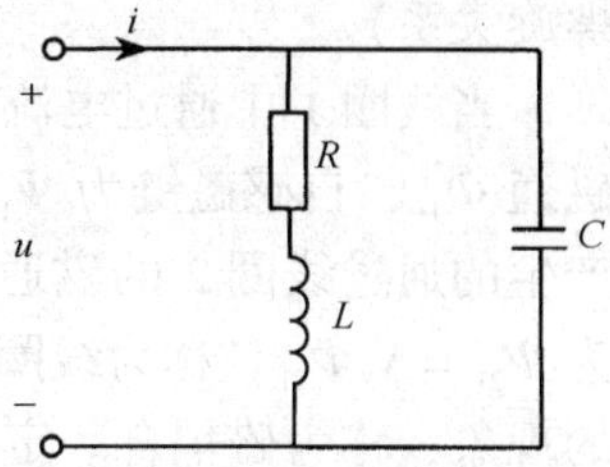

图 4-7　电感线圈与电容器的并联电路

$$\omega_0 L = \frac{1}{\omega_0 C}$$

此时，谐振角频率和谐振频率分别为

$$\omega_0 = \frac{1}{\sqrt{LC}} \tag{4-18}$$

$$f_0 = \frac{1}{2\pi\sqrt{LC}} \tag{4-19}$$

由于将 R 近似为零，因此谐振时电路的导纳 $Y \to 0$（即 $Z \to \infty$），当输入为电压源时，电路电流趋于零。

例 4-2　电路如图 4-7 所示，已知 $R = 3\Omega$，$L = 100\mu H$，$C = 100pF$，求谐振频率及谐振时的阻抗。

解　谐振角频率为

$$\omega_0 = \sqrt{\frac{1}{LC} - \frac{R^2}{L^2}} = \sqrt{\frac{1}{100 \times 10^{-6} \times 100 \times 10^{-12}} - \frac{9}{(100 \times 10^{-6})^2}}\text{rad/s} \approx 10^7\text{rad/s}$$

谐振频率为

$$f_0 = \frac{\omega_0}{2\pi} = \frac{10^7}{2 \times 3.14} = 1.59 \times 10^6\text{Hz} = 1.59\text{MHz}$$

谐振时导纳为

$$Y = \frac{R}{R^2 + \omega_0^2 L^2} = \frac{3}{9 + (10^7 \times 100 \times 10^{-6})^2}\text{S} = 3 \times 10^{-6}\text{S}$$

谐振时阻抗

$$Z = \frac{1}{Y} = 3.33 \times 10^5\Omega$$

4.2 耦合电感元件

4.2.1 耦合电感的概念

当单个线圈通过交变电流时，会产生感应电压，即自感电压。同样两个相邻的线圈通过交变电流时，不仅有自感电压，而且由于两线圈相互之间有磁的耦合，还将产生互感电压。

图 4-8 所示为两个相邻的线圈，匝数分别为 N_1、N_2，规定每个线圈的电压与电流取关联的参考方向，并且每个线圈的电流与该电流所产生的磁通也取关联的参考方向(即电流的参考方向与磁通的参考方向符合右手螺旋关系)。

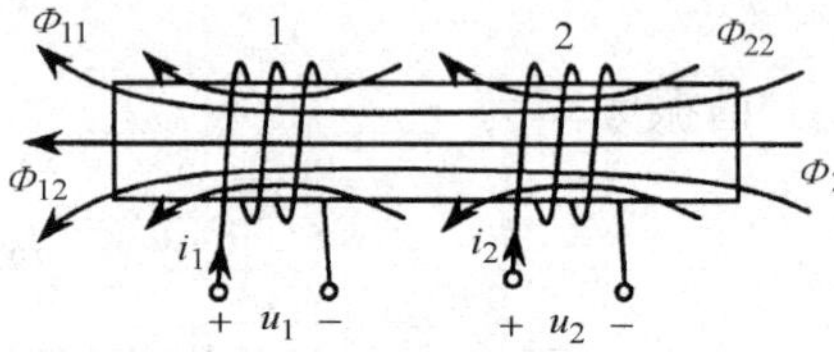

图 4-8 两个线圈的互感

当线圈 1 中通过电流 i_1 时，在线圈 1 中会产生自感磁通 Φ_{11}，自感磁链为 $\Psi_{11}=N_1\Phi_{11}$。Φ_{11} 中会有一部分磁通穿过线圈 2，由线圈 1 的电流 i_1 产生的通过线圈 2 的磁通称为互感磁通 Φ_{21}，并且 $\Phi_{21}\leqslant\Phi_{11}$。$\Phi_{21}$ 与线圈 2 交链的互感磁链为 $\Psi_{21}=N_2\Phi_{21}$，称为线圈 1 对线圈 2 的互感磁链。这种一个线圈的磁通与另一个线圈相交链的现象，称为磁耦合。定义互感磁链 Ψ_{21} 与产生它的电流 i_1 的比值为线圈 1 对线圈 2 的互感系数 M_{21}，简称互感。即

$$M_{21}=\frac{\Psi_{21}}{i_1} \tag{4-20}$$

同理，当线圈 2 中通过电流 i_2 时，在线圈 1 中也会产生互感磁通 Φ_{12}。则线圈 2 对线圈 1 的互感为

$$M_{12}=\frac{\Psi_{12}}{i_2}$$

可以证明：$M_{12}=M_{21}=M$，统称为两线圈的互感系数，并且 $M\leqslant\sqrt{L_1L_2}$。互感的单位是亨利(H)，与自感相同。

互感 M 的大小反映了一个线圈在另一线圈中产生磁通的能力。两个耦合线圈的电流所产生的磁通，一般只有部分磁通相互交链，彼此不交链的部分称为漏磁通。两耦合线圈相互交链的磁通部分越大，说明两线圈的耦合越紧密，通常用耦合系数 k 来表征两线圈耦合的紧密程度，定义为

$$k=\frac{M}{\sqrt{L_1L_2}} \tag{4-21}$$

式中，L_1、L_2 为两线圈的自感。由式(4-21)可知，k 的取值范围是 $0\leqslant k\leqslant1$。$k=1$ 时，两线圈为全耦合，无漏磁通；$k=0$ 时，说明两线圈没有耦合。k 的大小与线圈的结构，两线圈的相互位置及周围的磁介质有关。

4.2.2 耦合电感线圈的电压、电流关系

由前面分析可知，当两互感线圈上都有电流时，交链每一线圈的磁链不仅与该线圈本身的电流有关，也与另一个线圈的电流有关。如果每一线圈的电压电流取关联参考方向，并且

每个线圈的电流与该电流产生的磁通符合右手螺旋定则，而互感磁通又与自感磁通方向一致，即磁通相助，如图 4-8 所示。则根据电磁感应定律，两线圈感应电压为

$$\begin{cases} u_1 = \dfrac{d\Psi_{11}}{dt} + \dfrac{d\Psi_{12}}{dt} = L_1\dfrac{di_1}{dt} + M\dfrac{di_2}{dt} \\ u_2 = \dfrac{d\Psi_{22}}{dt} + \dfrac{d\Psi_{21}}{dt} = L_2\dfrac{di_2}{dt} + M\dfrac{di_1}{dt} \end{cases} \tag{4-22}$$

如果改变一下图 4-8 中线圈的绕向，如图 4-9 所示，则自感磁通与互感磁通的方向相反，即磁通相消，则每个线圈上的电压为

$$\begin{cases} u_1 = \dfrac{d\Psi_{11}}{dt} - \dfrac{d\Psi_{12}}{dt} = L_1\dfrac{di_1}{dt} - M\dfrac{di_2}{dt} \\ u_2 = \dfrac{d\Psi_{22}}{dt} - \dfrac{d\Psi_{21}}{dt} = L_2\dfrac{di_2}{dt} - M\dfrac{di_1}{dt} \end{cases}$$

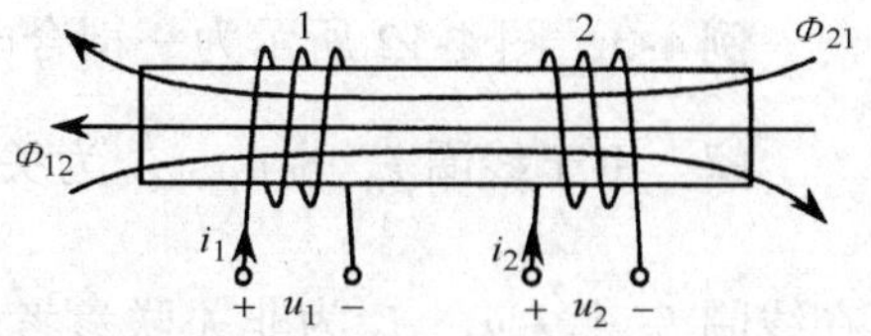

图 4-9 磁通相消的互感线圈

在图 4-8 和图 4-9 中，只是改变了线圈 2 的实际绕向，结果使得两线圈的互感磁通与自感磁通由相助的关系变为相抵消的关系，因而改变了互感电压前面的符号。可见，要确定互感电压前面的正负号，必须知道互感磁通和自感磁通是相助还是相消。如果像图 4-8 和图 4-9 那样，知道了线圈的相对位置和实际绕向，设出各线圈上电流 i_1、i_2 的参考方向，就可根据右手螺旋定则判断出自感磁通与互感磁通是相助还是相消。

在实际应用中，互感线圈的实际绕向往往是不易观察出来的，同时在电路图中往往也不画出线圈的实际绕向。于是人们规定了一种标志，即同名端，由同名端和电流的参考方向就可判断磁通是相助还是相消。

同名端的定义：当电流 i_1、i_2 分别从线圈 1 和线圈 2 的某一端流入(或流出)时，如果两电流产生的磁通是相助的，则这两个电流流入(或流出)端互为同名端。同名端可用“·”或“*”作标记，不带“·”或“*”的另外两个端子当然也互为同名端。

如图 4-10a 所示，当电流分别从线圈 L_1 的 a 端和线圈 L_2 的 c 端流入时，它们产生的磁通相助，因此 a 端和 c 端是同名端(当然 b、d 端也是同名端)，a 端和 d 端(或 b 端和 c 端)为异名端。同理，图 4-10b 的 a 端和 d 端为同名端。

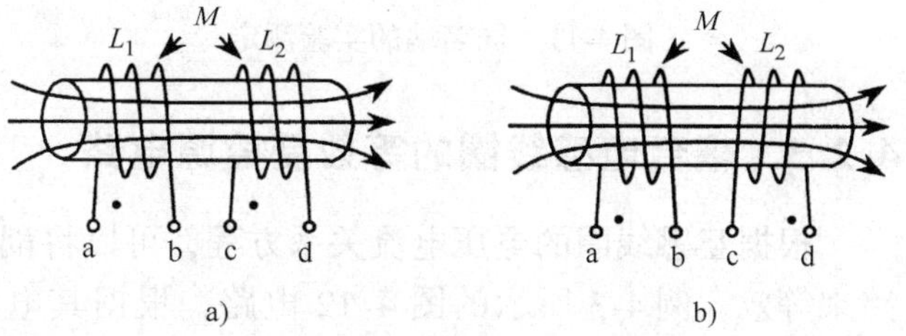

图 4-10 互感线圈的同名端

在实际应用中，有些设备中的线圈是封装着的，在这种情况下，常用实验的方法来测定两线圈的同名端，电路如图 4-11 所示。将一个线圈通过开关 S 接到一直流电源上，将另一个线圈接一直流电压表(或电流表)，当开关 S 迅速闭合时，电流 i_1 从 L_1 的 1 端流入并且增大，如果此时电压表的指针正向偏转，则说明 L_2 的 3 端为高电位端，则电压表正极所接的 3 端与 1 端为同名端；反之，若电压表指针反向偏转，则说明 4 端为高电位端，可判定 1 端和 4 端为同名端。

当两个互感线圈的同名端确定之后，再根据线圈的电压、电流参考方向，就可判定自感电压和互感电压前面的正、负号。自感电压取正还是取负，取决于本线圈的 u、i 的参考方

向是否关联。若 u、i 为关联参考方向，则自感电压取正；反之，自感电压取负。而互感电压的正、负号是这样规定的：当两线圈电流均从同名端流入(或流出)时，两线圈中磁通相助，则互感电压与本线圈的自感电压同号(即自感电压取正,互感电压也取正;自感电压取负,互感电压也取负)。否则，当两线圈的电流均从异名端流入(或流出)时，两线圈中磁通相消，互感电压与本线圈的自感电压异号(即自感电压取正,则互感电压取负;自感电压取负,则互感电压取正)。

例 4-3 图 4-12 所示为一耦合电感元件，写出每一线圈上电压、电流关系式。

解 由于线圈 L_1 的 u_1、i_1 为关联参考方向，所以线圈 L_1 的自感电压取正，为 $L_1\dfrac{di_1}{dt}$。在线圈 L_2 上，u_2、i_2 为非关联参考方向，所以线圈 L_2 的自感电压取负，为 $-L_2\dfrac{di_2}{dt}$。电流 i_1、i_2 从两线圈的异名端流入，因而互感电压与本线圈的自感电压符号相反，得耦合电感的电压电流关系为

$$u_1 = L_1\frac{di_1}{dt} - M\frac{di_2}{dt}$$

$$u_2 = -L_2\frac{di_2}{dt} + M\frac{di_1}{dt}$$

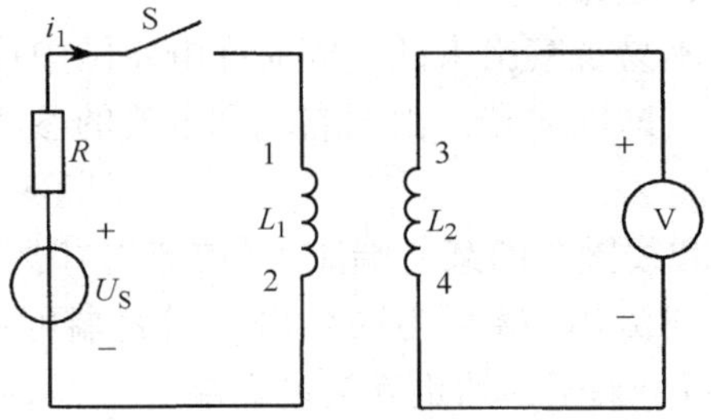

图 4-11 同名端的实验测定

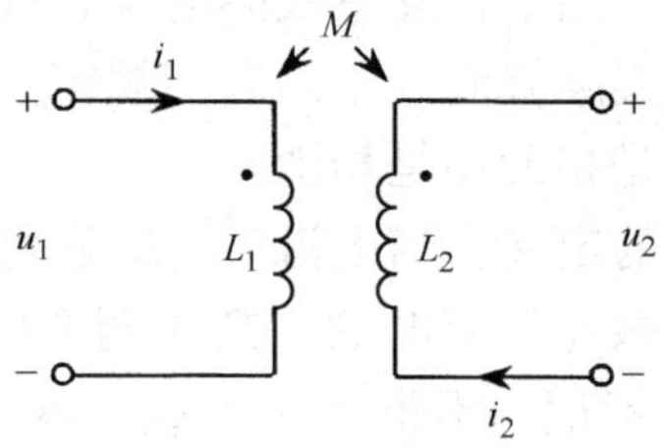

图 4-12 例 4-3 电路

4.2.3 耦合电感线圈的等效受控源电路

根据互感线圈的电压电流关系方程，可以将耦合电感的特性用电感元件和受控电压源电路来等效。例 4-3 所示的图 4-12 电路，根据其电压电流关系方程，可等效为图 4-13 所示电路。

其中受控电压源的极性与产生它的变化电流的参考方向对同名端是一致的。例如，图4-12 中电流 i_1 的参考方向是从 L_1 的“·”端指向非点端的，所以它在 L_2 中产生的互感电压 $M\dfrac{di_1}{dt}$在其打“·”端是正极性，非点端为负极性；电流 i_2 是从 L_2 的不带点端流入“·”端的，所以它在 L_1 中产生的互感电压 $M\dfrac{di_2}{dt}$在非点端为正极性，在打“·”端是负极性。

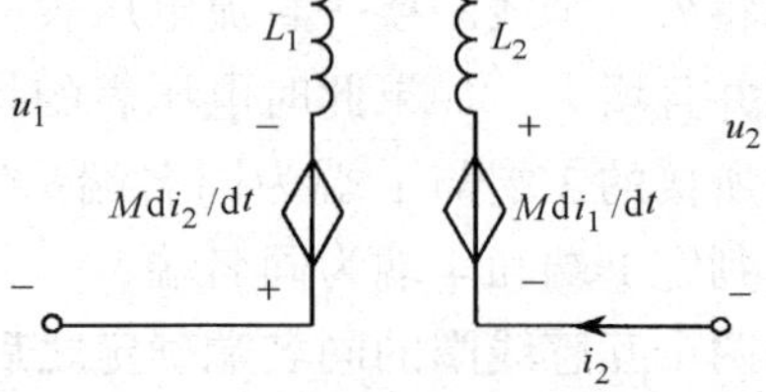

图 4-13 互感线圈的等效受控源电路

4.2.4　耦合电感线圈电压、电流关系的相量形式

图 4-14a 所示为两个具有互感的线圈，其电压、电流关系为：

$$u_1 = L_1 \frac{\mathrm{d}i_1}{\mathrm{d}t} + M \frac{\mathrm{d}i_2}{\mathrm{d}t}$$

$$u_2 = L_2 \frac{\mathrm{d}i_2}{\mathrm{d}t} + M \frac{\mathrm{d}i_1}{\mathrm{d}t}$$

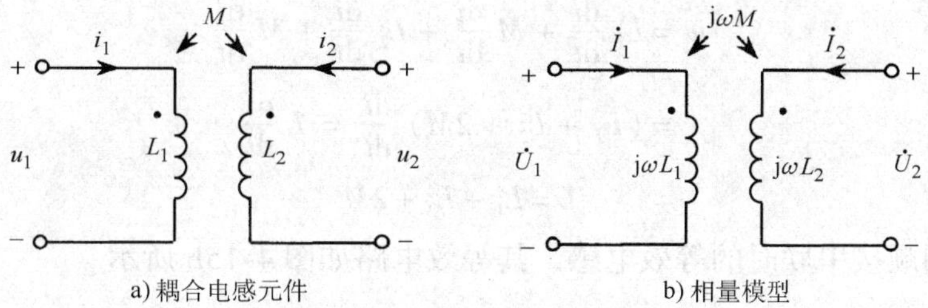

图 4-14　耦合电感的相量模型

图 4-14a 中耦合电感元件的相量模型如图 4-14b 所示。设 $i_1 = \sqrt{2} I_1 \sin(\omega t + \psi_1)$，相量形式为 $\dot{I}_1 = I_1 \angle \psi_1$；$i_2 = \sqrt{2} I_2 \sin(\omega t + \psi_2)$，相量形式为 $\dot{I}_2 = I_2 \angle \psi_2$，则

$$u_1 = L_1 \frac{\mathrm{d}i_1}{\mathrm{d}t} + M \frac{\mathrm{d}i_2}{\mathrm{d}t} = \sqrt{2}\omega L_1 I_1 \cos(\omega t + \psi_1) + \sqrt{2}\omega M I_2 \cos(\omega t + \psi_2)$$

$$= \sqrt{2}\omega L_1 I_1 \sin(\omega t + \psi_1 + 90°) + \sqrt{2}\omega M I_2 \sin(\omega t + \psi_2 + 90°)$$

$$\dot{U}_1 = \omega L_1 I_1 \angle \psi_1 + 90° + \omega M I_2 \angle \psi_2 + 90°$$

$$= \omega L_1 \angle 90° \cdot I_1 \angle \psi_1 + \omega M \angle 90° \cdot I_2 \angle \psi_2$$

$$= \mathrm{j}\omega L_1 \dot{I}_1 + \mathrm{j}\omega M \dot{I}_2$$

同理可得：

$$\dot{U}_2 = \mathrm{j}\omega L_2 \dot{I}_2 + \mathrm{j}\omega M \dot{I}_1$$

因而，图 4-14b 所示耦合电感元件电压、电流关系的相量形式为

$$\begin{cases} \dot{U}_1 = \mathrm{j}\omega L_1 \dot{I}_1 + \mathrm{j}\omega M \dot{I}_2 \\ \dot{U}_2 = \mathrm{j}\omega L_2 \dot{I}_2 + \mathrm{j}\omega M \dot{I}_1 \end{cases} \tag{4-23}$$

式(4-23)为互感元件电压、电流关系的相量形式，其中 ωM 具有电抗的性质，称为互感抗。上式中自感电压和互感电压正、负号的规定与前面介绍的方法相同。

4.3　耦合电感的去耦等效电路

具有互感的两线圈，每一线圈上的电压不但与本线圈的电流变化率有关，而且与另一线圈的电流变化率有关，其电压、电流关系的方程式又因同名端的位置不同，以及电压、电流

的参考方向是否关联有多种不同的表达方式，这对分析互感电路来说很不方便，这一节讨论怎样通过电路的等效变换去掉互感耦合。

4.3.1 耦合电感的串联等效

具有互感的两线圈串联连接时有两种方式——顺接串联和反接串联。顺接串联就是异名端相连，如图 4-15a 所示。电压、电流为关联参考方向，电流通过两线圈都是从同名端流入的，因而两线圈的电压为

$$u = L_1 \frac{di}{dt} + M\frac{di}{dt} + L_2\frac{di}{dt} + M\frac{di}{dt}$$

$$= (L_1 + L_2 + 2M)\frac{di}{dt} = L\frac{di}{dt} \tag{4-24}$$

式中
$$L = L_1 + L_2 + 2M \tag{4-25}$$

称为两互感线圈顺接串联时的等效电感，其等效电路如图 4-15b 所示。

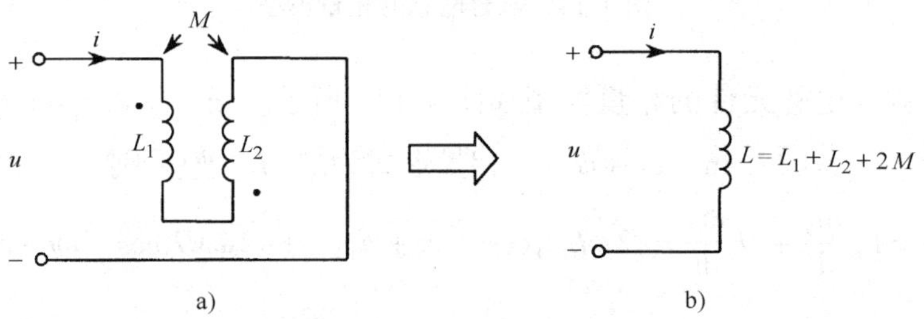

图 4-15 互感线圈的顺接串联

图 4-16a 所示为两互感线圈的反接串联方式，反接串联是同名端相连。图中电压、电流仍采用关联参考方向，电流通过两线圈时是从异名端流入的，因而两线圈的电压为

$$u = L_1 \frac{di}{dt} - M\frac{di}{dt} + L_2\frac{di}{dt} - M\frac{di}{dt}$$

$$= (L_1 + L_2 - 2M)\frac{di}{dt} = L\frac{di}{dt} \tag{4-26}$$

式中
$$L = L_1 + L_2 - 2M \tag{4-27}$$

称为两互感线圈反接串联时的等效电感，其等效电路如图 4-16b 所示。

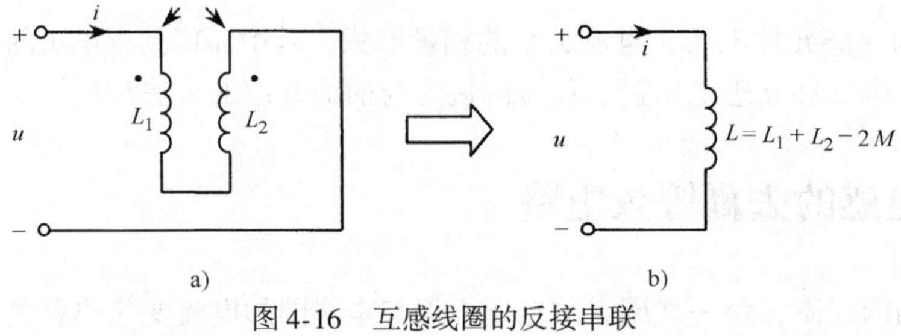

图 4-16 互感线圈的反接串联

4.3.2　耦合电感的 T 形等效

1. 同名端相连的 T 形去耦等效

如图 4-17a 所示，两互感线圈的连接为同名端相连，电压、电流参考方向如图中所示。两线圈上的电压分别为

$$\begin{cases} u_1 = L_1 \dfrac{di_1}{dt} + M\dfrac{di_2}{dt} \\ u_2 = L_2 \dfrac{di_2}{dt} + M\dfrac{di_1}{dt} \end{cases} \tag{4-28}$$

将以上两式进行数学变换可得

$$\begin{cases} u_1 = L_1 \dfrac{di_1}{dt} - M\dfrac{di_1}{dt} + M\dfrac{di_1}{dt} + M\dfrac{di_2}{dt} = (L_1 - M)\dfrac{di_1}{dt} + M\dfrac{d(i_1 + i_2)}{dt} \\ u_2 = L_2 \dfrac{di_2}{dt} - M\dfrac{di_2}{dt} + M\dfrac{di_2}{dt} + M\dfrac{di_1}{dt} = (L_2 - M)\dfrac{di_2}{dt} + M\dfrac{d(i_1 + i_2)}{dt} \end{cases} \tag{4-29}$$

由式(4-29)可画出互感线圈同名端相连时的 T 形等效电路，如图 4-17b 所示。图中 3 个线圈为 T 形连接，它们之间无互感耦合，自感系数分别为：$L_1 - M$、$L_2 - M$、M，称为互感线圈的 T 形去耦等效电路。

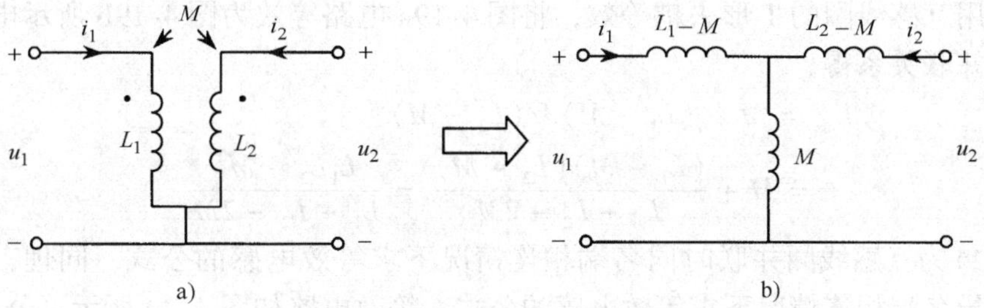

图 4-17　同名端相连的 T 形去耦等效电路

2. 异名端相连的 T 形去耦等效

如图 4-18a 所示，两互感线圈的连接为异名端相连，电压、电流参考方向如图中所标。两线圈上的电压分别为

$$\begin{cases} u_1 = L_1 \dfrac{di_1}{dt} - M\dfrac{di_2}{dt} \\ u_2 = L_2 \dfrac{di_2}{dt} - M\dfrac{di_1}{dt} \end{cases} \tag{4-30}$$

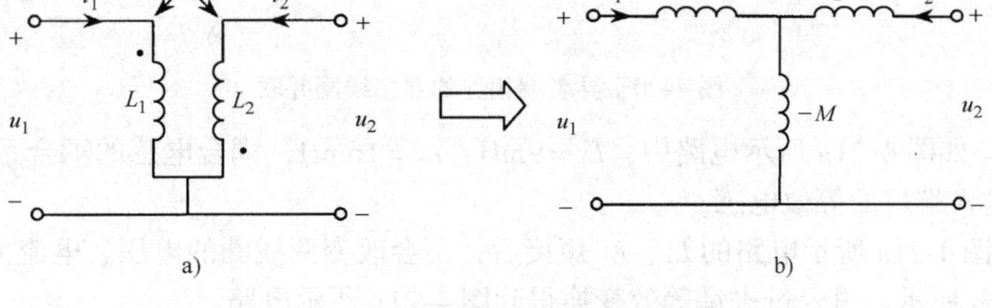

图 4-18　异名端相连的 T 形去耦等效电路

将以上两式进行数学变换可得

$$\begin{cases} u_1 = L_1\dfrac{\mathrm{d}i_1}{\mathrm{d}t} + M\dfrac{\mathrm{d}i_1}{\mathrm{d}t} - M\dfrac{\mathrm{d}i_1}{\mathrm{d}t} - M\dfrac{\mathrm{d}i_2}{\mathrm{d}t} = (L_1 + M)\dfrac{\mathrm{d}i_1}{\mathrm{d}t} - M\dfrac{\mathrm{d}(i_1 + i_2)}{\mathrm{d}t} \\ u_2 = L_2\dfrac{\mathrm{d}i_2}{\mathrm{d}t} + M\dfrac{\mathrm{d}i_2}{\mathrm{d}t} - M\dfrac{\mathrm{d}i_2}{\mathrm{d}t} - M\dfrac{\mathrm{d}i_1}{\mathrm{d}t} = (L_2 + M)\dfrac{\mathrm{d}i_2}{\mathrm{d}t} - M\dfrac{\mathrm{d}(i_1 + i_2)}{\mathrm{d}t} \end{cases} \tag{4-31}$$

由式(4-31)可画出互感线圈异名端相连时的T形等效电路，如图4-18b所示。图中3个线圈的自感系数分别为：L_1+M、L_2+M、$-M$。

例4-4 图4-19a所示电路为两互感线圈的并联，图中两线圈为同名端相连，求a、b端的等效电感。

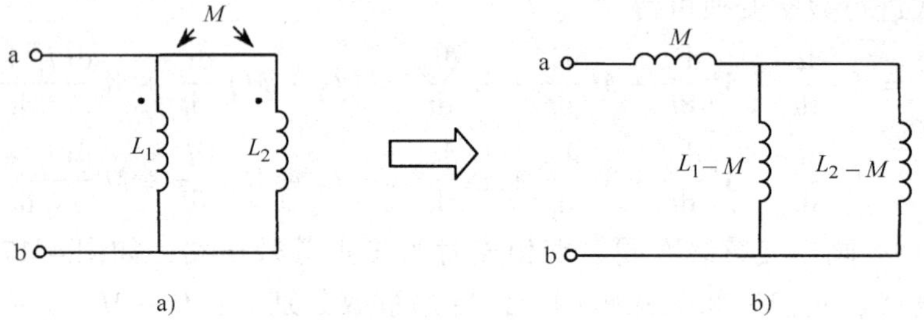

图4-19 例4-4电路

解 应用互感线圈的T形去耦等效，将图4-19a电路等效为图4-19b所示电路，由电感线圈的串、并联关系得

$$\begin{aligned} L_{ab} &= M + (L_1 - M)//(L_2 - M) \\ &= M + \frac{(L_1 - M)(L_2 - M)}{L_1 + L_2 - 2M} = \frac{L_1L_2 - M^2}{L_1 + L_2 - 2M} \end{aligned} \tag{4-32}$$

式(4-32)为互感线圈并联时同名端相连情况下求等效电感的公式，同理，可推出互感线圈并联时异名端相连情况下求等效电感的公式，等效电路如图4-20所示。公式如下：

$$L_{ab} = \frac{L_1L_2 - M^2}{L_1 + L_2 + 2M} \tag{4-33}$$

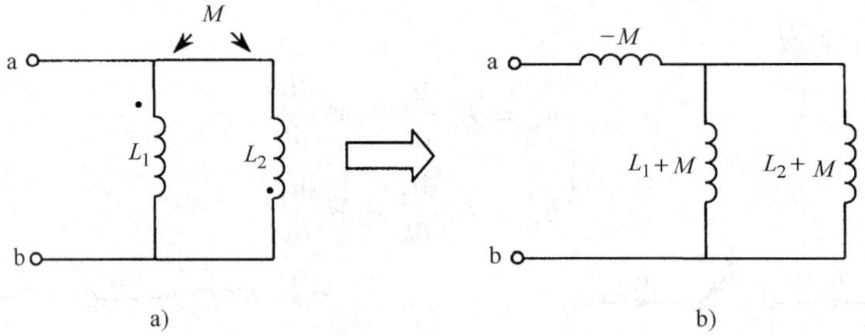

图4-20 异名端相连的互感线圈并联

例4-5 如图4-21a所示电路中，$L_1=9\text{mH}$，$L_2=16\text{mH}$，耦合电感的耦合系数$k=0.85$，求线圈L_1输入端口的等效电感。

解 将图4-21a所示电路的L_1、L_2短接后，不会改变两线圈的电压、电流关系，等效电路如图4-21b所示，再经过去耦等效变换得到图4-21c所示电路。

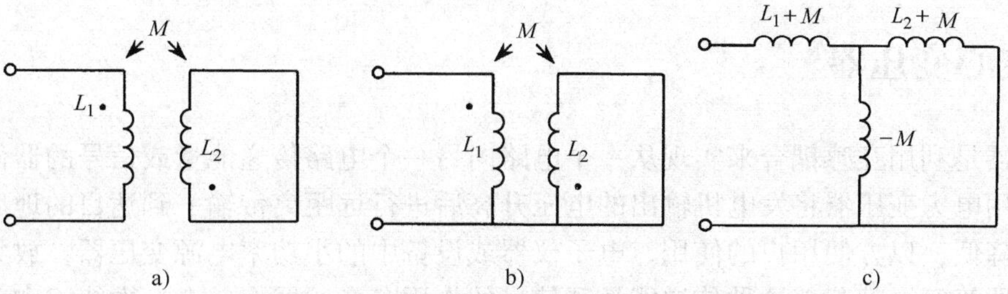

图 4-21 例 4-5 电路

两线圈的互感为

$$M = K\sqrt{L_1L_2} = 0.85 \times \sqrt{9 \times 16}\,\text{mH} = 10.2\text{mH}$$

由图 4-21c 去耦等效电路可得线圈 L_1 输入端口的等效电感为

$$L = (L_1 + M) + (L_2 + M)//(-M) = (L_1 + M) + \frac{(L_2 + M)(-M)}{L_2 + M - M}$$

$$= L_1 + M - \frac{L_2M + M^2}{L_2} = L_1 - \frac{M^2}{L_2} = \left(9 - \frac{10.2^2}{16}\right)\text{mH} \approx 2.5\text{mH}$$

例 4-6 图 4-22a 所示正弦稳态电路中，已知 $u_S = 2\sqrt{2}\sin(2t + 45°)\,\text{V}$，$L_1 = L_2 = 1.5\text{H}$，$M = 0.5\text{H}$，$C = 0.25\text{F}$，负载电阻 $R_L = 1\Omega$，求 R_L 吸收的功率 P_L。

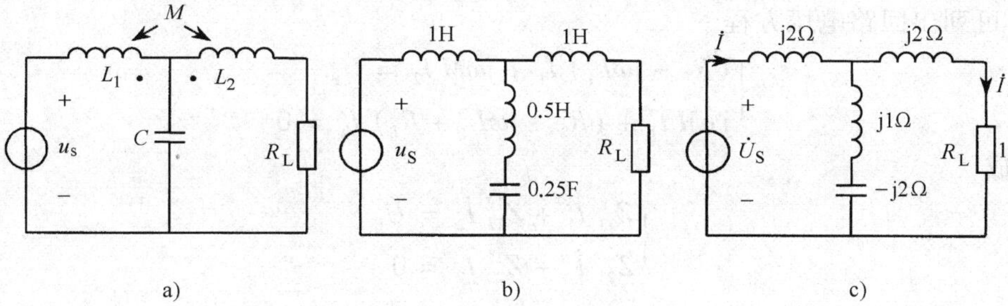

图 4-22 例 4-6 电路

解 将图 4-22a 所示电路去耦等效成图 4-22b 所示电路，再画出图 4-22b 的相量模型电路，如图 4-22c 所示。图 4-22c 所示电路总阻抗为

$$Z = \text{j}2 + (\text{j}1 - \text{j}2)//(1 + \text{j}2) = \text{j}2 + \frac{-\text{j}1(1 + \text{j}2)}{-\text{j}1 + (1 + \text{j}2)} = \frac{1}{\sqrt{2}}\angle 45°\,\Omega$$

电路的总电流为

$$\dot{I} = \frac{\dot{U}}{Z} = \frac{2\angle 45°}{\frac{1}{\sqrt{2}}\angle 45°}\text{A} = 2\sqrt{2}\angle 0°\,\text{A}$$

由分流公式得负载电阻 R_L 上的电流为

$$\dot{I}_L = \frac{-\text{j}1}{-\text{j}1 + 1 + \text{j}2}\dot{I} = \frac{-\text{j}}{1 + \text{j}} \times 2\sqrt{2}\angle 0° = 2\angle -135°\,\text{A}$$

负载 R_L 吸收的功率为

$$P_L = I_L^2R_L = 2^2 \times 1\text{W} = 4\text{W}$$

4.4 空心变压器

变压器是利用互感耦合来实现从一个电路向另一个电路传递能量或信号的器件。例如电力系统中用电力变压器将发电机输出的电压升高后进行远距离传输，到达目的地后再用变压器把电压降低，以方便用户的使用。电子仪器或设备中的小功率电源变压器，放大电路中的耦合变压器等等，都起着这种传递能量和信号的作用。变压器有一个一次绕组和一个二次绕组，一次绕组接电源，二次绕组接负载，能量通过磁的耦合由电源传递给负载。

常用的变压器有空心变压器和铁心变压器两种类型。利用非铁磁性材料做心子的变压器称为空心变压器。空心变压器在高频电路中具有广泛的应用。本节介绍空心变压器电路的分析。

因为空心变压器的绕组是由两个具有互感的线圈组成的，因而可以用耦合电感来构成它的电路模型。这一模型常用来分析空心变压器电路。

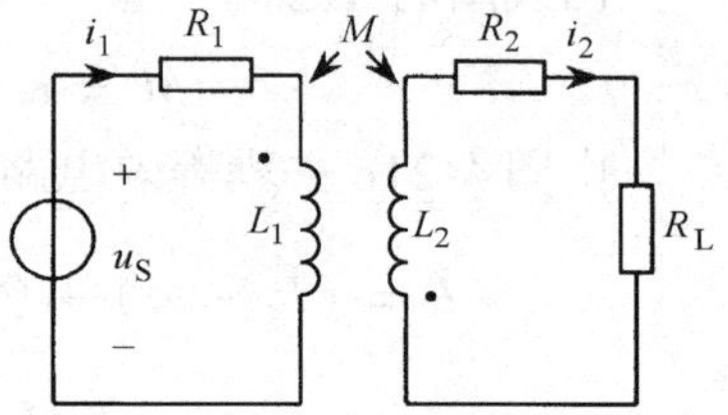

图 4-23 空心变压器电路

空心变压器电路如图 4-23 所示，图中 R_1、R_2 分别为空心变压器一、二次绕组的电阻，R_L 为负载电阻，u_S 为正弦输入电压。图中给出了电压、电流的参考方向和线圈的同名端，根据 KVL 可列出回路电压方程

$$\begin{cases}(R_1 + j\omega L_1)\dot{I}_1 + j\omega M\dot{I}_2 = \dot{U}_S \\ j\omega M\dot{I}_1 + (R_2 + j\omega L_2 + R_L)\dot{I}_2 = 0\end{cases} \tag{4-34}$$

也可以写成

$$\begin{cases}Z_{11}\dot{I}_1 + Z_{12}\dot{I}_2 = \dot{U}_S \\ Z_{21}\dot{I}_1 + Z_{22}\dot{I}_2 = 0\end{cases} \tag{4-35}$$

式中

$$Z_{11} = R_1 + j\omega L_1, \quad Z_{22} = R_2 + j\omega L_2 + R_L, \quad Z_{12} = Z_{21} = j\omega M$$

Z_{11}、Z_{22}称为自阻抗，Z_{12}、Z_{21}称为互阻抗，显然如果同名端的位置与图中所示相反，或者二次电流的参考方向改变时，则互阻抗 $Z_{12} = Z_{21} = -j\omega M$。

通常列写空心变压器回路电压方程时，选取回路的绕行方向与回路电流参考方向一致，因此自感抗取正值。此时当 i_1、i_2 从两线圈的同名端流入时，互感抗取正号，当 i_1、i_2 从两线圈的异名端流入时，互感抗取负号。

解式(4-35)方程组，可得

$$\dot{I}_1 = \frac{Z_{22}\dot{U}_S}{Z_{11}Z_{22} - Z_{12}Z_{21}} = \frac{R_2 + j\omega L_2 + R_L}{(R_1 + j\omega L_1)(R_2 + j\omega L_2 + R_L) - (j\omega M)^2}\dot{U}_S$$

即

$$\dot{I}_1 = \frac{R_2 + j\omega L_2 + R_L}{(R_1 + j\omega L_1)(R_2 + j\omega L_2 + R_L) + \omega^2 M^2}\dot{U}_S \tag{4-36}$$

$$\dot{I}_2 = \frac{-j\omega M}{(R_1 + j\omega L_1)(R_2 + j\omega L_2 + R_L) + \omega^2 M^2}\dot{U}_S \tag{4-37}$$

由式(4-36)可求得从电源两端向变压器看进去的输入阻抗为

$$Z_i = \frac{\dot{U}_S}{\dot{I}_1} = R_1 + j\omega L_1 + \frac{\omega^2 M^2}{R_2 + j\omega L_2 + R_L} = Z_{11} + Z_{ref} \quad (4\text{-}38)$$

其中

$$Z_{11} = R_1 + j\omega L_1$$

$$Z_{ref} = \frac{\omega^2 M^2}{R_2 + j\omega L_2 + R_L} = \frac{\omega^2 M^2}{Z_{22}} \quad (4\text{-}39)$$

式中 Z_{11} 为输入回路的自阻抗，当没有二次回路时，$M=0$，因而 $Z_{ref}=0$，输入阻抗 $Z_i=Z_{11}$。有了二次回路，输入阻抗就多了一项，Z_{ref} 称为二次回路反映到一次回路的反映阻抗。即空心变压器的一次输入阻抗包含两部分，一部分是输入回路的自阻抗，另一部分是二次回路反映到一次回路的反映阻抗。由此可得变压器一次等效电路，如图 4-24 所示。当需要求一次回路电流时，可由该等效电路迅速求出结果。

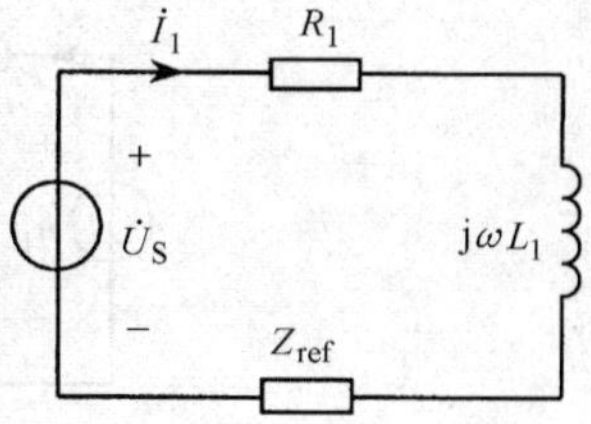

图 4-24　空心变压器初级等效电路

另外，由式(4-36)和式(4-37)还可求得一、二次电流之比为

$$\frac{\dot{I}_1}{\dot{I}_2} = \frac{R_2 + j\omega L_2 + R_L}{-j\omega M}$$

即

$$\dot{I}_2 = \frac{-j\omega M}{R_2 + j\omega L_2 + R_L}\dot{I}_1 = \frac{-j\omega M}{Z_{22}}\dot{I}_1 \quad (4\text{-}40)$$

式(4-40)是空心变压器一、二次绕组电流关系式，式中右边的正负号是这样规定的，当 i_1、i_2 从两线圈的同名端流入时，取负号；当 i_1、i_2 从两线圈的异名端流入时，取正号。

例 4-7　图 4-25 所示电路中，已知 $L_1=5\text{H}$，$L_2=1.2\text{H}$，$M=1\text{H}$，$R=10\Omega$，$\omega=10\text{rad/s}$，$\dot{U}_1=10\underline{/0°}\text{V}$，求二次电流 $\dot{I}_2$。

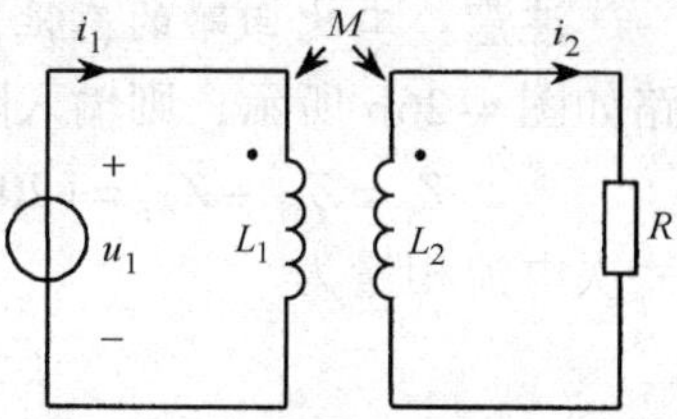

图 4-25　例 4-7 电路

解　方法一：按图示电压电流参考方向，列回路电压方程

$$\begin{cases} j\omega L_1\dot{I}_1 - j\omega M\dot{I}_2 = \dot{U}_1 \\ -j\omega M\dot{I}_1 + (R + j\omega L_2)\dot{I}_2 = 0 \end{cases}$$

联立求解得

$$\dot{I}_2 = \frac{j\omega M\dot{U}_1}{j\omega L_1(R + j\omega L_2) + \omega^2 M^2} = \frac{j10\times1\times10\underline{/0°}}{j10\times5(10 + j12) + 10^2\times1^2}\text{A}$$

$$= \frac{j100}{j50(10 + j12) + 100}\text{A} = \frac{100\underline{/90°}}{-500 + j500}\text{A} = \frac{100\underline{/90°}}{500\sqrt{2}\underline{/135°}}\text{A} = 0.14\underline{/-45°}\text{A}$$

方法二：先求一次输入阻抗 Z_i

$$Z_i = Z_{11} + Z_{ref} = j\omega L_1 + \frac{\omega^2 M^2}{R + j\omega L_2} = j50 + \frac{100}{10 + j12}\Omega = 45.3\underline{/84.8°}\Omega$$

再求一次电流

$$\dot{I}_1=\frac{\dot{U}_1}{Z_i}=\frac{10\angle 0^\circ}{45.3\angle 84.8^\circ}=0.22\angle -84.8^\circ\text{A}$$

由式(4-40)求得二次电流(注意两线圈电流从异名端流入,故电流关系式前取“+”号)

$$\dot{I}_2=\frac{\text{j}\omega M}{Z_{22}}\dot{I}_1=\frac{\text{j}10}{10+\text{j}12}\times 0.22\angle -84.8^\circ\text{A}=0.14\angle -45^\circ\text{A}$$

例 4-8 图 4-26a 所示电路，已知 $L_1=3.185\text{H}$，$L_2=0.1\text{H}$，$M=0.465\text{H}$，$R_1=20\Omega$，$R_2=1\Omega$，$R_L=42\Omega$，$u_1=115\sqrt{2}\sin 314t\text{V}$，求一次电流$\dot{I}_1$ 和二次电流$\dot{I}_2$。

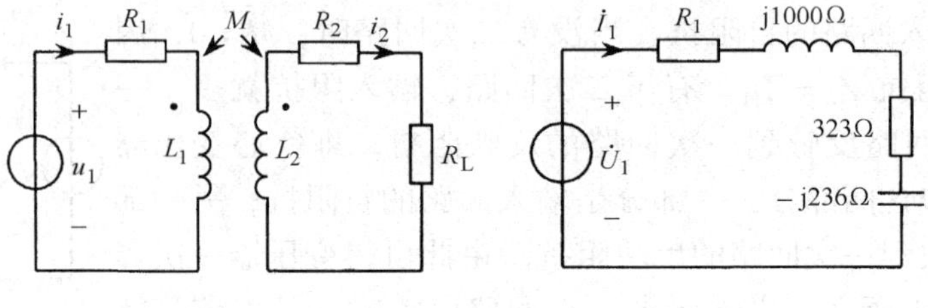

a) b)

图 4-26 例 4-8 电路

解 一次回路和二次回路的自阻抗分别为

$$Z_{11}=R_1+\text{j}\omega L_1=(20+\text{j}314\times 3.185)\ \Omega=20+\text{j}1000\Omega$$

$$Z_{22}=R_2+R_L+\text{j}\omega L_2=(43+\text{j}31.4)\ \Omega=53.2\angle 36.1^\circ\Omega$$

反映阻抗

$$Z_{\text{ref}}=\frac{\omega^2M^2}{Z_{22}}=\frac{314^2\times 0.465^2}{53.2\angle 36.1^\circ}\Omega=400\angle -36.1^\circ\Omega=323-\text{j}236\Omega$$

注意：二次回路的感性阻抗反映到一次回路变为容性阻抗($X=-236\Omega$)。一次等效电路如图 4-26b 所示，则输入阻抗为

$$Z_i=Z_{11}+Z_{\text{ref}}=(20+\text{j}1000+323-\text{j}236)\Omega=(343+\text{j}764)\Omega=837\angle 65.8^\circ\Omega$$

一次电流相量为

$$\dot{I}_1=\frac{\dot{U}_S}{Z_i}=\frac{115\angle 0^\circ}{837\angle 65.8^\circ}\text{A}=0.137\angle -65.8^\circ\text{A}$$

由式(4-40)得二次电流

$$\dot{I}_2=\frac{\text{j}\omega M}{Z_{22}}\dot{I}_1=\frac{314\times 0.465\angle 90^\circ\times 0.137\angle -65.8^\circ}{53.2\angle 36.1^\circ}\text{A}=0.38\angle -11.9^\circ\text{A}$$

例 4-9 图 4-27 所示电路中，$L_1=6\text{H}$，$L_2=4\text{H}$，$M=3\text{H}$，若 L_2 短路，求 L_1 端的等效电感。

解 一次等效阻抗为

$$Z_i=Z_{11}+Z_{\text{ref}}=\text{j}\omega L_1+\frac{\omega^2M^2}{\text{j}\omega L_2}=\text{j}\omega\left(L_1-\frac{M^2}{L_2}\right)$$

式中，$\left(L_1-\frac{M^2}{L_2}\right)$就是所求的等效电感，代入数据得

$$L=L_1-\frac{M^2}{L_2}=\left(6-\frac{9}{4}\right)\text{H}=3.75\text{H}$$

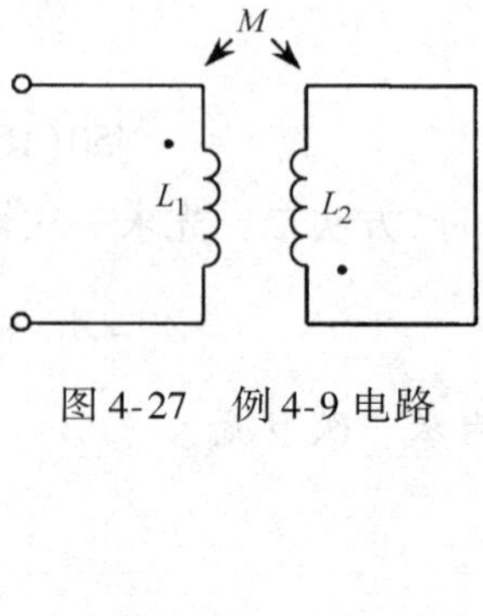

图 4-27 例 4-9 电路

4.5　理想变压器

在电力供电系统中，各种电气设备电源部分的电路中，以及其他一些较低频率的电子电路中使用的变压器大多是铁心变压器。理想变压器是铁心变压器的理想化模型，它的惟一参数是变压器的电压比，而不是 L_1、L_2、M 等参数，理想变压器满足以下三个条件

1）耦合系数 $k=1$，即为全耦合。

2）自感系数 L_1、L_2 为无穷大，但 L_1/L_2 为常数。

3）变压器无任何损耗，铁心材料的磁导率 μ 为无穷大。

4.5.1　理想变压器两个端口电压、电流关系

理想变压器的电路模型如图 4-28 所示，设一次绕组和二次绕组的匝数分别为 N_1、N_2，同名端以及电压、电流参考方向如图中所示。由于为全耦合，故绕组的互感磁通必等于自感磁通，穿过一次、二次绕组的磁通相同，用 Φ 表示。与一、二次绕组交链的磁链分别为

$$\Psi_1 = N_1\Phi$$
$$\Psi_2 = N_2\Phi$$

一次、二次绕组的电压分别为

$$u_1 = \frac{\mathrm{d}\Psi_1}{\mathrm{d}t} = N_1\frac{\mathrm{d}\Phi}{\mathrm{d}t}$$
$$u_2 = \frac{\mathrm{d}\Psi_2}{\mathrm{d}t} = N_2\frac{\mathrm{d}\Phi}{\mathrm{d}t}$$

由上式得一次、二次绕组的电压之比为

$$\frac{u_1}{u_2} = \frac{N_1}{N_2} = n \quad \text{或写作：} u_1 = nu_2 \tag{4-41}$$

式中，n 称为变压器的电压比，它等于一次、二次绕组的匝数之比。

由于理想变压器无能量损耗，因而理想变压器在任何时刻从两边吸收的功率都等于零，即

$$u_1i_1 + u_2i_2 = 0$$

由上式得

$$\frac{i_1}{i_2} = -\frac{u_2}{u_1} = -\frac{1}{n} \quad \text{或} \quad i_1 = -\frac{1}{n}i_2 \tag{4-42}$$

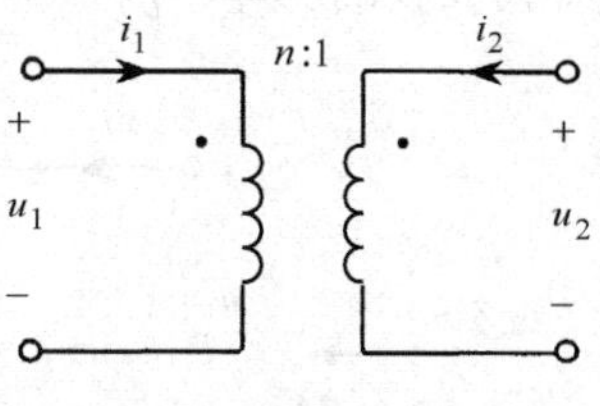

图 4-28　理想变压器电路模型

在正弦稳态电路中，式(4-41)和式(4-42)对应的电压、电流关系的相量形式为

$$\begin{cases} \dot{U}_1 = n\,\dot{U}_2 \\ \dot{I}_1 = -\dfrac{1}{n}\dot{I}_2 \end{cases} \tag{4-43}$$

这里需说明式(4-41)和式(4-42)是与图 4-28 所示的电压、电流参考方向及同名端位置相对应的，如果改变电压、电流参考方向或同名端位置，其表达式中的符号应作相应改变。如图 4-29 所示的理想变压器，其电压、电流关系式为

$$\begin{cases} u_1 = -nu_2 \\ i_1 = \dfrac{1}{n}i_2 \end{cases}$$

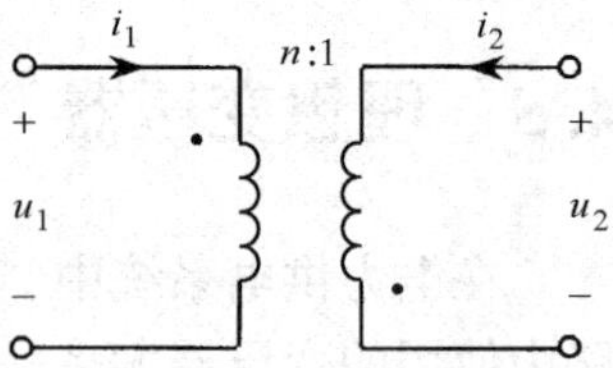

图 4-29 理想变压器

总之，在变压关系式中，前面的正负号取决于电压的参考方向与同名端的位置，当电压参考极性与同名端的位置一致时，例如两电压的正极性端(或负极性端)同在两线圈的“·”端，此时，变压关系式前取正号；反之当电压的参考极性与两线圈同名端的位置不一致时，取负号。在变流关系式中，前面的正负号取决与一、二次电流的参考方向与同名端的位置，当电流从两绕组的同名端流入时，变流关系式前取负号；当电流从两绕组的异名端流入时，取正号。

4.5.2 理想变压器变换阻抗的作用

理想变压器还具有变换阻抗的作用，如果在变压器的二次侧接上阻抗 Z_L，如图 4-30 所示，则从一次绕组看进去的输入阻抗是

$$Z_i = \frac{\dot{U}_1}{\dot{I}_1} = \frac{n\dot{U}_2}{-\dfrac{1}{n}\dot{I}_2} = n^2\left(-\frac{\dot{U}_2}{\dot{I}_2}\right)$$

图 4-30 中，因负载 Z_L 上电压、电流为非关联参考方向，故上式中$\left(-\dfrac{\dot{U}_2}{\dot{I}_2}\right)=Z_L$，因此得

$$Z_i = n^2 Z_L \tag{4-44}$$

由式(4-44)可知，当二次绕组接阻抗 Z_L 时，相当于在一次侧接一个值为 n^2Z_L 的阻抗，即变压器具有变换阻抗的作用。因此可以通过改变变压器的电压比来改变输入电阻，实现与电源的匹配，使负载获得最大功率。

例 4-10 图 4-31 所示电路中，$\dot{U}_S = 100\ \underline{/0°}\text{V}$，$R_S = 50\Omega$，$R_L = 1\Omega$，$n = 4$。求$\dot{I}_1$、$\dot{I}_2$ 及负载吸收的功率 P_L。

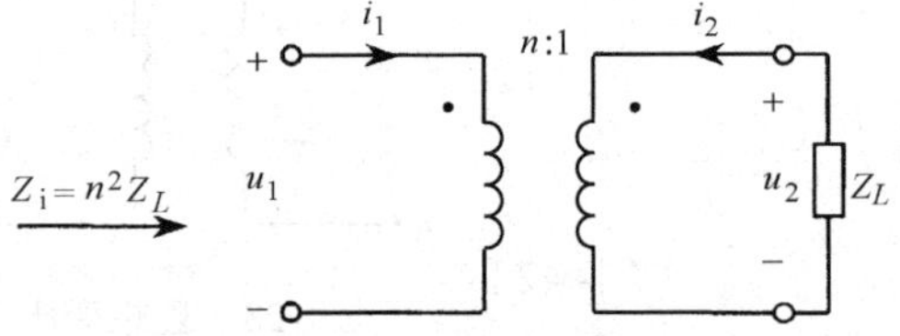

图 4-30 理想变压器变换阻抗作用

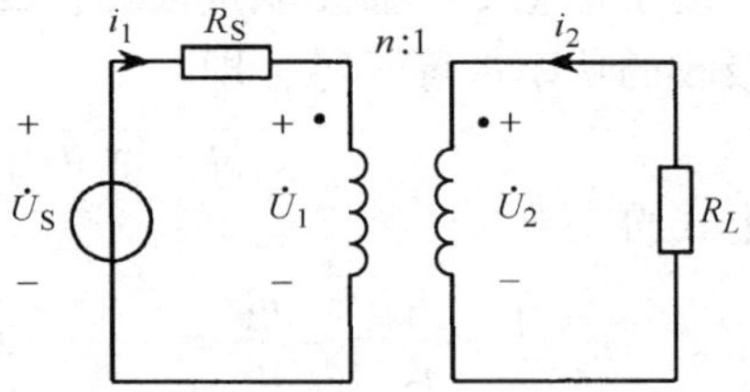

图 4-31 例 4-10 电路

解 在输入回路列 KVL 方程

$$\dot{U}_S = R_S\dot{I}_1 + \dot{U}_1 \cdots\cdots ①$$

理想变压器具有变换阻抗的作用，其输入电阻为

$$R_i = n^2 R_L$$

因而得

$$\dot{U}_1 = R_i\dot{I}_1 = n^2R_L\dot{I}_1$$

代入①式得

$$\dot{U}_S = R_S \dot{I}_1 + n^2 R_L \dot{I}_1$$

$$\dot{I}_1 = \frac{\dot{U}_S}{R_S + n^2 R_L} = \frac{100 \underline{/0^\circ}}{50 + 4^2 \times 1} \mathrm{A} = 1.52 \underline{/0^\circ} \mathrm{A}$$

$$\dot{I}_2 = -n \dot{I}_1 = -4 \times 1.52 \underline{/0^\circ} \mathrm{A} = 6.08 \underline{/180^\circ} \mathrm{A}$$

$$P_L = I_2^2 R_L = 6.08^2 \times 1 \mathrm{W} = 36.97 \mathrm{W}$$

例4-11 在图4-31电路中，若负载R_L可调，其余电路参数同例4-10。问负载R_L多大时，可获得最大功率，并求此最大功率。

解 因为变压器具有变换阻抗的作用，即

$$R_i = n^2 R_L$$

一次电路中，当$R_i = R_S$时，负载上获得最大功率，因而可得

$$R_i = n^2 R_L = R_S$$

$$4^2 R_L = 50$$

$$R_L = 3.125\Omega$$

当负载$R_L = 3.125\Omega$时，可获得最大功率。

又因为在二次回路中只有R_L上消耗有功功率，所以一次回路中R_i上消耗的功率就是R_L上消耗的功率(理想变压器无功率损耗)，因而负载上获得的最大功率为

$$P_L = \frac{\left(\frac{U_S}{2}\right)^2}{R_i} = \frac{U_S^2}{4R_i} = \frac{100^2}{4 \times 50} \mathrm{W} = 50 \mathrm{W}$$

本章小结

1. 串联谐振和并联谐振电路的谐振条件，谐振频率，谐振时电路的特点，品质因数的概念。

2. 耦合电感的电压、电流关系式

$$\begin{cases} u_1 = \pm L_1 \dfrac{\mathrm{d}i_1}{\mathrm{d}t} \pm M \dfrac{\mathrm{d}i_2}{\mathrm{d}t} \\ u_2 = \pm L_2 \dfrac{\mathrm{d}i_2}{\mathrm{d}t} \pm M \dfrac{\mathrm{d}i_1}{\mathrm{d}t} \end{cases}$$

自感电压的正负取决于本线圈上的电压电流参考方向是否关联，互感电压的正负与产生它的电流的参考方向以及同名端的位置有关。

3. 耦合电感的去耦等效

耦合电感串联连接的等效电感

顺接串联： $L = L_1 + L_2 + 2M$

反接串联： $L = L_1 + L_2 - 2M$

耦合电感并联连接的等效电感

同名端相连： $L = \dfrac{L_1 L_2 - M^2}{L_1 + L_2 - 2M}$

异名端相连： $L = \dfrac{L_1 L_2 - M^2}{L_1 + L_2 + 2M}$

4. 空心变压器

一次侧等效电路的输入阻抗为

$$Z_{\mathrm{i}} = Z_{11} + Z_{\mathrm{ref}}$$

式中，Z_{11}为一次回路的自阻抗，$Z_{\mathrm{ref}} = \dfrac{\omega^2 M^2}{Z_{22}}$为二次回路反映到一次回路的反映阻抗。

5. 理想变压器

理想变压器一次、二次绕组的电压、电流关系为

$$\begin{cases} u_1 = \pm n u_2 \\ i_1 = \pm \dfrac{1}{n} i \end{cases}$$

理想变压器变换阻抗的性质

$$Z_{\mathrm{i}} = n^2 Z_L$$

习 题 四

1. 在 R、L、C 串联电路中，已知 $L=5\mathrm{mH}$，$C=2\mu\mathrm{F}$，求电路的谐振频率。

2. 在 R、L、C 串联电路中，$L=3\mathrm{mH}$，$C=20011\mathrm{pF}$，$R=9.4\Omega$，电源电压 $U_{\mathrm{S}}=100\mathrm{mV}$，若电路产生串联谐振，求：谐振频率、回路的特性阻抗、品质因数 Q 及 U_{C0}。

3. 在 R、L、C 串联谐振电路中，电源电压 $u=2\sqrt{2}\sin(10000t+30°)\mathrm{V}$，电路中电流 $I=0.5\mathrm{A}$，$U_{\mathrm{L}}=200\mathrm{V}$，求：$R$、$L$、$C$ 和品质因数 Q。

4. 在 $R-L-C$ 并联谐振电路中，已知 $\omega_0=5\times10^6\mathrm{rad/s}$，$Q=100$，谐振时的阻抗模为 $|Z_0|=2\mathrm{k}\Omega$，求：R、L、C。

5. 在 $R-L-C$ 并联谐振电路中，已知 $L=100\mu\mathrm{H}$，$C=100\mathrm{pF}$，$Q=100$，并联电路的总电流 $I_0=0.01\mathrm{mA}$，求：谐振频率 f_0，电感和电容元件上的电流。

6. 如图 4-32 所示，标出互感线圈的同名端。

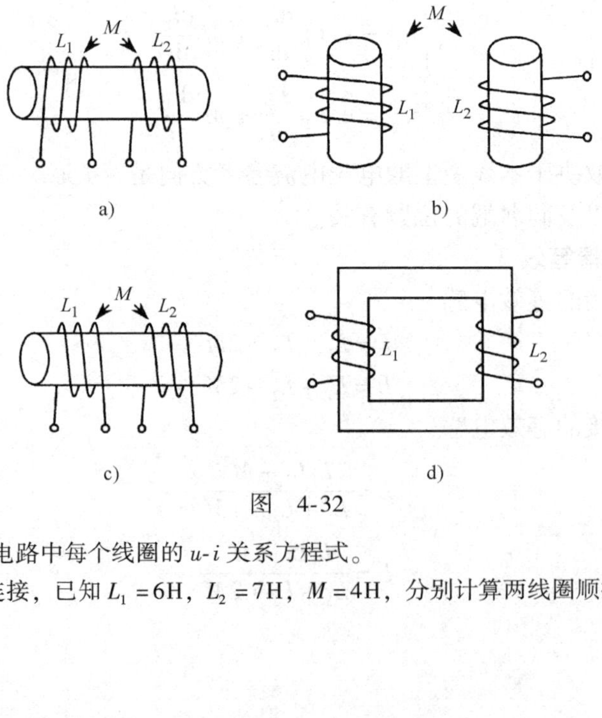

图 4-32

7. 写出图 4-33 所示电路中每个线圈的 u-i 关系方程式。

8. 两互感线圈串联连接，已知 $L_1=6\mathrm{H}$，$L_2=7\mathrm{H}$，$M=4\mathrm{H}$，分别计算两线圈顺接和反接时的等效电感。

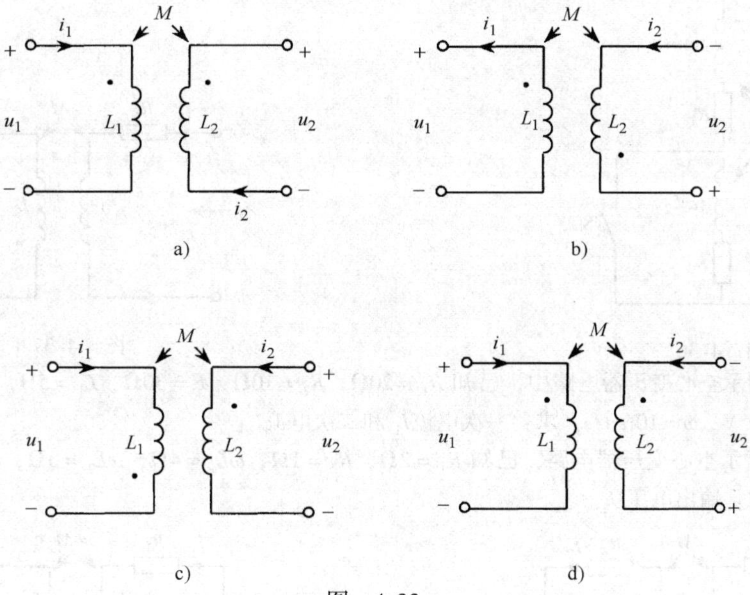

图　4-33

9. 两互感线圈并联连接，已知 $L_1=8\text{H}$，$L_2=10\text{H}$，$M=5\text{H}$，分别计算两线圈同名端相连和异名端相连时的等效电感。

10. 如图4-34所示电路中，已知 $R_1=6\Omega$，$R_2=4\Omega$，$\omega L_1=7\Omega$，$\omega L_2=9\Omega$，$\omega M=3\Omega$，若电流 $\dot{I}=5\angle 0°\text{A}$，求电压 $\dot{U}$。

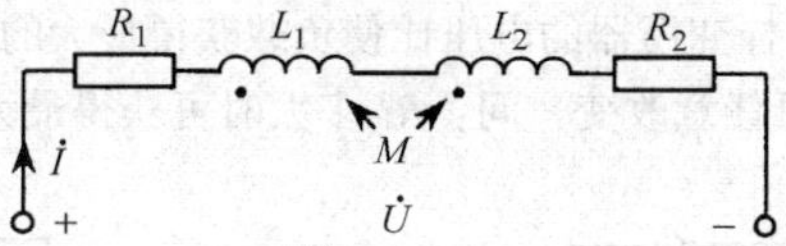

图　4-34

11. 图4-35所示电路中，求a、b两端的等效电感。

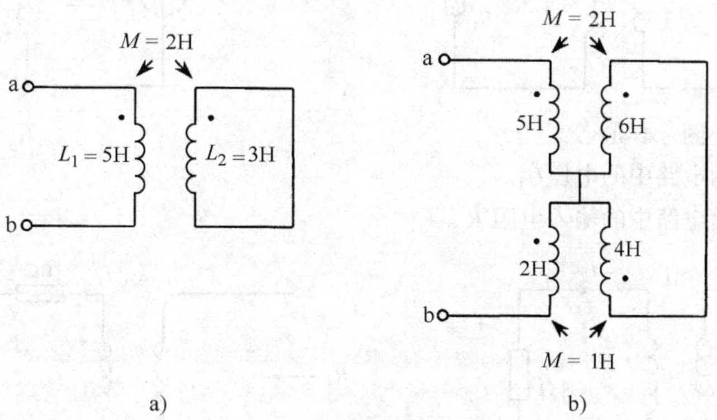

图　4-35

12. 图4-36所示电路中，已知 $R_1=4\Omega$，$R_2=4\Omega$，$\omega L_1=10\Omega$，$\omega L_2=8\Omega$，$\omega M=5\Omega$，若电压 $\dot{U}=200\angle 0°\text{V}$，分别求：开关S打开与闭合时的电流 $\dot{I}$ 为多少？

13. 图4-37所示空心变压器电路中，已知 $R_1=10\Omega$，$R_2=10\Omega$，$L_1=5\text{H}$，$L_2=6\text{H}$，$M=4\text{H}$，若电源角频率 $\omega=2\text{rad/s}$，求：一次电路的输入阻抗 Z_i。

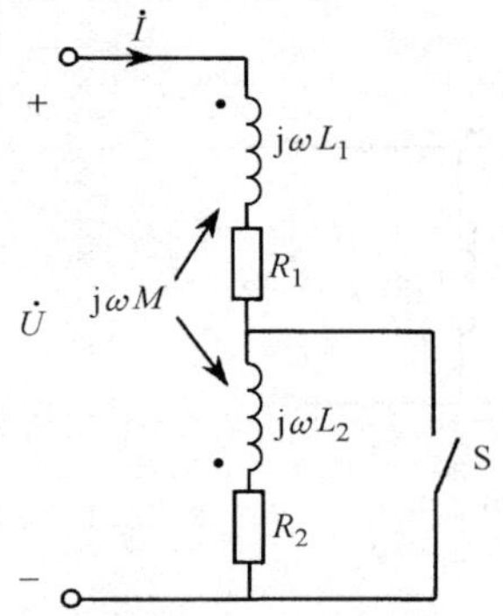

图 4-36

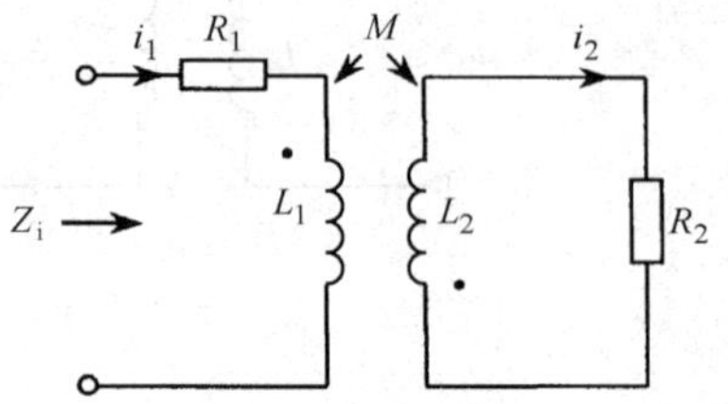

图 4-37

14. 图4-38所示空心变压器电路中，已知 $R_1=20\Omega$，$R_2=10\Omega$，$R=30\Omega$，$L_1=5\text{H}$，$L_2=3\text{H}$，$M=2\text{H}$，若电压 $\dot{U}_S=100\angle 0°\text{V}$，$\omega=10\text{rad/s}$，求：一次电流 $\dot{I}_1$ 和二次电流 $\dot{I}_2$。

15. 图4-39所示空心变压器电路，已知 $R_1=2\Omega$，$R_2=1\Omega$，$\omega L_1=4\Omega$，$\omega L_2=3\Omega$，$\omega M=2\Omega$，若电压 $\dot{U}_S=100\angle 0°\text{V}$，求：输出电压 $\dot{U}_2$。

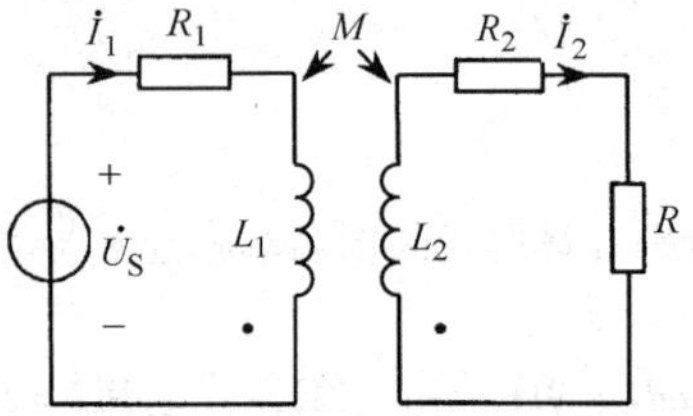

图 4-38

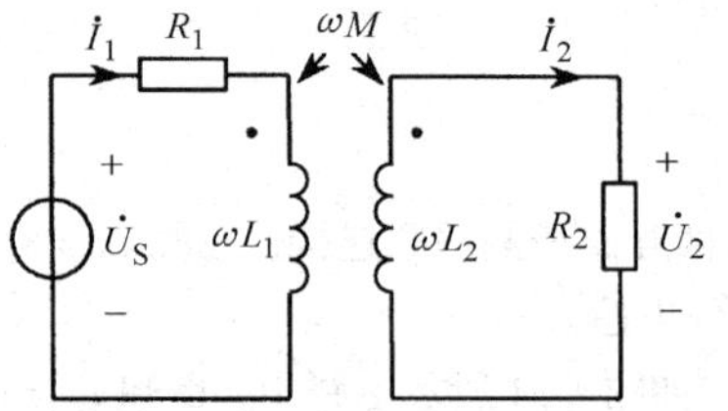

图 4-39

16. 图4-40所示电路中，试选择变压器的电压比使负载获得最大的功率，并求负载 R_L 上的最大功率。

17. 图4-41所示电路中，R_L 可任意改变，问：R_L 多大时可获得最大的功率，并求此最大功率。

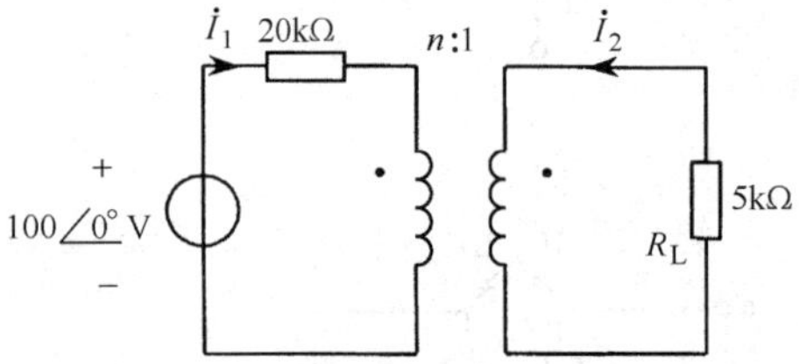

图 4-40

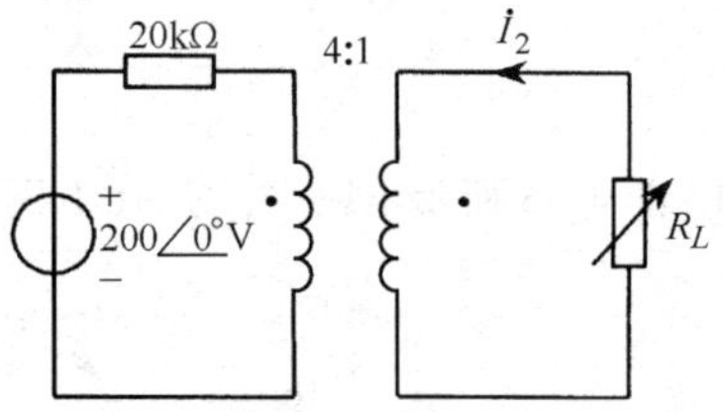

图 4-41

18. 求图4-42所示电路中的电压 $\dot{U}_2$。

19. 求图4-43所示电路中的输入电阻 R_i。

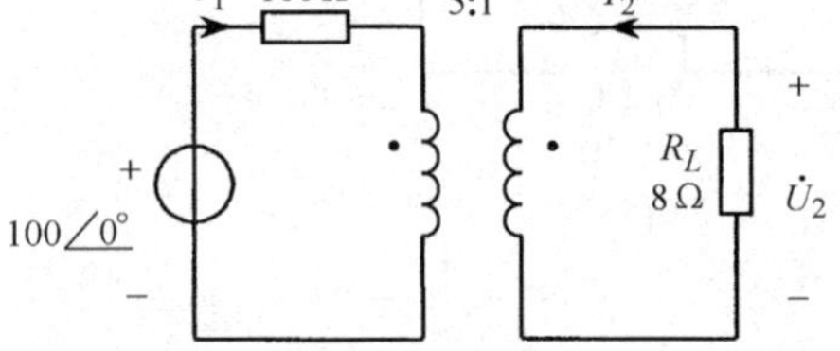

图 4-42

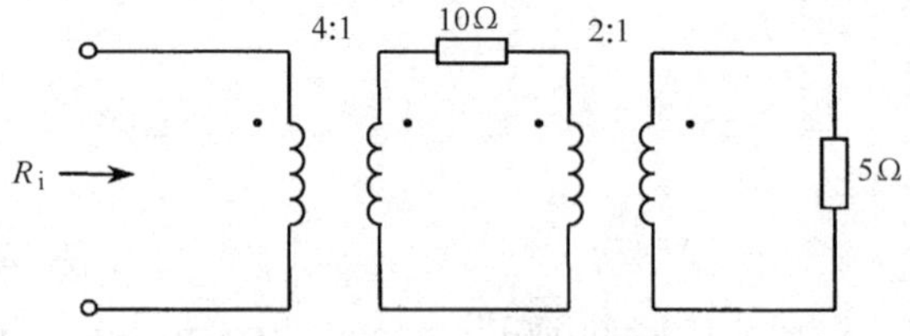

图 4-43

第 5 章　三 相 电 路

本章提要:

本章介绍三相交流电动势的产生，三相电源的星形及三角形联结，以及不同联结方式下电源相电压、线电压的关系；三相负载的星形及三角形联结，以及不同联结方式下电路的特点；三相电路的计算方法，三相电功率的计算。

5.1　三相交流电动势的产生

目前，国内外电力系统所采用的供电方式，几乎全部是三相制。所谓三相制，就是由三个频率和振幅相同、相位互差 120°的正弦交流电源同时供电的系统。三相交流电在生产中获得广泛应用，这是因为三相交流电在发电、输电和用电方面有显著的优点：

1）在尺寸相同的情况下，三相发电机比单相发电机输出的功率大。

2）在输送距离和输送功率相同的条件下，三相输电比单相输电要节省有色金属。

3）三相用电设备(如三相交流电动机)具有结构简单，运行可靠，维护方便等良好性能。

三相交流电通常是由三相交流发电机产生的。图 5-1a 是三相交流发电机的原理示意图，发电机的绕组有 AX、BY、CZ 三相，其中 A、B、C 为绕组的始端，X、Y、Z 为绕组的末端。每相绕组的始端在空间位置上都彼此相隔 120°，每相绕组的末端在空间位置上也都彼此相隔 120°。当转子由原动机带动，并以角速度 ω 逆时针匀速旋转时，每相绕组被磁力线切割，感应出正弦电动势。由于结构上对称，三相绕组中的感应电动势 e_A、e_B、e_C 的幅值相等、角频率相同，但相位却彼此互差 120°。这是因为，三相绕组在空间位置上都彼此相隔 120°，当 A 相的电动势达到正的幅值时，经过 1/3 周(120°)后 B 相的电动势达到正的幅值。同理，再经过 120°后，C 相的电动势达到正的幅值。所以 e_B 比 e_A 在相位上滞后 120°，e_C 比 e_B 在相位上亦滞后 120°。如以 A 相为参考正弦量，则感应的电动势 e_A、e_B、e_C 可分别表示为

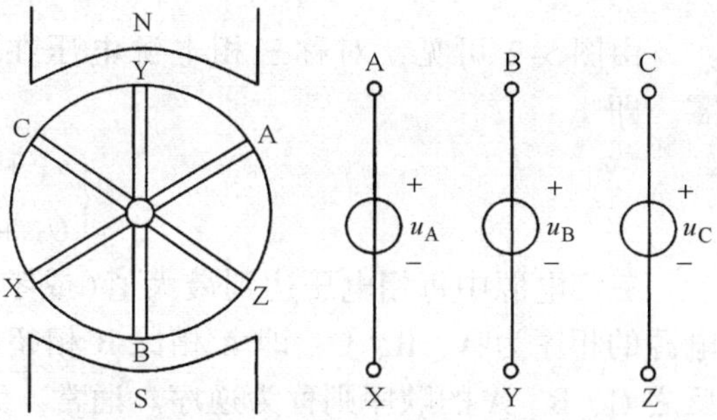

a) 三相交流发电机原理示意图　　b) 三相电源符号

图 5-1　三相交流电的产生

$$\begin{cases} e_A = E_m \sin\omega t \\ e_B = E_m \sin(\omega t - 120°) \\ e_C = E_m \sin(\omega t - 240°) = E_m \sin(\omega t + 120°) \end{cases} \tag{5-1}$$

若用三个正弦电压源 u_A、u_B、u_C 分别表示三相交流发电机三个绕组的电压，并设电压

源电压的参考方向是由始端指向末端，如图 5-1b 所示。同样设 A 相为参考正弦量，则有

$$\begin{cases} u_A = U_m \sin\omega t \\ u_B = U_m \sin(\omega t - 120°) \\ u_C = U_m \sin(\omega t - 240°) = U_m \sin(\omega t + 120°) \end{cases} \tag{5-2}$$

这样三个幅值相等、频率相同、相位彼此间互差 120°的电压源，称为对称三相电源。每个电压就是一相，并依次称为 A 相、B 相和 C 相，它们的相量表达式为：

$$\begin{cases} \dot{U}_A = U \angle 0° \\ \dot{U}_B = U \angle -120° \\ \dot{U}_C = U \angle 120° \end{cases} \tag{5-3}$$

对称三相电源电压的波形图、相量图如图 5-2a、b 所示。

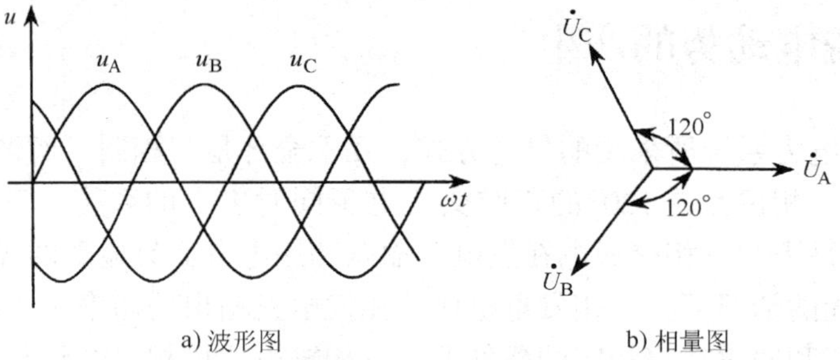

图 5-2 对称三相电压的波形图和相量图

由图 5-2 可见，对称三相电源电压在任一时刻的瞬时值代数和为零，其相量和也为零。即

$$\begin{cases} u_A + u_B + u_C = 0 \\ \dot{U}_A + \dot{U}_B + \dot{U}_C = 0 \end{cases} \tag{5-4}$$

三相电源中每相电压达到最大值(或零值)的先后次序称为三相电源的相序。上述三相电源的相序为 A、B、C，即 A 相比 B 相超前 120°，B 相又比 C 相超前 120°，称之为正序，反之 C、B、A 的顺序则称为逆序。通常，无特别说明，三相电源均指正序而言。

使用三相电源时，经常要考虑相序问题。工业上通常在交流发电机引出线及配电装置的三相母线上涂以黄、绿、红三色区分 A、B、C 三相。

5.2 三相电源的联结

三相电源有两种基本的联结方式，即星形联结和三角形联结。

5.2.1 三相电源的星形联结

把三相电源的三个负极性端 X、Y、Z 接在一起，再把三个正极性端 A、B、C 分别引出来，这种联结方式称为三相电源的星形联结，如图 5-3 所示。其中 X、Y、Z 接在一起形成的公共端点称为中性点或零点，用 N 表示。由中性点引出的导线称为中性线或零线，如中性线接地则该线又称为地线。由端点 A、B、C 引出的三根导线称为端线或相线(俗称火线)。这样，由三根端线和一根中性线构成的三相电路，称为三相四线制；如果不接中性

线，只有三根端线的三相电路，则称为三相三线制。

三相四线制供电系统可提供两种电压，一种是端线与中性线之间的电压，即每相电源的电压，称为相电压，分别用 $\dot{U}_{AN}$、$\dot{U}_{BN}$、$\dot{U}_{CN}$ 表示 A、B、C 三相的相电压，其参考方向选定为从端线指向中性线。另一种是端线与端线之间的电压，称为线电压，分别用 $\dot{U}_{AB}$、$\dot{U}_{BC}$、$\dot{U}_{CA}$ 表示，双下标字母次序表示参考方向，例如线电压 $\dot{U}_{AB}$ 表示其参考方向从端线 A 指向端线 B。由图 5-3 可见，$\dot{U}_{AN}=\dot{U}_A$，$\dot{U}_{BN}=\dot{U}_B$，$\dot{U}_{CN}=\dot{U}_C$。

当三相电源接成星形时，相电压和线电压显然是不相等的。下面来分析星形联结时电源的线电压和相电压之间的关系。在图 5-3 中，根据基尔霍夫电压定律，有

$$\begin{cases}\dot{U}_{AB}=\dot{U}_A-\dot{U}_B\\ \dot{U}_{BC}=\dot{U}_B-\dot{U}_C\\ \dot{U}_{CA}=\dot{U}_C-\dot{U}_A\end{cases}\tag{5-5}$$

对于对称三相电源，如果设 $\dot{U}_A=U\underline{/0^\circ}$，$\dot{U}_B=U\underline{/-120^\circ}$，$\dot{U}_C=U\underline{/120^\circ}$。其相量图如图 5-4 所示，再根据式(5-5)分别作出 $\dot{U}_{AB}$、$\dot{U}_{BC}$、$\dot{U}_{CA}$ 的相量。从图上利用几何关系看出，线电压也是对称的，在相位上比相应的相电压超前 30°。如果线电压的有效值用 U_l 表示，相电压的有效值用 U_P 表示，则它们的数值关系可由相量图的几何关系求出，即

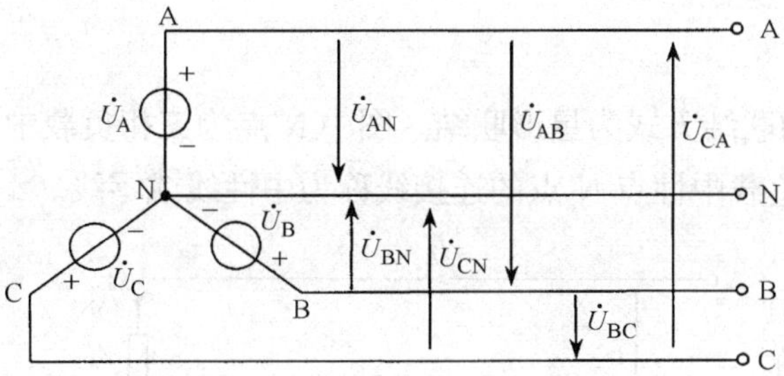

图 5-3　三相电源的星形联结

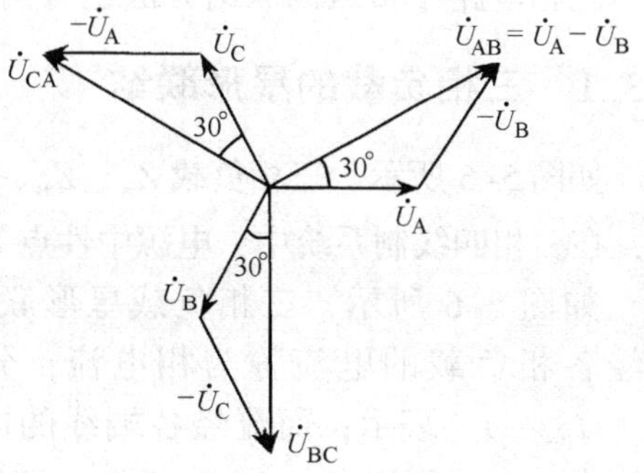

图 5-4　星形联结线电压与相电压的相量图

$$U_l=2U_P\cos30^\circ=\sqrt{3}U_P$$

写成相量形式为

$$\begin{cases}\dot{U}_{AB}=\sqrt{3}\dot{U}_A\underline{/30^\circ}\\ \dot{U}_{BC}=\sqrt{3}\dot{U}_B\underline{/30^\circ}\\ \dot{U}_{CA}=\sqrt{3}\dot{U}_C\underline{/30^\circ}\end{cases}\tag{5-6}$$

式(5-6)表明：对称三相电源作星形联结时，线电压有效值是相电压有效值的 $\sqrt{3}$ 倍，在相位上线电压超前于相应的相电压 30°。如 $\dot{U}_{AB}$ 超前于 $\dot{U}_A$ 30°，$\dot{U}_{BC}$ 超前于 $\dot{U}_B$ 30°等。

5.2.2　三相电源的三角形联结

如果把三相电源的正、负极依次联结，即 X 与 B、Y 与 C、Z 与 A 分别相联结，然后从三个连接点分别引出三根端线，如图 5-5 所示，则这种联结方式称为三相电源的三角形联结。

显然，从图 5-5 中可以得到三角形电源的线电压和相电压的关系为

$$\begin{cases}\dot U_{AB}=\dot U_A\\ \dot U_{BC}=\dot U_B\\ \dot U_{CA}=\dot U_C\end{cases}\tag{5-7}$$

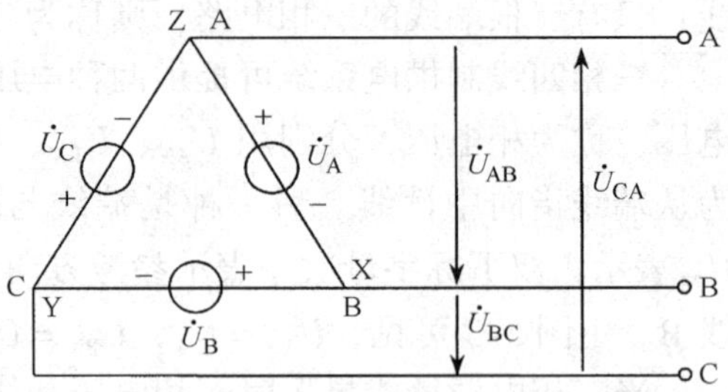

图5-5 三相电源的三角形联结

式(5-7)表明，三相电源作三角形联结时，线电压和相电压的有效值相等，即 $U_l=U_P$，线电压与相应的相电压相位也相同。

当对称三相电源作三角形联结时，三个电源形成一个闭合回路，只要连线正确，由于电源三角形回路内的总电压为零，即 $\dot U_A+\dot U_B+\dot U_C=0$，这样就能保证闭合回路内不会产生环流。若接错(例如某一相接反)，使电源三角形回路内的总电压不为零，由于三相电源的内阻抗很小，在回路内会形成很大的环流，将会烧坏三相电源设备。在大容量的三相交流发电机中很少采用三角形联结。

5.3 三相负载的联结

三相电路中负载的联结方法也有两种——星形联结和三角形联结。

5.3.1 三相负载的星形联结

如图5-6所示，三相负载 Z_A、Z_B、Z_C 的联结方式为星形联结。图中N′点为三相负载中性点，在三相四线制系统中，电源中性点N和负载中性点N′点的连接线称为中性线或零线。

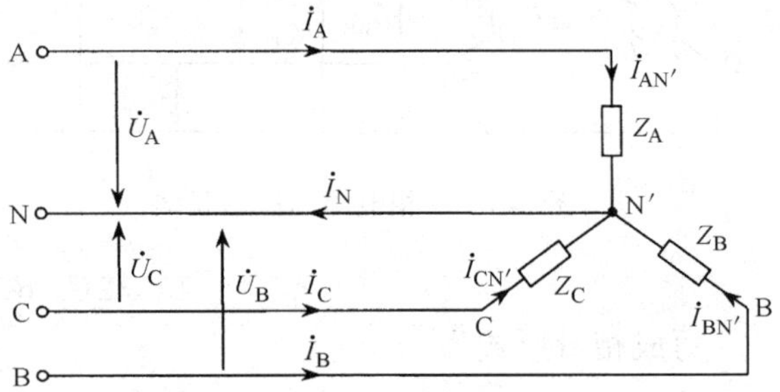

图5-6 三相负载的星形联结

如图5-6所示，三相负载星形联结时，流经各相负载的电流称为相电流，分别用 $\dot I_{AN'}$、$\dot I_{BN'}$、$\dot I_{CN'}$表示；而流经各端线的电流称为线电流，分别用 $\dot I_A$、$\dot I_B$、$\dot I_C$表示，习惯上选定线电流的参考方向是从电源流向负载；流经中性线的电流称为中性线电流，用 $\dot I_N$表示，中性线电流的参考方向为由负载中性点指向电源中性点。各相负载承受的电压称为相电压，其参考方向是由负载端头指向负载中性点。

显然，如图5-6所示，三相负载星形联结时具有如下特点：

1）各相负载承受的是对称的电源相电压，即

$$\dot U_{AN'}=\dot U_A,\ \dot U_{BN'}=\dot U_B,\ \dot U_{CN'}=\dot U_C\tag{5-8}$$

2）流过各相负载的电流等于线电流，即

$$\dot I_{AN'}=\dot I_A,\ \dot I_{BN'}=\dot I_B,\ \dot I_{CN'}=\dot I_C\tag{5-9}$$

各相负载的电流等于各相负载的电压除以各相负载的阻抗，即

$$\dot I_A=\frac{\dot U_A}{Z_A},\qquad \dot I_B=\frac{\dot U_B}{Z_B},\qquad \dot I_C=\frac{\dot U_C}{Z_C}\tag{5-10}$$

3）在三相四线制电源中，中性线电流等于各相负载电流的相量和。

$$\dot{I}_N = \dot{I}_A + \dot{I}_B + \dot{I}_C \tag{5-11}$$

如果三相负载的阻抗相等，即 $Z_A = Z_B = Z_C = Z$，则称此三相负载为对称三相负载。三相负载对称时，流过各相负载的电流也对称，即各相负载电流的有效值相等，相位相差120°。各相负载的电流有效值为

$$I_A = I_B = I_C = I_P = \frac{U_P}{|Z|} \tag{5-12}$$

因为各相负载电流对称，因而流过中性线的电流为零，即 $\dot{I}_N = 0$。此时可将中性线去掉，而对电路没有任何影响，这样就成为三相三线制电路。但是如果三相电流不对称，中性线上就会有电流 $\dot{I}_N$ 通过，此时中性线是不能去掉的，否则会造成三相负载的相电压不对称，使负载不能正常工作。

5.3.2　三相负载的三角形联结

如图 5-7 所示，三相负载 Z_{AB}、Z_{BC}、Z_{CA} 的联结方式为三角形联结。因为每相负载接在两根端线之间，因而每相负载承受的是对称的电源线电压。即

$$U_P = U_l \tag{5-13}$$

在负载三角形联结时，流过每相负载的电流为相电流，分别用 $\dot{I}_{AB}$、$\dot{I}_{BC}$、$\dot{I}_{CA}$ 表示；流过每根端线上的电流称为线电流。显然，负载相电流和线电流并不相等，按照图中所示参考方向，根据基尔霍夫电流定律，可得线电流与每相负载的相电流之间的关系为

$$\begin{cases} \dot{I}_A = \dot{I}_{AB} - \dot{I}_{CA} \\ \dot{I}_B = \dot{I}_{BC} - \dot{I}_{AB} \\ \dot{I}_C = \dot{I}_{CA} - \dot{I}_{BC} \end{cases} \tag{5-14}$$

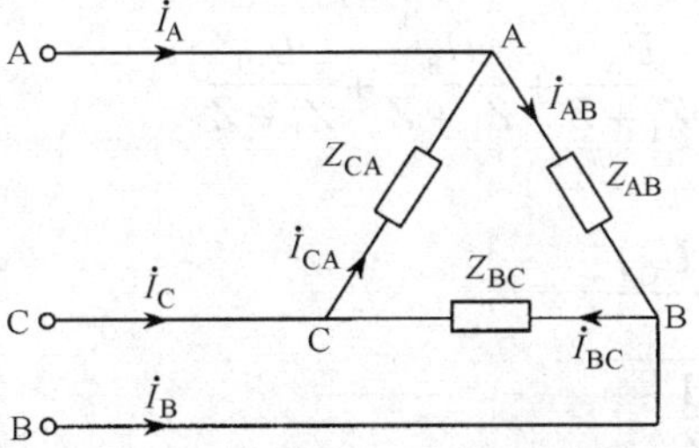

图 5-7　三相负载的三角形联结

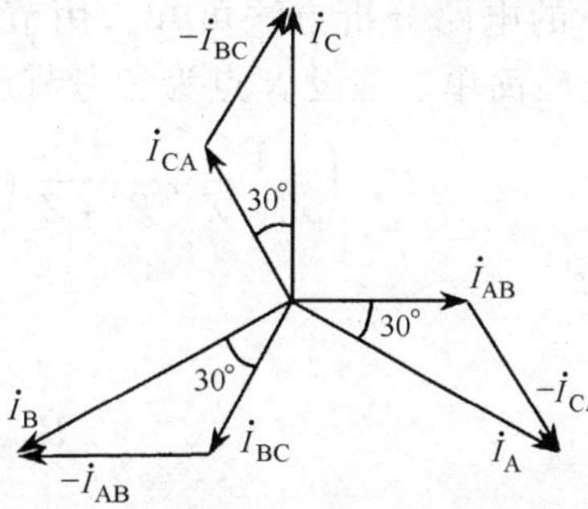

图 5-8　三角形联结负载的电流相量图

若三相负载对称时，每相负载的相电流也是对称的，并设 $\dot{I}_{AB}$ 为参考相量，即 $\dot{I}_{AB} = I_P\underline{/0°}$，则有 $\dot{I}_{BC} = I_P\underline{/-120°}$，$\dot{I}_{CA} = I_P\underline{/120°}$，画出电流相量图如图 5-8 所示。仿照分析星形负载线电压与相电压之间关系的方法，根据图示电流相量间的几何关系，容易得出：在相电流对称的情况下，线电流也必然是对称的，在相位上比相应的相电流滞后30°。

根据相量图可得出，线电流和相电流大小的关系为：$I_l = \sqrt{3} I_P$。写成相量形式为：

$$\begin{cases} \dot{I}_A = \sqrt{3}\dot{I}_{AB}\underline{/-30°} \\ \dot{I}_B = \sqrt{3}\dot{I}_{BC}\underline{/-30°} \\ \dot{I}_C = \sqrt{3}\dot{I}_{CA}\underline{/-30°} \end{cases}$$

综上所述，三相负载既可以接成星形也可以接成三角形，究竟按什么方式联结，应根据负载的额定电压和电源线电压的数值而定，必须使每相负载所承受的电压等于其额定电压。当各相负载的额定电压等于电源的线电压时，则负载应作三角形联结；当各相负载的额定电压等于电源线电压的$1/\sqrt{3}$时，则负载应作星形联结。例如一台三相电动机，它的每相额定电压是220V，与线电压380V电网相接时，就不能接成三角形，而应接成星形。此外，电网所提供的中性线，一般是供给额定电压是220V的单相负载用的，若有许多单相负载接到三相电源上，则应尽可能把这些负载平均地分配到每一相上，以使电路尽可能对称。

5.4 对称三相电路的计算

在三相电路中，如果三相电源和三相负载都对称，则称为对称三相电路。分析三相电路可依据正弦交流电路中的各种分析方法，由于对称三相电路对称的特点，可以简化电路的分析计算。但要注意，三相电路中只要任何一部分不对称，则就是不对称电路，本节讨论的方法则不适用。

图5-9所示对称三相电路，电源和负载均为星形联结，三根端线的阻抗相等均设为Z_1，中性线阻抗为Z_N，对称三相负载复阻抗为$Z_A = Z_B = Z_C = Z$，N、N′分别为电源和负载的中性点。

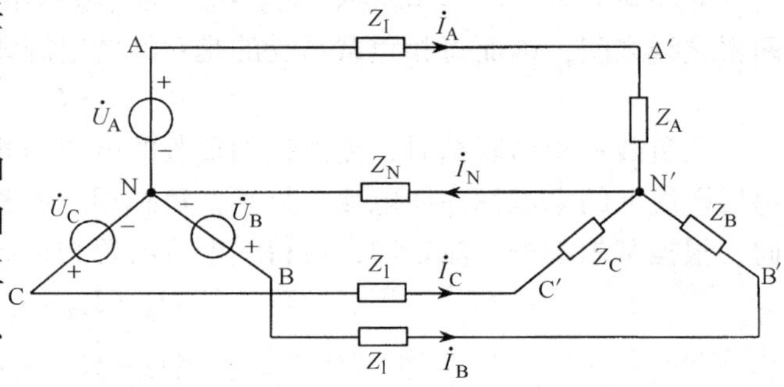

图5-9 对称Y—Y联结三相电路

本电路有2个节点，4条支路，根据第2章的电路分析方法可知，用节点分析法比较简单。现设N点为参考节点，根据节点电压法，可得到节点方程

$$\dot{U}_{N'N}\left(\frac{1}{Z_1+Z}+\frac{1}{Z_1+Z}+\frac{1}{Z_1+Z}+\frac{1}{Z_N}\right)=\frac{\dot{U}_A}{Z_1+Z}+\frac{\dot{U}_B}{Z_1+Z}+\frac{\dot{U}_C}{Z_1+Z}$$

整理后得

$$\dot{U}_{N'N}=\frac{\dfrac{(\dot{U}_A+\dot{U}_B+\dot{U}_C)}{Z_1+Z}}{\dfrac{3}{Z_1+Z}+\dfrac{1}{Z_N}}$$

因为三相电源对称，有$\dot{U}_A+\dot{U}_B+\dot{U}_C=0$，所以$\dot{U}_{N'N}=0$，即N与N′点同电位。根据基尔霍夫电压定律，对A相列电压方程，有$\dot{U}_A=\dot{I}_A(Z_1+Z)+\dot{U}_{NN'}$。

因为$\dot{U}_{NN'}=0$，所以

$$\dot{I}_A=\frac{\dot{U}_A}{Z_1+Z}$$

同理，有

$$\dot{I}_B=\frac{\dot{U}_B}{Z_1+Z}$$

$$\dot{I}_C=\frac{\dot{U}_C}{Z_1+Z}$$

因为 $\dot{U}_A$、$\dot{U}_B$、$\dot{U}_C$ 对称，所以相电流 $\dot{I}_A$、$\dot{I}_B$、$\dot{I}_C$ 也是对称的，此时中性线电流 $\dot{I}_N=\dot{I}_A+\dot{I}_B+\dot{I}_C=0$。这就是说，在对称Y—Y联结三相电路中，不管中性线阻抗为多少，中性线电流总是等于零。中性线的有无不影响电路的工作状态，故在这种情况下，中性线可去掉。

从上面讨论中可以得出：

1）对称Y—Y联结三相电路，因为 $\dot{U}_{N'N}=0$，$\dot{I}_N=0$，所以不管电路中是否有中性线，也不管中性线阻抗 Z_N 为何值，都可以用一条阻抗为零的中性线来替代（即中性线阻抗不起作用）。

2）对称三相电路，由于三相电源和负载的对称性，因而各相负载的电压和电流均对称。

3）对称Y—Y联结三相电路，各相负载的电压和电流由该相的电源电压和阻抗决定，而与其他两相无关，即各相具有独立性。所以计算时，单独取出一相（例如A相）进行计算，如图5-10所示电路，注意中性线阻抗被短接，其他两相（例如B、C相）可根据对称关系进行推算。

若对称三相负载为三角形接法，则不能直接应用上述方法。但是，由于对称的三角形联结阻抗可以用星形联结阻抗来等效替代，其中 $Z_Y=\frac{1}{3}Z_\triangle$。所以仍可化为Y—Y联结电路。这样，仍可采用上述方法，归结为对一相的分析计算。当求得等值星形负载中的电流、电压后，再根据等效关系求原三角形联结中的电流和电压。

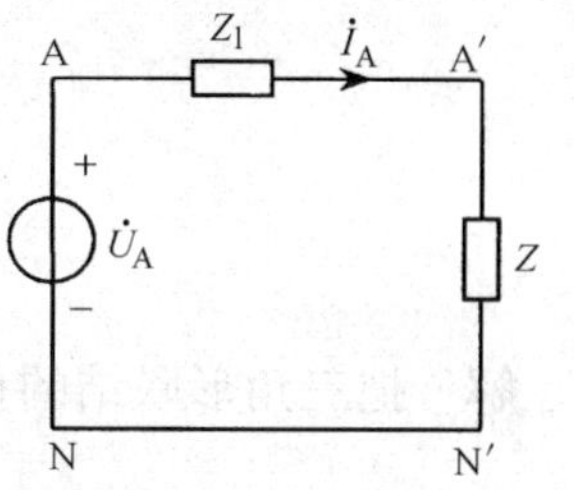

图5-10　Y—Y联结三相电路中每一相等效电路

必须注意，*在对一相电路进行计算时，电源电压是星形联结电源的相电压，而且中性线阻抗必须视为零。*

例5-1　一对称星形联结负载，每相阻抗为 $Z=6+\mathrm{j}8\Omega$，经过阻抗为 $Z_1=1+\mathrm{j}1\Omega$ 的传输线与线电压为380V的三相对称电源相接，求负载各相电流、每条端线中的电流及负载各相电压。

解　因为是对称电路，故可应用取出一相的计算方法求解。对称线电压可设想是由对称星形电源所提供的，则电源的相电压为 $U_P=\frac{U_1}{\sqrt{3}}=\frac{380}{\sqrt{3}}\mathrm{V}=220\mathrm{V}$。

现单独取出A相的电路，如图5-10所示。设 $\dot{U}_A=220\angle 0^\circ\mathrm{V}$，则A相电流为

$$\dot{I}_{AN'}=\frac{\dot{U}_A}{Z_1+Z}=\frac{220\angle 0^\circ}{1+\mathrm{j}1+6+\mathrm{j}8}\mathrm{A}=\frac{220\angle 0^\circ}{11.4\angle 52.1^\circ}\mathrm{A}=19.3\angle -52.1^\circ\mathrm{A}$$

A相负载相电压为

$$\dot{U}_{A'N'}=\dot{I}_{AN'}Z=19.3\angle -52.1^\circ\times(6+\mathrm{j}8)\mathrm{V}=193\angle 1^\circ\mathrm{V}$$

因为负载是星形联结，所以线电流为

$$\dot{I}_A=\dot{I}_{AN'}=19.3\angle -52.1^\circ\mathrm{A}$$

根据电路的对称性可以推得B、C两相线电流为

$$\dot{I}_B=\dot{I}_{BN'}=19.3\angle -172.1^\circ\mathrm{A}$$

$$\dot{I}_C=\dot{I}_{CN'}=19.3\angle 67.9^\circ\mathrm{A}$$

相电压为

$$\dot{U}_{B'N'}=193\angle -119^\circ\mathrm{V}$$

$$\dot{U}_{C'N'} = 193 \angle 121° \text{V}$$

例 5-2 图5-11a 所示电路中，电源线电压为 380V，负载 $Z = 48 + j36\Omega$，端线阻抗为 $Z_1 = 1 + j2\Omega$，求负载的相电流、线电流、相电压。

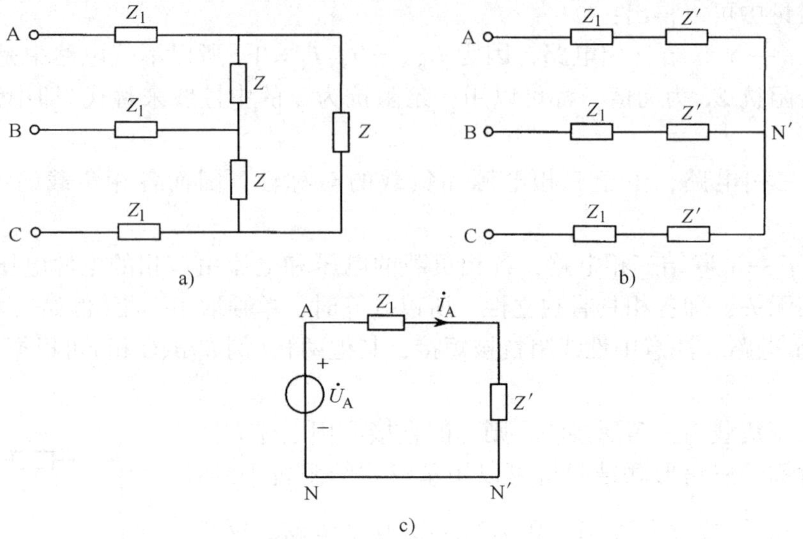

图 5-11 例 5-2 电路

解 把三角形联结的负载等效变换为星形联结，如图 5-11b 所示，其中

$$Z' = \frac{1}{3}Z = \frac{1}{3}(48 + j36)\Omega = (16 + j12)\Omega = 20 \angle 36.9°\Omega$$

原电路虽无中性线，但因是对称三相电路，故可添加一条阻抗为零的中性线进行计算。画出 A 相电路如图 5-11c 所示。设 $\dot{U}_A = 220 \angle 0° \text{V}$，则 A 相电流(即线电流)为

$$\dot{I}_A = \dot{I}_{AN'} = \frac{\dot{U}_A}{Z_1 + Z} = \frac{220 \angle 0°}{1 + j2 + 16 + j12}\text{A} = \frac{220 \angle 0°}{22 \angle 39.5°}\text{A} = 10 \angle -39.5° \text{A}$$

根据对称性可直接写出其他两个线电流

$$\dot{I}_B = \dot{I}_{BN'} = 10 \angle -159.5° \text{A}$$

$$\dot{I}_C = \dot{I}_{CN'} = 10 \angle 80.5° \text{A}$$

星形负载的线电流即为原三角形负载的线电流。根据对称三角形负载线电流和相电流的关系及对称性，可得原三角形负载中的相电流为

$$\dot{I}_{AB} = \frac{\dot{I}_A}{\sqrt{3}}\angle 30° = \frac{10 \angle -39.5°}{\sqrt{3}}\angle 30° \text{A} = 5.77 \angle -9.5° \text{A}$$

$$\dot{I}_{BC} = \frac{\dot{I}_B}{\sqrt{3}}\angle 30° = \frac{10 \angle -159.5°}{\sqrt{3}}\angle 30° \text{A} = 5.77 \angle -129.5° \text{A}$$

$$\dot{I}_{CA} = \frac{\dot{I}_C}{\sqrt{3}}\angle 30° = \frac{10 \angle 80.5°}{\sqrt{3}}\angle 30° \text{A} = 5.77 \angle 110.5° \text{A}$$

三角形负载的相电压为

$$\dot{U}_{AB} = \dot{I}_{AB}Z = 5.77 \angle -9.5° \times (48 + j36)\text{V} = 346.2 \angle 27.4° \text{V}$$

$$\dot{U}_{BC} = \dot{I}_{BC}Z = 5.77 \angle -129.5° \times (48 + j36)\text{V} = 346.2 \angle -92.6° \text{V}$$

$$\dot{U}_{CA}=\dot{I}_{CA}Z=5.77\angle 110.5^\circ\times(48+j36)\,V=346.2\angle 147.4^\circ V$$

5.5 不对称三相电路的计算

在三相电路中，只要电源、负载和线路中有一部分不对称时，则称这种电路为不对称三相电路。实际工作中不对称三相电路大量存在，主要原因是三相负载的不对称。显然，不对称三相电路不具有对称三相电路的特点，不能应用上节介绍的计算方法。

下面以Y—Y三相电路为例初步分析不对称三相电路的特点及分析方法。图 5-12 所示三相电路中，$Z_A\neq Z_B\neq Z_C$。这里为了分析问题方便，设三相电源对称，且传输线阻抗忽略不计。

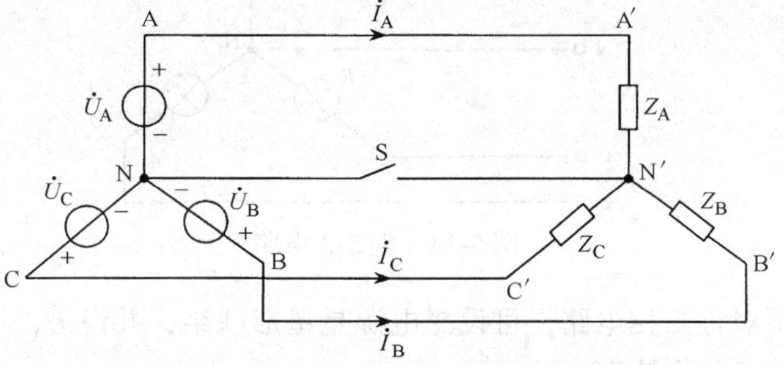

图 5-12　不对称三相电路的计算

先讨论不接中性线(即开关 S 打开)时的情况。设以 N 为参考节点，根据节点分析法，可求得两个中性点间的电压为

$$\dot{U}_{N'N}=\frac{\dot{U}_A/Z_A+\dot{U}_B/Z_B+\dot{U}_C/Z_C}{1/Z_A+1/Z_B+1/Z_C}$$

由于负载的不对称，显然，$\dot{U}_{N'N}\neq 0$，即 N′N 两点电位不相等，这种现象称为中性点位移。在这种情况下，负载的各相电压分别为

$$\dot{U}_{A'N'}=\dot{U}_A-\dot{U}_{N'N}$$
$$\dot{U}_{B'N'}=\dot{U}_B-\dot{U}_{N'N}$$
$$\dot{U}_{C'N'}=\dot{U}_C-\dot{U}_{N'N}$$

当电源电压对称时，根据上式可画出电压相量图(图 5-13)。显然，由于中性点位移，使负载的相电压不对称。当中性点位移较大时，负载相电压的不对称性就越严重，导致有的相电压过高，有的相电压过低，使负载不能正常工作，甚至损坏电气设备。

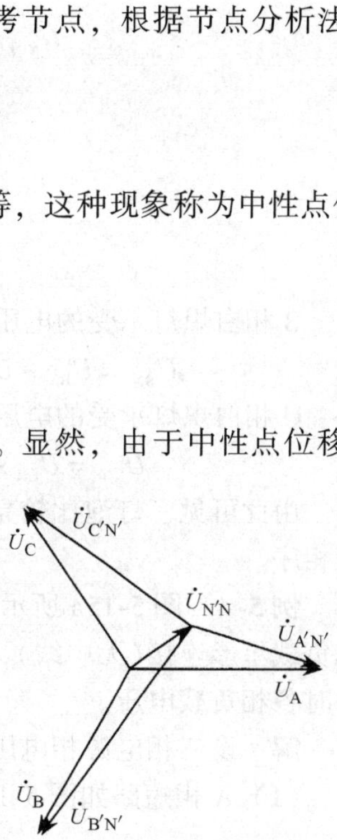

图 5-13　不对称负载星形联结无中线时电压相量图

再讨论接上中性线(即开关 S 合上)时的情况。在图 5-12 所示电路中，当中性线阻抗忽略不计时，N′N 两点电位相等，即 $\dot{U}_{N'N}=0$，使负载各相电压与电源各相电压相等。当电源相电压对称时，负载的相电压也对称。在这种情况下，各相负载可分别独立进行计算

$$\dot{I}_A=\frac{\dot{U}_A}{Z_A},\quad \dot{I}_B=\frac{\dot{U}_B}{Z_B},\quad \dot{I}_C=\frac{\dot{U}_C}{Z_C},$$

虽然电源电压对称，但由于负载不对称，所以各相电流不对称。因此，中性线电流为

$$\dot{I}_N = \dot{I}_A + \dot{I}_B + \dot{I}_C \neq 0$$

所以，三相不对称电路中，为保证负载各相电压对称，不能把中性线省掉。为确保中性线可靠连接，中性线上不允许接入熔断器和开关，并且要具有较高的机械强度。

例 5-3 图5-14 所示电路为一种相序指示器的电路，它是用来测定三相电源相序的，由一个电容器和两个白炽灯连接成星形电路。任意指定电源的一相为 A 相，把电容接到该相上，两个白炽灯分别接到另外两相上，设 $R=\dfrac{1}{\omega C}$，试说明如何来确定 B、C 相的电压。

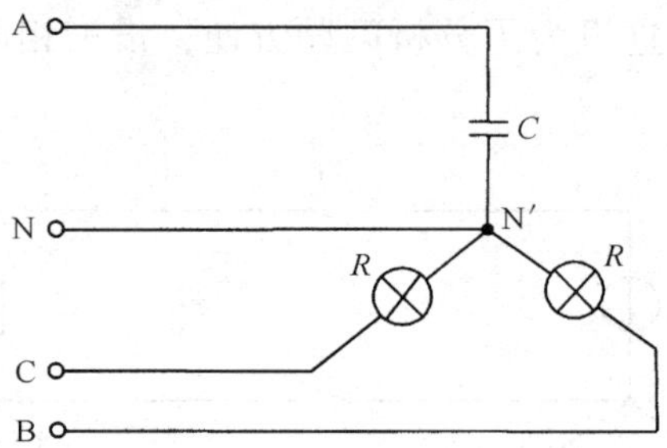

图 5-14 例 5-3 电路

解 这是一个不对称三相电路，可设想电源是星形联结，并设 $\dot{U}_A = U\angle 0^\circ$，以电源中点为参考节点，则按节点分析法有

$$\dot{U}_{N'N} = \frac{\dot{U}_A j\omega C + \dfrac{\dot{U}_B}{R} + \dfrac{\dot{U}_C}{R}}{j\omega C + \dfrac{1}{R} + \dfrac{1}{R}}$$

$$= \frac{j\dot{U}_A + \dot{U}_B + \dot{U}_C}{2+j} = \frac{j + 1\angle -120^\circ + 1\angle 120^\circ}{2+j}U$$

$$= \frac{-1+j}{2+j}U = 0.632U\angle 108.4^\circ$$

B 相白炽灯承受的电压为

$$\dot{U}_{BN'} = \dot{U}_{BN} - \dot{U}_{N'N} = U\angle -120^\circ - 0.632U\angle 108.4^\circ = 1.5U\angle -101.6^\circ$$

C 相白炽灯承受的电压为

$$\dot{U}_{CN'} = \dot{U}_{CN} - \dot{U}_{N'N} = U\angle 120^\circ - 0.632U\angle 108.4^\circ = 0.4U\angle 138.4^\circ$$

由此可见，灯泡比较亮的那一相即为 B 相，较暗的那一相为 C 相，从而测出三相电源的相序。

例 5-4 图 5-15a 所示三相电路中，电源线电压为380V，各端线阻抗忽略不计，三相对称负载星形连接(无中线)，每相阻抗 $Z_A = Z_B = Z_C = Z = 38\Omega$，试分别求 A 相负载短路和断路时各相负载电压。

解 设三相电源相电压 $\dot{U}_A = 220\angle 0^\circ$V，$\dot{U}_B = 220\angle -120^\circ$V，$\dot{U}_C = 220\angle 120^\circ$V

(1) A 相短路如图 5-15b 所示，则

$$\dot{U}_{AN'} = 0$$

$$\dot{U}_{BN'} = \dot{U}_B - \dot{U}_A = \dot{U}_{BA} = -\dot{U}_{AB} = \sqrt{3}\dot{U}_{AN}\angle 30^\circ\angle -180^\circ = 380\angle -150^\circ\text{V}$$

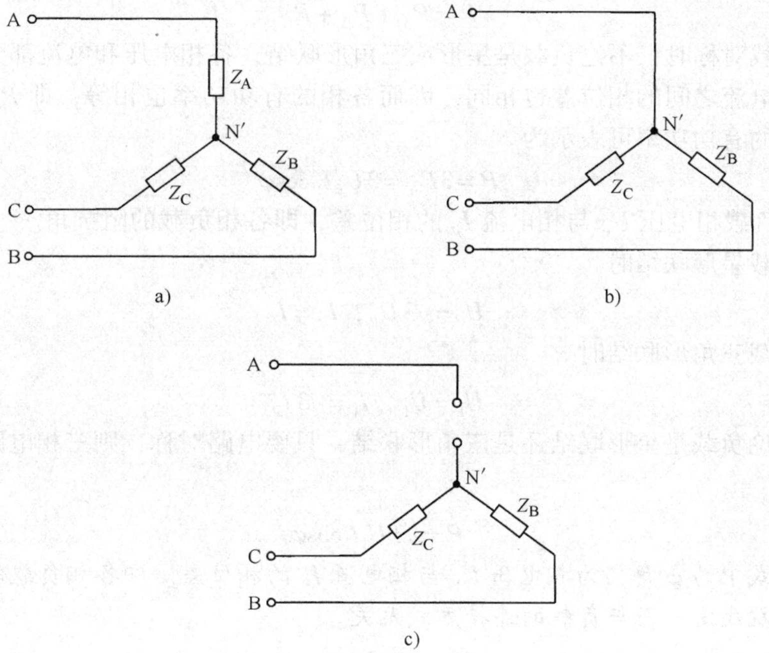

图 5-15 例 5-4 电路

$$\dot{U}_{CN'}=\dot{U}_C-\dot{U}_A=\dot{U}_{CA}=\sqrt{3}\,\dot{U}_{CN}\angle 30^\circ=380\angle 150^\circ\,V$$

（2）A 相断路如图 5-15c 所示，从图中可见，此时 B、C 两相负载串联承受 B、C 相的线电压 $\dot{U}_{BC}$，所以 B、C 相负载电压为

$$\dot{U}_{BN'}=\frac{\dot{U}_{BC}}{2Z}Z=\frac{1}{2}\dot{U}_{BC}=\frac{1}{2}\sqrt{3}\,\dot{U}_B\angle 30^\circ$$

$$=\frac{1}{2}\times\sqrt{3}\times 220\angle -120^\circ\angle 30^\circ\,V=190\angle -90^\circ\,V$$

$$\dot{U}_{CN'}=-\frac{\dot{U}_{BC}}{2Z}Z=-\frac{1}{2}\dot{U}_{BC}=-\frac{1}{2}\sqrt{3}\,\dot{U}_B\angle 30^\circ$$

$$=-\frac{1}{2}\times\sqrt{3}\times 220\angle -120^\circ\angle 30^\circ\,V=190\angle 90^\circ\,V$$

从上例中可以看出，在无中性线时，对称负载有一相发生故障，不但使该相负载不能正常工作，而且还会影响其他两相，使其也不能正常工作。

5.6 三相电路的功率

5.6.1 有功功率

不论三相电源发出的有功功率，或者是三相负载吸收的有功功率，都等于它们各相的有功功率之和。前面已讲过，单相电路的有功功率为 $P=UI\cos\varphi$，所以，三相电路的有功功率可表示为

$$P = P_A + P_B + P_C$$

当三相负载对称时，不论负载是星形或三角形联结，各相电压和电流都分别相等，而且各相电压与相电流之间的相位差也相同，因而各相的有功功率也相等，即 $P_A = P_B = P_C$。因此，三相电路的有功功率可表示为

$$P = 3P_A = 3U_P I_P \cos\varphi$$

式中，φ 角是负载相电压 U_P 与相电流 I_P 的相位差，即各相负载的阻抗角。

当对称负载星形联结时

$$U_l = \sqrt{3}U_P, \quad I_P = I_l$$

当对称负载三角形联结时

$$U_l = U_P, \quad I_l = \sqrt{3}I_P$$

所以，不论负载是星形联结还是三角形联结，只要电路对称，则三相电路的有功功率都可表示为

$$P = \sqrt{3}U_l I_l \cos\varphi \tag{5-15}$$

注意：上式中的 φ 角仍为相电压 U_P 与相电流 I_P 的相位差。即各相负载的阻抗角。它由每相负载的阻抗决定，而与负载的连接方式无关。

5.6.2 无功功率

与三相电路的有功功率类似，三相电路的无功功率也等于各相无功功率之和。即

$$Q = Q_A + Q_B + Q_C$$

同理，在对称三相电路中，各相的无功功率也相等。因此，三相无功功率同样可表示为

$$Q = 3U_P I_P \sin\varphi = \sqrt{3}U_l I_l \sin\varphi \tag{5-16}$$

5.6.3 视在功率

三相电路的视在功率为

$$S = \sqrt{P^2 + Q^2}$$

在三相电路对称的情况下

$$S = 3U_P I_P = \sqrt{3}U_l I_l \tag{5-17}$$

三相电路的功率因数定义为

$$\lambda = \frac{P}{S} \tag{5-18}$$

在对称三相电路中，$\lambda = \cos\varphi$，即为一相负载的功率因数。

最后，需要指出的是，当三相电路不对称时，要分别计算各相功率，三相电路总的有功功率、无功功率分别等于三个单相有功功率、无功功率之和，而三相总的视在功率不等于三个单相视在功率之和。

例 5-5 某三相对称负载，每相负载的电阻为 $R = 6\Omega$，感抗 $X_L = 8\Omega$，接在线电压为 380V 的三相电源上。试分别计算在星形联结和三角形联结时三相电路的有功功率。

解 每相负载的阻抗模为

$$|Z| = \sqrt{R^2 + X_L^2} = \sqrt{6^2 + 8^2}\Omega = 10\Omega$$

负载的功率因数为

$$\cos\varphi = \frac{R}{|Z|} = \frac{6}{10} = 0.6$$

(1) 当负载连接成星形时，各相负载的相电压为

$$U_P = \frac{U_l}{\sqrt{3}} = \frac{380}{\sqrt{3}}V = 220V$$

各相负载的线电流等于相电流，为

$$I_l = I_P = \frac{U_P}{|Z|} = \frac{220}{10}A = 22A$$

有功功率为

$$P = \sqrt{3}U_l I_l \cos\varphi = \sqrt{3} \times 380 \times 22 \times 0.6W = 8.7kW$$

(2) 当负载连接成三角形时，各相负载的电压等于电源线电压，即

$$U_P = U_l = 380V$$

各相负载的相电流为

$$I_P = \frac{U_P}{|Z|} = \frac{380}{10}A = 38A$$

线电流

$$I_l = \sqrt{3}I_P = \sqrt{3} \times 38A = 66A$$

有功功率为

$$P = \sqrt{3}U_l I_l \cos\varphi = \sqrt{3} \times 380 \times 66 \times 0.6W = 26.1kW$$

计算结果表明，在电源电压不变时，同一负载由星形改接为三角形联结时，功率增加到原来的三倍。所以，要使负载正常工作，负载的接法必须正确。若正常工作是星形联结的负载，误接成三角形时，将因功率过大而烧毁；若正常工作是三角形联结的负载，误接成星形时，将因功率过小而不能正常工作。

本章小结

1. 三相交流电路是目前电力系统的主要供电方式。在正常情况下，三相电源的电压是对称的，即各相电压幅值相等、频率相同、相位互差120°。对称三相电源电压的瞬时值或相量之和为零。

2. 无论电源或负载都有星形和三角形两种连接方法。确定三相负载的连接方法，应根据负载的额定电压和电源线电压的数值而定，必须使加于每相负载的电压等于其额定电压。

三相负载有对称和不对称两种情况。星形联结三相电路中，无论负载是否对称、是否有中性线，线电流等于相电流。如果三相电路对称，则各相负载承受的是对称的电源相电压。三角形联结三相电路中，无论负载是否对称，各相负载承受的是对称的电源线电压。当三相负载对称时，线电流是相电流的$\sqrt{3}$倍。

3. 在由对称三相电源和对称三相负载组成的对称三相电路中，由于各相电压或电流为对称正弦量，且电源中性点与负载中性点等电位，因此可归结为一相计算的方法求解，再按对称及相位关系，确定其他两相。

4. 对于不对称三相电路应按复杂交流电路的分析方法进行。不对称负载星形联结(有中

性线）或不对称负载三角形联结时，由于负载相电压是确定的，因此各相电流可按三个单相回路分别进行计算。负载不对称星形联结时，必须采用三相四线制，中性线不可省去，而且也不能接开关和熔断器，以免发生事故。

5. 三相电路无论对称与否，总有功功率 P（或无功功率 Q）等于各相有功功率（或无功功率）之和，总视在功率 $S=\sqrt{P^2+Q^2}$，当三相电路对称时，不论负载是星形联结还是三角形联结，计算三相电路总有功功率、无功功率和视在功率的公式分别为

$$P=\sqrt{3}U_1I_1\cos\varphi$$

$$Q=\sqrt{3}U_1I_1\sin\varphi$$

$$S=\sqrt{3}U_1I_1$$

必须注意，φ 角为负载相电压与相电流的相位差夹角，即各相负载的阻抗角。

习 题 五

1. 什么是对称三相电源？三相交流发电机怎样能产生对称三相电源？对称三相电源的特点是什么？

2. 设对称三相电源中的 $\dot{U}_{AB}=220\angle-30°$V，写出另两相电压 $\dot{U}_{BC}$、$\dot{U}_{CA}$ 的相量及瞬时值表达式，画出相量图。

3. 当对称三相电源连接成星形时，设线电压 $u_{AB}=380\sqrt{2}\sin(\omega t-30°)$V，试写出相电压 u_A 的表达式。

4 对称三相电源三角形联结，已知电源相电压有效值为220V，每相内阻为j22Ω，若BY相接反，则环流为多大？

5. 对称三相电源相电压为220V，三相负载中每相阻抗为(40+j90)Ω，线路阻抗忽略不计，电源为星形联结。求：负载分别为星形联结（带中性线）和三角形联结时各相负载的相电压、相电流和线电流。

6. 三相对称负载 $Z=(12+\mathrm{j}3)\Omega$，接成星形，与线电压为380V的三相电源相连接，线路阻抗 $Z_1=(2+\mathrm{j}1)\Omega$，当中性线阻抗分别为下列数值(1) $Z_N=0$，(2) $Z_N=\infty$，(3) $Z_N=(2+\mathrm{j}1)\Omega$ 时，求负载的相电压、相电流和线电流。

7. 图5-16所示对称三相电路中，电源线电压为380V，负载阻抗 $Z_1=(90+\mathrm{j}120)\Omega$，$Z_2=\mathrm{j}50\Omega$，若不计端线阻抗，求各负载的相电流、线电流、相电压和线电压。

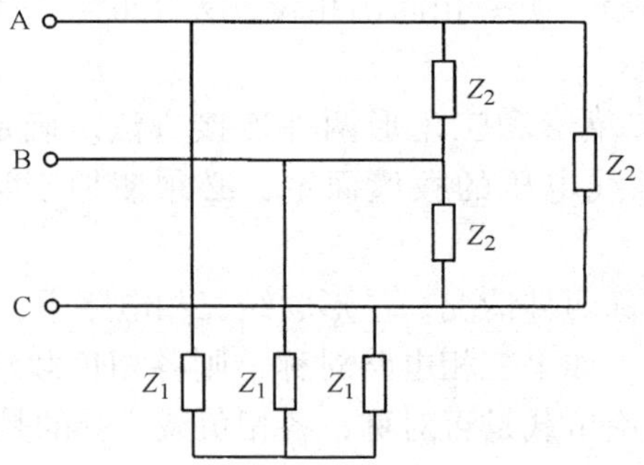

图 5-16

8. 图5-17所示电路中，电源线电压为380V，$R=X_L=X_C=10\Omega$，求各相负载的相电流、线电流、中性线电流和三相电路的有功功率，并作相量图。

9. 一三角形联结的对称三相负载，其功率 P 为3.2kW，功率因数 $\cos\varphi=0.8$，若将其接在线电压为380V的三相电源上，求线电流。

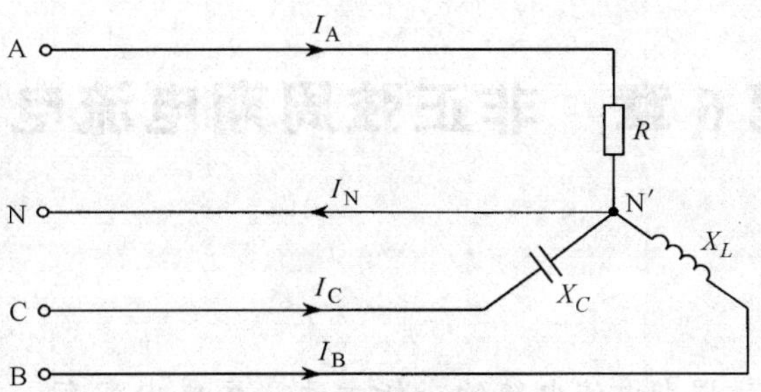

图 5-17

10. 三相对称负载的功率为 5kW，星形联结后接在线电压为 380V 的三相电源上，测得线电流为 17.8A，求：负载相电流、相电压、功率因数、每相复阻抗 Z。

11. 两组负载共同联结在对称三相电路中，电源线电压为 380V，一组负载阻抗为 $Z_1=(5+j10)\Omega$，接成星形，另一组负载阻抗为 $Z_2=25\Omega$，接成三角形，求每个三相负载吸收的有功功率、无功功率和视在功率。

第 6 章　非正弦周期电流电路

本章提要：

本章主要介绍非正弦周期电流电路的分析方法。主要内容有：非正弦周期信号的分解，非正弦周期量的有效值、平均值和平均功率的计算；非正弦周期信号作用于线性电路的简单计算。

6.1　非正弦周期信号的谐波分析

除了正弦交流电路外，实际应用中还会遇到非正弦周期电流电路，所谓非正弦周期电流电路，是指电路中的电流、电压仍作周期性变化，但不是正弦波。分析这些电路的方法是：利用傅里叶级数将非正弦周期量分解为一系列不同频率的正弦量之和，然后按照直流电路和正弦电路的计算方法，分别计算在直流和单个正弦信号作用下的电路响应，再根据线性电路叠加定理将所得结果相加。这种方法称为谐波分析法。

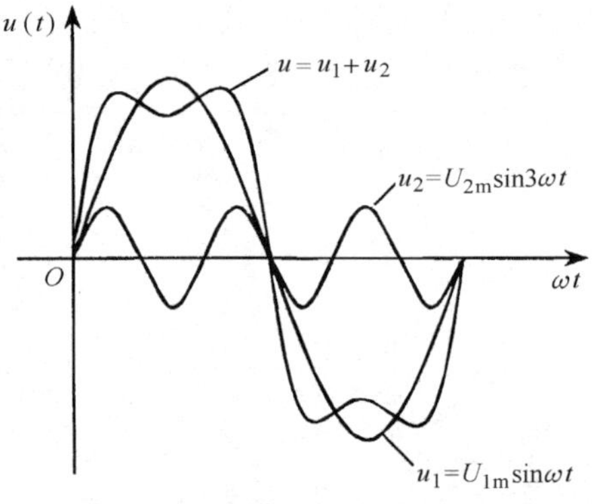

图 6-1　不同频率的正弦量叠加

电路中产生非正弦周期电压、电流信号的原因主要来自电源和负载两方面。一般地说，即使在一个线性电路中，如果电源电压本身是一个非正弦周期量，那么这个电源在电路中所产生的电流也将是非正弦周期电流。交流发电机所产生的电压波形，由于受到内部磁场分布和结构等因素的影响，输出的电压并不是理想的正弦量；再如当几个频率不同的正弦激励同时作用于线性电路时，电路中的电压、电流响应就不是正弦量，图 6-1 给出了 $u_1=U_{1m}\sin\omega t$ 和 $u_2=U_{2m}\sin3\omega t$ 相加后得到的电压 $u=u_1+u_2$ 的波形，显然是非正弦的。当电路中存在非线性元件时，即使是正弦激励，电路的响应也是非正弦的，如正弦交流电压经二极管整流以后，电路中就得到非正弦电流信号。在电子技术和自动控制系统中，常常人为地组成电路使之产生各种满足技术要求的周期性非正弦量，图 6-2a、b、c 分别绘出了常见的尖脉冲、矩形脉冲、锯齿波等非正弦周期电信号，这些信号作为激励施加到线性电路上，必将导致电路中产生非正弦的周期电压、电流。

非正弦信号可分为周期和非周期的，图 6-2 中的几种非正弦量都是周期变化的。含有周期性非正弦量的电路，称为非正弦周期电流电路。本章仅讨论线性非正弦周期电流电路。

从数学分析中知：一个非正弦的周期函数只要满足狄里赫利条件，就可以分解为一个收敛的无穷三角级数，即傅里叶级数。无线电技术中所遇到的周期函数 $f(t)$ 或 $f(\omega t)$ 一般都满足这个条件，因而都可以分解为下列的傅里叶级数：

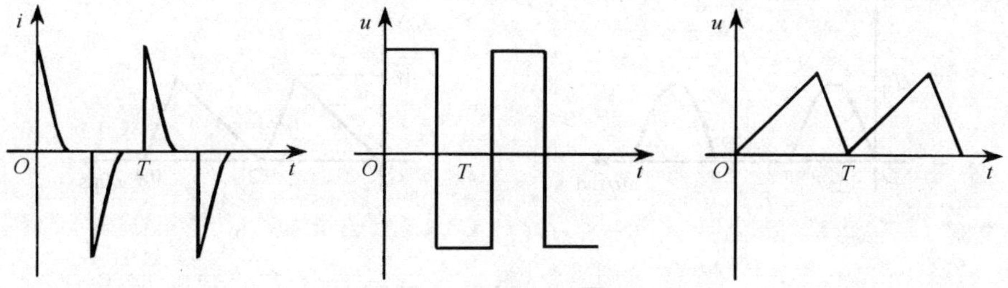

图 6-2　非正弦周期量

$$
\begin{aligned}
f(t) &= A_0 + A_1\cos\omega t + A_2\cos 2\omega t + A_3\cos 3\omega t + \cdots \\
&\quad + B_1\sin\omega t + B_2\sin 2\omega t + B_3\sin 3\omega t + \cdots \\
&= A_0 + \sum_{k=1}^{\infty}(A_k\cos k\omega t + B_k\sin k\omega t)
\end{aligned}
\tag{6-1}
$$

式中，$\omega = \frac{2\pi}{T}$，T 为 $f(t)$ 的周期，k 为非零的正整数。上式中的 A_0、A_k 及 B_k 称为傅里叶系数，可用下列公式来确定：

$$
\begin{aligned}
A_0 &= \frac{1}{T}\int_0^T f(t)\,\mathrm{d}t = \frac{1}{2\pi}\int_0^{2\pi} f(\omega t)\,\mathrm{d}(\omega t) \\
A_k &= \frac{2}{T}\int_0^T f(t)\cos k\omega t\,\mathrm{d}t = \frac{1}{\pi}\int_0^{2\pi} f(\omega t)\cos k\omega t\,\mathrm{d}(\omega t) \\
B_k &= \frac{2}{T}\int_0^T f(t)\sin k\omega t\,\mathrm{d}t = \frac{1}{\pi}\int_0^{2\pi} f(\omega t)\sin k\omega t\,\mathrm{d}(\omega t)
\end{aligned}
\tag{6-2}
$$

若将式(6-1)中的同频率正弦项与余弦项合并，则傅里叶级数还可以写成

$$
f(t) = C_0 + \sum_{k=1}^{\infty} C_k\sin(k\omega t + \psi_k) \tag{6-3}
$$

式中

$$
\begin{cases}
C_0 = A_0 \\
C_k = \sqrt{A_k^2 + B_k^2} \\
\psi_k = \arctan\dfrac{A_k}{B_k}
\end{cases}
\tag{6-4}
$$

式(6-3)给出了各次谐波的振幅和初相，因而使用更为广泛。其中的第一项 C_0 是非正弦周期函数在一周内的平均值，这是一个与时间无关的常数，因而称为直流分量。第二项 $C_1\sin(\omega t+\psi_1)$ 的频率与周期函数 $f(t)$ 相同，称为基波或一次谐波。其余各项的频率是周期函数频率的整数倍，称为高次谐波，例如 $k=2$、$3\cdots$的各项，分别称为二次谐波、三次谐波等等。此外，人们还常常把 k 为奇数的各次谐波统称为奇次谐波，k 为偶数的各次谐波统称为偶次谐波。

例 6-1　图 6-3a 所示是半波整流电压的波形，图 6-3b 是锯齿电流的波形。试计算它们各自的直流分量。

解　(1) 可运用式(6-2)计算图 6-3a 中半波整流电压的直流分量。为了方便，周期相应

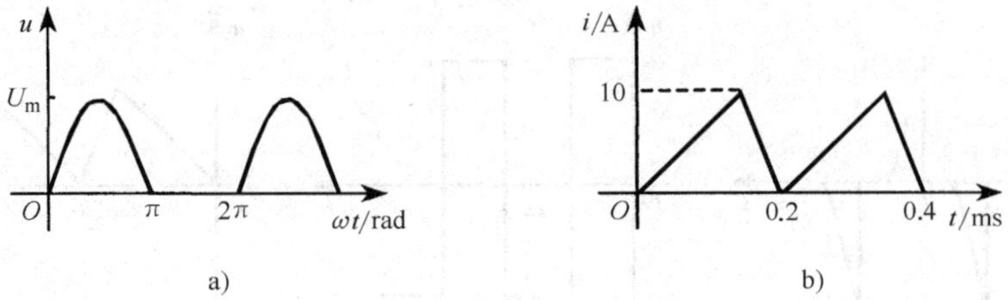

图 6-3 例 6-1 图

地取 2π。则

$$U_0 = \frac{1}{2\pi}\int_0^{\pi} U_m \sin\omega t \mathrm{d}\omega t = \frac{U_m}{\pi}$$

(2) 图 6-3b 中电流的直流分量除了可用式(6-2)计算外，还可以这样计算：直流分量 $=\frac{\text{一周期内的面积}}{\text{周期}}$，所以

$$I_0 = \frac{\frac{1}{2}\times 0.2\times 10}{0.2}\mathrm{A} = 5\mathrm{A}$$

例 6-2 求图 6-4 所示矩形波的傅里叶展开式。

解 图 6-4 所示周期函数 $f(t)$ 在一个周期内的表达式为

$$f(t) = \begin{cases} U_m & 0\leqslant t\leqslant \frac{T}{2} \\ -U_m & \frac{T}{2}\leqslant t\leqslant T \end{cases}$$

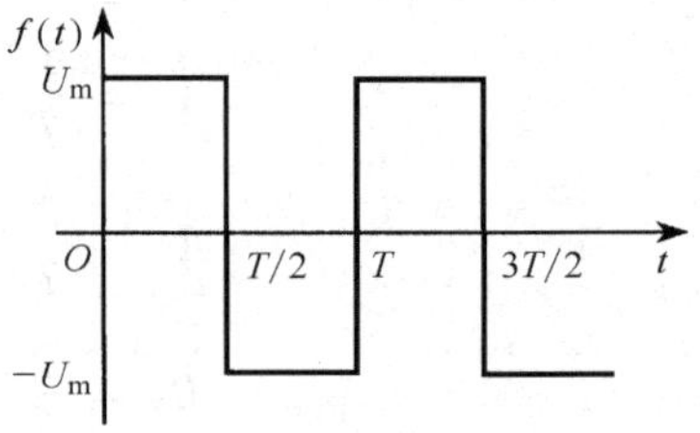

图 6-4 例 6-2 图

据式(6-2)计算傅里叶系数

$$A_0 = \frac{1}{2\pi}\int_0^{\pi} U_m \mathrm{d}(\omega t) + \frac{1}{2\pi}\int_{\pi}^{2\pi} - U_m \mathrm{d}(\omega t) = 0$$

$$A_k = \frac{1}{\pi}\int_0^{\pi} U_m \cos k\omega t \mathrm{d}(\omega t) + \frac{1}{\pi}\int_{\pi}^{2\pi} (-U_m)\cos k\omega t \mathrm{d}(\omega t) = 0$$

$$B_k = \frac{1}{\pi}\int_0^{\pi} U_m \sin k\omega t \mathrm{d}(\omega t) + \frac{1}{\pi}\int_{\pi}^{2\pi} (-U_m)\sin k\omega t \mathrm{d}(\omega t) = \frac{2U_m}{k\pi}(1-\cos k\pi)$$

当 $k=1$，3，5…，$(2n-1)$ 等奇数时，$\cos k\pi = -1$，$B_k = \frac{4U_m}{k\pi}$。

当 $k=2$，4，6…，$2n$ 等偶数时，$\cos k\pi = 1$，$B_k = 0$，由此可得该函数的傅里叶级数表达式为

$$f(t) = \frac{4U_m}{\pi}\left(\sin\omega t + \frac{1}{3}\sin 3\omega t + \frac{1}{5}\sin 5\omega t + \cdots + \frac{1}{k}\sin k\omega t + \cdots\right) \quad (k \text{ 为奇数})$$

将周期函数分解为一系列谐波的傅里叶级数，称为谐波分析。以上介绍了用数学分析方式进行分解的方法。工程中，常采用查表的方法得到周期函数的傅里叶级数。现将常见的几种周期函数波形及其傅里叶级数展开式列于表 6-1 中。

由于傅里叶级数是一个无穷级数，因此把一个非正弦周期量分解为傅里叶级数，从理论上说，必须取无穷多项才能准确地代表原函数，但由于各次谐波的振幅随频率增高而衰减，实际上只需取前面几项即可。究竟取几项，应视精确度要求而定。

表 6-1　几种典型周期函数的傅里叶级数

波　形	傅里叶级数$\left(基波角频率\ \omega=\dfrac{2\pi}{T}\right)$	有效值
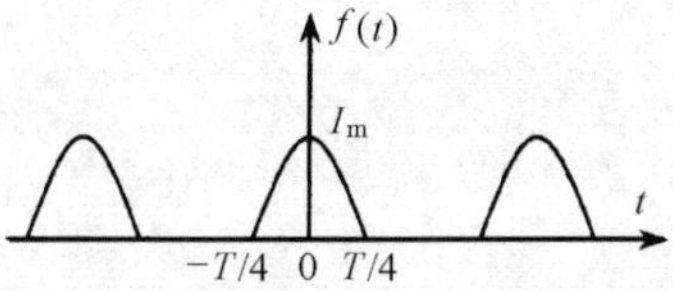	$f(t)=\dfrac{2I_m}{\pi}\left(\dfrac{1}{2}+\dfrac{\pi}{4}\cos\omega t+\dfrac{1}{3}\cos2\omega t-\dfrac{1}{15}\cos4\omega t+\cdots-\dfrac{\cos\dfrac{k\pi}{2}}{k^2-1}\cos k\omega t+\cdots\right)\quad k=2,\ 4,\ 6,\ \cdots$	$\dfrac{I_m}{2}$
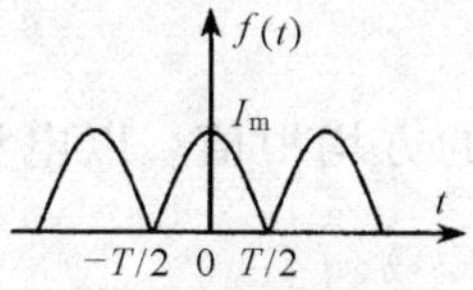	$f(t)=\dfrac{4I_m}{\pi}\left(\dfrac{1}{2}+\dfrac{1}{3}\cos2\omega t-\dfrac{1}{15}\cos4\omega t+\cdots-\dfrac{\cos\dfrac{k\pi}{2}}{k^2-1}\cos k\omega t+\cdots\right)\quad k=2,\ 4,\ 6,\ \cdots$	$\dfrac{I_m}{\sqrt{2}}$
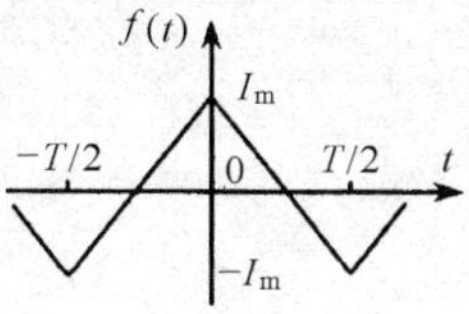	$f(t)=\dfrac{8I_m}{\pi^2}\left(\cos\omega t+\dfrac{1}{9}\cos3\omega t+\dfrac{1}{25}\cos5\omega t+\cdots+\dfrac{1}{k^2}\cos k\omega t+\cdots\right)\quad k=1,\ 3,\ 5,\ \cdots$	$\dfrac{I_m}{\sqrt{3}}$
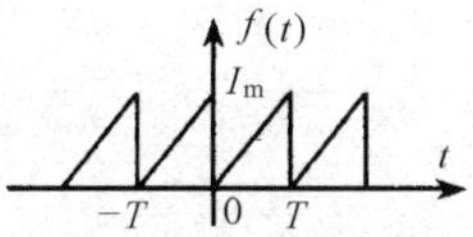	$f(t)=\dfrac{I_m}{2}-\dfrac{I_m}{\pi}\left(\sin\omega t+\dfrac{1}{2}\sin2\omega t+\dfrac{1}{3}\sin3\omega t+\cdots+\dfrac{1}{k}\sin k\omega t+\cdots\right)\quad k=1,\ 2,\ 3,\ 4,\ \cdots$	$\dfrac{I_m}{\sqrt{3}}$
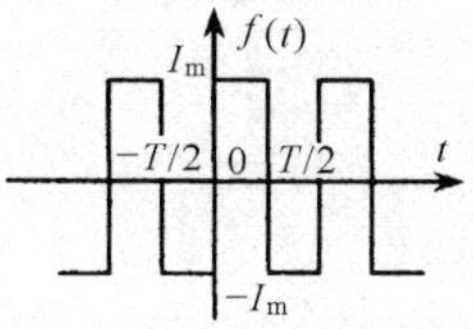	$f(t)=\dfrac{4I_m}{\pi}\left(\sin\omega t+\dfrac{1}{3}\sin3\omega t+\dfrac{1}{5}\sin5\omega t+\cdots+\dfrac{1}{k}\sin k\omega t+\cdots\right)\quad k=1,\ 3,\ 5,\ \cdots$	I_m
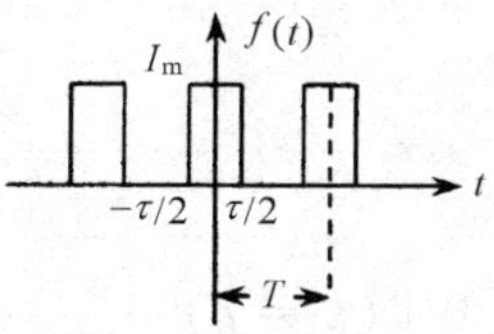	$f(t)=\dfrac{\tau I_m}{T}+\dfrac{2I_m}{\pi}\left(\sin\omega_1\dfrac{\tau}{2}\cos\omega t+\dfrac{\sin2\omega_1\dfrac{\tau}{2}}{2}\cos2\omega t+\cdots+\dfrac{\sin k\omega_1\dfrac{\tau}{2}}{k}\cos k\omega t+\cdots\right)\quad k=1,\ 2,\ 3,\ \cdots$	$I_m=\sqrt{\dfrac{2}{\tau}}$

例 6-3　给定一个周期信号，其波形如图 6-5 所示，是一周期性的矩形波。求此信号的谐波分量表达式。

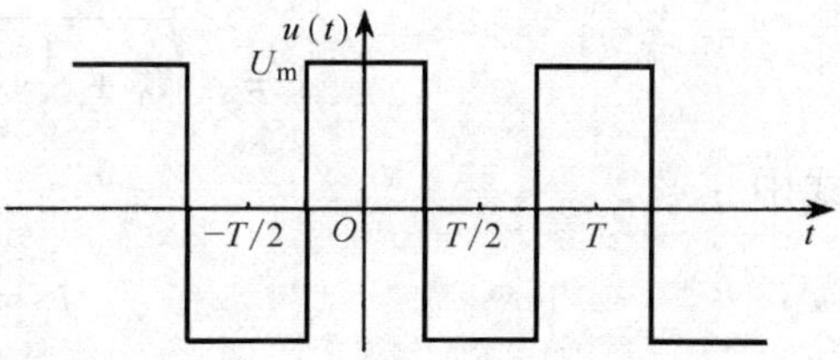

图 6-5　例 6-3 图

解　表 6-1 中矩形波的傅里叶级数展开式为

$$f(t)=\frac{4}{\pi}I_m\left(\sin\omega t+\frac{1}{3}\sin3\omega t+\frac{1}{5}\sin5\omega t+\cdots\right)$$

而图 6-5 所示信号与表中比较，相位超前 $T/4$，所以本例函数的傅里叶级数展开式应为

$$u(t)=\frac{4}{\pi}U_m\left(\sin\omega\left(t+\frac{T}{4}\right)+\frac{1}{3}\sin3\omega\left(t+\frac{T}{4}\right)+\frac{1}{5}\sin5\omega\left(t+\frac{T}{4}\right)+\cdots\right)$$

$$= \frac{4}{\pi}U_{\mathrm{m}}\left(\sin\left(\omega t + \frac{\pi}{2}\right) + \frac{1}{3}\sin\left(3\omega t + \frac{3\pi}{2}\right) + \frac{1}{5}\sin\left(5\omega t + \frac{5\pi}{2}\right) + \cdots\right)$$

$$= \frac{4}{\pi}U_{\mathrm{m}}\left(\cos\omega t - \frac{1}{3}\cos 3\omega t + \frac{1}{5}\cos 5\omega t - \cdots\right)$$

$$k = 1、3、5、\cdots$$

6.2 有效值、平均值和平均功率

6.2.1 有效值

在正弦交流电路中已定义过，任何周期量的有效值都等于它的方均根值。以电流 i 为例，其有效值为

$$I = \sqrt{\frac{1}{T}\int_0^T i^2 \mathrm{d}t} \tag{6-5}$$

这一定义对周期性非正弦量也同样是适用的。

假设周期性非正弦电流 i 分解为傅里叶级数

$$i = I_0 + \sum_{k=1}^{\infty} I_{k\mathrm{m}}\sin(k\omega t + \psi_k)$$

将此电流 i 代入式(6-5)可得有效值为

$$I = \sqrt{\frac{1}{T}\int_0^T \left[I_0 + \sum_{k=1}^{\infty} I_{k\mathrm{m}}\sin(k\omega t + \psi_k)\right]^2 \mathrm{d}t} \tag{6-6}$$

将上式根号内的积分展开，可得出以下四项：

$$\frac{1}{T}\int_0^T I_0^2 \mathrm{d}t = I_0^2$$

$$\frac{1}{T}\int_0^T 2I_0 \sum_{k=1}^{\infty} I_{k\mathrm{m}}\sin(k\omega t + \psi_k)\mathrm{d}t = 0$$

$$\frac{1}{T}\int_0^T \sum_{k=1}^{\infty} I_{k\mathrm{m}}{}^2\sin^2(k\omega t + \psi_k)\mathrm{d}t = \frac{1}{2}\sum_{k=1}^{\infty} I_{k\mathrm{m}}^2 = \sum_{k=1}^{\infty} I_k^2$$

$$\frac{1}{T}\int_0^T 2\sum_{k=1}^{\infty}\sum_{q=1}^{\infty} I_{k\mathrm{m}}I_{q\mathrm{m}}\sin(k\omega t + \psi_k)\sin(q\omega t + \psi_q)\mathrm{d}t = 0 \quad (k \neq q)$$

因此式(6-5)可写成

$$I = \sqrt{I_0^2 + \frac{1}{2}\sum_{k=1}^{\infty} I_{k\mathrm{m}}^2} = \sqrt{I_0^2 + I_1^2 + I_2^2 + \cdots} \tag{6-7}$$

式中，

$$I_1 = \frac{I_{1\mathrm{m}}}{\sqrt{2}},\ I_2 = \frac{I_{2\mathrm{m}}}{\sqrt{2}},\ \cdots$$

式(6-7)表明，非正弦周期电流的有效值是它的各次谐波(包含零次谐波)有效值的平方和的平方根。

同理，非正弦周期电压有效值 U 也为

$$U = \sqrt{U_0^2 + U_1^2 + U_2^2 + \cdots} \tag{6-8}$$

6.2.2 平均值

除有效值外，对非正弦周期量有时还用到平均值。仍以电流 i 为例，用 I_{av} 表示其平均值，定义为

$$I_{av} = \frac{1}{T}\int_0^T |i| \mathrm{d}t \tag{6-9}$$

由定义式可见，非正弦周期电流的平均值等于此电流绝对值的平均值，按式(6-9)可求得正弦电流的平均值为

$$I_{av} = \frac{1}{T}\int_0^T |I_m \sin\omega t| \mathrm{d}t = \frac{2}{T}\int_0^{\frac{T}{2}} I_m \sin\omega t \mathrm{d}t = 0.637I_m = 0.9I$$

根据正弦电流平均值的计算，可见，它相当于正弦波经全波整流后的平均值，这是因为取电流的绝对值，相当于把负半周的各个值变为对应的正值。

同样用不同类型的仪表去测量同一个非正弦周期量，会有不同的结果。例如磁电系仪表指针偏转角度正比于被测量的直流分量，读数为直流量；电磁系仪表指针偏转角度正比于被测量的有效值平方，读数为有效值；而整流系仪表指针偏转角度正比于被测量的整流平均值，其标尺是按正弦量的有效值与整流平均值的关系换算成有效值刻度的，只在测量正弦量时才确实是它的有效值，而测量非正弦量时就会有误差，因此，在测量非正弦周期量时要合理地选择测量仪表。

6.2.3 平均功率

非正弦电流电路的平均功率定义为

$$P = \frac{1}{T}\int_0^T p(t) \mathrm{d}t = \frac{1}{T}\int_0^T u(t)i(t) \mathrm{d}t \tag{6-10}$$

式中，$p(t)$为瞬时功率。

若所讨论的二端网络中电压 $u(t)$、电流 $i(t)$的傅里叶级数分别为

$$u(t) = U_0 + \sum_{k=1}^{\infty} U_{km}\sin(k\omega t + \psi_{uk})$$

$$i(t) = I_0 + \sum_{k=1}^{\infty} I_{km}\sin(k\omega t + \psi_{ik})$$

则瞬时功率 $p(t)$为

$$\begin{aligned} p(t) = u(t)i(t) &= \left[U_0 + \sum_{k=1}^{\infty} U_{km}\sin(k\omega t + \psi_{uk})\right]\left[I_0 + \sum_{k=1}^{\infty} I_{km}\sin(k\omega t + \psi_{ik})\right] \\ &= U_0 I_0 + U_0\sum_{k=1}^{\infty} I_{km}\sin(k\omega t + \psi_{ik}) + I_0\sum_{k=1}^{\infty} U_{km}\sin(k\omega t + \psi_{uk}) \\ &\quad + \sum_{k=1}^{\infty} U_{km}\sin(k\omega t + \psi_{uk}) I_{km}\sin(k\omega t + \psi_{ik}) + \sum_{\substack{k=1 \\ q=1 \\ k\neq q}}^{\infty} U_{km}\sin(k\omega t + \psi_{uk}) I_{qm}\sin(q\omega t + \psi_{iq}) \end{aligned}$$

将瞬时功率 $p(t)$的表达式代入式(6-10)，并求积分，根据三角函数的正交性，在 p 的展开式中的第二、第三、第五项在一个周期内的积分均为零，故有

$$
\begin{aligned}
P &= \frac{1}{T}\int_0^T p(t)\,\mathrm{d}t \\
&= \frac{1}{T}\int_0^T U_0 I_0 \mathrm{d}t + \sum_{k=1}^{\infty}\frac{1}{T}\int_0^T U_{km}I_{km}\sin(k\omega t+\psi_{uk})\sin(k\omega t+\psi_{ik})\mathrm{d}t \\
&= U_0 I_0 + \sum_{k=1}^{\infty}\frac{1}{T}\int_0^T \frac{1}{2}U_{km}I_{km}[\cos(\psi_{uk}-\psi_{ik}) - \cos(2k\omega t+\psi_{uk}+\psi_{ik})]\mathrm{d}t \\
&= U_0 I_0 + \sum_{k=1}^{\infty} U_k I_k \cos\varphi_k
\end{aligned}
$$

即

$$P = U_0 I_0 + \sum_{k=1}^{\infty} U_k I_k \cos\varphi_k \tag{6-11}$$

式中，U_k、I_k 为 k 次谐波电压、电流的有效值，φ_k 表示 k 次谐波电压和电流的相位差。即 $\varphi_k = \psi_{uk} - \psi_{ik}$。

从而得出结论：非正弦周期电流电路的平均功率，为其直流分量和各次谐波分量的平均功率的代数和，即

$$P = U_0 I_0 + U_1 I_1 \cos\varphi_1 + U_2 I_2 \cos\varphi_2 + \cdots + U_k I_k \cos\varphi_k + \cdots \tag{6-12}$$

在电阻元件上消耗的平均功率，可用下式表示：

$$P = I_0^2 R + I_1^2 R + I_2^2 R + \cdots = I^2 R$$

平均功率又称为有功功率，一般说电路的功率，就是指有功功率而言的。

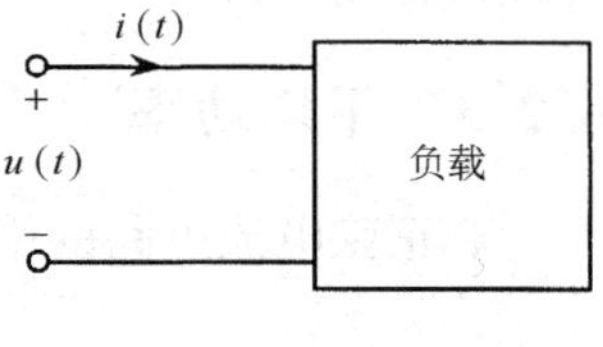

图 6-6 例 6-4 图

例 6-4 电路如图 6-6 所示，周期电压、电流分别为

$$u(t) = (50 + 60\sqrt{2}\sin(\omega t + 30°) + 40\sqrt{2}\sin(2\omega t + 10°))\,\mathrm{V}$$

$$i(t) = (1 + 0.5\sqrt{2}\sin(\omega t - 20°) + 0.3\sqrt{2}\sin(2\omega t + 50°))\,\mathrm{A}$$

求：电压、电流的有效值及该电路的平均功率。

解 电压、电流的有效值

$$U = \sqrt{50^2 + 60^2 + 40^2}\,\mathrm{V} = 87.75\mathrm{V}$$

$$I = \sqrt{1^2 + 0.5^2 + 0.3^2}\,\mathrm{A} = 1.16\mathrm{A}$$

电路的平均功率

$$
\begin{aligned}
P &= U_0 I_0 + U_1 I_1 \cos(\varphi_{u1} - \varphi_{i1}) + U_2 I_2 \cos(\varphi_{u2} - \varphi_{i2}) \\
&= [50\times 1 + 60\times 0.5\cos(30° + 20°) + 40\times 0.3\cos(10° - 50°)]\,\mathrm{W} \\
&= (50 + 19.3 + 9.2)\,\mathrm{W} \\
&= 78.5\mathrm{W}
\end{aligned}
$$

6.3 非正弦周期电流电路的分析

非正弦周期电路的分析计算采用谐波分析法。其基本依据是傅里叶级数和线性电路的叠加定理，具体分析步骤简述如下：

1）将给定的非正弦激励信号分解为傅里叶级数，并根据具体问题要求的准确度，取有限项高次谐波。

2）分别计算各次谐波分量作用于电路时产生的响应。计算方法与直流电路及正弦交流电路的计算完全相同。但必须注意：**电感和电容对不同频率的谐波有不同的电抗**。对于直流分量，电感相当于短路，电容相当于开路；对于 k 次谐波，感抗 $X_{L(k)}=k\omega L$，$X_{C(k)}=\dfrac{1}{k\omega C}$，也就是说谐波次数越高，感抗越大，容抗越小。

3）应用叠加定理，把电路在各次谐波作用下的响应解析式进行叠加。**需要注意的是：必须先将各次谐波分量响应写成瞬时值表达式后才可以叠加。**

例 6-5 图 6-7a 所示电路中，已知 $R=0.2\text{k}\Omega$，$C=2.2\mu\text{F}$，$u(t)$ 为一矩形波，如图 6-7b 所示，$T=2\text{ms}$，$U_m=200\text{mV}$。试求电路中的电流 $i(t)$（计算到五次谐波为止）。

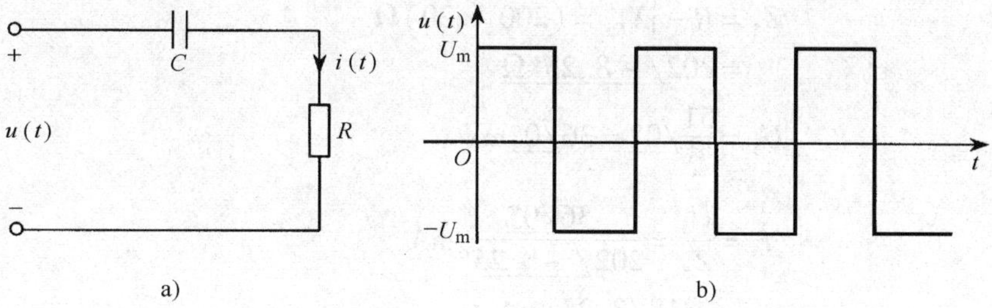

图 6-7 例 6-5 电路

解 利用例 6-2 的结果可知矩形波的傅里叶展开式为（取到五次谐波）

$$u(t)=\frac{4}{\pi}U_m\left[\sin\omega t+\frac{1}{3}\sin3\omega t+\frac{1}{5}\sin5\omega t\right]$$

式中，$U_m=200\text{mV}$；$\omega=2\pi/T=3140\text{rad/s}$，代入上式得

$$u(t)=[255\sin3140t+85\sin3\times3140t+51\sin5\times3140t]\text{mV}$$

计算各谐波分量单独作用时的电路电流：

基波单独作用下，产生的响应 $i_1(t)$

$$\omega=3140\text{rad/s}$$

$$X_{C1}=\frac{1}{\omega C}=\frac{1}{3140\times2.2\times10^{-6}}\Omega=145\Omega$$

$$Z_1=R-jX_{C1}=(200-j145)\Omega$$

$$=247\angle-35.9^\circ\Omega$$

$$\dot{U}_1=\frac{255}{\sqrt{2}}\angle0^\circ=180\angle0^\circ\text{mV}$$

$$I_1=\frac{\dot{U}_1}{Z_1}=\frac{180\angle0^\circ}{247\angle-35.9^\circ}\text{mA}$$

$$=0.73\angle35.9^\circ\text{mA}$$

$$i_1(t)=0.73\sqrt{2}\sin(\omega t+35.9^\circ)\text{mA}$$

三次谐波单独作用，产生响应 $i_3(t)$

$$X_{C3}=\frac{1}{3\omega C}=\frac{1}{3\times3140\times2.2\times10^{-6}}\Omega=48.33\Omega$$

$$Z_3=R-jX_{C3}=(200-j48.33)\Omega$$

$$=206\angle-13.6^\circ\Omega$$

$$\dot{U}_3=\frac{85}{\sqrt{2}}\angle 0^\circ=60\angle 0^\circ \text{mV}$$

$$\dot{I}_3=\frac{\dot{U}_3}{Z_3}=\frac{60\angle 0^\circ}{206\angle -13.6^\circ}\text{mA}$$
$$=0.29\angle 13.6^\circ \text{mA}$$

$$i_3(t)=0.29\sqrt{2}\sin(3\omega t+13.6^\circ)\text{mA}$$

五次谐波单独作用，产生响应 $i_5(t)$

$$X_{C5}=\frac{1}{5\omega C}=\frac{1}{5\times 3140\times 2.2\times 10^{-6}}\Omega=29\Omega$$

$$Z_5=R-\text{j}X_{C5}=(200-\text{j}29)\Omega$$
$$=202\angle -8.25^\circ\Omega$$

$$\dot{U}_5=\frac{51}{\sqrt{2}}\angle 0^\circ=36\angle 0^\circ \text{mV}$$

$$\dot{I}_5=\frac{\dot{U}_5}{Z_5}=\frac{36\angle 0^\circ}{202\angle -8.25^\circ}\text{mA}$$
$$=0.18\angle 8.25^\circ \text{mA}$$

$$i_5(t)=0.18\sqrt{2}\sin(5\omega t+8.25^\circ)\text{mA}$$

各谐波响应叠加得电路中电流 $i(t)$ 为

$$i(t)=i_1(t)+i_3(t)+i_5(t)$$
$$=0.73\sqrt{2}\sin(\omega t+35.9^\circ)+0.29\sqrt{2}\sin(3\omega t+13.6^\circ)+0.18\sqrt{2}\sin(5\omega t+8.25^\circ)\text{mA}$$

例 6-6 图 6-8 所示电路中，已知电源电压 $u_{s(t)}=[40\sqrt{2}\sin\omega t+20\sqrt{2}\sin(3\omega t-60^\circ)]\text{V}$，$R=20\Omega$，$\omega L_1=20\Omega$，$\frac{1}{\omega C_1}=180\Omega$，$\omega L_2=30\Omega$，$\frac{1}{\omega C_2}=30\Omega$，求：(1) 各支路电流 $i(t)$、$i_1(t)$、$i_2(t)$ 及它们的有效值；(2) 电源发出的有功功率。

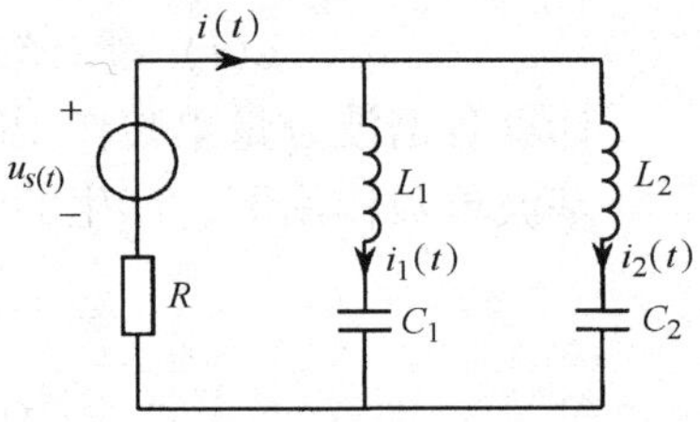

图 6-8 例 6-6 电路

解 (1) 在电源的一次谐波 $u_{(1)}(t)=40\sqrt{2}\sin\omega t\text{V}$ 单独作用于电路时，有

$$\omega L_2=\frac{1}{\omega C_2}=30\Omega$$

此时 L_2、C_2 支路对一次谐波发生串联谐振，该支路阻抗为零，则

$$\dot{I}_{1(1)}=0$$

$$\dot{I}_{(1)}=\dot{I}_{2(1)}=\frac{\dot{U}_{S(1)}}{R}=\frac{40\angle 0^\circ}{20}\text{A}=2\angle 0^\circ \text{A}$$

$$i_{1(1)}(t)=0,\ i_{(1)}(t)=i_{2(1)}(t)=2\sqrt{2}\sin\omega t\text{A}$$

在电源的三次谐波 $u_{(3)}(t)=20\sqrt{2}\sin(3\omega t-60^\circ)\text{V}$ 单独作用于电路时，有

$$3\omega L_1=3\times 20\Omega=60\Omega,\quad \frac{1}{3\omega C_1}=\frac{1}{3}\times 180\Omega=60\Omega$$

此时 L_1、C_1 支路对三次谐波发生串联谐振，该支路阻抗为零，则

$$\dot{I}_{2(3)} = 0$$

$$\dot{I}_{(3)} = \dot{I}_{1(3)} = \frac{\dot{U}_{S(3)}}{R} = \frac{20\angle -60^\circ}{20}\text{A} = 1\angle -60^\circ\text{A}$$

$$i_{2(3)}(t) = 0,\quad i_{(3)}(t) = i_{1(3)}(t) = \sqrt{2}\sin(3\omega t - 60^\circ)\text{A}$$

所以，各支路电流分别为

$$i(t) = i_{(1)}(t) + i_{(3)}(t) = [2\sqrt{2}\sin\omega t + \sqrt{2}\sin(3\omega t - 60^\circ)]\text{A}$$

$$i_1(t) = i_{1(1)}(t) + i_{1(3)}(t) = \sqrt{2}\sin(3\omega t - 60^\circ)\text{A}$$

$$i_2(t) = i_{2(1)}(t) + i_{2(3)}(t) = 2\sqrt{2}\sin\omega t\text{A}$$

有效值分别为

$$I = \sqrt{2^2 + 1^2}\text{A} = \sqrt{5}\text{A}$$

$$I_1 = 1\text{A}$$

$$I_2 = 2\text{A}$$

（2）电源发出的有功功率为

$$\begin{aligned} P &= U_{(1)}I_{(1)}\cos\varphi_{(1)} + U_{(3)}I_{(3)}\cos\varphi_{(3)} \\ &= (40 \times 2 \times \cos 0^\circ + 20 \times 1 \times \cos 0^\circ)\text{W} = 100\text{W} \end{aligned}$$

本章小结

分析非正弦周期电流电路的方法，首先是将非正弦周期信号分解为傅里叶级数，即分解为一系列不同频率的正弦量之和。一般常用的非正弦周期性信号的分解均可通过查表的办法获得。然后分别计算在各种频率正弦量单独作用下电路的响应。最后再根据叠加定理，将各响应的瞬时值叠加起来，即为非正弦周期信号在电路中的总响应。

本章还讨论了非正弦周期电压、电流的有效值、平均值及平均功率问题，结论如下：

（1）非正弦周期电压、电流的有效值为

$$I = \sqrt{I_0^2 + I_1^2 + I_2^2 + I_3^2 + \cdots}$$

$$U = \sqrt{U_0^2 + U_1^2 + U_2^2 + U_3^2 + \cdots}$$

（2）平均值为

$$I_{\text{av}} = \frac{1}{T}\int_0^T |i(t)|\text{d}t$$

$$U_{\text{av}} = \frac{1}{T}\int_0^T |u(t)|\text{d}t$$

即非正弦周期量的平均值等于该非正弦量绝对值的平均值。

（3）平均功率为

$$P = U_0I_0 + U_1I_1\cos\varphi_1 + U_2I_2\cos\varphi_2 + U_3I_3\cos\varphi_3 + \cdots$$

式中，U_0、I_0 为谐波恒定分量；U_k、$I_k(k=1,2,3,4,)$均为谐波有效值；而 $\varphi_k = \varphi_{uk} - \varphi_{ik}$ 为第 k 次谐波电压和第 k 次谐波电流的相位差。

习 题 六

1. 图 6-9a 所示的波形表达式为

$f_1(t)=\frac{4}{\pi}A\left(\frac{1}{2}-\frac{1}{3}\cos2\omega t-\frac{1}{15}\cos4\omega t-\frac{1}{35}\cos6\omega t-\cdots\right)$，试求图 6-9b 所示的全波整流信号 $f(t)$ 的谐波分量表达式。

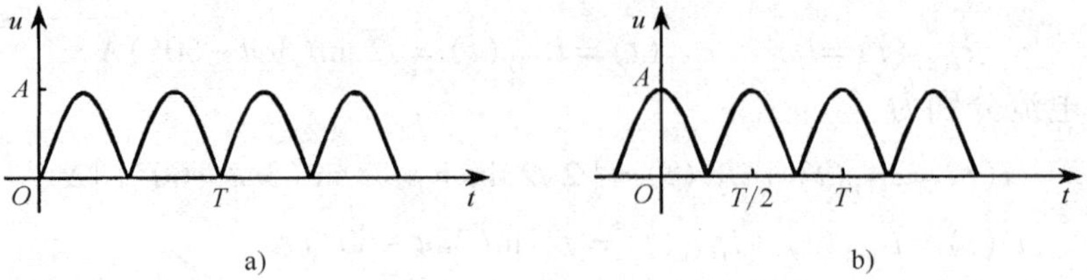

图 6-9

2. 求图 6-10 所示波形的直流分量。(1) $\theta=30°$；(2) $\theta=150°$。

3. 已知 $u=20\sqrt{2}\sin(\omega t+15°)+10\sqrt{2}\sin(3\omega t+30°)$ V，求该电压的有效值。

4. 已知一无源二端网络的端口电压和电流为

$$u(t)=141\sin\left(\omega t-\frac{\pi}{4}\right)+84.6\sin2\omega t+56.4\sin\left(3\omega t+\frac{\pi}{4}\right)\text{V}$$

$$i(t)=10\sin\left(\omega t+\frac{\pi}{4}\right)+56\sin\left(2\omega t+\frac{\pi}{4}\right)+30.5\sin\left(3\omega t+\frac{\pi}{4}\right)\text{A}$$

试求：(1) 电压、电流的有效值；(2) 该无源二端网络消耗的平均功率。

5. 在图 6-11 所示电路中，$u(t)=(200+100\sqrt{2}\sin3\omega t)$ V，$R=20\Omega$，$\omega L=\frac{10}{3}\Omega$，$\frac{1}{\omega C}=60\Omega$。求电流 $i(t)$ 及电感两端电压 u_L 的谐波分量表示式。

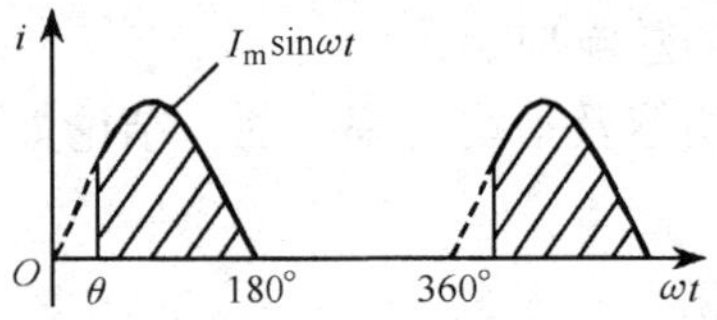

图 6-10

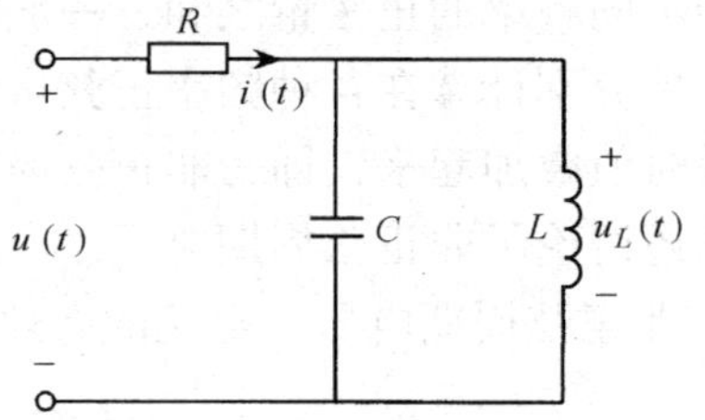

图 6-11

6. 已知电路如图 6-12 所示，$R=20\Omega$，$f=50$Hz，$u(t)=(25+100\sqrt{2}\sin\omega t+10\sqrt{2}\sin3\omega t)$ V，$\omega L=20\Omega$。试求电流 $i(t)$ 的表达式及其有效值 I，电路消耗的平均功率。

7. 电路如图 6-13 所示，$R=10\Omega$，$C=200\mu$F，$L=100$mH，$f=50$Hz，$u(t)=[20+20\sin\omega t+10\sin(3\omega t+90°)]$V。试求：(1) $i(t)$、$u_C(t)$；(2) 总电压 $u(t)$ 和电流 $i(t)$ 的有效值；(3) 电路消耗的平均功率。

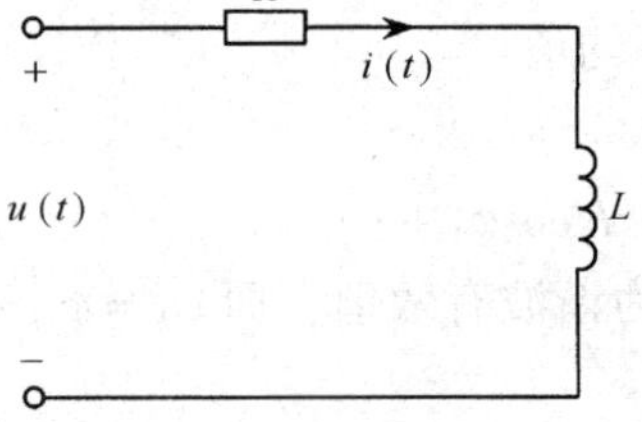

图 6-12

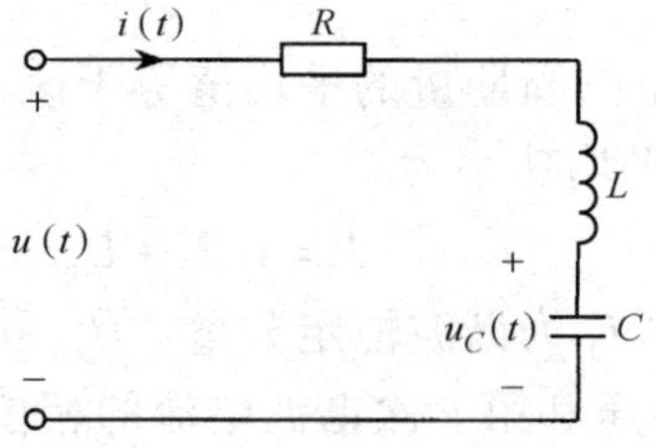

图 6-13

8. 在图 6-14 所示电路中，已知 $u(t)=[10+80\sin(\omega t+30°)+18\sin3\omega t]$ V，$R=6\Omega$，$\omega L=2\Omega$，$\frac{1}{\omega C}=$

18Ω，试求电流表与电压表的读数(有效值)及电路的有功功率。

9. 在图6-15中，输入信号电压中含有$f_1=50\text{Hz}$、$f_2=500\text{Hz}$、$f_3=5000\text{Hz}$三种频率的分量，但各分量电压的有效值均为20V。试估算从电容两端输出的电压中各种频率的分量为多少？

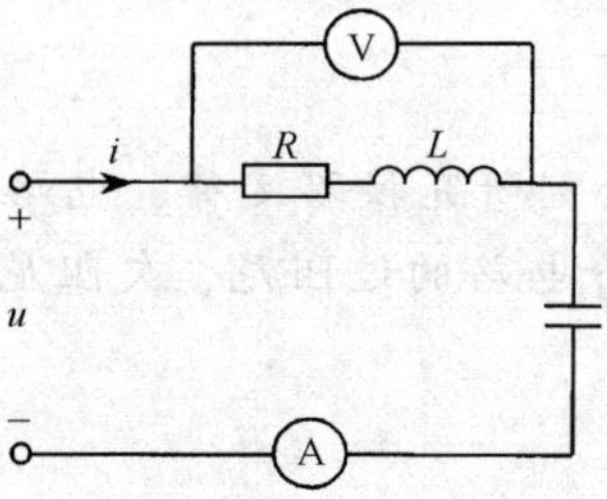

图　6-14

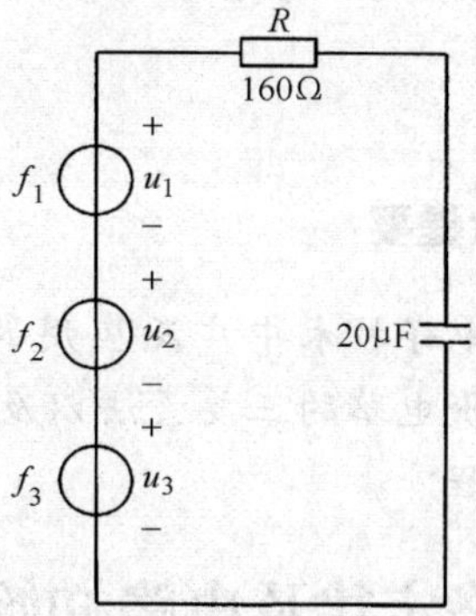

图　6-15

10. 图6-16所示二端网络的电流、电压为

$$i(t)=5\sin t+2\sin(2t+45°)\,\text{A}$$

$$u(t)=\sin(t+90°)+\sin(2t-45°)+\sin(3t-60°)\,\text{V}$$

求：(1)网络对各频率的输入阻抗；(2)网络消耗的有功功率。

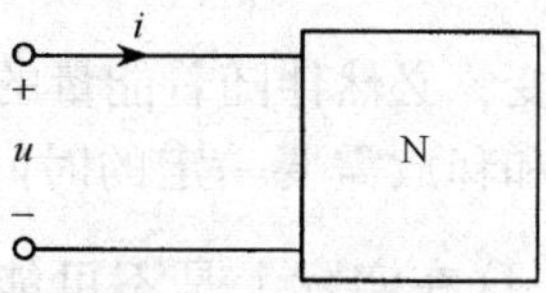

图　6-16

第 7 章　动态电路的时域分析

本章提要：

本章以电子技术中广泛应用的 RC 一阶电路为例，着重研究换路定律、电路的时域分析、求解一阶电路的三要素法以及叙述 RLC 零输入下二阶电路的过阻尼、欠阻尼、临界阻尼的放电过程。

7.1　换路定律及电路初始条件的确定

前面各章所研究的电路，无论是直流电路，还是周期性交流电路，所有的激励和响应在一定的时间内都是恒定不变或按周期规律变动的，这种工作状态称为稳定状态，简称稳态。然而，实际电路经常可能发生开关的通断、元件参数的变化、连接方式的改变等情况，这些情况统称为换路。电路发生换路时，通常要引起电路稳定状态的改变，电路要从一个稳态进入另一个稳态。

由于换路引起的稳定状态的改变，必然伴随着能量的改变。在含有电容、电感储能元件的电路中，这些元件上能量的积累和释放需要一定的时间。如果储能的变化是即时完成的，这就意味着功率 $P=\frac{\mathrm{d}W}{\mathrm{d}t}$ 为无限大，这在实际上是不可能的。也就是说，储能不可能跃变，需要有一个过渡过程，这就是所谓的动态过程。实际电路中的过渡过程往往是短暂的，故又称为暂态过程，简称暂态。

电路的暂态过程虽然比较短暂，但对它的研究却具有重要的实际意义，因为电路的暂态特性在很多技术领域中得到了应用，例如，在控制设备中常利用这些特性来提高控制速度和精度；在脉冲技术中利用这些特性来变换和获得各种脉冲波形等。另一方面，由于有些电路在暂态中会出现过电流或过电压，认识其规律有利于采取措施加以防范。

7.1.1　换路定律

换路时，由于储能元件的能量不会发生跃变，故形成了电路的过渡过程。对电容元件而言，储有电场能量，其大小为 $W_C=\frac{1}{2}Cu_C{}^2$；对电感元件而言，储有磁场能量 $W_L=\frac{1}{2}Li_L{}^2$。从另一角度理解，对电容元件，其充、放电电流 $i_C=C\frac{\mathrm{d}u_C}{\mathrm{d}t}$ 不能无限大，所以电容电压 u_C 不能跃变；对电感元件，其两端电压 $u_L=L\frac{\mathrm{d}i_L}{\mathrm{d}t}$ 不能无限大，所以电感电流 i_L 不能跃变。

电路在换路时能量不能跃变具体表现为：换路瞬间，电容两端的电压 u_C 不能跃变；通过电感的电流 i_L 不能跃变。这一规律是分析暂态过程的很重要的定律，称为换路定律。用 $t=0_-$ 表示换路前的瞬间，$t=0_+$ 表示换路后的瞬间，换路定律可表示为

$$\left.\begin{aligned} u_C(0_+) &= u_C(0_-) \\ i_L(0_+) &= i_L(0_-) \end{aligned}\right\} \tag{7-1}$$

式(7-1)是换路定律重要的表达式，它仅适用于换路瞬间，即换路后的瞬间，电容电压 u_C 和电感电流 i_L 都应保持换路前瞬间具有的数值而不能跃变。而其他的量，如电容上的电流、电感上的电压、电阻上的电压和电流都是可以跃变的，因此它们换路后一瞬间的值，通常都不等于换路前一瞬间的值。

7.1.2　初始条件的确定

电路的暂态过程是指从换路后瞬间($t=0_+$)开始到电路达到新的稳定状态($t=\infty$)时结束。换路后电路中各电压及电流将由一个初始值逐渐变化到稳态值，因此，确定初始值 $f(0_+)$ 和稳态值 $f(\infty)$ 是暂态分析非常关键的一步。式(7-1)是计算换路时初始值的根据，又称为初始条件。要计算电路在换路时各个电压和电流的初始值，首先根据换路定律得到电感电流或电容电压的初始值，再根据基尔霍夫定律计算其他各个电压和电流的初始值，现将根据换路定律确定电路初始值的步骤归纳如下：

1）作出 $t=0_-$ 时的等效电路，在直流稳态电路中，电容器相当于开路，电感相当于短路，在此电路中求 $u_C(0_-)$ 和 $i_L(0_-)$。

2）根据换路定律确定 $u_C(0_+)$ 和 $i_L(0_+)$。

3）作出 $t=0_+$ 时的等效电路，对于电容元件，若 $u_C(0_+)=0$，则电容等效为短路，若 $u_C(0_+)=U_S$，则把电容等效为电压源，其电压为 U_S；对于电感元件，若 $i_L(0_+)=0$，则电感等效为开路，若 $i_L(0_+)=I_S$，则把电感等效为电流源，其电流为 I_S。可用直流电路的分析方法计算其他各个电压、电流的初始值。

例 7-1　如图 7-1a 所示电路，$t=0$ 时电路已处于稳态。已知 $U_S=12\text{V}$，$R=100\Omega$，$r=100\Omega$。设电容、电感初始储能均为零。求开关刚闭合时的 $u_C(0_+)$、$i_C(0_+)$、$i_L(0_+)$、$u_L(0_+)$ 和 $i(0_+)$。

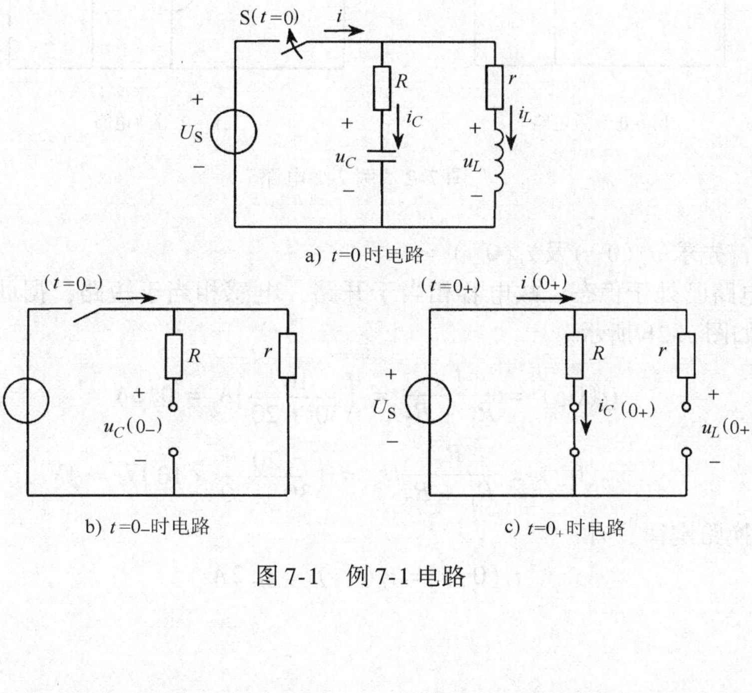

图 7-1　例 7-1 电路

解 （1）如图7-1b 所示，$t=0_-$时，开关未闭合，此时电容器 C 相当于开路，电感 L 相当于短路，电路已稳定且储能元件的初始储能为零，故 $u_C(0_-)=0$，$i_L(0_-)=0$。

（2）$t=0_+$时，开关已闭合，根据换路定律

$$u_C(0_+)=u_C(0_-)=0$$
$$i_L(0_+)=i_L(0_-)=0$$

（3）$t=0_+$时等效电路如图7-1c 所示，其他各电压、电流的初始值可根据 $t=0_+$时的等效电路求得。此时，因为 $u_C(0_+)=0$，$i_L(0_+)=0$，所以在等效电路中电容相当于短路，电感相当于开路。故有

$$i_C(0_+)=\frac{U_S}{R}=\left(\frac{12}{100}\right)\text{A}=0.12\text{A}$$
$$i(0_+)=i_C(0_+)+i_L(0_+)=i_C(0_+)=0.12\text{A}$$
$$u_L(0_+)=U_S=12\text{V}$$

例 7-2 电路如图 7-2a 所示，开关 S 闭合前电路已稳定，已知 $U_S=10\text{V}$，$R_1=30\Omega$，$R_2=20\Omega$，$R_3=40\Omega$。$t=0$ 时开关 S 闭合，试求 $u_L(0_+)$及 $i_C(0_+)$。

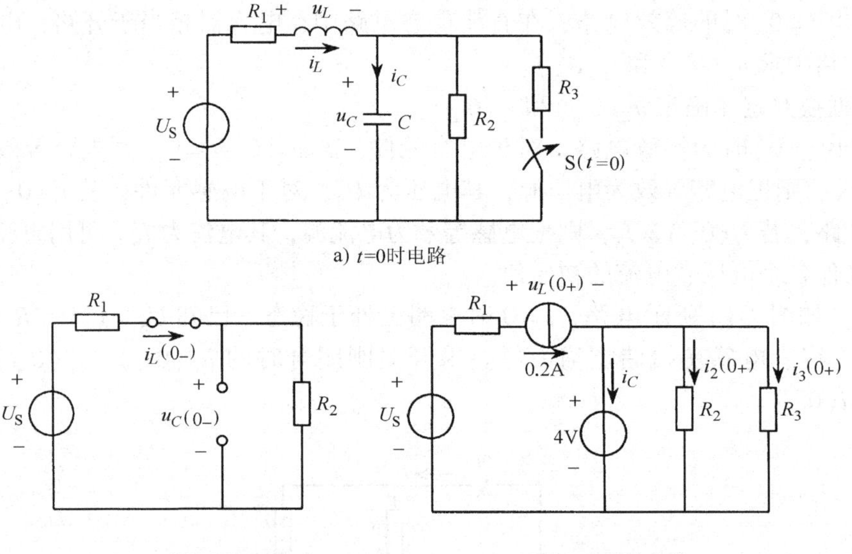

a) $t=0$时电路

b) $t=0_-$等效电路　　c) $t=0_+$等效电路

图 7-2 例 7-2 电路

解 （1）首先求 $u_C(0_-)$及 $i_L(0_-)$

S 闭合前电路已处于稳态，故电容相当于开路，电感相当于短路，据此可画出 $t=0_-$时的等效电路，如图 7-2b 所示。

$$i_L(0_-)=\frac{U_S}{R_1+R_2}=\left(\frac{10}{30+20}\right)\text{A}=0.2\text{A}$$
$$u_C(0_-)=\frac{R_2}{R_1+R_2}U_S=\left(\frac{20}{30+20}\times10\right)\text{V}=4\text{V}$$

（2）根据换路定律，有

$$i_L(0_+)=i_L(0_-)=0.2\text{A}$$

$$u_C(0_+) = u_C(0_-) = 4\text{V}$$

（3）做 $t=0_+$ 等效电路，将电感用0.2A电流源替代，电容用4V电压源替代，得 $t=0_+$ 时刻的等效电路，如图7-2c所示。故

$$u_L(0_+) = U_S - 0.2\text{A} \times R_1 - 4\text{V} = (10 - 0.2 \times 30 - 4)\text{V} = 0\text{V}$$

$$i_C(0_+) = i_L(0_+) - i_2(0_+) - i_3(0_+) = i_L(0_+) - \frac{4\text{V}}{R_2} - \frac{4\text{V}}{R_3} = (0.2 - 0.2 - 0.1)\text{A} = -0.1\text{A}$$

由以上两例的求解可知：在零初始条件下，即 $u_C(0_+) = u_C(0_-) = 0$ 和 $i_L(0_+) = i_L(0_-) = 0$，电路在换路后的初始时刻，电容相当于短路，而电感相当于开路。这与直流稳态下电容相当于开路、电感相当于短路是截然不同的。在非零初始条件下，由于 $u_C(0_+) = u_C(0_-) = U_S \neq 0$，$i_L(0_+) = i_L(0_-) = I_S \neq 0$，所以在 $t=0_+$ 时，电容等效为一个电压为 U_S 的电压源，电感等效为一个电流为 I_S 的电流源。

7.2　一阶电路的零输入响应

仅含有一个储能元件(电感或电容)的电路称为一阶电路，如果在换路瞬间储能元件原来就有能量储存，那么即使电路中并无外施电源存在，换路后电路中仍有电压、电流。这是因为储能元件所储存的能量要通过电路中的电阻以热能的形式放出。这种电路中并无外电源输入，而仅由电路中储能元件的初始储能所激发的响应称为电路的零输入响应。我们先来讨论 *RC* 电路的零输入响应。

7.2.1　*RC* 电路的零输入响应

电路如图7-3a所示，开关S在位置1时，电容 C 已被电源充电到 U_S，若在 $t=0$ 时把开关从位置1打到位置2，则电容 C 与电阻 R 相连接，独立电源 U_S 不再作用于电路，电路如图7-3b所示。根据换路定律，有 $u_C(0_+) = u_C(0_-) = U_S$，此时电容 C 将通过电阻 R 放电，电路中的响应完全由电容电压的初始值引起，故属于零输入响应。

按图中所选定的电压、电流参考方向，可得KVL方程

$$u_R - u_C = 0 \qquad (t \geq 0)$$

因为　$i = -C\dfrac{\mathrm{d}u_C}{\mathrm{d}t}$

上式中负号是因为电容电压和流过电容的电流参考方向相反。

则　$u_R = Ri = -RC\dfrac{\mathrm{d}u_C}{\mathrm{d}t}$

将上式代入KVL方程，得

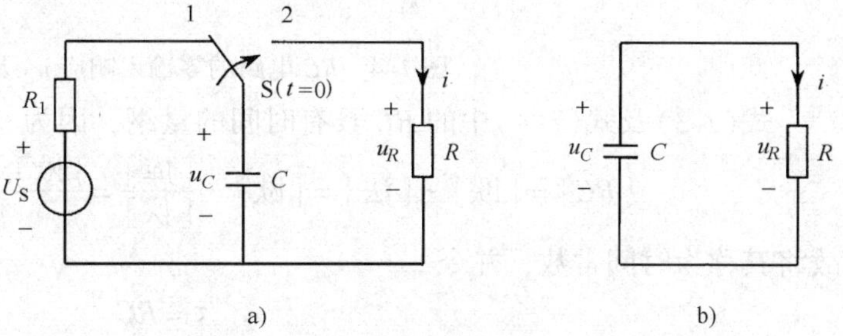

图7-3　*RC* 电路的零输入响应

$$RC\frac{\mathrm{d}u_C}{\mathrm{d}t} + u_C = 0 \tag{7-2}$$

式(7-2)是一个一阶常系数线性齐次微分方程。可以知道，该方程的通解必然是指数形式 Ae^{pt}。其中，常数 p 是特征方程的根，A 为待定的积分常数。要求式(7-2)的特征方程，

可将 $u_C = Ae^{pt}$ 代入式(7-2)得

$$RCpAe^{pt} + Ae^{pt} = 0$$

$$(RCp+1)Ae^{pt} = 0$$

因 $Ae^{pt} \neq 0$，所以可得特征方程

$$RCp + 1 = 0$$

特征根为

$$p = -\frac{1}{RC}$$

则
$$u_C(t) = Ae^{-\frac{1}{RC}}$$

代入初始条件 $u_C(0_+) = U_S$，可得

$$u_C(0_+) = U_S = A$$

则式(7-2)的解为

$$u_C(t) = U_S e^{-\frac{t}{RC}} = u_C(0_+)e^{-\frac{t}{RC}} \tag{7-3}$$

式(7-3)表明了放电过程中电容电压 u_C 随时间的变化规律。电路中的电流为

$$i(t) = -C\frac{du_C}{dt} = -C\frac{d}{dt}\left[U_S e^{-\frac{t}{RC}}\right] = \frac{U_S}{R}e^{-\frac{t}{RC}} = i(0_+)e^{-\frac{t}{RC}} \quad (t \geqslant 0) \tag{7-4}$$

由式(7-3)和式(7-4)可以看出，由于 $p = -\frac{1}{RC}$ 是负值，所以电压 u_C 和电流 i 都是随时间按指数规律不断衰减的，最后趋于零。它们的波形分别如图7-4a、b所示。

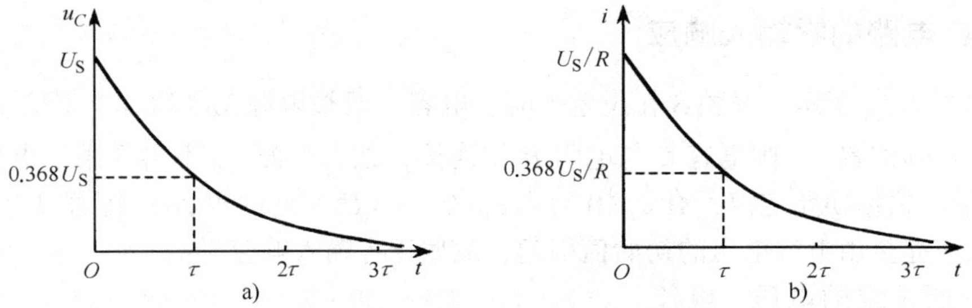

图7-4　RC 电路的零输入响应 u_C 及 i 的波形

式(7-3)及式(7-4)中的 RC 具有时间的量纲，因为

$$[RC] = [欧]\cdot[法] = [欧]\cdot\frac{[库]}{[伏]} = \frac{[欧]\cdot[安]\cdot[秒]}{[伏]} = [秒]$$

故将其称为时间常数，并令

$$\tau = RC$$

引入时间常数 τ 后，式(7-3)和式(7-4)可表示为

$$u_C(t) = U_S e^{-\frac{t}{\tau}} = u_C(0_+)e^{-\frac{t}{\tau}} \quad (t \geqslant 0) \tag{7-5}$$

$$i(t) = \frac{U_S}{R}e^{-\frac{t}{\tau}} = i(0_+)e^{-\frac{t}{\tau}} \quad (t \geqslant 0) \tag{7-6}$$

时间常数 τ 由放电回路中的 R、C 数值决定，时间常数 τ 的大小直接影响 u_C 和 i 衰减的快慢，τ 越大，衰减得越慢，暂态过程越长。事实上，在 U_S 为定值时，电容 C 值越大，储能就越多，放电时间越长；电阻 R 越大，放电电流越小，放电时间也越长。反之，τ 越小，衰

减就越快，暂态过程就越短。τ对暂态过程的影响如图 7-5 所示。

可以用数学证明，指数曲线上任意点的次切距的长度都等于τ，以图 7-6 中的初始点为例，

$$\left.\frac{\mathrm{d}u_C}{\mathrm{d}t}\right|_{t=0} = -\frac{U_S}{\tau}$$

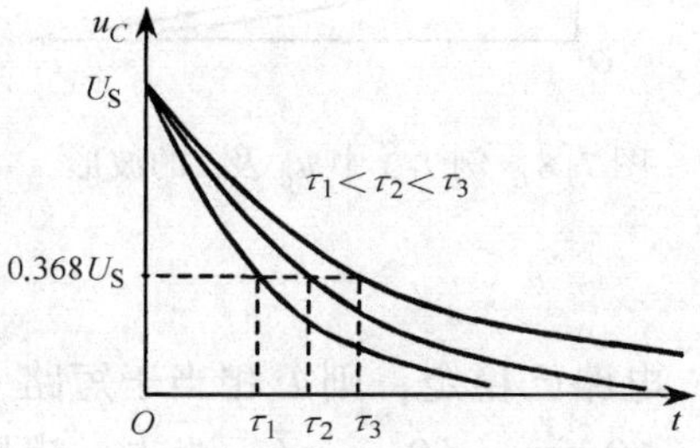

图7-5　时间常数τ对暂态过程的影响

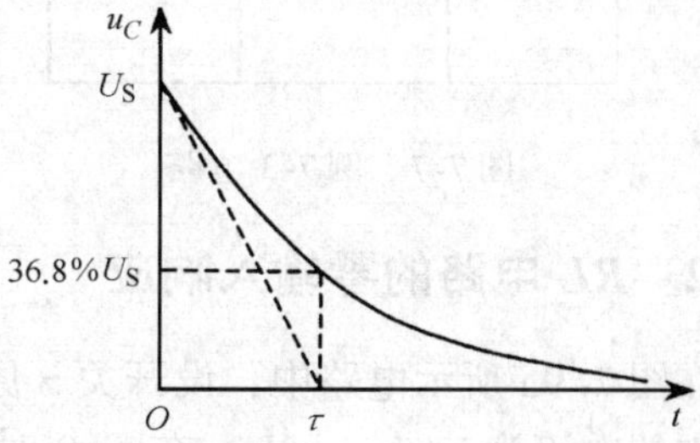

图　7-6

即过初始点的切线与横轴相交于τ。现将 $t=\tau$、2τ、3τ…所对应的 u_C 列于表7-1中。

表　7-1

t	0	τ	2τ	3τ	4τ	5τ	…	∞
$e^{-\frac{t}{\tau}}$	e^0	e^{-1}	e^{-2}	e^{-3}	e^{-4}	e^{-5}	…	$e^{-\infty}$
$u_C(t)$	U_S	$0.368U_S$	$0.135U_S$	$0.05U_S$	$0.018U_S$	$0.007U_S$	…	0

从表中可以看出：①当 $t=\tau$时，$e^{-\frac{t}{\tau}}=e^{-1}=0.368$，所以，时间常数$\tau$是响应 u_C 衰减到其初始值 0.368 倍所需要的时间。②从理论上讲，$t=\infty$ 时，$e^{-\frac{t}{\tau}}$才为零，过渡过程才结束，但当 $t=3\tau\sim5\tau$时，u_C 已衰减到初始值的 0.05 ~ 0.007 倍。因此，工程上一般认为：换路后经过 $3\tau\sim5\tau$，过渡过程就结束，电路进入新的稳态。

例 7-3　电路如图 7-7 所示，设换路前电路已处于稳态，且 $R_1=1\text{k}\Omega$，$R_2=2\text{k}\Omega$，$R_3=5\text{k}\Omega$，$C=1\mu\text{F}$，电流源的电流 $I_S=5\text{mA}$。当 $t=0$ 时，将开关 S 合向 2 端，求换路后 u_C、i 的时域响应。

解　换路前　　$u_C(0_-)=I_SR_2=5\times2\text{V}=10\text{V}$

换路后，根据换路定律　　$u_C(0_+)=u_C(0_-)=10\text{V}$

电路的时间常数

$$\tau=R_3C=5\times10^3\times1\times10^{-6}\text{s}=5\times10^{-3}\text{s}$$

换路后电容器通过 R_3 放电，即为零输入响应，则电容器两端电压

$$u_C=u_C(0_+)e^{-\frac{t}{\tau}}=10e^{-200t}\text{V}$$

其中电流

$$i=-C\frac{\mathrm{d}u_C}{\mathrm{d}t}=2e^{-200t}\text{mA}$$

u_C 和 i 随时间变化的曲线如图 7-8 所示。

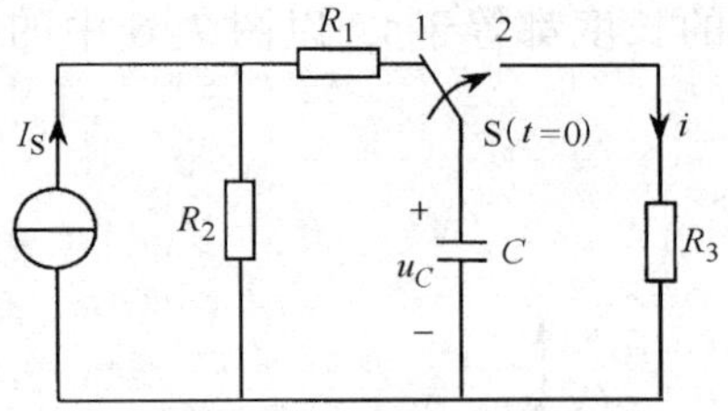

图 7-7 例 7-3 电路

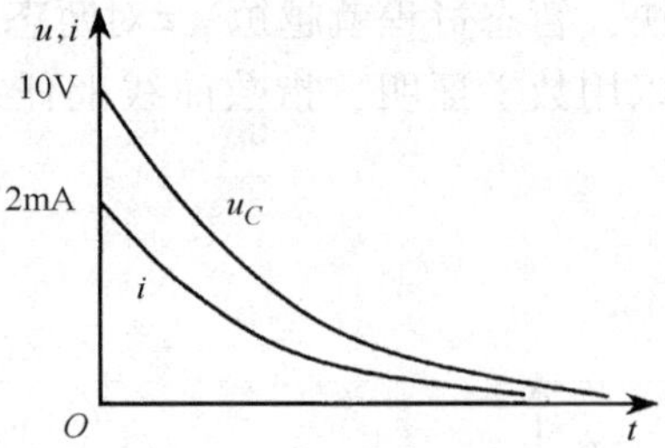

图 7-8 例 7-3 中 u_C 及 i 的波形

7.2.2 *RL* 电路的零输入响应

在图 7-9a 所示电路中，设开关 S 原先是闭合的，电路已稳定，则 L 相当于短路，此时电感中的电流为 $i_L(0_-)=I_S$。在 $t=0$ 时将开关断开，$i_L(0_+)=i_L(0_-)=I_S$，此时，电感元件储有能量，它将通过电阻 R 放电，从而产生电压和电流，如图 7-9b 所示。随着时间的推移，由于电阻 R 不断消耗电感中的能量，电感中的磁场能量越来越少，电流也逐渐衰减，当电路达到新的稳态时，电感中原有的能量全部被电阻转换成热能而消耗。此时，电感上的电流为零。

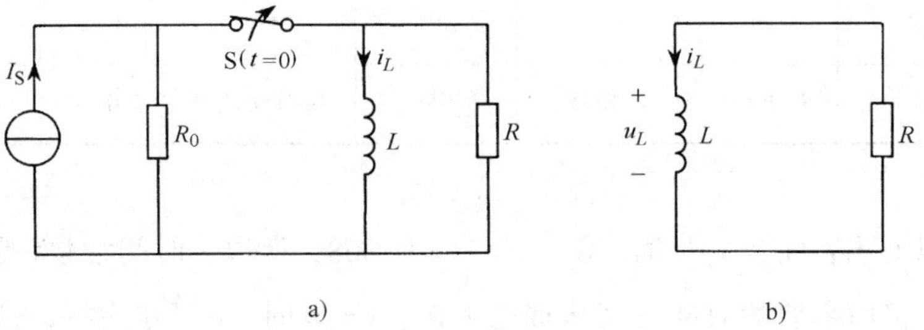

图 7-9 *RL* 电路的零输入响应

对于图 7-9b 换路后的电路，根据 KVL 可得

$$u_L+Ri_L=0 \qquad (t\geqslant 0)$$

将 L 的伏安关系 $u_L=L\dfrac{di_L}{dt}$ 代入上式有

$$L\frac{di_L}{dt}+Ri_L=0 \quad (t\geqslant 0) \tag{7-7}$$

这也是一个一阶常系数线性齐次微分方程，其特征方程为

$$Lp+R=0$$

其特征根为

$$p=-\frac{R}{L}$$

因此该微分方程的通解为

$$i_L(t)=Ae^{-\frac{R}{L}t} \qquad (t\geqslant 0)$$

由初始条件 $i_L(0_+)=i_L(0_-)=I_S$，可求得积分常数 $A=I_S$，故电路的零输入响应电流为

$$i_L(t)=I_Se^{-\frac{R}{L}t}=i_L(0_+)e^{-\frac{t}{\tau}} \qquad (t\geqslant 0) \tag{7-8}$$

式中，$\tau=\dfrac{L}{R}$，称为 RL 电路的时间常数，常用单位也为秒(s)。它的大小同样反映了 RL 电路响应的衰减快慢程度。L 越大，在同样大的初始电流 I_S 作用下，电感储存的磁场能量越多，通过电阻释放能量所需要的时间就越长，暂态过程也就越长；而当电阻 R 越小时，在同样大的初始电流 $i_L(0_+)$ 作用下，电阻消耗的功率就越小，暂态过程也就越长。

由式(7-8)可得电感电压为

$$u_L(t)=L\frac{\mathrm{d}i_L}{\mathrm{d}t}=-RI_S\mathrm{e}^{-\frac{R}{L}t}=-RI_S\mathrm{e}^{-\frac{t}{\tau}}=u_L(0_+)\mathrm{e}^{-\frac{t}{\tau}}\quad(t\geqslant0)\tag{7-9}$$

可见，电感电流 i_L 和电感电压 u_L 都是从初始值开始。随时间按同一指数规律衰减的，它们随时间变化的曲线如图 7-10 所示。

需要指出的是：在过渡过程中，由于电流在减小，这时线圈两端所产生的感应电压的极性与图中所示参考方向相反。

从上面的分析可见，RC 电路和 RL 电路中所有的零输入响应都具有以下相同的形式

$$f(t)=f(0_+)\mathrm{e}^{-\frac{t}{\tau}}\quad(t\geqslant0)\tag{7-10}$$

式中，$f(t)$ 表示零输入响应，$f(0_+)$ 是响应的初始值，τ 是换路后电路的时间常数，在 RC 电路中，$\tau=RC$；在 RL 电路中，$\tau=\dfrac{L}{R}$。其中 R 是换路后的电路中储能元件 C 或 L 两端的等效电阻。

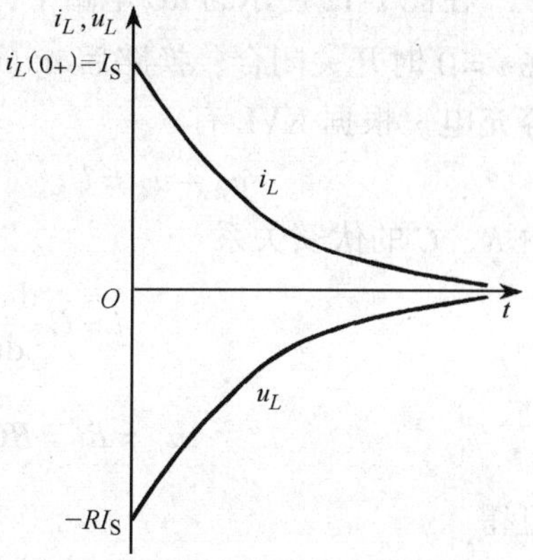

图 7-10　RL 电路零输入响应 i_L、u_L 波形

式(7-10)表明，一阶电路的零输入响应都是由初始值开始按指数规律衰减的。因此在求一阶电路的零输入响应时，可直接代入式(7-10)。

例 7-4　图 7-11 所示电路中，$R_1=5\Omega$，$R_2=3\Omega$，$L=1\text{H}$，$t<0$ 时开关 S 断开，电路已处于稳态，$t=0$ 时开关 S 闭合，求(1)开关 S 闭合后的 $i_L(t)$、$u_L(t)$、$u_{R2}(t)$。

解　(1) 换路前，电感 L 相当于短路，得

$$i_L(0_-)=\frac{U_S}{R_1+R_2}=\frac{20}{5+3}\text{A}=2.5\text{A}$$

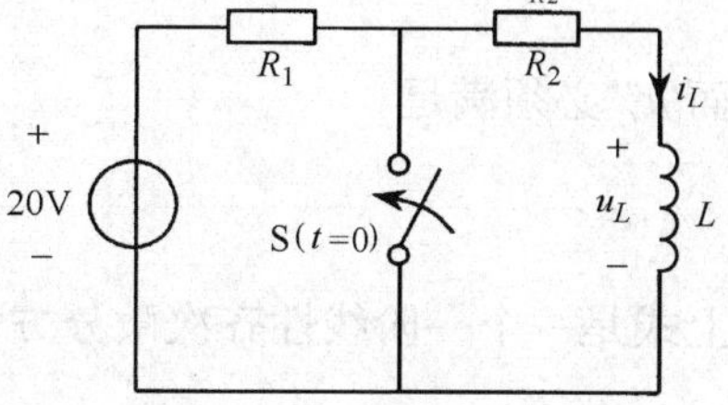

图 7-11　例 7-4 电路

在换路后，时间常数为

$$\tau=\frac{L}{R_2}=\frac{1}{3}\text{s}$$

根据换路定律，有

$$i_L(0_+)=i_L(0_-)=2.5\text{A}$$

$$u_L(0_+)=-i_L(0_+)R_2=-2.5\times3\text{V}=-7.5\text{V}$$

$$u_{R2}(0_+)=i_L(0_+)R_2=2.5\times3\text{V}=7.5\text{V}$$

根据式(7-10)可得

$$i_L(t)=i_L(0_+)\mathrm{e}^{-\frac{t}{\tau}}=2.5\mathrm{e}^{-3t}\text{A}\quad(t\geqslant0)$$

$$u_L(t)=u_L(0_+)\mathrm{e}^{-\frac{t}{\tau}}=-7.5\mathrm{e}^{-3t}\text{V}\quad(t\geqslant0)$$

$$u_{R2}(t)=u_{R2}(0_+)\mathrm{e}^{-\frac{t}{\tau}}=7.5\mathrm{e}^{-3t}\qquad(t\geqslant0)$$

7.3 一阶电路的零状态响应

所谓零状态响应，就是电路中储能元件上的初始储能为零，即 $u_C(0_+)=0$、$i_L(0_+)=0$，换路后，仅由外施激励而引起的电路响应。外施激励可以是恒定的电压源或电流源，也可以是变化的电压源或电流源。本节讨论输入为恒定量的零状态响应。

7.3.1 *RC* 电路的零状态响应

在图 7-12 所示的 *RC* 电路中，开关原处于断开状态，设电容的初始值为零，即 $u_C(0_-)=0$，在 $t=0$ 时开关闭合，换路后 $u_C(0_+)=u_C(0_-)=0$，此时电路接通直流电源 U_S，电源将向电容充电。根据 KVL 有

$$u_R+u_C=U_S\qquad(t\geqslant0)$$

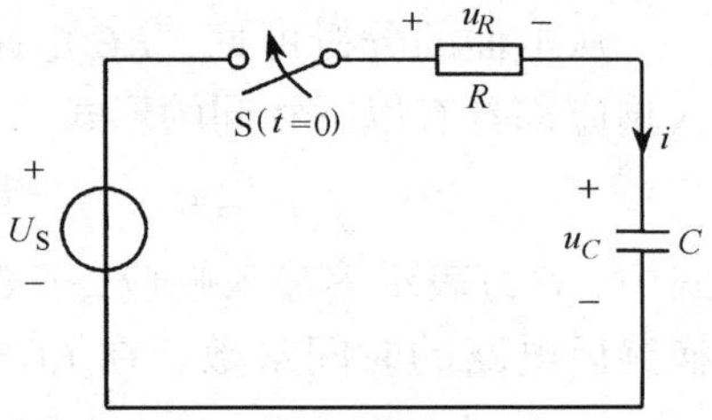

图 7-12 *RC* 电路的零状态响应

由 *R*、*C* 的伏安关系

$$i=C\frac{\mathrm{d}u_C}{\mathrm{d}t}$$

$$u_R=Ri=RC\frac{\mathrm{d}u_C}{\mathrm{d}t}$$

可得

$$RC\frac{\mathrm{d}u_C}{\mathrm{d}t}+u_C=U_S\qquad(t\geqslant0)\qquad(7\text{-}11)$$

上式为一阶线性常系数非齐次微分方程。由高等数学可知，此方程的解由非齐次微分方程的特解 u_C' 和相应的齐次方程的通解 u_C'' 所组成，即

$$u_C=u_C'+u_C''$$

一般情况下，可以取电路达到稳态时的解作为特解。稳态解的求法已在前面介绍过，对于图 7-12 的 *RC* 电路，在进入稳态下的电容电压为 U_S，则

$$u_C'=U_S$$

而 u_C'' 必须满足

$$RC\frac{\mathrm{d}u_C''}{\mathrm{d}t}+u_C''=0$$

上式是一个一阶线性齐次微分方程，由本章第二节可知，其通解为

$$u_C''(t)=A\mathrm{e}^{-\frac{t}{RC}}$$

因此，u_C 的解为

$$u_C(t)=u_C'+u_C''=U_S+A\mathrm{e}^{-\frac{t}{RC}}\qquad(t\geqslant0)$$

根据 u_C 的初始条件可确定常数 *A*，即将 $u_C(0_+)=0$、$t=0$ 代入上式，可得

$$A=-U_S$$

所以电容电压的零状态响应为

$$u_C(t)=U_S-U_S\mathrm{e}^{-\frac{t}{RC}}\qquad(t\geqslant0)$$

令$\tau=RC$，则

$$u_C(t)=U_S(1-e^{-\frac{t}{\tau}}) \qquad (t\geqslant 0) \tag{7-12}$$

进而可得电流$i(t)$及电阻电压$u_R(t)$

$$i(t)=C\frac{du_C}{dt}=\frac{U_S}{R}e^{-\frac{t}{\tau}} \qquad (t\geqslant 0) \tag{7-13}$$

$$u_R(t)=Ri=U_Se^{-\frac{t}{\tau}} \qquad (t\geqslant 0) \tag{7-14}$$

$u_C(t)$、$u_R(t)$和$i(t)$随时间变化的曲线如图7-13a、b所示。

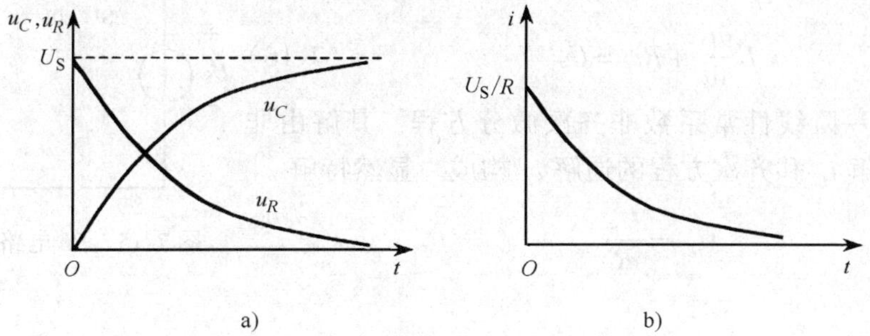

图7-13 RC电路零状态响应$u_C(t)$、$u_R(t)$和$i(t)$波形

由上述分析可知：电容元件在与恒定电压接通后的充电过程中，电压u_C从零值按指数规律上升趋于稳态值U_S；与此同时，电阻上的电压则从零跃变到最大值U_S后按指数规律衰减至趋于零值；电路中的电流也是从零跃变到最大值$\frac{U_S}{R}$后按指数规律衰减趋于零值。电压、电流上升或下降的快慢仍然取决于时间常数τ的大小。τ越大，u_C上升越慢，暂态过程(即充电时间)越长；反之，τ越小，u_C则上升越快，暂态过程也越短。当$t=\tau$时，$u_C(\tau)=(1-e^{-1})U_S=0.632U_S$，即电容电压增至稳态值的0.632倍。当$t=(3\sim5)\tau$时，$u_C$增至稳态值的0.95～0.997倍，通常认为此时电路已进入稳态，即充电过程结束。

由于u_C的稳态值也就是时间t趋于∞时的值，可记为$u_C(\infty)$，这样式(7-12)可写为

$$u_C(t)=u_C(\infty)(1-e^{-\frac{t}{\tau}}) \qquad (t\geqslant 0) \tag{7-15}$$

套用此式即可求得RC电路的零状态响应电压u_C，进而求得电流等。

例7-5 电路如图7-14所示，$U_S=9V$，$R_1=6k\Omega$，$R_2=3k\Omega$，$C=0.01\mu F$，$u_C(0_-)=0$。求S接通后的电容电压$u_C(t)$。

解 由图可知，电容元件初始储能为0，即$u_C(0_+)=u_C(0_-)=0$，故为零状态响应，下面求开关闭合后，电容电压的稳态值，稳态时电容相当于开路，则有

$$u_C(\infty)=\frac{U_S}{R_1+R_2}\times R_2=\frac{9}{6+3}\times 3V=3V$$

计算电路的时间常数

$$\tau=(R_1/\!/R_2)C=(2\times10^3\times0.01\times10^{-6})s=2\times10^{-5}s$$

将所求参数代入式(7-15)得

$$u_C(t)=3(1-e^{-\frac{t}{2\times10^{-5}}})=3(1-e^{-5\times10^4t})V$$

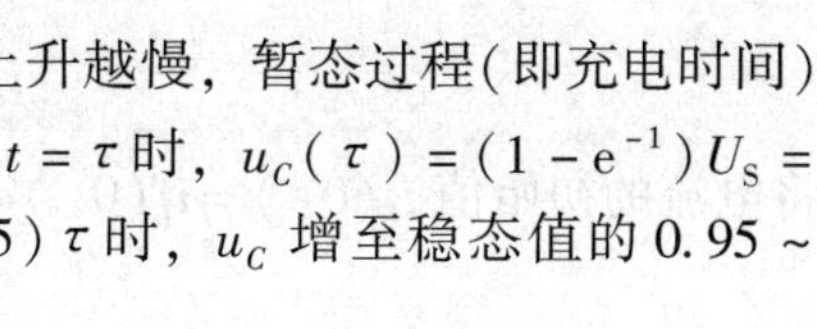

图7-14 例7-5电路

7.3.2 *RL* 电路的零状态响应

图 7-15 所示为 *RL* 串联电路，在接通直流电源前，电路中没有储存能量，根据换路定律有 $i_L(0_+)=i_L(0_-)=0$，所以称电路处于零状态。在 $t=0$ 时，开关闭合。

电路换路后，根据 KVL，列回路电压方程为

$$u_R+u_L=U_S$$

将 $u_L=L\dfrac{di_L}{dt}$，$u_R=Ri_L$ 代入上式，得

$$L\frac{di_L}{dt}+Ri_L=U_S \tag{7-16}$$

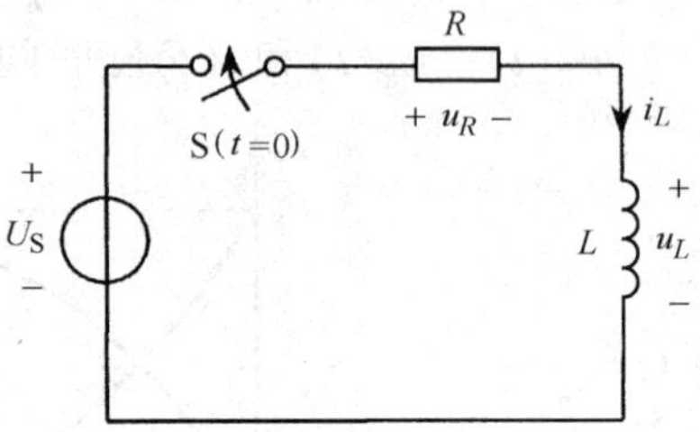

图 7-15 *RL* 电路的零状态响应

式(7-16)也是一阶线性常系数非齐次微分方程，其解由非齐次方程的特解 i_L' 和齐次方程的通解 i_L'' 构成。显然特解

$$i_L'=\frac{U_S}{R}$$

而

$$i_L''=Ae^{pt}=Ae^{-\frac{R}{L}t}$$

其中

$$p=-\frac{R}{L}$$

因此式(7-16)的解为

$$i_L(t)=i_L'+i_L''=\frac{U_S}{R}+Ae^{-\frac{R}{L}t}$$

将电流的初始值 $i_L(0_+)=i_L(0_-)=0$ 代入上式，可确定出积分常数为

$$A=-\frac{U_S}{R}$$

则电感电流的零状态响应为

$$i_L(t)=\frac{U_S}{R}-\frac{U_S}{R}e^{-\frac{R}{L}t}=\frac{U_S}{R}(1-e^{-\frac{t}{\tau}})=i_L(\infty)(1-e^{-\frac{t}{\tau}})\quad (t\geqslant 0) \tag{7-17}$$

其中 $\tau=\dfrac{L}{R}$ 是电路的时间常数，$i_L(\infty)$ 指稳态时电感的电流。

电阻上的电压

$$u_R(t)=Ri_L=U_S(1-e^{-\frac{t}{\tau}})\quad (t\geqslant 0) \tag{7-18}$$

电感上的电压

$$u_L(t)=L\frac{di_L}{dt}=U_Se^{-\frac{t}{\tau}}\quad (t\geqslant 0) \tag{7-19}$$

$i_L(t)$、$u_R(t)$、$u_L(t)$ 的曲线如图 7-16a、b 所示。

由以上分析可知：电流 i_L 由零开始按指数规律逐渐增长到稳态值 $\dfrac{U_S}{R}$；电感电压 u_L 则由零跃变到 U_S 后按同一指数规律逐渐衰减到零。

例 7-6 在图 7-17a 中，已知 $R_1=R_2=1\text{k}\Omega$，$L_1=15\text{mH}$，$L_2=L_3=10\text{mH}$，电流源 $I_S=$

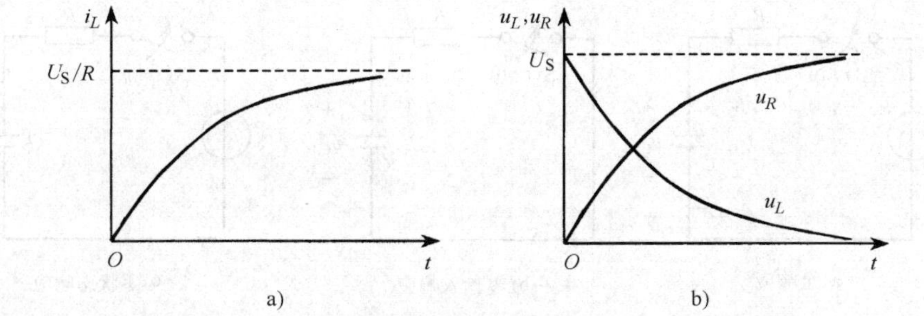

图 7-16　RL 电路零状态响应的 $i_L(t)$、$u_R(t)$、$u_L(t)$ 波形

10mA。当开关闭合后($t \geqslant 0$)求电流 i(设线圈间无互感)。

解　电感 $L = L_1 + \frac{L_2 L_3}{L_2 + L_3} = \left(15 \times 10^{-3} + \frac{(10 \times 10) \times 10^{-6}}{(10+10) \times 10^{-3}}\right) \mathrm{H} = 20 \times 10^{-3} \mathrm{H} = 20 \mathrm{mH}$

等效电路如图 7-17b 所示，电感电流的初始值为零，即 $i(0_+) = i_L(0_+) = i_L(0_-) = 0$，开关 S 闭合后，电感电流的稳态值为

$$i_L(\infty) = \frac{R_1}{R_1 + R_2} I_S = \frac{1}{2} \times 10 \mathrm{mA} = 5 \mathrm{mA}$$

下面求电路的时间常数。注意求电路时间常数时应将电路中的电源除去，即理想电压源短路，理想电流源开路，则时间常数为

$$\tau = \frac{L}{R_1 + R_2} = \frac{20 \times 10^{-3}}{2 \times 10^3} \mathrm{s} = 10 \times 10^{-6} \mathrm{s} = 10 \mu\mathrm{s}$$

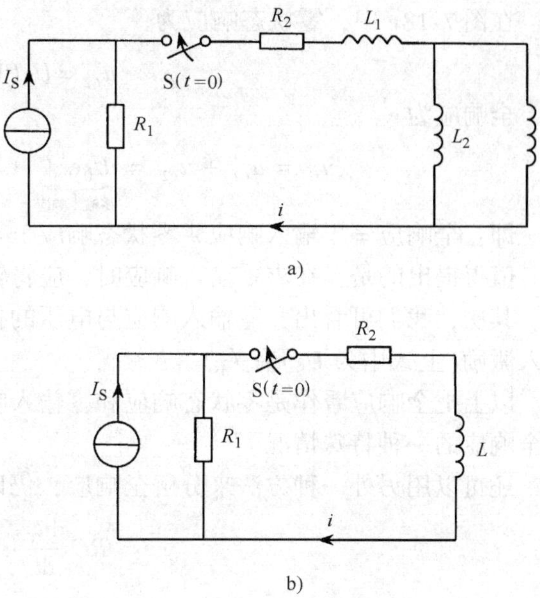

图 7-17　例 7-6 电路

于是

$$i(t) = i_L(\infty)(1 - e^{-\frac{t}{\tau}}) = 5(1 - e^{-\frac{t}{10 \times 10^{-6}}}) \mathrm{mA} = 5(1 - e^{-10^5 t}) \mathrm{mA}$$

7.4　一阶电路的全响应

前两节分别讨论了一阶电路的零输入响应和零状态响应。当一个非零初始状态的电路受到激励时，电路中的响应称为全响应。对于线性电路，全响应为零输入响应和零状态响应两者的叠加。现以图 7-18 所示的 RC 电路为例进行讨论。

在图 7-18a 所示电路中，设电容的初始电压为 $u_C(0_+) = U_0$，开关 S 在 $t=0$ 时闭合接通直流电源 U_S，则此 RC 电路的响应为全响应。可以发现，换路后该电路的全响应(电容电压)可看成为电容电压的零状态响应和零输入响应的合成。

在图 7-18b 中，零输入响应为

$$u_{C1} = U_0 e^{-\frac{t}{\tau}}$$

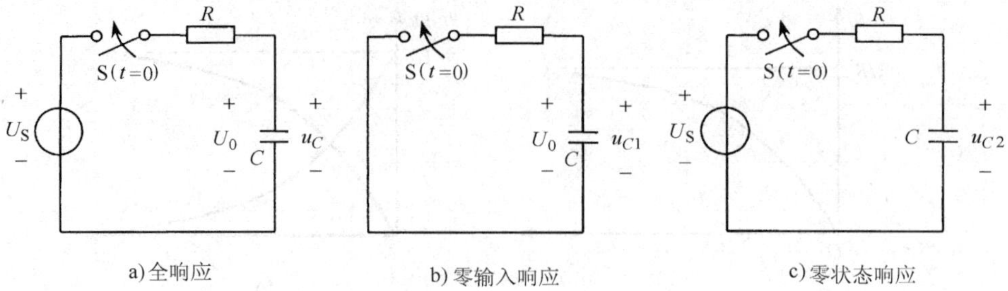

图 7-18 *RC* 电路的全响应

在图 7-18c 中，零状态响应为

$$u_{C2} = U_S(1 - e^{-\frac{t}{\tau}})$$

全响应为

$$u_C = u_{C1} + u_{C2} = \underbrace{U_0 e^{-\frac{t}{\tau}}}_{\text{零输入响应}} + \underbrace{U_S(1 - e^{-\frac{t}{\tau}})}_{\text{零状态响应}} \quad (t \geqslant 0) \tag{7-20}$$

即：全响应 = 零输入响应 + 零状态响应

值得提出的是：在求零输入响应时，应将输入激励去掉，即将电压源短路、将电流源开路。其次，我们可看出，零输入响应与电压的初始值(上式中为 U_0)有关；零状态响应则与输入激励(上式中为 U_S)有关。

以上把全响应看作是零状态响应和零输入响应之和。显然，零状态响应和零输入响应都是全响应的一种特殊情况。

还可以用另外一种方法来分解全响应，仍以图 7-18a 所示电路为例，其微分方程为

$$RC\frac{du_C}{dt} + u_C = U_S$$

初始条件为 $u_C(0_+) = U_0$。方程的特解为 U_S，而齐次方程的通解为 $Ae^{-\frac{t}{RC}}$，故有

$$u_C = Ae^{-\frac{t}{RC}} + U_S$$

由初始条件可求得积分常数 A 为

$$A = U_0 - U_S$$

于是得

$$u_C = \underbrace{(U_0 - U_S)e^{-\frac{t}{RC}}}_{\text{暂态分量}} + \underbrace{U_S}_{\text{稳态分量}} \quad (t \geqslant 0) \tag{7-21}$$

式(7-21)中，暂态分量 $(U_0 - U_S)e^{-\frac{t}{RC}}$ 是齐次微分方程的通解，是按指数规律衰减的，称为暂态响应；稳态分量 $U_S = u_C(\infty)$ 是非齐次方程的特解，它受输入的制约，称为稳态响应。因而全响应可分解为暂态响应和稳态响应之和。

无论是把全响应分解为零输入响应与零状态响应之和，还是分解为暂态响应与稳态响应之和，只不过是分析问题的方法不同，本质上真正的响应则是全响应。

例 7-7 图 7-19a 所示电路原已稳定，在 $t = 0$ 时开关 S 闭合，求全响应 u_C。已知 $R_1 = R_2 = R_3 = 10\Omega$，$C = 100\mu F$，$U_S = 10V$。

解 方法一：全响应分解为零输入响应和零状态响应的叠加。

在图 7-19a 中，由于开关 S 闭合前电路已处于稳态，故电容电压的初始值为

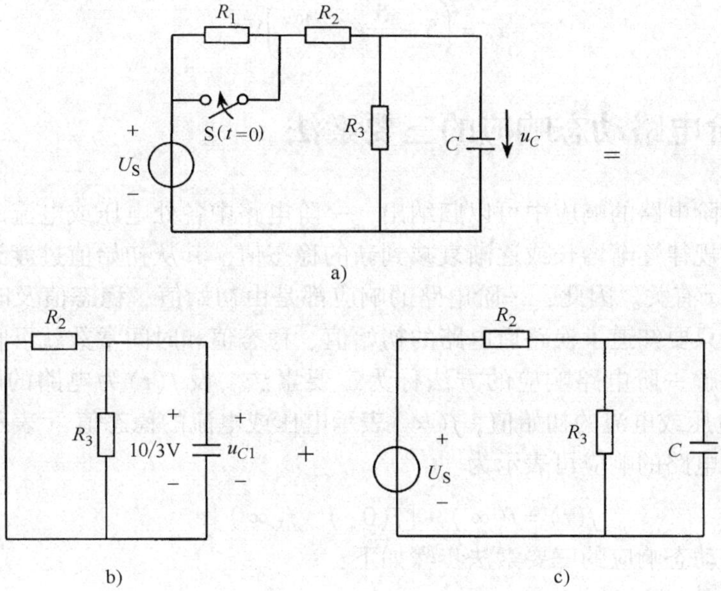

图 7-19 例 7-7 电路

$$u_C(0_+)=u_C(0_-)=\frac{R_3}{R_1+R_2+R_3}U_S=\frac{10}{10+10+10}\times 10\text{V}=\frac{10}{3}\text{V}$$

S 闭合后，时间常数

$$\tau=(R_2/\!/R_3)C=5\times 100\times 10^{-6}\text{s}=5\times 10^{-4}\text{s}$$

在图 7-19b 中，零输入响应为

$$u_{C1}=u_C(0_+)\text{e}^{-\frac{t}{\tau}}=\frac{10}{3}\text{e}^{-2\times 10^3 t}\text{V}$$

在图 7-19c 中，电容电压的稳态值为

$$u_C(\infty)=\frac{U_S}{R_2+R_3}\times R_3=\frac{10}{10+10}\times 10\text{V}=5\text{V}$$

则电路的零状态响应为

$$u_{C2}=u_C(\infty)(1-\text{e}^{-\frac{t}{\tau}})=5(1-\text{e}^{-2\times 10^3 t})\text{V}$$

将以上两部分叠加得 u_C 的全响应为

$$u_C=u_{C1}+u_{C2}=\left[\frac{10}{3}\text{e}^{-2\times 10^3 t}+5(1-\text{e}^{-2\times 10^3 t})\right]\text{V}=\left(5-\frac{5}{3}\text{e}^{-2\times 10^3 t}\right)\text{V}$$

方法二：全响应分解为稳态分量和暂态分量的叠加。

由以上知 $u_C(0_+)=\frac{10}{3}\text{V}$，$\tau=5\times 10^{-4}\text{s}$，而稳态分量 $u_C(\infty)=5\text{V}$

暂态分量为 $A\text{e}^{-\frac{t}{\tau}}$，则

$$u_C=5+A\text{e}^{-\frac{t}{\tau}}$$

将 $u_C(0_+)=\frac{10}{3}\text{V}$，$t=0$，代入上式得

$$A=\left(\frac{10}{3}-5\right)\text{V}=-\frac{5}{3}\text{V}$$

所以全响应为
$$u_C=\left(5-\frac{5}{3}e^{-2\times10^3t}\right)V$$

7.5 求解一阶电路动态响应的三要素法

从前面求解一阶电路的响应中可以归纳出，一阶电路中各处电压或电流的响应都是从初始值开始，按指数规律逐渐增长或逐渐衰减到新的稳态值，其从初始值过渡到稳态值的时间与电路的时间常数τ有关。因此，一阶电路的响应都是由初始值、稳态值及时间常数这三要素决定的。这样，只要知道了换路后电路的初始值、稳态值和时间常数就可直接写出一阶电路的响应，这种求解一阶电路响应的方法称为三要素法。设$f(t)$为电路的响应（电压或电流），$f(0_+)$表示电压或电流的初始值，$f(\infty)$表示电压或电流的稳态值，τ表示换路后电路的时间常数，则一阶电路的响应可表示为

$$f(t)=f(\infty)+[f(0_+)-f(\infty)]e^{-\frac{t}{\tau}} \tag{7-22}$$

求解一阶电路动态响应的三要素法步骤如下：

（1）确定初始值$f(0_+)$

1）先作$t=0_-$等效电路（电容视为开路，电感视为短路），确定换路前$u_C(0_-)$，$i_L(0_-)$。

2）由换路定律得$u_C(0_+)=u_C(0_-)$，$i_L(0_+)=i_L(0_-)$。

3）作$t=0_+$等效电路

对于电容器，若$u_C(0_+)=u_C(0_-)=U_0$，则C可用电压为U_0的电压源来代替；若$u_C(0_+)=u_C(0_-)=0$，则C视为短路。

对于电感器，若$i_L(0_+)=i_L(0_-)=I_0$，则L可用电流为I_0的电流源来代替，若$i_L(0_+)=i_L(0_-)=0$，则L视为开路。

4）在$t=0_+$等效电路中，求其他电压或电流的初始值。

（2）确定稳态值$f(\infty)$。作$t=\infty$电路，换路后暂态过程结束，电路进入新的稳态，此时，C视为开路，L视为短路。在此电路中，求各电压或电流的稳态值。

（3）求时间常数τ。在RC电路中，$\tau=RC$；在RL电路中，$\tau=\dfrac{L}{R}$。其中R是将电路中所有独立源除去（即理想电压源短路，理想电流源开路）后，从C或L两端看进去的等效电阻（即戴维南等效电阻）。

（4）由式（7-22）写出电路中电压或电流的响应表达式。

需要指出的是，三要素法仅适用于一阶线性电路，对二阶或高阶电路是不适用的。下面举例说明三要素法的应用。

例7-8 图7-20所示电路中，$u_C(0_-)=0$，$U_S=6V$，$R_1=10k\Omega$，$R_2=20k\Omega$，$C=10^3pF$，求$t\geqslant0$时的u_C、u_0和i。

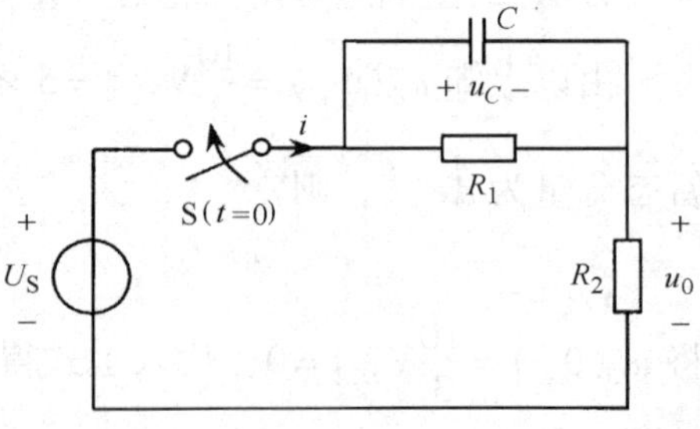

图7-20 例7-8电路图

解 （1）确定初始值。

已知$u_0(0_-)=0$，根据换路定律得$u_C(0_+)=u_C(0_-)=0$，即换路瞬间电容相当于短路，所以

$$u_0(0_+)=U_S=6V$$

$$i(0_+)=\frac{U_S}{R_2}=\frac{6}{20}\text{mA}=0.3\text{mA}$$

（2）确定稳态值，稳态时，C 视为开路，则

$$u_C(\infty)=\frac{R_1}{R_1+R_2}U_S=\frac{10}{10+20}\times 6\text{V}=2\text{V}$$

$$u_0(\infty)=U_S-u_C(\infty)=(6-2)\text{V}=4\text{V}$$

$$i(\infty)=\frac{U_S}{R_1+R_2}=\frac{6}{10+20}\text{mA}=0.2\text{mA}$$

（3）确定电路的时间常数。

$$\tau=(R_1/\!/R_2)C=\frac{R_1R_2}{R_1+R_2}C=\frac{10\times 20}{10+20}\times 10^3\times 10^3\times 10^{-12}\text{s}=\frac{2}{3}\times 10^{-5}\text{s}$$

（4）将以上求出的三要素值代入式(7-22)，得出

$$u_C=[2+(0-2)e^{(-\frac{3}{2}\times 10^5t)}]\text{V}=[2-2e^{(-1.5\times 10^5t)}]\text{V}$$

$$u_0=[4+(6-4)e^{(-\frac{3}{2}\times 10^5t)}]\text{V}=[4+2e^{(-1.5\times 10^5t)}]\text{V}$$

$$i=[0.2+(0.3-0.2)e^{(-\frac{3}{2}\times 10^5t)}]\text{mA}=(0.2+0.1e^{-1.5\times 10^5t})\text{mA}$$

所求 u_C、u_0 和 i 的变化曲线如图 7-21 所示。

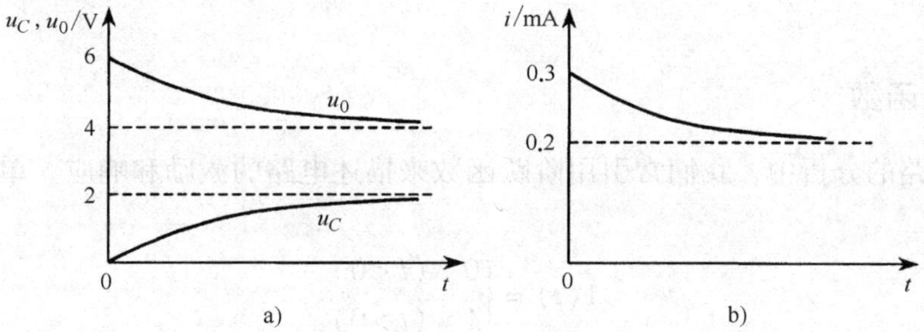

图 7-21　例 7-8 波形图

例 7-9　已知图7-22所示电路中 $U_S=220\text{V}$，$R_1=24\Omega$，$R_2=20\Omega$，$L=0.22\text{H}$。设开关 S 断开前电路已处于稳态。试求：(1)S 断开后的电流 i；(2)经过多长时间电流降至 8A。

解　（1）应用三要素法求电流 i 的表达式

确定初始值

$$i(0_+)=i(0_-)=\frac{U_S}{R_2}=\frac{220}{20}\text{A}=11\text{A}$$

确定稳态值

$$i(\infty)=\frac{U_S}{R_1+R_2}=\frac{220}{24+20}\text{A}=5\text{A}$$

确定电路的时间常数

$$\tau=\frac{L}{R_1+R_2}=\frac{0.22}{24+20}\text{s}=0.5\times 10^{-2}\text{s}$$

将 $i(0_+)$、$i(\infty)$ 和 τ 值代入式(7-22)得

$$i=5+(11-5)e^{-\frac{1}{0.5\times 10^{-2}}t}=5+6e^{-200t}\text{A}$$

电流变化曲线如图 7-23 所示。

（2）当电流变化到 8A 时，由上式得

$$8=5+6\mathrm{e}^{-200t}$$

$$t=\frac{\ln 2}{200}\mathrm{s}=0.0035\mathrm{s}$$

即电流 i 由初始值 11A 下降到 8A 所需要的时间是 0.0035s。

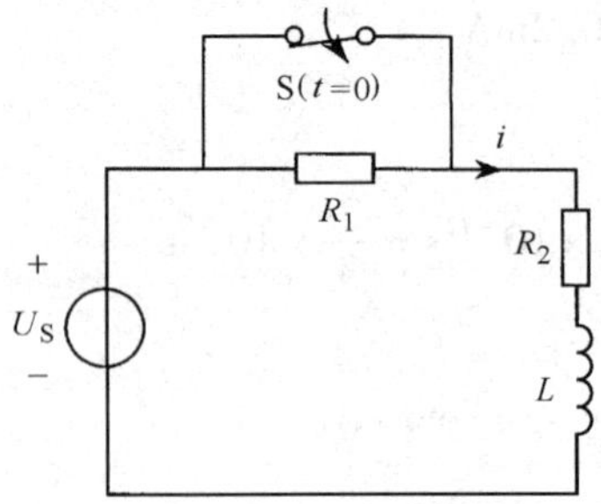

图 7-22 例 7-9 电路

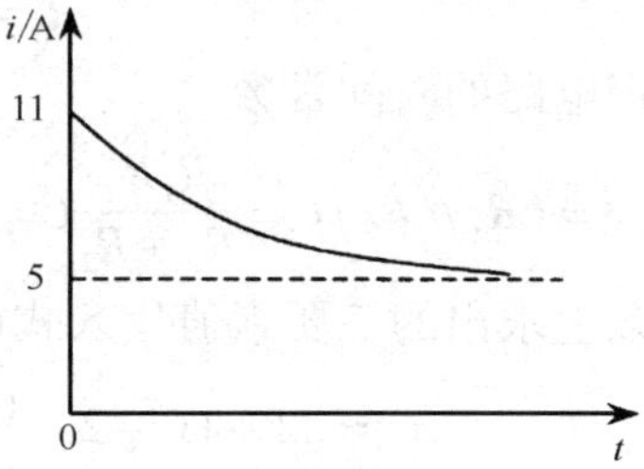

图 7-23 例 7-9 波形图

7.6 一阶电路的阶跃响应

7.6.1 阶跃函数

在动态电路的分析中，我们常引用阶跃函数来描述电路的激励和响应。单位阶跃函数的定义为

$$1(t)=\begin{cases}0 & (t<0)\\ 1 & (t>0)\end{cases} \tag{7-23}$$

其波形如图 7-24a 所示。

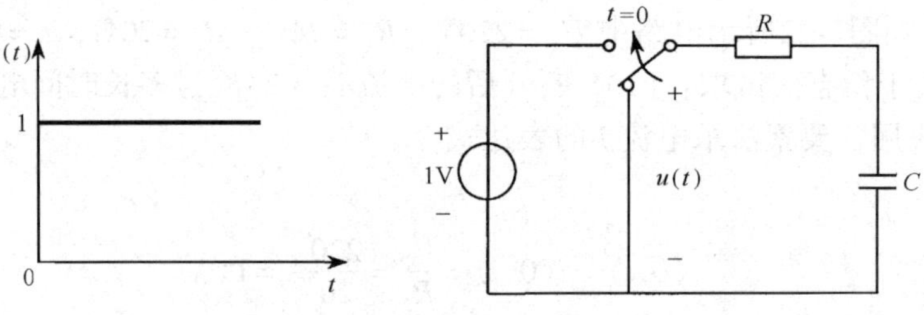

a) b)

图 7-24 单位阶跃响应

阶跃函数可以用来描述图 7-24b 所示的开关动作，它表示在 $t=0$ 时把电路接到 1V 直流电压时 $u(t)$ 的值。

上述的阶跃函数可用来表明在 $t=0$ 时由换路而产生的波形，我们还可以把它推广应用于任何由换路而产生的波形。如果单位阶跃函数在 $t>t_0$ 时为正值 1，在 $t<t_0$ 时值为零，也就是说这一阶跃函数是在 $t=t_0$ 时而不是 $t=0$ 时发生跃变的，即

$$1(t-t_0)=\begin{cases}0 & (t<t_0)\\ 1 & (t>t_0)\end{cases} \tag{7-24}$$

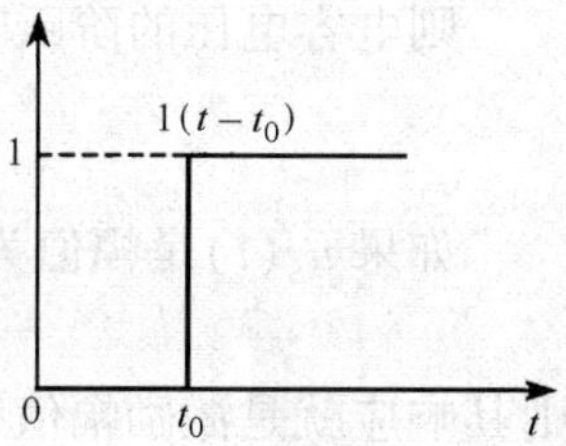

图 7-25　延迟的单位阶跃函数

这就是延迟阶跃函数。其波形如图 7-25 所示。

假如在 $t=t_0$ 时把电路接在一个大小为 U_0 的直流电压源上，则此外施电压就可写作 $U_0\cdot 1(t-t_0)$。

利用阶跃函数可以组合其他复杂信号。例如图 7-26a 所示的矩形脉冲信号，可以分解为图 7-26b 所示两个阶跃函数的合成，即可表示成

$$f(t)=2\cdot 1(t)-2\cdot 1(t-t_0)$$

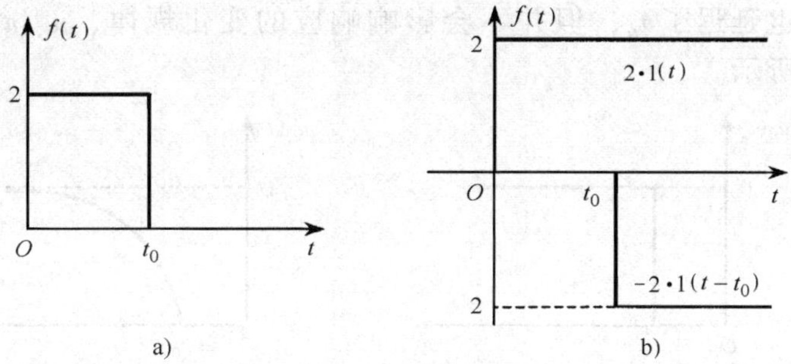

图 7-26　阶跃函数的合成

7.6.2　一阶电路的阶跃响应

电路在零状态条件下，输入为阶跃信号时的响应称为阶跃响应。对于单位阶跃信号的响应，称为单位阶跃响应，用 $\delta(t)$ 表示。

一阶电路的单位阶跃响应就是一阶电路与幅值为 1 的直流激励接通时电路中的零状态响应。因此它可由本章第三节介绍的方法或三要素法直接求得。如图 7-27a 所示的 RC 电路在激励电压源 $u_S(t)=1(t)$ 作用下，电容电压的单位阶跃响应为

$$\delta(t)=u_C(t)=\left(1-e^{-\frac{t}{\tau}}\right)\cdot 1(t) \tag{7-25}$$

式中，乘以 $1(t)$ 表示响应是从 $t=0$ 时开始。$u_S(t)$ 和 $u_C(t)$ 的波形分别如图 7-27b、c 所示。如果 $u_S(t)$ 是幅值为 U 的阶跃函数，即

$$u_S(t)=U\cdot 1(t)$$

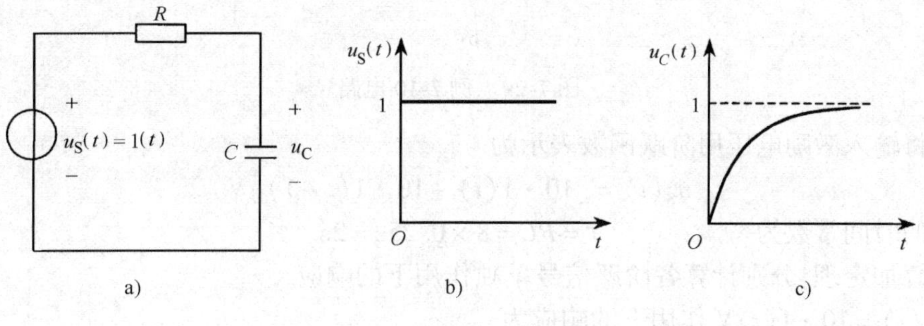

图 7-27　RC 电路的阶跃响应

则电容电压的阶跃响应为

$$u_C(t)=U\left(1-\mathrm{e}^{-\frac{t}{RC}}\right)\cdot 1(t) \tag{7-26}$$

如果 $u_S(t)$ 是幅值为 U 的延迟阶跃函数，即

$$u_S(t)=U\cdot 1(t-t_0)$$

则其响应就是激励幅值为 U 时的延迟阶跃响应。可直接将对应响应中的 t 全部换成 $(t-t_0)$ 而得到，因此由式(7-26)可得延迟阶跃响应为

$$u_C(t)=U\left(1-\mathrm{e}^{-\frac{t-t_0}{RC}}\right)\cdot 1(t-t_0) \tag{7-27}$$

由于阶跃激励的阶跃时刻延迟了 t_0，相当于激励接入电路的时间延迟了 t_0，因此，响应的起始时间也延迟了 t_0，但并不会影响响应的变化规律，$u_S(t)$ 和 $u_C(t)$ 的波形分别如图7-28a、b所示。

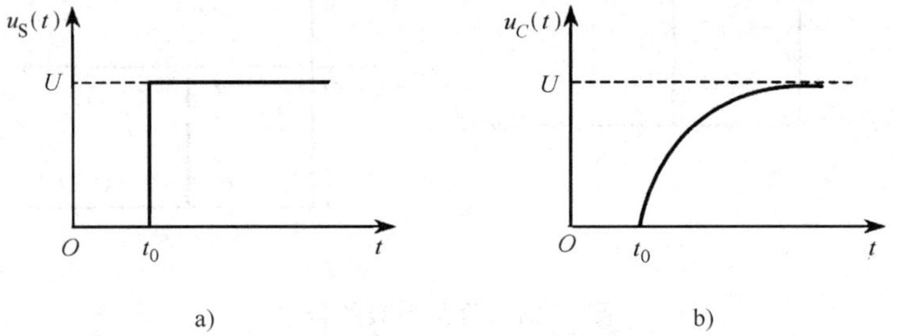

图 7-28 延迟阶跃函数及其响应

例 7-10 图7-29a所示电路中，激励电压 $u_S(t)$ 的波形如图 7-29b 所示。试求电路的零状态响应 $u_C(t)$。

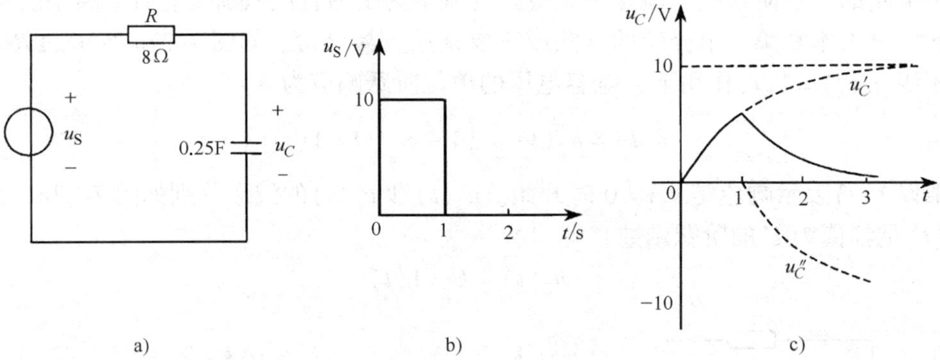

图 7-29 例 7-10 电路

解 将输入激励电压用阶跃函数表示为

$$u_S(t)=[10\cdot 1(t)-10\cdot 1(t-1)]\mathrm{V}$$

电路的时间常数为 $\tau=RC=8\times 0.25\mathrm{s}=2\mathrm{s}$

根据叠加定理,分别计算各阶跃信号单独作用下的响应

在 $u_S'(t)=10\cdot 1(t)\mathrm{V}$ 作用下的响应为

$$u_C'(t)=10\left(1-\mathrm{e}^{-\frac{t}{2}}\right)\cdot 1(t)\,\mathrm{V}$$

在 $u_S''(t)=-10\cdot 1(t-1)\,\mathrm{V}$ 作用下的响应为

$$u_C''(t)=-10\left(1-\mathrm{e}^{-\frac{t-1}{2}}\right)\cdot 1(t-1)\,\mathrm{V}$$

则

$$\begin{aligned}u_C(t)&=u_C'(t)+u_C''(t)\\&=10\left(1-\mathrm{e}^{-\frac{t}{2}}\right)\cdot 1(t)-10\left(1-\mathrm{e}^{-\frac{t-1}{2}}\right)\cdot 1(t-1)\,\mathrm{V}\end{aligned}$$

$u_C(t)$的波形如图7-29c实线所示。它可以看成是$u_C'(t)$和$u_C''(t)$(如图中虚线所示)两个曲线的合成。

*7.7　二阶 *RLC* 电路的零输入响应

电路响应的数学模型为二阶微分方程的电路称为二阶电路。比较典型的二阶电路是由一个电容元件和一个电感元件以及电阻元件构成的，即为 *RLC* 电路。这种电路中，既存在电场能量又存在磁场能量，因此它的响应与一阶电路的响应有明显的区别。本节通过对 *RLC* 串联电路的讨论来阐明二阶电路的分析求解方法。

在图7-30中，将一充电的电容从电源上断开，而与 *RL* 接通，若电容电压的初始值为$u_C(0_+)=U$，则储能元件将通过电路进行放电。这是一个零输入响应电路。现在来分析电容电压 u_C 和电路中电流 i 的变化规律。

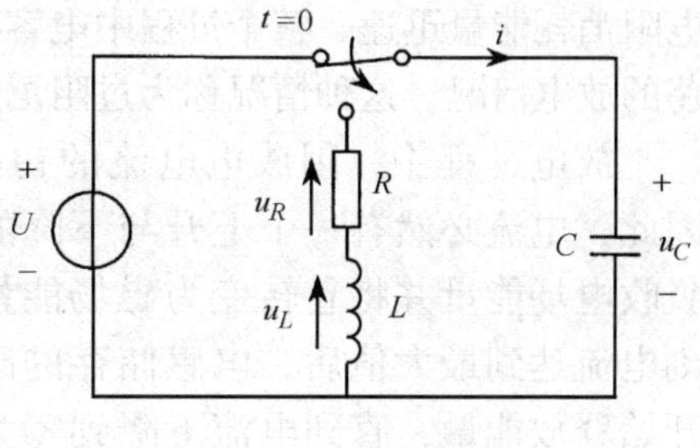

图7-30　*RLC* 电路的零输入响应

在 $t\geqslant 0$ 时，根据KVL有

$$L\frac{\mathrm{d}i}{\mathrm{d}t}+Ri+u_C=0$$

其中 $i=C\dfrac{\mathrm{d}u_C}{\mathrm{d}t}$，将它代入KVL方程，得

$$LC\frac{\mathrm{d}^2u_C}{\mathrm{d}t^2}+RC\frac{\mathrm{d}u_C}{\mathrm{d}t}+u_C=0 \tag{7-28}$$

式(7-28)为线性二阶常系数齐次微分方程，$u_C(t)$是待求变量。根据微分方程理论，该方程解的形式将由特征方程根的性质决定。式(7-28)的特征方程为

$$LCp^2+RCp+1=0$$

两个特征根为

$$p_{1,2}=-\frac{R}{2L}\pm\sqrt{\left(\frac{R}{2L}\right)^2-\frac{1}{LC}}=-\delta\pm\sqrt{\delta^2-\omega_0^2} \tag{7-29}$$

式中，$\delta=\dfrac{R}{2L}$，称为衰减系数；$\omega_0=\dfrac{1}{\sqrt{LC}}$，称为回路谐振角频率。根据$\delta$和$\omega_0$的大小，特征根 p_1、p_2 有三种不同的形式，分别是：

1）当$\delta>\omega_0$，即$R>2\sqrt{\dfrac{L}{C}}$时，p_1 和 p_2 是两个不相等的负实根，则齐次微分方程的通

解形式为

$$u_C(t)=A_1e^{p_1t}+A_2e^{p_2t} \tag{7-30}$$

可推出

$$i(t)=C\frac{du_C}{dt}=C(p_1A_1e^{p_1t}+p_2A_2e^{p_2t}) \tag{7-31}$$

式中，待定积分常数 A_1、A_2 取决于初始条件。将初始条件 $u_C(0_+)=U$，$i(0_+)=0$，代入以上两式，得

$$\begin{cases}A_1+A_2=U\\p_1A_1+p_2A_2=0\end{cases}$$

解得积分常数

$$\begin{cases}A_1=\dfrac{p_2}{p_2-p_1}U\\[2ex]A_2=\dfrac{p_1}{p_1-p_2}U\end{cases} \tag{7-32}$$

很明显，$u_C(t)$按指数规律单调地衰减到零，响应是非振荡的，$u_C(t)$、$i(t)$的波形如图7-31所示。从物理意义上来说，初始时刻后，电容通过电感、电阻放电，它的电场能量一部分转变为磁场能量储存于电感中，另一部分则为电阻所消耗。由于电阻比较大$\left(R>2\sqrt{\dfrac{L}{C}}\right)$，电阻消耗能量迅速。整个过程中电容都处于放电状态，因此，电容电压单调地下降，形成非振荡的放电情况，这种情况称为过阻尼。

放电过程中，因放电电流的初始值和稳态值均为零，因此，电流必然有一个上升与下降的过程，放电初期电感吸收电场能量并将它转变为磁场能量储存起来，在某一时刻电流达到最大值后，电感储存的磁场能量不再增加，并开始释放能量，直到电流下降到零为止。整个放电过程是一个非振荡的放电过程。

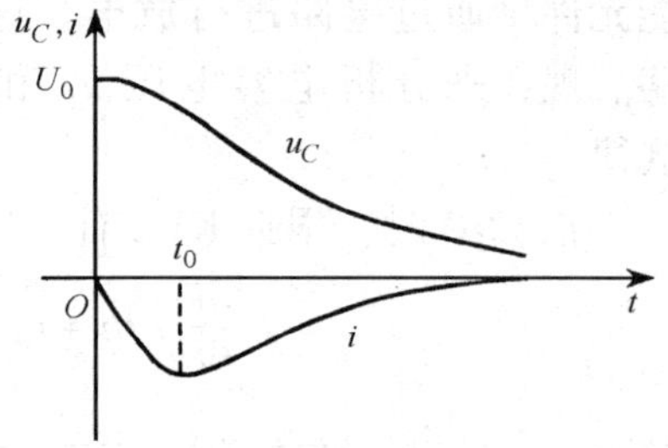

图7-31 非振荡放电过程

2）当 $\delta=\omega_0$，即 $R=2\sqrt{\dfrac{L}{C}}$时，p_1、p_2 为两个相等的负实根，$p_1=p_2=-\delta$，其响应 u_C 的通解为

$$u_C(t)=(A_1+A_2t)e^{-\delta t} \tag{7-33}$$

可见，这种情况的响应也是非振荡的，u_C 的变化仍然是从初始值开始逐渐衰减到零。这种情况的放电过程是振荡与非振荡的分界线，称为临界阻尼。u_C 与放电电流的曲线和图7-31相似，这里不再画出。

3）当 $\delta<\omega_0$，即 $R<2\sqrt{\dfrac{L}{C}}$时，p_1、p_2 为具有负实部的共轭复数根，可写为

$$p_1=-\delta+j\sqrt{\omega_0^2-\delta^2}=-\delta+j\omega_d$$

$$p_2=-\delta-j\sqrt{\omega_0^2-\delta^2}=-\delta-j\omega_d$$

式中，$\omega_d=\sqrt{\omega_0^2-\delta^2}$，此时 u_C 的通解为

$$u_C(t)=Ae^{-\delta t}\sin(\omega_dt+\beta) \tag{7-34}$$

式中，A 和 β 是待定的积分常数。式(7-34)说明 $u_C(t)$ 是衰减振荡，如图 7-32 所示。它的振幅是随时间按指数衰减的，振荡角频率为 ω_d，ω_d 越大，振荡周期越小，振荡加快。衰减的快慢与 δ 的大小有关，故 δ 称为衰减系数。图 7-32 中所示按指数规律衰减的虚线称为包络线，显然，如果 δ 增大，包络线就衰减得更快些，也就表明振荡的幅度衰减更快，这种情况称为欠阻尼。

特殊情况下，当 $\delta=0$，即 $R=0$ 时，p_1、p_2 为共轭虚数：$p_1=\mathrm{j}\omega_0$、$p_2=-\mathrm{j}\omega_0$，此时的响应为

$$u_C(t)=A\sin(\omega_d t+\beta) \tag{7-35}$$

这是等幅振荡型，称为无阻尼。此时的 u_C 和 i 都是不衰减的正弦函数。

下面通过具体例子说明二阶电路零输入响应的求解方法。

例 7-11　图7-33电路中，在 $t=0$ 时开关 S 打开。设 S 打开前电路已稳定。$R_0=10\Omega$，$L=10\text{H}$，$C=0.1\text{F}$，$U_S=20\text{V}$。试求当电路中的 R 为 40Ω 时，电容电压 $u_C(t)$ 及电感电流 $i_L(t)$ 的变化规律，并画出它们的波形。

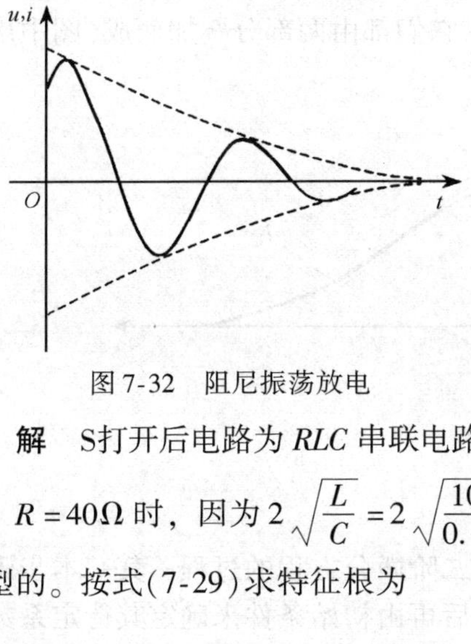

图 7-32　阻尼振荡放电

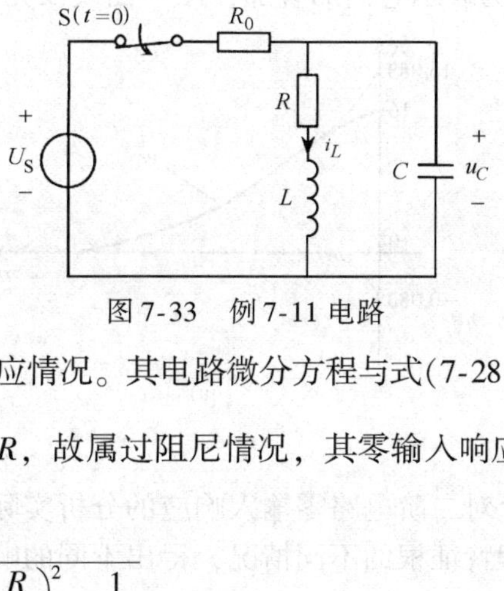

图 7-33　例 7-11 电路

解　S打开后电路为 RLC 串联电路的零输入响应情况。其电路微分方程与式(7-28)相同。

$R=40\Omega$ 时，因为 $2\sqrt{\dfrac{L}{C}}=2\sqrt{\dfrac{10}{0.1}}\Omega=20\Omega<R$，故属过阻尼情况，其零输入响应是非振荡型的。按式(7-29)求特征根为

$$\begin{aligned} p_{1,2} &= -\frac{R}{2L}\pm\sqrt{\left(\frac{R}{2L}\right)^2-\frac{1}{LC}} \\ &= -\frac{40}{2\times 10}\pm\sqrt{\left(\frac{40}{2\times 10}\right)^2-\frac{1}{10\times 0.1}} \\ &= -2\pm\sqrt{3} \end{aligned}$$

得

$$\begin{cases} p_1=-0.268 \\ p_2=-3.732 \end{cases}$$

电路响应的表达形式为

$$u_C(t)=A_1\mathrm{e}^{-0.268t}+A_2\mathrm{e}^{-3.732t}$$

$$\begin{aligned} i_L(t) &= -C\frac{\mathrm{d}u_C}{\mathrm{d}t}=-0.1\left[-0.268A_1\mathrm{e}^{-0.268t}-3.732A_2\mathrm{e}^{-3.732t}\right] \\ &= 0.0268A_1\mathrm{e}^{-0.268t}+0.3732A_2\mathrm{e}^{-3.732t} \end{aligned}$$

电路的初始条件为：

$$u_C(0_+)=u_C(0_-)=\frac{U_S}{R_0+R}\cdot R=\frac{20}{10+40}\times 40\text{V}=16\text{V}$$

$$i_L(0_+)=i_L(0_-)=\frac{U_S}{R_0+R}=\frac{20}{10+40}\text{A}=0.4\text{A}$$

将初始条件代入 $u_C(t)$、$i_L(t)$ 中，有

$$\begin{cases}16=A_1+A_2\\0.4=0.0268A_1+0.3732A_2\end{cases}$$

解得

$$A_1=16.083\text{V}$$

$$A_2=-0.083\text{V}$$

最后得到电路的响应为

$$u_C(t)=[16.083\text{e}^{-0.268t}-0.083\text{e}^{-3.732t}]\text{V}\qquad(t\geqslant 0)$$

$$i_L(t)=[0.431\text{e}^{-0.268t}-0.031\text{e}^{-3.732t}]\text{A}\qquad(t\geqslant 0)$$

它们的波形曲线分别如图 7-34a、b 中的实线所示，它们都由两部分叠加而成(图中虚线所示)，为表示它们的叠加，图中曲线没完全按比例画。

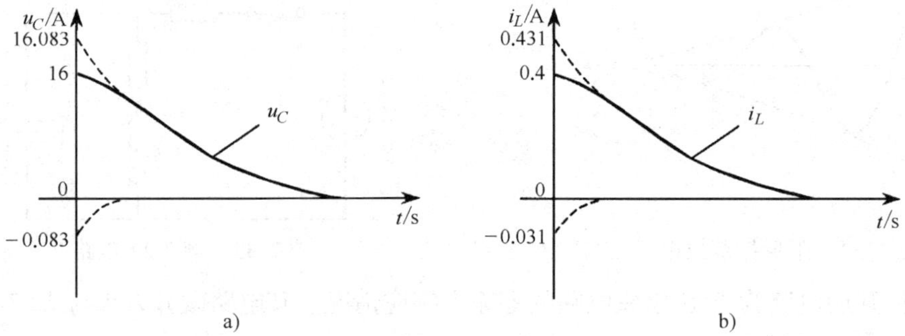

图 7-34

以上对二阶电路零输入响应的分析实际上就是求解二阶微分方程的过程，其基本步骤是根据方程特征根的不同情况，得出不同的响应形式，然后再由初始条件来确定其待定系数而得到电路响应。

本章小结

1. 电路的状态及参数改变都称为换路。

2. 电路中储能元件的能量变化过程短暂，因而叫做暂态过程。产生暂态过程的原因是储能元件的能量不能发生跃变。

3. 在换路瞬间($t=0$)，电容两端电压和电感中的电流都应保持原值而不跃变，这就是换路定律，即

$$u_C(0_+)=u_C(0_-),\ i_L(0_+)=i_L(0_-)$$

4. 电路中的暂态过程是指从换路后瞬间($t=0_+$)开始到新的稳定状态($t=\infty$)时结束。初始值计算的理论根据是换路定律。稳态值计算可从等效电路求出，在求稳态值时电容相当于开路，电感相当于短路。

5. 输入信号为零时的响应叫做零输入响应；储能元件初始储能为零时的响应叫做零状态响应；既有输入信号又非零初始条件的响应叫做全响应。任一变量的全响应都可分解为零输入响应和零状态响应。

6. 用经典法求解一阶线性暂态过程的步骤为：

1）列出微分方程式。

2）求出微分方程的特解和通解。

3）确定系数，写出暂态方程的全解。

7. 分析一阶线性电路的简便方法——三要素法：只要知道了 $f(\infty)$、$f(0_+)$ 和 τ 这三个要素，则一阶电路的响应为：$f(t)=f(\infty)+[f(0_+)-f(\infty)]e^{-\frac{t}{\tau}}$。

8. 介绍了二阶电路的过阻尼、欠阻尼及临界阻尼的放电过程，实际上就是对二阶微分方程求解的过程。

习 题 七

1. 在图7-35所示的电路中，试确定开关S刚断开后的电压 u_C 和电流 i_C、i_1、i_2 的初始值（S断开前电路已处于稳态）。

2. 在图7-36所示电路中，开关S原处于位置1，电路已经稳定。在 $t=0$ 时将开关S合到位置2，求换路后 i_1、i_2、i_L 及 u_L 的初始值。

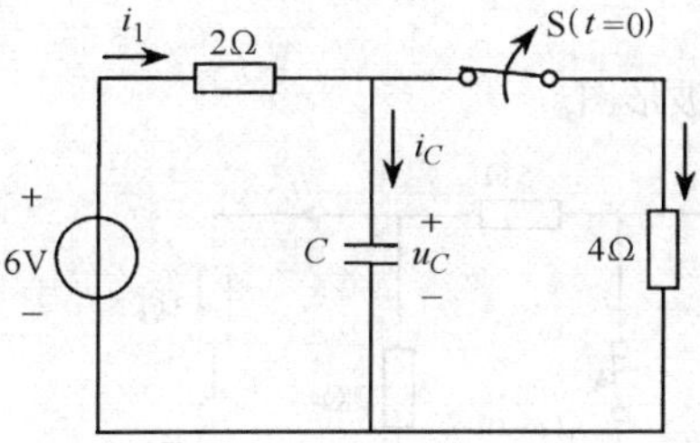

图 7-35

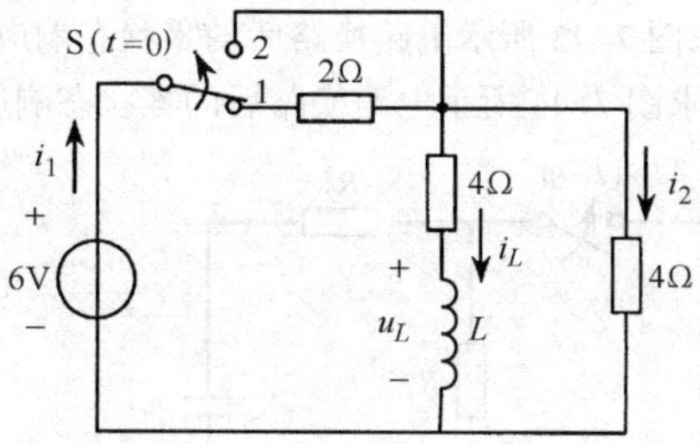

图 7-36

3. 图7-37所示电路中，分别求开关S接通与断开时的时间常数。已知 $R_1=R_2=R_3=1\text{k}\Omega$，$C=1000\text{pF}$。

4. 求图7-38所示电路在开关S闭合时的时间常数。已知 $R_1=R_2=10\text{k}\Omega$，$C=10\mu\text{F}$。

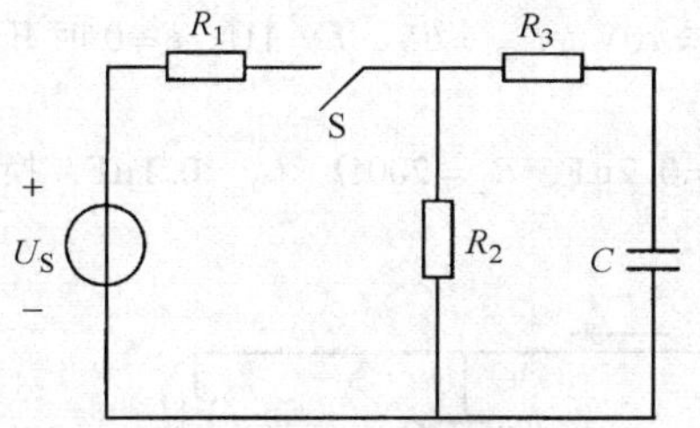

图 7-37

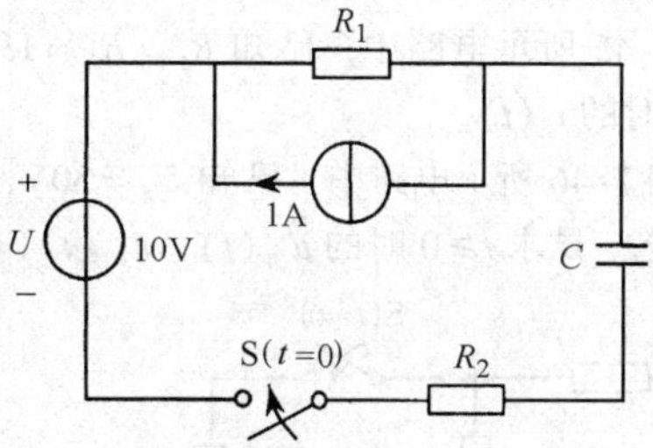

图 7-38

5. 图7-39所示电路原已达稳态，在 $t=0$ 时开关S合上。试求 $t\geqslant 0$ 时的电容电压 $u_C(t)$ 及电流 $i_C(t)$，并绘出波形图。

6. 有一 RC 放电电路如图7-40所示，已知电容元件上电压的初始值为 $u_C(0_+)=U_S=20\text{V}$，$R=10\text{k}\Omega$，放电开始0.01s后，测得放电电流为0.736mA，试问电容 C 的值为多少？

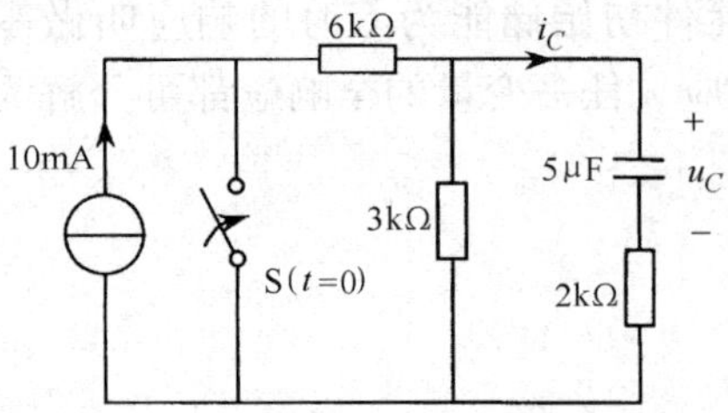

图 7-39

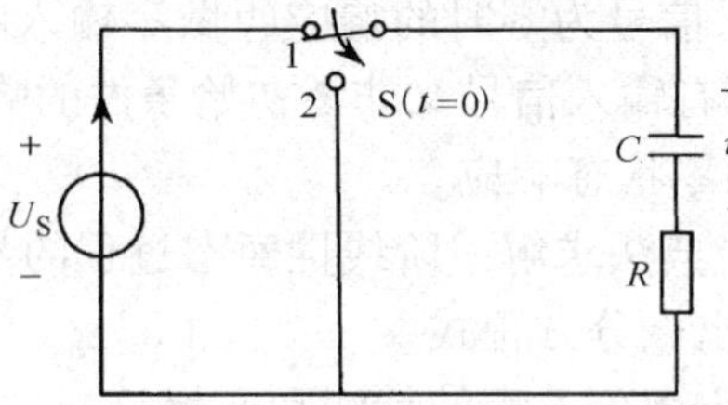

图 7-40

7. 图7-41所示电路在换路前已达稳态，在 $t=0$ 时开关S打开。试求：$t \geqslant 0$ 时的 $i(t)$ 及 $u_L(t)$，并绘出波形图。

8. 在图7-42中，$U_S=40\text{V}$，$R=5\text{k}\Omega$，$C=100\mu\text{F}$，并设 $u_C(0_-)=0$，试求：当开关闭合后电路中的电流 $i(t)$ 及各元件上的电压 $u_C(t)$ 和 $u_R(t)$，并作出它们的变化曲线。

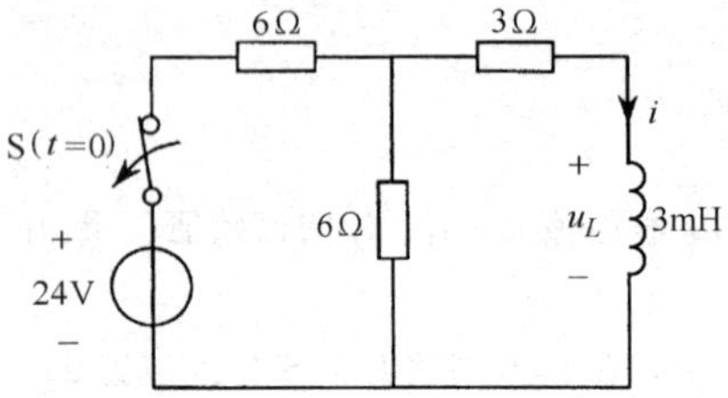

图 7-41

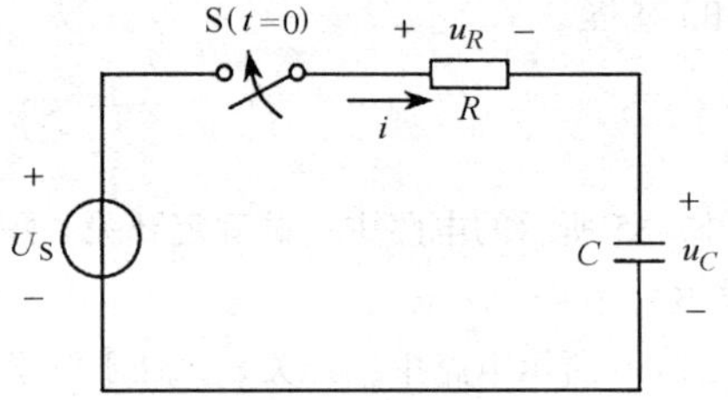

图 7-42

9. 试求图7-43所示电路换路后的零状态响应 $u_C(t)$。

10. 试求图7-44所示电路换路后的零状态响应 $i_L(t)$，并绘出波形图。

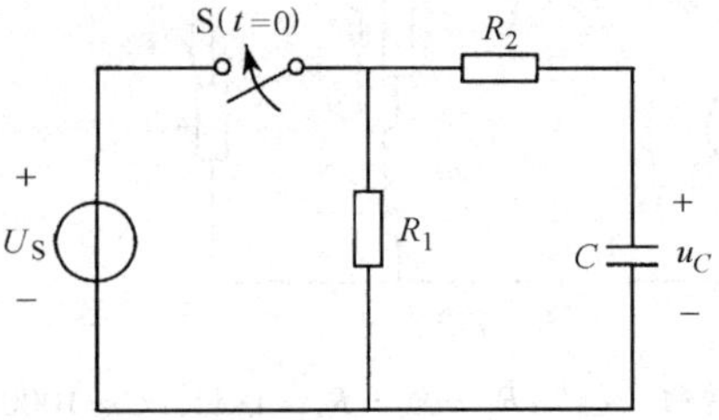

图 7-43

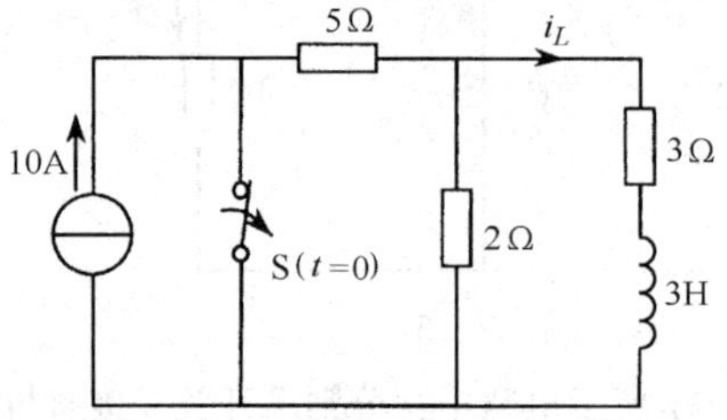

图 7-44

11. 图7-45所示电路中，已知 $R_1=R_2=1\Omega$，$R_3=2\Omega$，$U_{S1}=10\text{V}$，$U_{S2}=6\text{V}$，$L=1\text{H}$。$t=0$ 时开关闭合，求 $t \geqslant 0$ 时的 $i_L(t)$。

12. 在图7-46所示电路中，已知 $U_S=30\text{V}$，$R_1=100\Omega$，$C_1=0.2\mu\text{F}$，$R_2=200\Omega$，$C_2=0.1\mu\text{F}$，换路前电路处于稳态。试求 $t \geqslant 0$ 时的 $u_{C1}(t)$、$u_{C2}(t)$、$i(t)$。

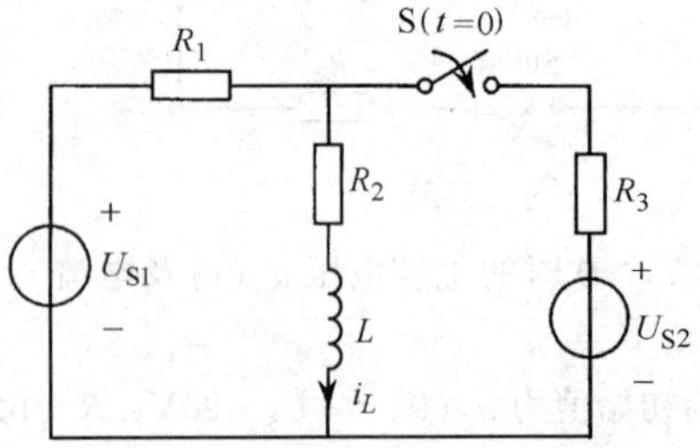

图 7-45

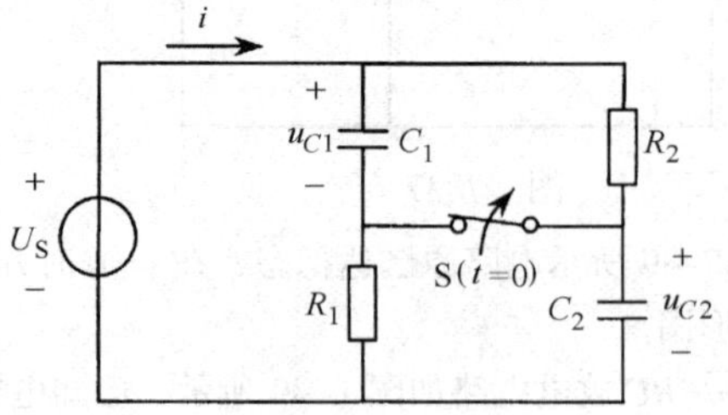

图 7-46

13. 如图7-47所示电路，换路前已稳定，在 $t=0$ 时，开关S合上，试求 $t \geqslant 0$ 时的响应 $u_C(t)$ 并绘出波形图。

14. 电路如图 7-48 所示，已知 $U_S=2V$，$R_1=R_3=2\Omega$，$R_2=4\Omega$，$L=2mH$，开关 S 闭合前电路已处于稳态。试求 S 闭合后的电流 $i_L(t)$ 及电压 $u_L(t)$。

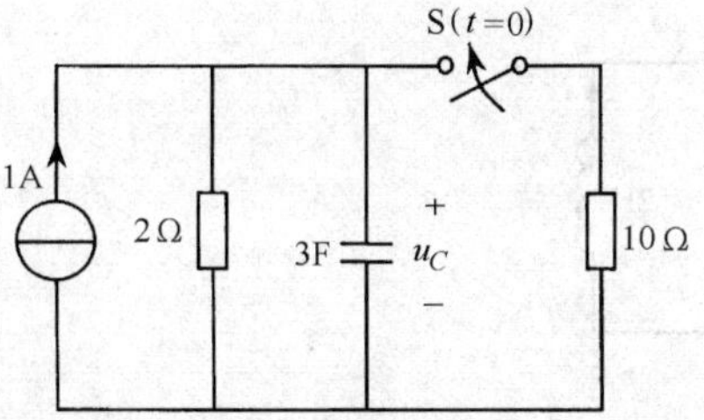

图　7-47

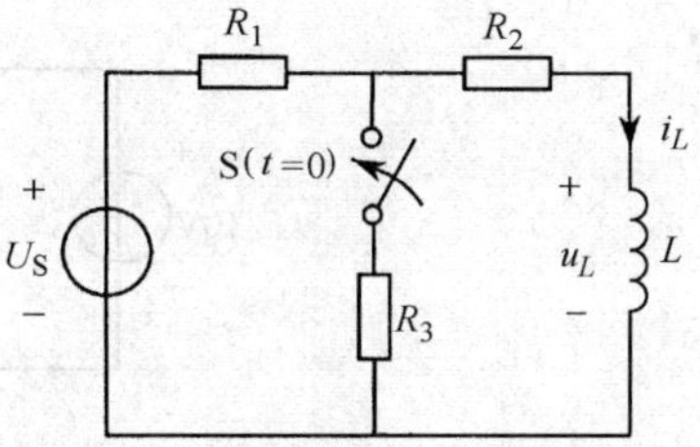

图　7-48

15. 图 7-49 所示，电路换路前已稳定，在 $t=0$ 时换路，试求 $t\geqslant0$ 时的响应 $i(t)$ 并绘出波形图。

16. 用三要素法求图 7-50 所示电路在换路后的 $i_1(t)$、$i_2(t)$、$i_3(t)$。

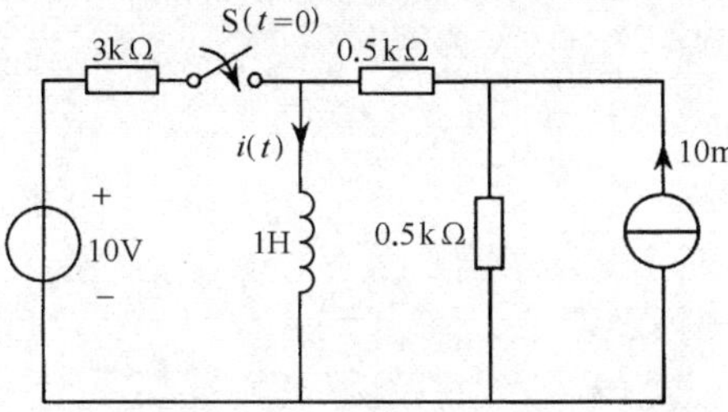

图　7-49

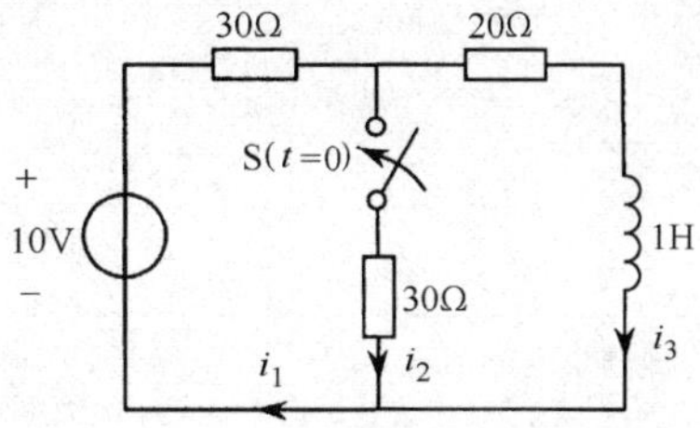

图　7-50

17. 求图 7-51 所示电路的零状态响应 $u_C(t)$ 及 $i_C(t)$。

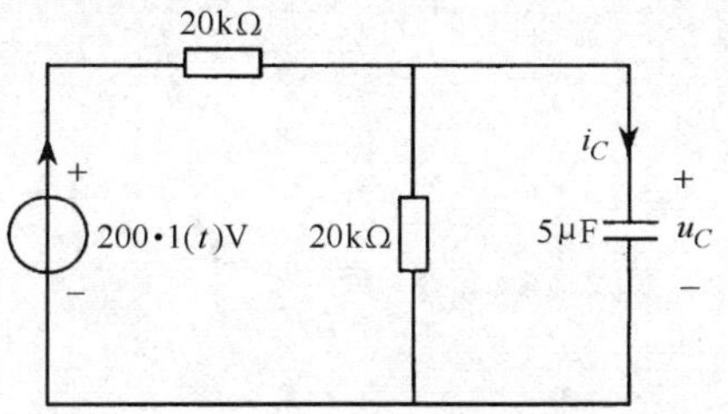

图　7-51

18. 已知图 7-52b 所示电路输入电压 $u_1(t)$ 的波形如图 7-52a 所示。试求零状态响应 $u_2(t)$ 并绘出其波形。

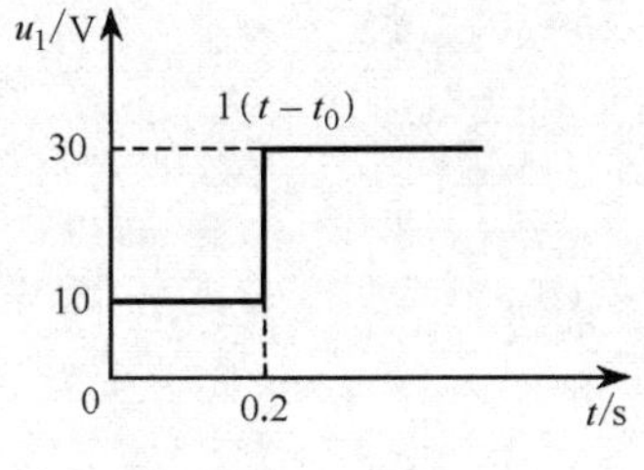

a)

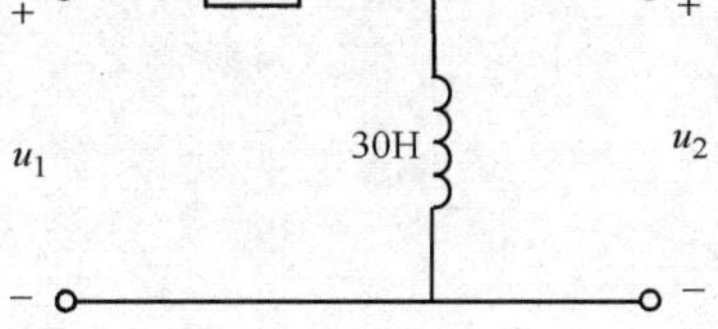

b)

图　7-52

19. 试求图 7-53 所示电路中，当 R 分别为下列四种情况时的零输入响应 $u_C(t)$。

(1) $R=10\Omega$；(2) $R=4\Omega$；(3) $R=2\Omega$；(4) $R=0\Omega$。

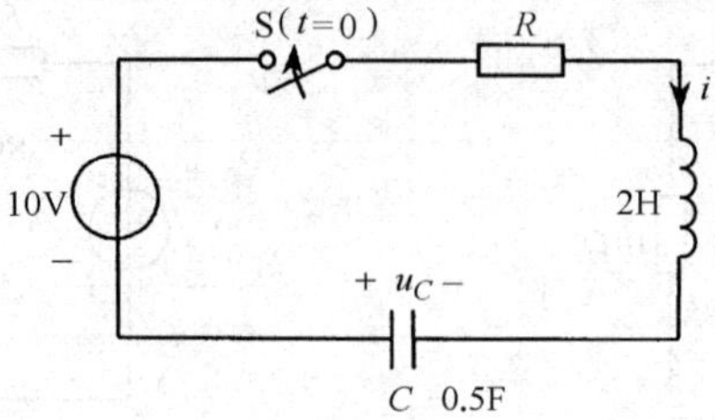

图 7-53

第 8 章　动态电路的复频域分析

本章提要：

本章主要介绍拉普拉斯变换的定义以及与电路分析有关的一些基本性质；介绍拉普拉斯反变换的部分分式展开法；介绍复频域电路模型，包括电阻、电感、电容的复频域形式以及KCL 和 KVL 的复频域形式；最后通过实例介绍动态电路的复频域分析法。

8.1　拉普拉斯变换

第 7 章介绍了动态电路的时域分析法，即经典法，经典法是根据电路定律和元件的电压、电流关系建立描述电路的微分方程，该方程是以时间为自变量的线性常微分方程，求解常微分方程即可得到电路变量在时域的解。经典法用于简单的一阶、二阶电路分析比较方便，但对于具有多个动态元件的复杂电路，例如对于具有 n 个动态元件的电路，描述电路的方程为 n 阶微分方程，求解微分方程时需要知道变量及其各阶导数在 $t=0_+$ 时刻的值，因而求解微分方程比较困难。

本章介绍的复频域分析法即拉普拉斯变换法，它是通过积分变换，把已知的时域函数变换为频域函数，从而把时域的微分方程变换为频域的代数方程。求出频域代数方程的解后，再反变换到时域，即可得到原微分方程的解。拉普拉斯变换是一种重要的积分变换，用拉普拉斯变换法求解动态电路比经典法更方便。

8.1.1　拉普拉斯变换定义

一个定义在［0，∞）区间的时间函数 $f(t)$，它的拉普拉斯变换式 $F(s)$ 定义为

$$F(s) = \int_{0_-}^{\infty} f(t)\mathrm{e}^{-st}\mathrm{d}t \tag{8-1}$$

式中，$s=\sigma+\mathrm{j}\omega$ 为复变量，它具有频率的量纲，也称为复频率。$F(s)$ 称为 $f(t)$ 的像函数，$f(t)$ 称为 $F(s)$ 的原函数。拉普拉斯变换是一种积分变换，简称为拉氏变换，通常可用符号 $\mathscr{L}[\quad]$ 表示对方括号里的时域函数作拉氏变换。

由式(8-1)可见，$f(t)$ 的拉氏变换 $F(s)$ 存在的条件是该式右边的积分为有限值，而电路分析中遇到的时间函数，它们的拉氏变换总是存在的，因此不必讨论积分收敛问题。

另外由式(8-1)还可以看出，拉氏变换是把一个时间域的函数 $f(t)$ 变换到 s 域内的复变函数 $F(s)$。变量 s 称为复频率。应用拉氏变换法进行电路分析称为电路的复频域分析方法。定义式中从 $t=0_-$ 开始作为积分下限，可以包括 $t=0$ 时 $f(t)$ 包含的冲激 $\delta(t)$，这样复频域法也可以分析存在冲激函数电压和电流的电路。

例 8-1　求单位阶跃函数 $f(t)=\varepsilon(t)$ 的像函数。

解　$F(s) = \mathscr{L}[\varepsilon(t)] = \int_{0-}^{\infty}\varepsilon(t)\mathrm{e}^{-st}\mathrm{d}t = \int_{0-}^{\infty}\mathrm{e}^{-st}\mathrm{d}t = -\frac{1}{s}\mathrm{e}^{-st}\Big|_{0-}^{\infty} = \frac{1}{s}$

例 8-2 求单位冲激函数 $f(t)=\delta(t)$ 的像函数。

解 $F(s)=\mathscr{L}[\delta(t)]=\int_{0-}^{\infty}\delta(t)\mathrm{e}^{-st}\mathrm{d}t=\int_{0-}^{0+}\delta(t)\mathrm{e}^{-st}\mathrm{d}t=\mathrm{e}^{-s(0)}=1$

例 8-3 求 $f(t)=\mathrm{e}^{-\alpha t}$（$\alpha$ 为实数）的像函数。

解 $F(s)=\mathscr{L}[\mathrm{e}^{-\alpha t}]=\int_{0-}^{\infty}\mathrm{e}^{-\alpha t}\mathrm{e}^{-st}\mathrm{d}t=-\dfrac{1}{(s+\alpha)}\mathrm{e}^{-(s+\alpha)t}\Big|_{0-}^{\infty}=\dfrac{1}{s+\alpha}$

8.1.2 拉普拉斯变换的性质

拉普拉斯变换有许多重要性质，本节介绍在线性电路分析中会遇到的一些基本性质。

1. 线性性质

设 $f_1(t)$ 和 $f_2(t)$ 是两个任意的时间函数，它们的像函数分别为 $F_1(s)$ 和 $F_2(s)$，A_1 和 A_2 是两个任意实常数，则

$$\begin{aligned}\mathscr{L}[A_1f_1(t)+A_2f_2(t)]&=A_1\mathscr{L}[f_1(t)]+A_2\mathscr{L}[f_2(t)]\\&=A_1F_1(s)+A_2F_2(s)\end{aligned}$$

证 $\mathscr{L}[A_1f_1(t)+A_2f_2(t)]=\int_{0-}^{\infty}[A_1f_1(t)+A_2f_2(t)]\mathrm{e}^{-st}\mathrm{d}t$

$$=A_1\int_{0-}^{\infty}f_1(t)\mathrm{e}^{-st}\mathrm{d}t+A_2\int_{0-}^{\infty}f_2(t)\mathrm{e}^{-st}\mathrm{d}t=A_1F_1(s)+A_2F_2(s)$$

例 8-4 已知 $f(t)=2(1-\mathrm{e}^{-\alpha t})$，求其像函数。

解 根据线性性质

$$\mathscr{L}[f(t)]=\mathscr{L}[2(1-\mathrm{e}^{-\alpha t})]=\mathscr{L}[2]-\mathscr{L}[2\mathrm{e}^{-\alpha t}]=\frac{2}{s}-\frac{2}{s+\alpha}=\frac{2\alpha}{s(s+\alpha)}$$

例 8-5 已知 $f(t)=\sin\omega t$，求其像函数。

解 因为 $\sin\omega t=\dfrac{\mathrm{e}^{\mathrm{j}\omega t}-\mathrm{e}^{-\mathrm{j}\omega t}}{2\mathrm{j}}$

所以

$$\begin{aligned}\mathscr{L}[\sin\omega t]&=\mathscr{L}\left[\frac{\mathrm{e}^{\mathrm{j}\omega t}-\mathrm{e}^{-\mathrm{j}\omega t}}{2\mathrm{j}}\right]=\frac{1}{2\mathrm{j}}\mathscr{L}[\mathrm{e}^{\mathrm{j}\omega t}]-\frac{1}{2\mathrm{j}}\mathscr{L}[\mathrm{e}^{-\mathrm{j}\omega t}]\\&=\frac{1}{2\mathrm{j}}\left(\frac{1}{s-\mathrm{j}\omega}-\frac{1}{s+\mathrm{j}\omega}\right)=\frac{1}{2\mathrm{j}}\left(\frac{2\mathrm{j}\omega}{s^2+\omega^2}\right)=\frac{\omega}{s^2+\omega^2}\end{aligned}$$

2. 微分性质

设函数 $f(t)$ 的像函数为 $F(s)$，则其导数 $f'(t)=\dfrac{\mathrm{d}f(t)}{\mathrm{d}t}$ 的像函数为

$$\mathscr{L}[f'(t)]=sF(s)-f(0_-)$$

证 $\mathscr{L}[f'(t)]=\int_{0-}^{\infty}f'(t)\,\mathrm{e}^{-st}\mathrm{d}t=\int_{0-}^{\infty}\dfrac{\mathrm{d}f(t)}{\mathrm{d}t}\,\mathrm{e}^{-st}\mathrm{d}t=\int_{0-}^{\infty}\mathrm{e}^{-st}\mathrm{d}f(t)$

设 $\mathrm{e}^{-st}=u$，$f(t)=v$。由分部积分公式 $\int u\mathrm{d}v=uv-\int v\mathrm{d}u$，得

$$\begin{aligned}\int_{0-}^{\infty}\mathrm{e}^{-st}\mathrm{d}f(t)&=f(t)\,\mathrm{e}^{-st}\big|_{0-}^{\infty}-\int_{0-}^{\infty}f(t)(-s\mathrm{e}^{-st})\mathrm{d}t\\&=-f(0_-)+s\int_{0-}^{\infty}f(t)\mathrm{e}^{-st}\mathrm{d}t\\&=sF(s)-f(0_-)\end{aligned}$$

微分性质对于$f(t)$的二阶导数，有

$$\mathscr{L}[f''(t)] = s^2F(s) - sf(0_-) - f'(0_-)$$

以此类推，对于高阶导数有

$$\mathscr{L}[f^{(n)}(t)] = s^nF(s) - s^{(n-1)}f(0_-) - s^{(n-2)}f'(0_-)\cdots - f^{(n-1)}(0_-)$$

例 8-6　已知$f(t)=\cos\omega t$，求其像函数。

解　因为

$$\frac{\mathrm{d}\sin\omega t}{\mathrm{d}t} = \omega\cos\omega t$$

所以

$$\cos\omega t = \frac{1}{\omega}\frac{\mathrm{d}\sin\omega t}{\mathrm{d}t}$$

$$\mathscr{L}[\cos\omega t] = \mathscr{L}\left[\frac{1}{\omega}\frac{\mathrm{d}\sin\omega t}{\mathrm{d}t}\right] = \frac{1}{\omega}\mathscr{L}\left[\frac{\mathrm{d}\sin\omega t}{\mathrm{d}t}\right] = \frac{1}{\omega}\left(s\frac{\omega}{s^2+\omega^2} - 0\right) = \frac{s}{s^2+\omega^2}$$

3. 积分性质

设函数$f(t)$的像函数为$F(s)$，则其积分$\int_{0_-}^{t} f(\xi)\,\mathrm{d}\xi$的像函数为：

$$\mathscr{L}\left[\int_{0_-}^{t} f(\xi)\,\mathrm{d}\xi\right] = \frac{F(s)}{s}$$

证

$$\mathscr{L}\left[\int_{0_-}^{t} f(\xi)\,\mathrm{d}\xi\right] = \int_{0_-}^{\infty}\left(\int_{0_-}^{t} f(\xi)\,\mathrm{d}\xi\right)\mathrm{e}^{-st}\mathrm{d}t$$

设$u=\int f(t)\,\mathrm{d}t$，$\mathrm{d}v=\mathrm{e}^{-st}\mathrm{d}t$，则$\mathrm{d}u=f(t)\,\mathrm{d}t$，$v=-\frac{\mathrm{e}^{-st}}{s}$，由分部积分公式$\int u\mathrm{d}v = uv - \int v\mathrm{d}u$，得

$$\int_{0_-}^{\infty}\left(\int_{0_-}^{t} f(\xi)\,\mathrm{d}\xi\right)\mathrm{e}^{-st}\mathrm{d}t = \left(\int_{0_-}^{t} f(\xi)\,\mathrm{d}\xi\right)\frac{\mathrm{e}^{-st}}{-s}\Bigg|_{0_-}^{\infty} - \int_{0_-}^{\infty} f(t)\left(-\frac{\mathrm{e}^{-st}}{s}\right)\mathrm{d}t$$

$$= \left(\int_{0_-}^{t} f(\xi)\,\mathrm{d}\xi\right)\frac{\mathrm{e}^{-st}}{-s}\Bigg|_{0_-}^{\infty} + \frac{1}{s}\int_{0_-}^{\infty} f(t)\,\mathrm{e}^{-st}\mathrm{d}t$$

上式中的第一项，当代入上限∞时e^{-st}等于零，当代入下限0_-时积分为零，结果上式第一项为零，因此得

$$\mathscr{L}\left[\int_{0_-}^{t} f(\xi)\,\mathrm{d}\xi\right] = \frac{F(s)}{s}$$

例 8-7　已知$f(t)=t$，求其像函数。

解　$f(t)$可以看作是常数1从0到t的积分，即$t=\int_{0}^{t} 1\mathrm{d}\xi$，而$\mathscr{L}[1]=\frac{1}{s}$，所以

$$\mathscr{L}[t] = \frac{1}{s}\mathscr{L}[1] = \frac{1}{s}\cdot\frac{1}{s} = \frac{1}{s^2}$$

4. 延迟性质

设函数$f(t)$的像函数为$F(s)$，其延迟函数$f(t-t_0)\varepsilon(t-t_0)$的像函数为：

$$\mathscr{L}[f(t-t_0)\varepsilon(t-t_0)] = \mathrm{e}^{-st_0}F(s)$$

证

$$\mathscr{L}[f(t-t_0)\varepsilon(t-t_0)] = \int_{0_-}^{\infty} f(t-t_0)\varepsilon(t-t_0)\mathrm{e}^{-st}\mathrm{d}t$$

$$= \int_{t_0}^{\infty} f(t-t_0)\mathrm{e}^{-st}\mathrm{d}t$$

设 $\tau = t - t_0$，进行变量代换后得

$$\mathscr{L}[f(t-t_0)\varepsilon(t-t_0)] = \int_{0_-}^{\infty} f(\tau)\mathrm{e}^{-s(\tau+t_0)}\mathrm{d}\tau$$

$$= \mathrm{e}^{-st_0}\int_{0_-}^{\infty} f(\tau)\mathrm{e}^{-s\tau}\mathrm{d}\tau = \mathrm{e}^{-st_0}F(s)$$

例 8-8 求图 8-1 所示矩形脉冲的像函数。

解 图 8-1 中的矩形脉冲可以看作是两个不同时刻出现的单位阶跃函数之差，即

$$f(t) = \varepsilon(t) - \varepsilon(t-\tau)$$

根据拉氏变换的线性性质和延迟性质有

$$\mathscr{L}[f(t)] = \mathscr{L}[\varepsilon(t)] - \mathscr{L}[\varepsilon(t-\tau)] = \frac{1}{s} - \frac{1}{s}\mathrm{e}^{-s\tau} = \frac{1}{s}(1-\mathrm{e}^{-s\tau})$$

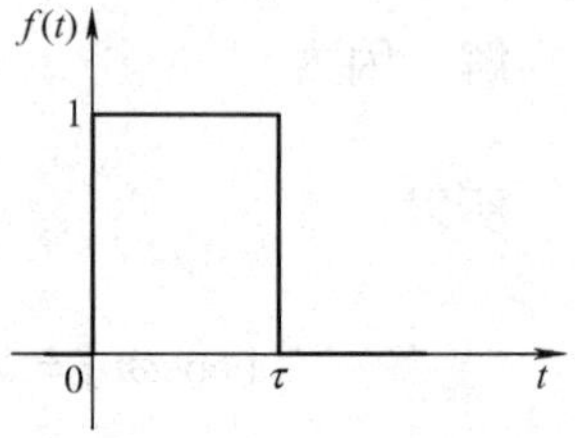

图 8-1 矩形脉冲

按照拉氏变换的定义及其性质可以求出许多原函数的像函数，现将一些常见时间函数的像函数列于表 8-1 中。假定 $t<0$ 时，表中所有时间函数 $f(t)$ 都为零，因此它们都可以被认为与 $\varepsilon(t)$ 相乘。

表 8-1 常见函数的拉普拉斯变换

原函数 $f(t)$	像函数 $F(s)$	原函数 $f(t)$	像函数 $F(s)$
$A\delta(t)$（A 为任意实常数）	A	$\sin\omega t$	$\frac{\omega}{s^2+\omega^2}$
A 或 $A\varepsilon(t)$	$\frac{A}{s}$	$\cos\omega t$	$\frac{s}{s^2+\omega^2}$
$A\mathrm{e}^{-\alpha t}$（α 为实数或复数）	$\frac{A}{s+\alpha}$	$\mathrm{e}^{-\alpha t}\sin\omega t$	$\frac{\omega}{(s+\alpha)^2+\omega^2}$
t	$\frac{1}{s^2}$	$\mathrm{e}^{-\alpha t}\cos\omega t$	$\frac{s+\alpha}{(s+\alpha)^2+\omega^2}$
$\frac{t^n}{n!}$	$\frac{1}{s^{n+1}}(n=1,2,\cdots)$	$\sin(\omega t+\varphi)$	$\frac{s\sin\varphi+\omega\cos\varphi}{s^2+\omega^2}$
$t\mathrm{e}^{-\alpha t}$	$\frac{1}{(s+\alpha)^2}$	$\cos(\omega t+\varphi)$	$\frac{s\cos\varphi-\omega\sin\varphi}{s^2+\omega^2}$
$\frac{t^n}{n!}\mathrm{e}^{-\alpha t}$	$\frac{1}{(s+\alpha)^{n+1}}(n=1,2,\cdots)$		

8.1.3 拉普拉斯反变换

如果像函数 $F(s)$ 已知，要求出与它对应的原函数 $f(t)$，则由 $F(s)$ 到 $f(t)$ 的变换称为拉普拉斯反变换，它定义为

$$f(t) = \frac{1}{2\pi\mathrm{j}}\int_{c-\mathrm{j}\infty}^{c+\mathrm{j}\infty} F(s)\mathrm{e}^{st}\mathrm{d}s \tag{8-2}$$

式中，c 为正的有限值常数。通常用符号 $\mathscr{L}^{-1}[\ \ ]$ 表示对方括号里的复变函数作拉氏反变换。

进行拉普拉斯反变换，可以由式(8-2)的拉氏反变换公式求得，但涉及计算一个复变函数的积分，一般比较复杂。如果像函数比较简单，可以从拉氏变换表中查出其原函数。如果不能从拉氏变换表中查出原函数，可以设法将像函数分解成若干较简单的、能从拉氏变换表中查出的项，查出各项所对应的原函数，再经合成运算即得所求原函数。

动态电路响应的像函数一般可表示为两个实系数的 s 多项式之比，即复频率 s 的有理分式，因此常将其展开成若干简单项之和的形式，然后通过查拉氏变换表得到其原函数，这种方法称为部分分式展开法。设 s 的有理分式如下：

$$F(s)=\frac{N(s)}{D(s)}=\frac{a_m s^m+a_{m-1}s^{m-1}+\cdots+a_1 s+a_0}{b_n s^n+b_{n-1}s^{n-1}+\cdots+b_1 s+b_0} \tag{8-3}$$

式中，m 和 n 为正整数，且 $n\geqslant m$。

用部分分式展开有理分式 $F(s)$时，需要把有理分式化为真分式。当 $n>m$ 时，$F(s)$为真分式。如果 $n=m$，则 $F(s)$ 可写成

$$F(s)=A+\frac{N_0(s)}{D(s)}$$

式中，A 是一个常数，余数项$\frac{N_0(s)}{D(s)}$是真分式。

为了将 $F(s)$展开成部分分式，首先将分母 $D(s)$进行因式分解

$$D(s)=(s-s_1)(s-s_2)\cdots(s-s_n)$$

式中，s_1、s_2、…、s_n称为 $D(s)$的零点，即方程 $D(s)=0$ 的根。因为 $D(s)=0$ 时，$F(s)$趋于无穷大，故 s_1、s_2、…、s_n也称为 $F(s)$的极点。$D(s)=0$ 的根可以是单根、共轭复根和重根，下面分别讨论。

1. 单根

如果 $D(s)=0$ 有 n 个单根 s_1、s_2、…、s_n，则 $F(s)$可以展开成

$$F(s)=\frac{N(s)}{(s-s_1)(s-s_2)\cdots(s-s_n)}=\frac{A_1}{(s-s_1)}+\frac{A_2}{(s-s_2)}+\cdots+\frac{A_n}{(s-s_n)} \tag{8-4}$$

式中，A_1、A_2、…、A_n为待定系数，如果将上式两边都乘以$(s-s_1)$，再令 $s=s_1$，即可求得系数 A_1

$$A_1=(s-s_1)F(s)\big|_{s=s_1}$$

同理可得 A_2、…、A_n，即确定式(8-4)中各待定系数的公式为

$$A_k=(s-s_k)F(s)\big|_{s=s_k} \qquad k=1,2,3,\cdots n \tag{8-5}$$

因为 s_k是 $D(s)$的一个零点，所以式(8-5)中 A_k的表达式可以看成是两个无穷小量之比，因此也可以用求极限的方法确定 A_k，即

$$A_k=\lim_{s\to s_k}\frac{(s-s_k)N(s)}{D(s)}=\lim_{s\to s_k}\frac{N(s)+(s-s_k)N'(s)}{D'(s)}=\frac{N(s_k)}{D'(s_k)}$$

由此可得确定待定系数的另一公式为

$$A_k=\frac{N(s)}{D'(s)}\bigg|_{s=s_k} \qquad k=1,2,3,\cdots n \tag{8-6}$$

确定了待定系数后，$F(s)$的原函数为

$$f(t)=\mathscr{L}^{-1}[F(s)]=\sum_{k=1}^{n}A_k e^{s_k t}=\sum_{k=1}^{n}\frac{N(s_k)}{D'(s_k)}e^{s_k t} \tag{8-7}$$

例 8-9　求 $F(s)=\dfrac{s+3}{s^2+3s+2}$的原函数$f(t)$。

解　将分母进行因式分解得

$$D(s)=(s+1)(s+2)$$

所以 $D(s)=0$ 的根为 $s_1=-1$ 和 $s_2=-2$，将 $F(s)$展开成部分分式为

$$F(s)=\frac{A_1}{s+1}+\frac{A_2}{s+2}$$

待定系数可以用式(8-5)或式(8-6)来计算，用式(8-5)计算为

$$A_1=(s+1)F(s)\big|_{s=-1}=\frac{s+3}{s+2}\bigg|_{s=-1}=2$$

$$A_2=(s+2)F(s)\big|_{s=-2}=\frac{s+3}{s+1}\bigg|_{s=-2}=-1$$

由式(8-7)得原函数

$$f(t)=\sum_{k=1}^{n}A_k e^{s_k t}=2e^{-t}-e^{-2t}$$

2. 共轭复根

如果 $D(s)=0$ 有一对共轭复根 $s_1=\alpha+j\omega$，$s_2=\alpha-j\omega$，因为共轭复根也属于一种单根，因此仍可用式(8-5)或式(8-6)来计算待定系数，即

$$A_1=[(s-\alpha-j\omega)F(s)]\big|_{s=\alpha+j\omega}=\frac{N(s)}{D'(s)}\bigg|_{s=\alpha+j\omega}$$

$$A_2=[(s-\alpha+j\omega)F(s)]\big|_{s=\alpha-j\omega}=\frac{N(s)}{D'(s)}\bigg|_{s=\alpha-j\omega}$$

由于 $F(s)$是实系数多项式之比，故 A_1、A_2 必为共轭复数。设 $A_1=|A_1|e^{j\theta_1}$，则 $A_2=|A_1|e^{-j\theta_1}$，因此 $F(s)$的展开式中将包含以下两项

$$F(s)=\frac{|A_1|e^{j\theta_1}}{s-\alpha-j\omega}+\frac{|A_1|e^{-j\theta_1}}{s-\alpha+j\omega}+\cdots$$

由此得 $F(s)$所对应的原函数为

$$\begin{aligned}f(t)&=A_1e^{(\alpha+j\omega)t}+A_2e^{(\alpha-j\omega)t}+\cdots\\&=|A_1|e^{j\theta_1}e^{(\alpha+j\omega)t}+|A_1|e^{-j\theta_1}e^{(\alpha-j\omega)t}+\cdots\\&=|A_1|e^{\alpha t}[e^{j(\omega t+\theta_1)}+e^{-j(\omega t+\theta_1)}]+\cdots\\&=2|A_1|e^{\alpha t}\cos(\omega t+\theta_1)+\cdots\cdots\end{aligned} \tag{8-8}$$

例 8-10　求 $F(s)=\dfrac{2s-2}{s^2+2s+5}$的原函数$f(t)$。

解　$D(s)=0$ 的根为共轭复根：$s_1=-1+j2$，$s_2=-1-j2$，则 $F(s)$展开式为

$$F(s)=\frac{A_1}{s+1-j2}+\frac{A_2}{s+1+j2}$$

其中

$$A_1=[(s+1-\mathrm{j}2)F(s)]\big|_{s=-1+\mathrm{j}2}=\frac{2s-2}{s+1+\mathrm{j}2}\bigg|_{s=-1+\mathrm{j}2}$$

$$=\frac{-2+\mathrm{j}4-2}{-1+\mathrm{j}2+1+\mathrm{j}2}\bigg|_{s=-1+\mathrm{j}2}=\frac{\mathrm{j}4-4}{\mathrm{j}4}=1+\mathrm{j}=\sqrt{2}\angle 45^\circ$$

$$A_2=A_1^*=\sqrt{2}\angle -45^\circ$$

根据式(8-8)得原函数

$$f(t)=2\sqrt{2}\mathrm{e}^{-t}\cos(2t+45^\circ)$$

3. 重根

如果 $D(s)=0$ 有重根，则分母中应含有 $(s-s_1)^n$ 的因式。现假设 $D(s)$ 中含有 $(s-s_1)^2$ 的因式，s_1 为 $D(s)=0$ 的二重根，其余为单根，则 $F(s)$ 的部分分式为

$$F(s)=\frac{A_{11}}{(s-s_1)}+\frac{A_{12}}{(s-s_1)^2}+\frac{A_2}{(s-s_2)}+\cdots+\frac{A_n}{(s-s_n)} \tag{8-9}$$

其中单根各项系数的求法与前面所述相同，仍采用公式 $A_k=\dfrac{N(s_k)}{D'(s_k)}$ 计算。下面讨论 A_{11} 和 A_{12} 的求法，将式(8-9)两边乘以 $(s-s_1)^2$，得

$$(s-s_1)^2F(s)=(s-s_1)A_{11}+A_{12}+\frac{(s-s_1)^2A_2}{(s-s_2)}+\cdots+\frac{(s-s_1)^2A_n}{(s-s_n)} \tag{8-10}$$

当 $s=s_1$ 时，等式右边除 A_{12} 以外均为零，由此可求出 A_{12}，即

$$A_{12}=(s-s_1)^2F(s)\big|_{s=s_1}$$

再将式(8-10)两边对 s 求一阶导数，则

$$\frac{\mathrm{d}}{\mathrm{d}s}[(s-s_1)^2F(s)]=A_{11}+\frac{\mathrm{d}}{\mathrm{d}s}\left[\frac{(s-s_1)^2A_2}{(s-s_2)}+\cdots+\frac{(s-s_1)^2A_n}{(s-s_n)}\right]$$

由此可求出 A_{11}

$$A_{11}=\frac{\mathrm{d}}{\mathrm{d}s}[(s-s_1)^2F(s)]\big|_{s=s_1}$$

由以上分析可以推出，当 $D(s)$ 中含有 $(s-s_1)^k$ 因式，s_1 为 $D(s)=0$ 的 k 阶重根时，则 $F(s)$ 的部分分式为

$$F(s)=\frac{A_{11}}{(s-s_1)}+\frac{A_{12}}{(s-s_1)^2}+\cdots+\frac{A_{1k}}{(s-s_1)^k}+\left[\frac{A_2}{(s-s_2)}+\cdots+\frac{A_n}{(s-s_n)}\right] \tag{8-11}$$

其中

$$A_{1k}=(s-s_1)^kF(s)\big|_{s=s_1}$$

$$A_{1(k-1)}=\frac{\mathrm{d}}{\mathrm{d}s}[(s-s_1)^kF(s)]\big|_{s=s_1}$$

$$A_{1(k-2)}=\frac{1}{2}\frac{\mathrm{d}^2}{\mathrm{d}s^2}[(s-s_1)^kF(s)]\big|_{s=s_1}$$

……

$$A_{12}=\frac{1}{(k-2)!}\frac{\mathrm{d}^{k-2}}{\mathrm{d}s^{k-2}}[(s-s_1)^kF(s)]\big|_{s=s_1}$$

$$A_{11}=\frac{1}{(k-1)!}\frac{\mathrm{d}^{k-1}}{\mathrm{d}s^{k-1}}[(s-s_1)^kF(s)]\big|_{s=s_1}$$

例 8-11 求 $F(s)=\dfrac{20}{s(s+2)^3}$的原函数$f(t)$。

解 $D(s)=0$ 的根有：$s_1=0$ 为单根，$s_2=-2$ 为三重根，则 $F(s)$展开成部分分式为

$$F(s)=\frac{A_1}{s}+\frac{A_{21}}{(s+2)}+\frac{A_{22}}{(s+2)^2}+\frac{A_{23}}{(s+2)^3}$$

其中

$$A_1=sF(s)\big|_{s=0}=\frac{20}{(s+2)^3}\bigg|_{s=0}=2.5$$

$$A_{23}=(s+2)^3F(s)\big|_{s=-2}=\frac{20}{s}\bigg|_{s=-2}=-10$$

$$A_{22}=\frac{\mathrm{d}}{\mathrm{d}s}[(s+2)^3F(s)]\big|_{s=-2}=\frac{20}{-s^2}\bigg|_{s=-2}=-5$$

$$A_{21}=\frac{1}{2}\frac{\mathrm{d}^2}{\mathrm{d}s^2}[(s+2)^3F(s)]\big|_{s=-2}=\frac{1}{2}\frac{40}{s^3}\bigg|_{s=-2}=-2.5$$

所以 $F(s)$展开成部分分式为

$$F(s)=\frac{2.5}{s}-\frac{2.5}{(s+2)}-\frac{5}{(s+2)^2}-\frac{10}{(s+2)^3}$$

最后由拉氏变换表得原函数为

$$f(t)=2.5-2.5\mathrm{e}^{-2t}-5t\mathrm{e}^{-2t}-5t^2\mathrm{e}^{-2t}$$

8.2 复频域电路模型

时域法分析动态电路是根据电路定律和元件电压、电流的时域关系式建立描述电路的微分方程，求解微分方程即可得到电路变量在时域的解。动态电路的复频域分析是列写复频域电路的代数方程，求出复频域代数方程的解后，再通过拉氏反变换回到时域，即可得到时域形式的解。

本节介绍复频域的电路模型，当电路中的电压、电流等时间函数都以其像函数表示时，它们都是复频率 s 的函数，则电路的基本定律也有其相应的复频域形式，称为复频域形式的电路定律，或运算形式的电路定律。

8.2.1 基尔霍夫定律的复频域形式

基尔霍夫定律的时域表示形式为

$$\sum i(t)=0 \qquad \text{对于任一节点}$$

$$\sum u(t)=0 \qquad \text{对于任一回路}$$

若 $I(s)$、$U(s)$分别为 $i(t)$、$u(t)$的拉普拉斯变换，则根据拉氏变换的线性性质可得出基尔霍夫定律的复频域形式（或运算形式）为

$$\sum I(s) = 0 \qquad \text{对于任一节点}$$

$$\sum U(s) = 0 \qquad \text{对于任一回路}$$

表明，对于任意节点，流入（或流出）电流的像函数代数和等于零；对于任意闭合回路，各电压的像函数代数和等于零。

8.2.2　电阻的复频域形式

图 8-2a 所示为电阻元件的时域电路模型，其电压电流关系为

$$u(t) = Ri(t)$$

将上式两边进行拉氏变换，得

$$U(s) = RI(s) \tag{8-12}$$

式(8-12)为电阻元件电压电流关系的复频域形式，其复频域电路模型如图 8-2b 所示。

图 8-2　电阻元件

8.2.3　电感的复频域形式

图 8-3a 所示为电感元件的时域电路模型，其电压电流关系为

$$u(t) = L\frac{\mathrm{d}i(t)}{\mathrm{d}t}$$

将上式两边进行拉氏变换并根据拉氏变换的微分性质，得

$$U(s) = sLI(s) - Li(0_-) \tag{8-13}$$

式(8-13)为电感元件电压电流关系的复频域形式，其复频域电路模型如图 8-3b 所示。

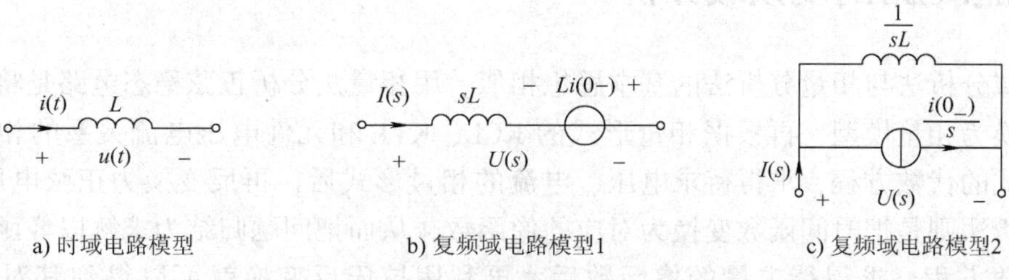

图 8-3　电感元件

图 8-3b 中 sL 为电感元件的运算阻抗，$Li(0_-)$为附加电压源电压，它反应了电感中初始电流的作用。式(8-13)还可以表示成

$$I(s) = \frac{1}{sL}U(s) + \frac{i(0_-)}{s} \tag{8-14}$$

由式(8-14)可得电感元件复频域电路模型的另一种形式，如图 8-3c 所示，其中$\frac{1}{sL}$为电感的运算导纳，$\frac{i(0_-)}{s}$表示附加电流源的电流。

8.2.4 电容的复频域形式

图 8-4a 所示为电容元件的时域电路模型，其电压电流关系为

$$u(t) = \frac{1}{C}\int_{0_-}^{t} i(\xi)\,\mathrm{d}\xi + u(0_-)$$

将上式两边进行拉氏变换并根据拉氏变换的积分性质，得

$$U(s) = \frac{1}{sC}I(s) + \frac{u(0_-)}{s} \tag{8-15}$$

式(8-15)为电容元件电压电流关系的复频域形式，其复频域电路模型如图 8-4b 所示。

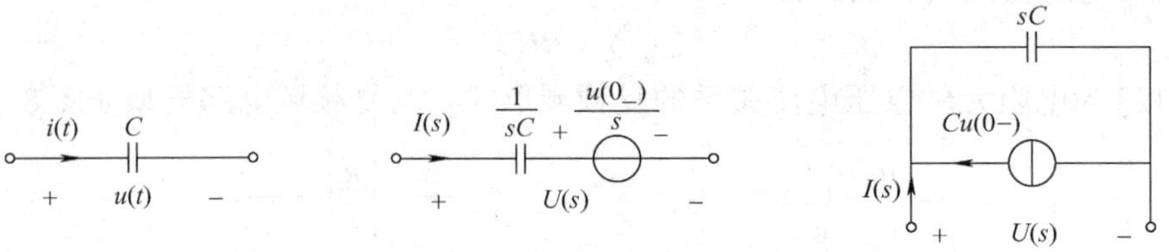

a) 时域电路模型　　b) 复频域电路模型1　　c) 复频域电路模型2

图 8-4　电容元件

图 8-4b 中$\frac{1}{sC}$为电容的运算阻抗，$\frac{u(0_-)}{s}$表示附加电压源电压，它反应了电容中初始电压的作用。式(8-15)还可以表示成

$$I(s) = sCU(s) - Cu(0_-) \tag{8-16}$$

由式(8-16)可得电容元件复频域电路模型的另一种形式，如图 8-4c 所示，其中 sC 为电容元件的运算导纳，$Cu(0_-)$为附加电流源的电流。

8.3 动态电路的复频域分析

复频域分析法与相量分析法的基本思想相似。用相量法分析正弦稳态电路是将电路的时域模型变换为相量模型，再根据相量形式的 KCL、KVL 和元件电压电流关系的相量形式建立复数形式的代数方程，求得待求电压、电流的相量形式后，再反变换为正弦电压、电流。复频域分析法则是把时间函数变换为对应的像函数，从而把问题归结为求解以像函数为变量的线性代数方程，求得待求量的像函数后，再利用拉氏反变换就可以得到其对应的时间函数。

复频域法分析动态电路的一般步骤如下：

1）由换路前的电路求出各电容电压和电感电流的初始值。

2）画出换路后电路的复频域模型，把其中的各独立电源由时间函数变换成相应的像函数，各电路元件（电阻、电感、电容）用其复频域电路模型表示，电路中各处电压和电流均用像函数表示。

3）利用复频域形式的 KCL、KVL 以及电路定律，建立复频域电路方程，解出待求量的像函数。

4）进行拉氏反变换，求出待求量的原函数。

例 8-12　图 8-5a 所示电路中，开关 S 原来闭合，$t=0$ 时打开，求换路后电路中的电流和两电感元件上的电压。已知 $U_S=10\text{V}$，$R_1=2\Omega$，$R_2=3\Omega$，$L_1=0.3\text{H}$，$L_2=0.1\text{H}$。

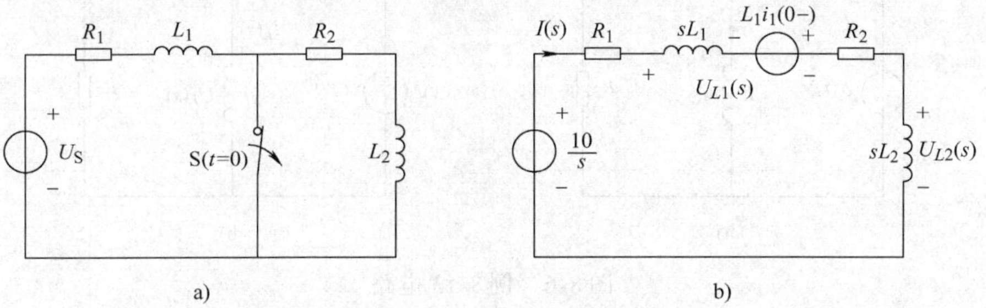

图 8-5　例 8-12 电路

解　（1）先求电感电流的初始值，换路前电路为稳态，两电感电流初始值为

$$i_1(0_-)=\frac{U_S}{R_1}=5\text{A}$$

$$i_2(0_-)=0\text{A}$$

（2）画出换路后电路的复频域模型，如图 8-5b 所示，其中电源电压的拉氏变换为 $\mathscr{L}[10]=\dfrac{10}{s}$，电路中的电压电流均用像函数表示。

（3）计算电路中电流的像函数

$$I(s)=\frac{\frac{10}{s}+L_1i_1(0_-)}{R_1+R_2+sL_1+sL_2}=\frac{\frac{10}{s}+5\times0.3}{2+3+(0.3+0.1)s}$$

$$=\frac{3.75s+25}{s(s+12.5)}=\frac{2}{s}+\frac{1.75}{(s+12.5)}$$

计算两电感元件上电压的像函数

$$U_{L1}(s)=sL_1I(s)-L_1i_1(0_-)=0.3sI(s)-1.5$$

$$=0.6+\frac{0.3s\times1.75}{(s+12.5)}-1.5=-0.375-\frac{6.56}{(s+12.5)}$$

$$U_{L2}(s)=sL_2I(s)=0.2+\frac{0.175s}{(s+12.5)}=0.375-\frac{2.19}{(s+12.5)}$$

（4）进行拉氏反变换，得电路中电流和两电感电压的时域方程为

$$i(t)=(2+1.75e^{-12.5t})\text{A}$$

$$u_{L1}(t)=[-0.375\delta(t)-6.56e^{-12.5t}]\text{V}$$

$$u_{L2}(t)=[0.375\delta(t)-2.19e^{-12.5t}]\text{V}$$

两电感元件的电压之和为

$$u_{L1}(t)+u_{L2}(t)=-8.75e^{-12.5t}\text{V}$$

可见 $u_{L1}(t)+u_{L2}(t)$ 中并无冲激函数出现，这是因为虽然 L_1、L_2 中电流发生跃变而产生了冲激电压，但二者大小相等而方向相反，互相抵消，故在整个回路中不会产生冲激电压，保证了满足 KVL。

例 8-13 图 8-6 a 所示电路中，$i_L(0_-)=0$，$R_1=6\Omega$，$R_2=3\Omega$，$L=0.1\mathrm{H}$，求冲激响应 i_L 和 u_L。

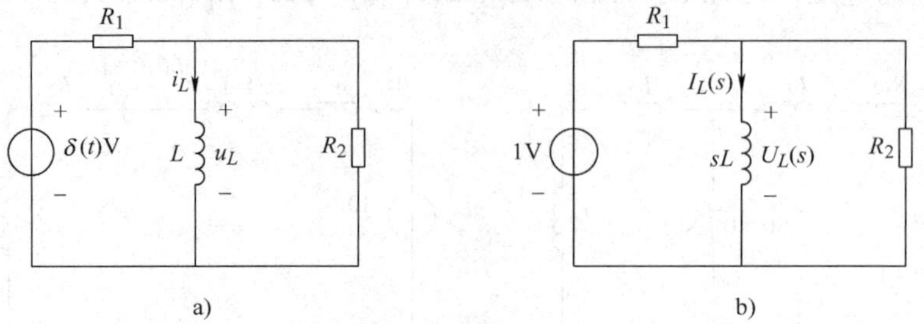

图 8-6 例 8-13 电路

解 画电路的复频域模型，其中电源的拉氏变换为 $\mathscr{L}[\delta(t)]=1$，电感的运算阻抗为 sL，附加电压源电压为 $si_L(0_-)=0$，电路中的电压电流均用像函数表示，其复频域电路模型如图 8-6b 所示。

因为电感电压为电路中两节点的电压，故用节点分析法，节点电压方程为

$$\left(\frac{1}{R_1}+\frac{1}{R_2}+\frac{1}{sL}\right)U_L(s)=\frac{1}{R_1}$$

电感电压为

$$U_L(s)=\frac{\dfrac{1}{R_1}}{\dfrac{1}{R_1}+\dfrac{1}{R_2}+\dfrac{1}{sL}}=\frac{\dfrac{1}{6}}{\dfrac{1}{6}+\dfrac{1}{3}+\dfrac{1}{0.1s}}=\frac{\dfrac{1}{3}s}{s+20}=\frac{1}{3}-\frac{\dfrac{20}{3}}{s+20}$$

电感电流为

$$I_L(s)=\frac{U_L(s)}{sL}=\frac{\dfrac{\dfrac{1}{3}s}{s+20}}{0.1s}=\frac{\dfrac{10}{3}}{s+20}$$

将 $U_L(s)$、$I_L(s)$ 进行拉氏反变换得原函数

$$u_L(t)=\left[\frac{1}{3}\delta(t)-\frac{20}{3}\mathrm{e}^{-20t}\varepsilon(t)\right]\mathrm{V}$$

$$i_L(t)=\frac{10}{3}\mathrm{e}^{-20t}\varepsilon(t)\ \mathrm{V}$$

例 8-14 图 8-7a 所示电路中，$u_S(t)=5\varepsilon(t)$，$R=\frac{1}{3}\Omega$，$C=1F$，$L=0.5\mathrm{H}$，求电路的响应 u_C 和 i_L。

解 因为电容电压和电感电流的初始值均为零，即 $u_C(0_-)=0$，$i_L(0_-)=0$，画电路的复频域模型，如图 8-7b 所示。其中电源的拉氏变换为 $\mathscr{L}[5\varepsilon(t)]=\frac{5}{s}$，电感的运算阻抗为 sL，电容的运算阻抗为$\frac{1}{sC}$。

用节点分析法，电容电压为

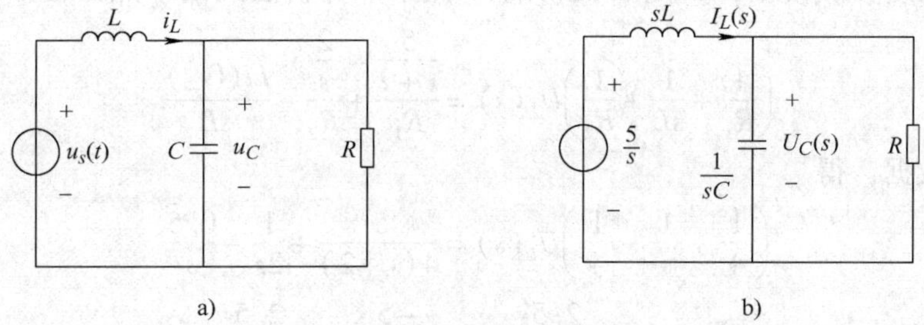

图 8-7　例 8-14 电路

$$U_C(s)=\frac{\frac{\frac{5}{s}}{sL}}{\frac{1}{R}+\frac{1}{sL}+sC}=\frac{\frac{10}{s^2}}{3+\frac{2}{s}+s}=\frac{10}{s(s^2+3s+2)}$$

$$=\frac{5}{s}-\frac{10}{(s+1)}+\frac{5}{(s+2)}$$

电感上的电流为

$$I_L(s)=\frac{\frac{5}{s}-U_C(s)}{sL}=\frac{10s+30}{s(s^2+3s+2)}=\frac{15}{s}-\frac{20}{(s+1)}+\frac{5}{(s+2)}$$

将 $U_C(s)$、$I_L(s)$进行拉氏反变换得

$$u_C(t)=[5-10\mathrm{e}^{-t}+5\mathrm{e}^{-2t}]\varepsilon(t)\,\mathrm{V}$$

$$i_L(t)=[15-20\mathrm{e}^{-t}+5\mathrm{e}^{-2t}]\varepsilon(t)\,\mathrm{V}$$

例 8-15　图 8-8a 所示电路中，电路原处于稳态，$t=0$ 时，将开关闭合，求换路后的 $u_L(t)$，已知 $u_{S1}=5\mathrm{e}^{-2t}\mathrm{V}$，$u_{S2}=2\mathrm{V}$，$R_1=R_2=4\Omega$，$L=1\mathrm{H}$。

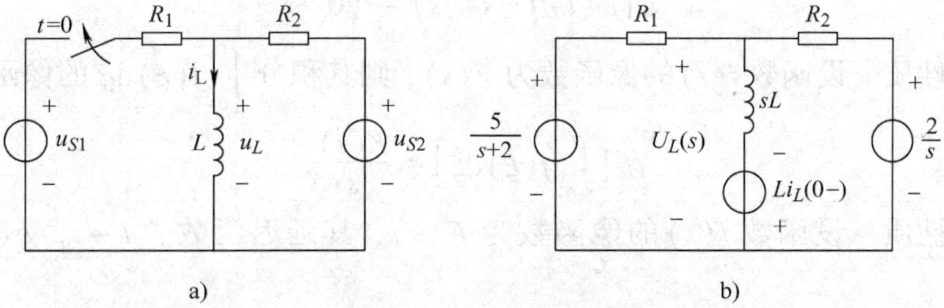

图 8-8　例 8-15 电路

解　求电感电流的初始值

$$i_L(0_-)=\frac{u_{S2}}{R_2}=0.5\mathrm{A}$$

将电源电压 u_{S1}、u_{S2}分别取拉氏变换

$$\mathscr{L}[u_{S1}]=\mathscr{L}[5\mathrm{e}^{-2t}]=\frac{5}{s+2}$$

$$\mathscr{L}[u_{S2}]=\mathscr{L}[2]=\frac{2}{s}$$

画出电路的复频域模型，如图 8-8b 所示。用节点分析法列出节点方程如下：

$$\left(\frac{1}{R_1}+\frac{1}{sL}+\frac{1}{R_2}\right)U_L(s)=\frac{\frac{5}{s+2}}{R_1}+\frac{\frac{2}{s}}{R_2}-\frac{Li(0_-)}{sL}$$

代入已知数据，得

$$\left(\frac{1}{4}+\frac{1}{s}+\frac{1}{4}\right)U_L(s)=\frac{5}{4(s+2)}+\frac{1}{2s}-\frac{0.5}{s}$$

$$U_L(s)=\frac{2.5s}{(s+2)^2}=\frac{-5}{(s+2)^2}+\frac{2.5}{(s+2)}$$

进行拉氏反变换得

$$u_L(t)=(-5te^{-2t}+2.5e^{-2t})\text{V}$$

本 章 小 结

1. 拉普拉斯变换定义

一个定义在 [0, ∞) 区间的时间函数 $f(t)$，它的拉普拉斯变换式 $F(s)$ 定义为

$$F(s)=\int_{0-}^{\infty}f(t)e^{-st}dt$$

式中，$s=\sigma+j\omega$ 为复变量，它具有频率的量纲，也称为复频率。$F(s)$ 称为 $f(t)$ 的像函数，$f(t)$ 称为 $F(s)$ 的原函数。

2. 拉普拉斯变换的性质

(1) 线性性质　设 $f_1(t)$ 和 $f_2(t)$ 是两个任意的时间函数，它们的像函数分别为 $F_1(s)$ 和 $F_2(s)$，A_1 和 A_2 是两个任意实常数，则

$$\mathscr{L}[A_1f_1(t)+A_2f_2(t)]=A_1F_1(s)+A_2F_2(s)$$

(2) 微分性质　设函数 $f(t)$ 的像函数为 $F(s)$，则其导数 $f'(t)=\frac{df(t)}{dt}$ 的像函数为：

$$\mathscr{L}[f'(t)]=sF(s)-f(0_-)$$

(3) 积分性质　设函数 $f(t)$ 的像函数为 $F(s)$，则其积分 $\int_{0-}^{t}f(\xi)d\xi$ 的像函数为：

$$\mathscr{L}\left[\int_{0-}^{t}f(\xi)d\xi\right]=\frac{F(s)}{s}$$

(4) 延迟性质　设函数 $f(t)$ 的像函数为 $F(s)$，其延迟函数 $f(t-t_0)\varepsilon(t-t_0)$ 的像函数为：

$$\mathscr{L}[f(t-t_0)\varepsilon(t-t_0)]=e^{-st_0}F(s)$$

3. 拉普拉斯反变换

如果已知像函数 $F(s)$，求出与它对应的原函数 $f(t)$，则由 $F(s)$ 到 $f(t)$ 的变换称为拉普拉斯反变换，定义为

$$f(t)=\frac{1}{2\pi j}\int_{c-j\infty}^{c+j\infty}F(s)e^{st}ds$$

式中，c 为正的有限值常数。

进行拉普拉斯反变换，通常采用部分分式展开法。动态电路响应的像函数一般可表示为两个实系数的 s 多项式之比，即复频率 s 的有理分式，因此常将其展开成若干简单项之和的

形式，然后通过查拉氏变换表得到其原函数，这种方法称为部分分式展开法。

4. 复频域电路模型

（1）基尔霍夫定律的复频域形式

若 $I(s)$、$U(s)$ 分别为 $i(t)$、$u(t)$ 的拉普拉斯变换，则根据拉氏变换的线性性质可得出基尔霍夫定律的复频域形式（或运算形式）为

$$\sum I(s) = 0 \qquad \text{对于任一节点}$$

$$\sum U(s) = 0 \qquad \text{对于任一回路}$$

（2）电阻的复频域形式

$$U(s) = RI(s)$$

（3）电感的复频域形式

$$U(s) = sLI(s) - Li(0_-) \quad \text{或} \quad I(s) = \frac{1}{sL}U(s) + \frac{i(0_-)}{s}$$

（4）电容的复频域形式

$$U(s) = \frac{1}{sC}I(s) + \frac{u(0_-)}{s} \quad \text{或} \quad I(s) = sCU(s) - Cu(0_-)$$

5. 复频域法分析动态电路的一般步骤

（1）由换路前的电路求出各电容电压和电感电流的初始值。

（2）画出换路后电路的复频域模型，把其中的各独立电源由时间函数变换成相应的像函数，各电路元件（电阻、电感、电容）用其复频域电路模型表示，电路中各处电压和电流均用像函数表示。

（3）利用复频域形式的 KCL、KVL 以及电路定律，建立复频域电路方程，解出待求量的像函数。

（4）进行拉氏反变换，求出待求量的原函数。

习　题　八

1. 求下列各函数的原函数。

（1）$F(s) = \dfrac{10}{s^2 + 2s}$　　（4）$F(s) = \dfrac{1}{s^2(s+1)}$

（2）$F(s) = \dfrac{10(s+2)(s+5)}{s(s+1)(s+3)}$　　（5）$F(s) = \dfrac{s+10}{(s+1)^2(s+2)}$

（3）$F(s) = \dfrac{2s^2 + 9s + 9}{s^2 + 3s + 2}$　　（6）$F(s) = \dfrac{2s}{(s+2)(s^2+1)}$

2. 图 8-9 所示电路中，换路前电路处于稳态，$t = 0$ 时开关动作，画出换路后电路的复频域电路模型。

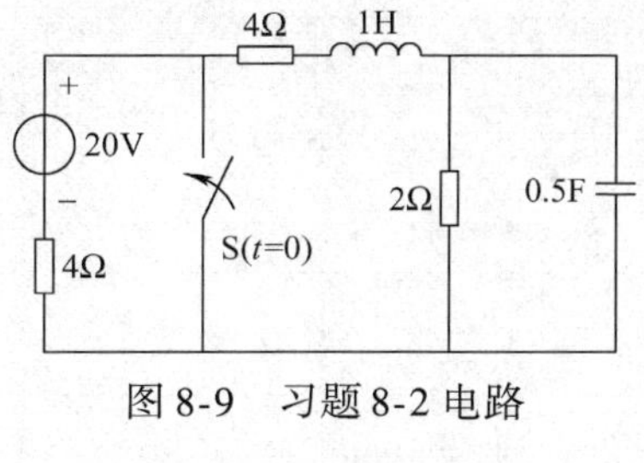

图 8-9　习题 8-2 电路

3. 电路如图 8-10 所示，已知电容电压的初始值为零，$t=0$ 时开关闭合，求换路后电路中的电流 $i(t)$ 及电压 $u_C(t)$。

4. 电路如图 8-11 所示，开关闭合已达稳态，$t=0$ 时开关断开，求换路后两电感中的电流 $i(t)$。

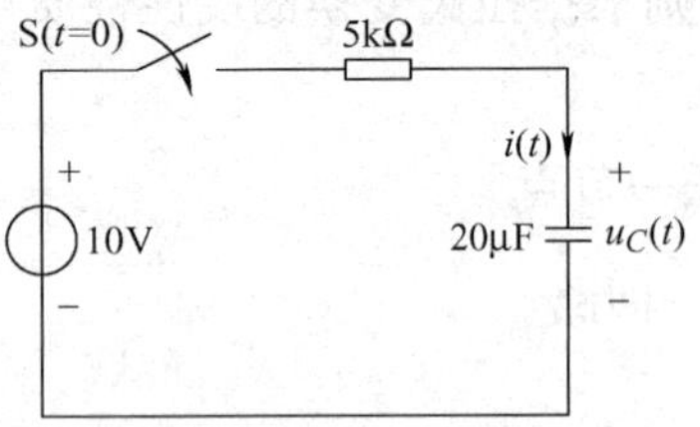

图 8-10 习题 8-3 电路

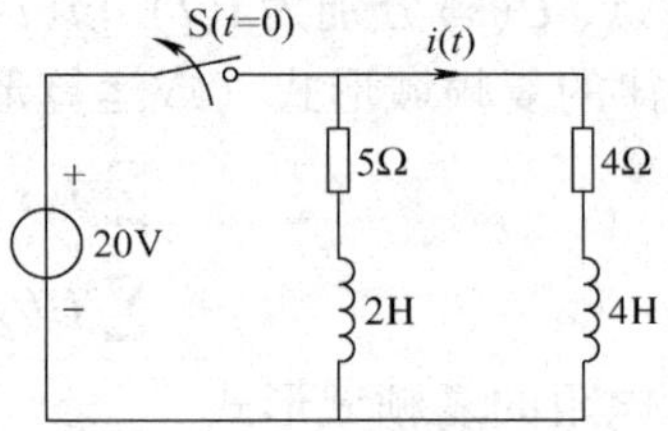

图 8-11 习题 8-4 电路

5. 电路如图 8-12 所示，求电感电压的零状态响应 $u_L(t)$。

6. 电路如图 8-13 所示，$R=100\Omega$，$L=0.125\text{H}$，$C=2\mu\text{F}$，求电容电压 $u_C(t)$。

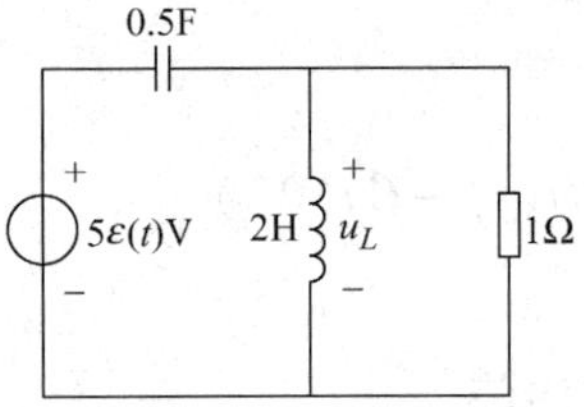

图 8-12 习题 8-5 电路

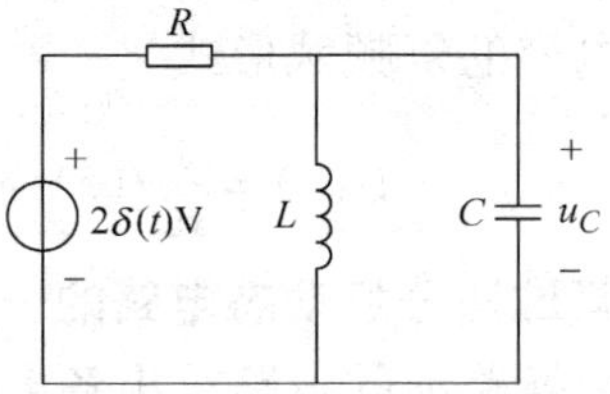

图 8-13 习题 8-6 电路

7. 电路如图 8-14 所示，换路前电路处于零状态，$u_S(t)=10\delta(t)\text{V}$，$R=100\Omega$，$L=0.1\text{H}$，$C=40\mu\text{F}$，求换路后电路中电流 $i(t)$。

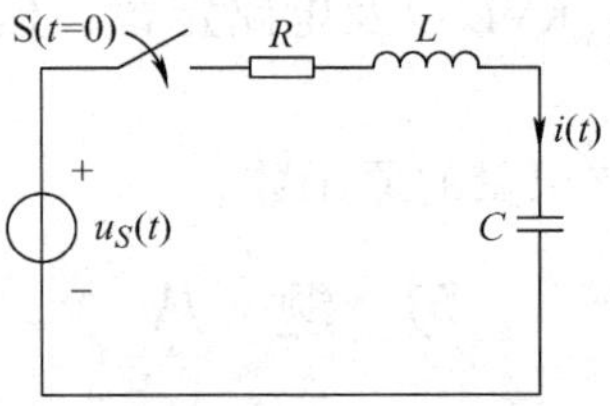

图 8-14 习题 8-7 电路

第 9 章　二端口网络

本章提要：

本章介绍二端口网络的概念、二端口网络的四种常用的网络方程表示法和这四种方程相对应的网络参数，并介绍如何实现四种参数之间的转换，以及二端口网络的等效变换、二端口网络的联结等基本概念。对于二端口网络的分析，本章主要介绍相量分析法。

9.1　二端口网络的方程和参数

在网络分析中，当只需要研究一个网络的输入-输出特性，而不关心其内部结构及组成情况时，常把该网络用一个方框和两个输入、输出的端口来表示。每个端口有一对端钮，对于任一时刻，如果流入一个端钮的电流等于流出另一个端钮的电流时，这样的四端网络称为二端口网络。二端口网络的电路模型如图 9-1 所示。通常 1-1′端口与电源相联结，称为输入端口；2-2′端口与负载相联结，称为输出端口。需要指出的是：不是所有的四端网络都能满足端口条件，因而四端网络不一定是二端口网络。

图 9-1　二端口网络

二端口网络在实际工程中有着广泛的应用。当面对一庞大的电气系统时，其电路模型可能十分复杂，若采用电路的基本分析方法进行分析，将十分繁琐，甚至于无法完成。这时可以将系统分割成几个部分，搞清各部分的输入-输出关系，整个系统的工作状态便可以分析清楚，这就是二端口网络理论在工程实际中的特殊价值和重要作用。很多电工技术中的实际问题都可以利用二端口网络理论进行研究。图 9-2 是几种常用的二端口网络实例。

二端口网络的内部电路复杂多样，本章主要讨论无源线性二端口网络。二端口网络的分析可以采用相量法，也可以采用运算法，本章主要讨论相量分析法。

用二端口网络概念分析电路时，其中一个很重要的内容就是要找出它的两个端口处的电压与电流的关系。图 9-3 为一无源线性二端口网络，电路处于正弦稳态，端口电压、电流相量的参考方向如图所示。二端口网络中共有四个变量：$\dot{U}_1$、$\dot{U}_2$ 和 $\dot{I}_1$、$\dot{I}_2$。每个端口有一个由外电路决定的约束关系。二端口网络内部有两个约束关系就可以确定二端口网络的所有四个变量。在这两个约束关系中，可以是 $\dot{U}_1$、$\dot{U}_2$、$\dot{I}_1$、$\dot{I}_2$ 变量中的两个作为自变量(已知量)而其他两个作为因变量(待求量)。用两个自变量表示两个因变量的方程就是二端口网络的外特性方程，简称为二端口网络方程。由于自变量和因变量有六种不同的组合方式来反映它们之间的关系，相应的网络方程式和参数也有六种。本节介绍其中最常用的四种参数：导纳参数、阻抗参数、传输参数和混合参数。

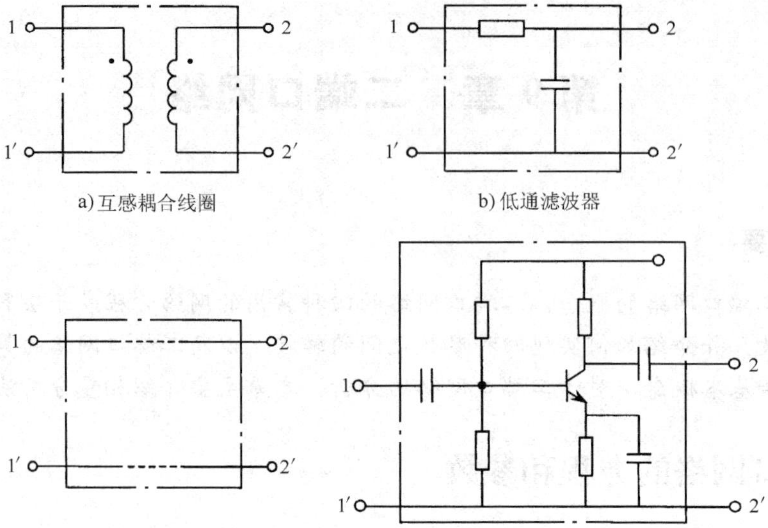

图 9-2　二端口网络实例

9.1.1　导纳参数方程和导纳参数

在图 9-3 中，假定端口电压 $\dot{U}_1$、$\dot{U}_2$ 为已知量，端口电流 $\dot{I}_1$、$\dot{I}_2$ 是待求量。则用二端口网络的电压 $\dot{U}_1$、$\dot{U}_2$ 来表征电流 $\dot{I}_1$、$\dot{I}_2$ 的方程称为二端口网络的导纳参数方程，或称为 Y 参数方程。

根据替换定理，不管与端口 1-1′和 2-2′联结的外部网络实际情况如何，端口电压 $\dot{U}_1$、$\dot{U}_2$ 可用两个理想电压源替换，如图 9-4 所示。

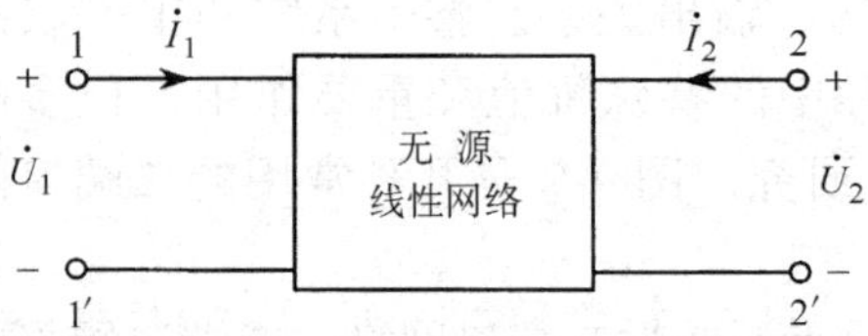

图 9-3　无源线性二端口网络

图 9-4　用电压源替换端口电压

因为二端口网络是无源的，根据叠加定理，端口电流 $\dot{I}_1$、$\dot{I}_2$ 可看作是 $\dot{U}_1$ 和 $\dot{U}_2$ 分别单独作用时产生的电流(图 9-5)之和。而 $\dot{I}_1'=Y_{11}\dot{U}_1$，$\dot{I}_1''=Y_{12}\dot{U}_2$，故

$$\dot{I}_1=\dot{I}_1'+\dot{I}_1''=Y_{11}\dot{U}_1+Y_{12}\dot{U}_2 \tag{9-1}$$

同理可得

$$\dot{I}_2=\dot{I}_2'+\dot{I}_2''=Y_{21}\dot{U}_1+Y_{22}\dot{U}_2 \tag{9-2}$$

将式(9-1)、式(9-2)联立，便得方程组

$$\begin{cases}\dot{I}_1=Y_{11}\dot{U}_1+Y_{12}\dot{U}_2\\ \dot{I}_2=Y_{21}\dot{U}_1+Y_{22}\dot{U}_2\end{cases} \tag{9-3}$$

式(9-3)称为二端口网络的导纳参数方程。其中参数 Y_{11}、Y_{12}、Y_{21}、Y_{22} 具有导纳的性质，单位是西门子，称为二端口网络的导纳参数或 Y 参数。这些参数取决于网络内各元件的

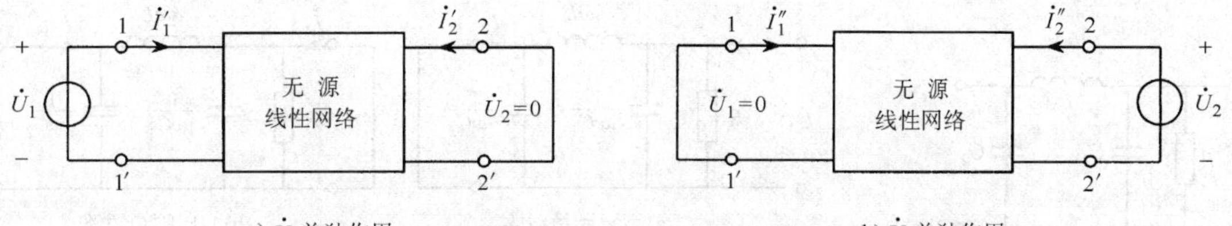

图 9-5　根据叠加定理列写方程示例图

参数、联结方式及激励电源的频率。

导纳参数方程也可用矩阵形式表示为

$$\begin{pmatrix}\dot{I}_1\\ \dot{I}_2\end{pmatrix}=\begin{pmatrix}Y_{11} & Y_{12}\\ Y_{21} & Y_{22}\end{pmatrix}\begin{pmatrix}\dot{U}_1\\ \dot{U}_2\end{pmatrix}$$

或写作

$$\dot{I}=Y\dot{U}$$

其中　$Y=\begin{pmatrix}Y_{11} & Y_{12}\\ Y_{21} & Y_{22}\end{pmatrix}$称为导纳参数矩阵或 Y 参数矩阵

对于一个给定的二端口网络，其 Y 参数的求解根据式(9-3)可归纳如下：

$Y_{11}=\left.\dfrac{\dot{I}_1}{\dot{U}_1}\right|_{\dot{U}_2=0}$，$Y_{11}$是输出端短路时，输入端的入端导纳。

$Y_{21}=\left.\dfrac{\dot{I}_2}{\dot{U}_1}\right|_{\dot{U}_2=0}$，$Y_{21}$是输出端短路时，输出端对输入端的转移导纳。

$Y_{12}=\left.\dfrac{\dot{I}_1}{\dot{U}_2}\right|_{\dot{U}_1=0}$，$Y_{12}$是输入端短路时，输入端对输出端的转移导纳。

$Y_{22}=\left.\dfrac{\dot{I}_2}{\dot{U}_2}\right|_{\dot{U}_1=0}$，$Y_{22}$是输入端短路时，输出端的入端导纳。

根据上面的公式可通过计算或测量获得 Y 参数。由于每一个 Y 参数都是在一个端口短路的情况下，通过计算或实验方法测量得到的，因此，Y 参数又称为短路导纳参数。

例 9-1　已知电源角频率为 ω，求图 9-6 所示二端口网络的 Y 参数。

解　按定义计算。

将输出端口短路，如图 9-7a 所示。输入端的电流为

$$\dot{I}_1=Y_{11}\dot{U}_1=\left(\mathrm{j}\omega C_1+\frac{1}{R}+\frac{1}{\mathrm{j}\omega L}\right)\dot{U}_1=\left(\mathrm{j}\omega C_1-\mathrm{j}\frac{1}{\omega L}+\frac{1}{R}\right)\dot{U}_1$$

输出端口的电流为

$$\dot{I}_2=Y_{21}\dot{U}_1=-\frac{1}{\mathrm{j}\omega L}\dot{U}_1=\mathrm{j}\frac{1}{\omega L}\dot{U}_1$$

将输入端口短路，如图 9-7b 所示。输入端口的电流为

$$\dot{I}_1=Y_{12}\dot{U}_2=-\frac{1}{\mathrm{j}\omega L}\dot{U}_2=\mathrm{j}\frac{1}{\omega L}\dot{U}_2$$

输出端口的电流为

$$\dot{I}_2=Y_{22}\dot{U}_2=\left(\mathrm{j}\omega C_2+\frac{1}{\mathrm{j}\omega L}\right)\dot{U}_2=\left(\mathrm{j}\omega C_2-\mathrm{j}\frac{1}{\omega L}\right)\dot{U}_2$$

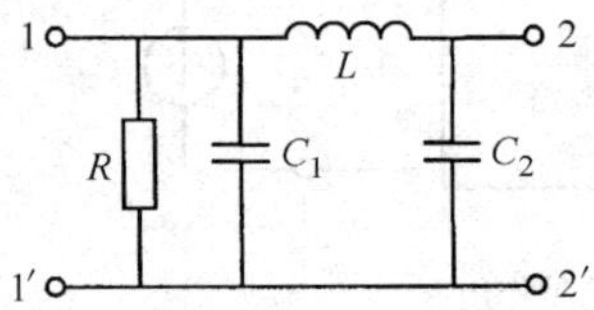

图9-6 例9-1电路

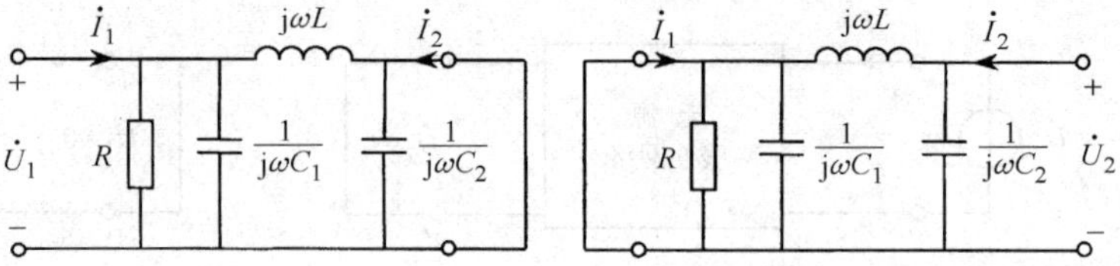

a) 2-2′端口短路　　b) 1-1′端口短路

图9-7 例9-1的相量法分析

由上面可得

$$Y_{11}=\left.\frac{\dot{I}_1}{\dot{U}_1}\right|_{\dot{U}_2=0}=\mathrm{j}\left(\omega C_1-\frac{1}{\omega L}\right)+\frac{1}{R}$$

$$Y_{21}=\left.\frac{\dot{I}_2}{\dot{U}_1}\right|_{\dot{U}_2=0}=\mathrm{j}\,\frac{1}{\omega L}$$

$$Y_{12}=\left.\frac{\dot{I}_1}{\dot{U}_2}\right|_{\dot{U}_1=0}=\mathrm{j}\,\frac{1}{\omega L}$$

$$Y_{22}=\left.\frac{\dot{I}_2}{\dot{U}_2}\right|_{\dot{U}_1=0}=\mathrm{j}\left(\omega C_2-\frac{1}{\omega L}\right)$$

写成短路导纳矩阵形式为

$$Y=\begin{pmatrix}\mathrm{j}\left(\omega C_1-\dfrac{1}{\omega L}\right)+\dfrac{1}{R} & \mathrm{j}\,\dfrac{1}{\omega L}\\ \mathrm{j}\,\dfrac{1}{\omega L} & \mathrm{j}\left(\omega C_2-\dfrac{1}{\omega L}\right)\end{pmatrix}$$

由以上例题的分析可以看到，短路导纳矩阵中有 $Y_{12}=Y_{21}$。可以证明对于不含独立源和受控源的线性二端口网络，都具有这样的特点，这时网络具有互易性，称为互易网络。互易的二端口网络，Y 参数仅有三个是独立的；非互易的二端口网络，Y 参数的四个参数都是独立的。

如果二端口网络除了 $Y_{12}=Y_{21}$，还有 $Y_{11}=Y_{22}$，则此二端口网络称为对称二端口网络。在对称二端口网络中，Y 参数只有两个参数是独立的。

例 9-2 求图 9-8 所示二端口网络的短路导纳矩阵

解 通过二端口网络方程来计算。由图可列出 KVL 方程

$$\dot{U}_1=R\dot{I}_1+2\dot{U}_2+\dot{U}_2$$

整理可得

$$\dot{I}_1=\frac{1}{R}\dot{U}_1-\frac{3}{R}\dot{U}_2$$

而

$$\dot{I}_2=-\dot{I}_1=-\frac{1}{R}\dot{U}_1+\frac{3}{R}\dot{U}_2$$

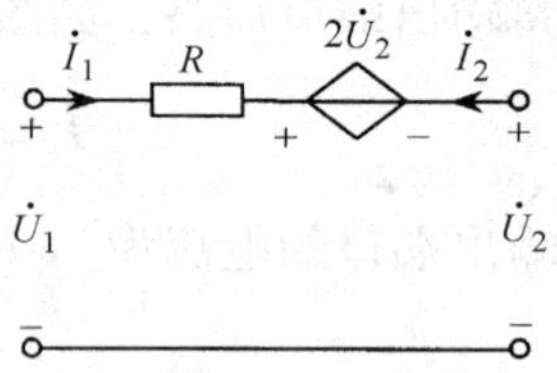

图9-8 例9-2电路

对照式(9-3)，可求得

$$Y_{11}=\frac{1}{R},\ Y_{12}=-\frac{3}{R},\ Y_{21}=-\frac{1}{R},\ Y_{22}=\frac{3}{R}$$

写成短路导纳矩阵

$$Y=\begin{pmatrix}\frac{1}{R} & -\frac{3}{R}\\ -\frac{1}{R} & \frac{3}{R}\end{pmatrix}$$

本例中 $Y_{12}\neq Y_{21}$，这是由于网络中含有受控源，是非互易二端口网络。非互易二端口网络有四个独立的参数。

9.1.2　阻抗参数方程和阻抗参数

在图9-3中，假定端口电流 $\dot{I}_1$、$\dot{I}_2$ 为已知量，端口电压 $\dot{U}_1$、$\dot{U}_2$ 为待求量，则用电流 $\dot{I}_1$、$\dot{I}_2$ 来表征电压 $\dot{U}_1$、$\dot{U}_2$ 的方程称为阻抗参数方程，也称为 Z 参数方程。此时可以把电路看成是由两个电流源来驱动。根据叠加定理可列出网络方程。

$$\begin{cases}\dot{U}_1=Z_{11}\dot{I}_1+Z_{12}\dot{I}_2\\ \dot{U}_2=Z_{21}\dot{I}_1+Z_{22}\dot{I}_2\end{cases}\tag{9-4}$$

式中，系数 Z_{11}、Z_{12}、Z_{21}、Z_{22}取决于网络内部各元件的参数、连接方式及电源频率。它们都具有阻抗的性质，单位是欧姆，故称为二端口网络的阻抗参数或 Z 参数。式(9-4)称为网络的阻抗参数方程或 Z 参数方程。

阻抗参数方程也可用矩阵表示为

$$\begin{pmatrix}\dot{U}_1\\ \dot{U}_2\end{pmatrix}=\begin{pmatrix}Z_{11} & Z_{12}\\ Z_{21} & Z_{22}\end{pmatrix}\begin{pmatrix}\dot{I}_1\\ \dot{I}_2\end{pmatrix}$$

或

$$\dot{U}=Z\dot{I}$$

式中

$$Z=\begin{pmatrix}Z_{11} & Z_{12}\\ Z_{21} & Z_{22}\end{pmatrix}$$

称为二端口网络的阻抗参数矩阵。

由式(9-4)可以得到

$Z_{11}=\left.\dfrac{\dot{U}_1}{\dot{I}_1}\right|_{\dot{I}_2=0}$，$Z_{11}$是输出端开路时，输入端的入端阻抗。

$Z_{21}=\left.\dfrac{\dot{U}_2}{\dot{I}_1}\right|_{\dot{I}_2=0}$，$Z_{21}$是输出端开路时，输出端对输入端的转移阻抗。

$Z_{22}=\left.\dfrac{\dot{U}_2}{\dot{I}_2}\right|_{\dot{I}_1=0}$，$Z_{22}$是输入端开路时，输出端的入端阻抗。

$Z_{12}=\left.\dfrac{\dot{U}_1}{\dot{I}_2}\right|_{\dot{I}_1=0}$，$Z_{12}$是输入端开路时，输入端对输出端的转移阻抗。

根据上式可通过计算或测量获得二端口网络的 Z 参数。由于 Z 参数是在某端口开路时计算或测量出来的，所以 Z 参数也称为开路阻抗参数。

对于互易网络有 $Z_{12}=Z_{21}$，Z 参数中只有三个是独立的。对于对称网络还有 $Z_{11}=Z_{22}$，Z 参数中只有两个是独立的。

开路阻抗矩阵 Z 与短路导纳矩阵 Y 之间存在着互为逆矩阵的关系，即

$$Z=Y^{-1}\text{或}\ Y=Z^{-1}$$

如果已知二端口网络的 Y 参数矩阵为 $Y=\begin{pmatrix}Y_{11} & Y_{12}\\ Y_{21} & Y_{22}\end{pmatrix}$，则该二端口网络的 Z 参数矩阵为

$$Z=\begin{pmatrix}\dfrac{Y_{22}}{\Delta Y} & -\dfrac{Y_{12}}{\Delta Y}\\ -\dfrac{Y_{21}}{\Delta Y} & \dfrac{Y_{11}}{\Delta Y}\end{pmatrix} \tag{9-5}$$

其中
$$\Delta Y=\begin{vmatrix}Y_{11} & Y_{12}\\ Y_{21} & Y_{22}\end{vmatrix}=Y_{11}Y_{22}-Y_{12}Y_{21}$$

例 9-3 求图 9-9 所示空心变压器的 Z 参数。

解 应用基尔霍夫电压定律列出变压器初级和次级回路方程如下：

$$\begin{cases}\dot{U}_1=(R_1+\mathrm{j}\omega L_1)\dot{I}_1+\mathrm{j}\omega M\dot{I}_2\\ \dot{U}_2=\mathrm{j}\omega M\dot{I}_1+(R_2+\mathrm{j}\omega L_2)\dot{I}_2\end{cases}$$

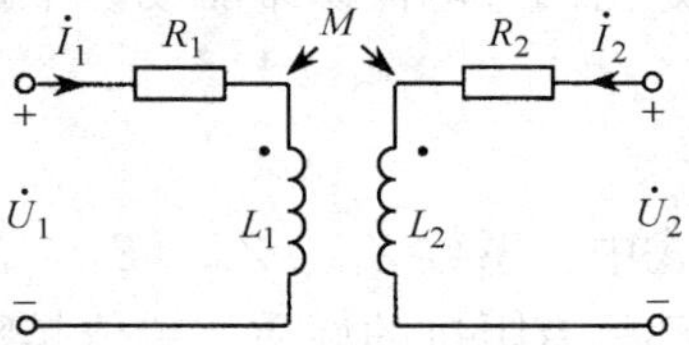

图 9-9 例 9-3 电路

与式(9-4)比较，可得 Z 参数为

$$Z_{11}=R_1+\mathrm{j}\omega L_1 \qquad Z_{12}=\mathrm{j}\omega M$$
$$Z_{21}=\mathrm{j}\omega M \qquad Z_{22}=R_2+\mathrm{j}\omega L_2$$

可见变压器的 Z 参数中 $Z_{12}=Z_{21}$，电路网络为互易网络。

例 9-4 求图 9-10 所示二端口网络的 Z 参数。(设电源角频率为 ω)

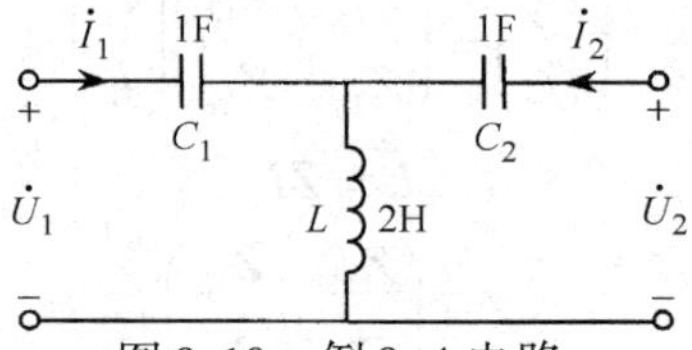

图 9-10 例 9-4 电路

解 根据定义计算，当输出端开路时，$\dot{I}_2=0$。

$$Z_{11}=\left.\frac{\dot{U}_1}{\dot{I}_1}\right|_{\dot{I}_2=0}=\mathrm{j}\left(\omega L-\frac{1}{\omega C_1}\right)=\mathrm{j}\left(2\omega-\frac{1}{\omega}\right)$$

输出端口电压 $\dot{U}_2=\mathrm{j}\omega \dot{L}I_1=\mathrm{j}2\omega\,\dot{I}_1$，则

$$Z_{21}=\left.\frac{\dot{U}_2}{\dot{I}_1}\right|_{\dot{I}_2=0}=\mathrm{j}2\omega$$

当输入端口开路时，$\dot{I}_1=0$。

$$Z_{22}=\left.\frac{\dot{U}_2}{\dot{I}_2}\right|_{\dot{I}_1=0}=\mathrm{j}\left(\omega L-\frac{1}{\omega C_2}\right)=\mathrm{j}\left(2\omega-\frac{1}{\omega}\right)$$

输入端口电压 $\dot{U}_1=\mathrm{j}\omega L\dot{I}_2=\mathrm{j}2\omega\dot{I}_2$，则

$$Z_{12}=\left.\frac{\dot{U}_1}{\dot{I}_2}\right|_{\dot{I}_1=0}=\mathrm{j}2\omega$$

写成二端口网络开路阻抗矩阵形式为

$$Z=\begin{pmatrix}\mathrm{j}\left(2\omega-\dfrac{1}{\omega}\right) & \mathrm{j}2\omega\\ \mathrm{j}2\omega & \mathrm{j}\left(2\omega-\dfrac{1}{\omega}\right)\end{pmatrix}$$

该二端口网络的 Z 参数中 $Z_{12}=Z_{21}$、$Z_{11}=Z_{22}$，说明该电路网络为对称网络。

例 9-5　求图 9-11 所示二端口网络的 Z 参数。

解　用定义式计算，输出端开路时，$\dot{I}_2=0$，由图 9-11 可得

$$\dot{U}_1=[2/\!/(1+3)]\dot{I}_1=\frac{2\times4}{2+4}\dot{I}_1=\frac{4}{3}\dot{I}_1$$

$$\dot{U}_2=\frac{3}{1+3}\dot{U}_1=\frac{3}{4}\dot{U}_1=\frac{3}{4}\times\frac{4}{3}\dot{I}_1=\dot{I}_1$$

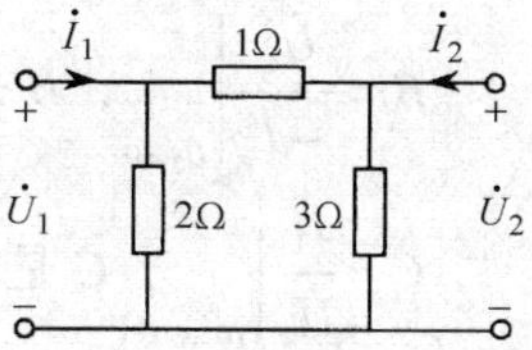

图 9-11　例 9-5 电路

则由其定义可得

$$Z_{11}=\left.\frac{\dot{U}_1}{\dot{I}_1}\right|_{\dot{I}_2=0}=\frac{4}{3}\Omega=1.33\Omega$$

$$Z_{21}=\left.\frac{\dot{U}_2}{\dot{I}_1}\right|_{\dot{I}_2=0}=1\Omega$$

输入端开路时，$\dot{I}_1=0$，由图 9-11 可得

$$\dot{U}_2=[3/\!/(1+2)]\dot{I}_2=\frac{3}{2}\dot{I}_2$$

$$\dot{U}_1=\frac{2}{2+1}\dot{U}_2=\frac{2}{3}\dot{U}_2=\frac{2}{3}\times\frac{3}{2}\dot{I}_2=\dot{I}_2$$

则由其定义可得

$$Z_{22}=\left.\frac{\dot{U}_2}{\dot{I}_2}\right|_{\dot{I}_1=0}=\frac{3}{2}\Omega=1.5\Omega$$

$$Z_{12}=\left.\frac{\dot{U}_1}{\dot{I}_2}\right|_{\dot{I}_1=0}=1\Omega$$

写成二端口网络开路阻抗矩阵

$$Z=\begin{bmatrix}1.33 & 1\\ 1 & 1.5\end{bmatrix}$$

可见，$Z_{12}=Z_{21}$，$Z_{11}\neq Z_{22}$，该二端口网络为互易二端口网络。

9.1.3　传输参数方程和传输参数

实际工程中常常需讨论二端口网络的输入-输出关系，如在分析电力和电信传输线路时，往往是已知一个端口的电压和电流去求另一个端口的电压和电流。在图 9-3 中，假定 $\dot{U}_2$ 和 $\dot{I}_2$ 是已知量，$\dot{U}_1$ 和 $\dot{I}_1$ 为待求量，则传输参数方程是用输出量 $\dot{U}_2$、$\dot{I}_2$ 来表征输入量 $\dot{U}_1$、$\dot{I}_1$ 的方程，也称为 T 参数方程。传输参数方程的一般形式为

$$\begin{cases}\dot{U}_1=A\dot{U}_2+B(-\dot{I}_2)\\ \dot{I}_1=C\dot{U}_2+D(-\dot{I}_2)\end{cases}\tag{9-6}$$

在式(9-6)中 $\dot{I}_2$ 前面之所以加一个负号是因为人们习惯上认为既然是“传输”，$\dot{I}_1$ 从输入端口电压正极性端流入，$\dot{I}_2$ 应从输出口电压正极端流出，和图中假定的参考方向相反，故在 $\dot{I}_2$ 前面加负号。式中 A、B、C、D 称为传输参数或 T 参数。

由式(9-6)可以得到

$A=\left.\dfrac{\dot{U}_1}{\dot{U}_2}\right|_{\dot{I}_2=0}$，$A$ 是输出端口开路时，输入电压和输出电压之比，称为转移电压比。

$B=\left.\dfrac{\dot{U}_1}{-\dot{I}_2}\right|_{\dot{U}_2=0}$，$B$ 是输出端口短路时，输入端对输出端的转移阻抗。

$C=\left.\dfrac{\dot{I}_1}{\dot{U}_2}\right|_{\dot{I}_2=0}$，$C$ 是输出端口开路时，输入端对输出端的转移导纳。

$D=\left.\dfrac{\dot{I}_1}{-\dot{I}_2}\right|_{\dot{U}_2=0}$，$D$ 是输出端口短路时，输入电流和输出电流之比，称为转移电流比。

根据上面公式通过计算或实测得到传输参数。其中 A、D 无量纲，B 具有阻抗的量纲，单位是欧姆，C 具有导纳的量纲，单位是西门子。

实际上，传输参数方程完全可以从导纳参数方程直接推导出来。式(9-2)可改写成如下形式

$$\dot{U}_1=-\frac{Y_{22}}{Y_{21}}\dot{U}_2+\frac{1}{Y_{21}}\dot{I}_2$$

把上式中的 $\dot{U}_1$ 代入式(9-1)，整理可得

$$\dot{I}_1=\left(Y_{12}-\frac{Y_{11}Y_{22}}{Y_{21}}\right)\dot{U}_2+\frac{Y_{11}}{Y_{21}}\dot{I}_2$$

上列两式与式(9-6)比较可得出

$$A=-\frac{Y_{22}}{Y_{21}};\ B=-\frac{1}{Y_{21}};\ C=Y_{12}-\frac{Y_{11}Y_{22}}{Y_{21}};\ D=-\frac{Y_{11}}{Y_{21}}$$

对于互易二端口网络，由于 $Y_{12}=Y_{21}$，故有

$$AD-BC=\left(-\frac{Y_{22}}{Y_{21}}\right)\left(-\frac{Y_{11}}{Y_{21}}\right)-\left(-\frac{1}{Y_{21}}\right)\left(Y_{12}-\frac{Y_{11}Y_{22}}{Y_{21}}\right)=\frac{Y_{12}}{Y_{21}}=1$$

表示互易二端口网络的四个参数中只有三个是独立的。对于对称二端口网络，由于 $Y_{11}=Y_{22}$，所以还有 $A=D$，这表示对称二端口网络四个参数中只有两个是独立的。

传输参数方程可用矩阵表示为

$$\begin{bmatrix}\dot{U}_1\\ \dot{I}_1\end{bmatrix}=\begin{bmatrix}A & B\\ C & D\end{bmatrix}\begin{bmatrix}\dot{U}_2\\ -\dot{I}_2\end{bmatrix}=T\begin{bmatrix}\dot{U}_2\\ -\dot{I}_2\end{bmatrix}$$

式中，$T=\begin{bmatrix}A & B\\ C & D\end{bmatrix}$称为传输参数矩阵。

例 9-6 求例 9-3 中所示空心变压器的传输参数。

解 令输出端开路，$\dot{I}_2=0$，可得

$$\dot{U}_1=(R_1+\mathrm{j}\omega L_1)\dot{I}_1$$
$$\dot{U}_2=\mathrm{j}\omega M\dot{I}_1$$

故有

$$A=\left.\frac{\dot{U}_1}{\dot{U}_2}\right|_{\dot{I}_2=0}=\frac{R_1+\mathrm{j}\omega L_1}{\mathrm{j}\omega M}$$

$$C=\left.\frac{\dot{I}_1}{\dot{U}_2}\right|_{\dot{I}_2=0}=\frac{1}{\mathrm{j}\omega M}$$

令输出端短路，$\dot{U}_2=0$，可得

$$(R_2+\mathrm{j}\omega L_2)\dot{I}_2+\mathrm{j}\omega M\dot{I}_1=0$$

$$\dot{I}_1=\frac{R_2+\mathrm{j}\omega L_2}{-\mathrm{j}\omega M}\dot{I}_2$$

而

$$\begin{aligned}\dot{U}_1&=(R_1+\mathrm{j}\omega L_1)\dot{I}_1+\mathrm{j}\omega M\dot{I}_2\\&=\frac{(R_1+\mathrm{j}\omega L_1)(R_2+\mathrm{j}\omega L_2)}{-\mathrm{j}\omega M}\dot{I}_2+\mathrm{j}\omega M\dot{I}_2\\&=\frac{(R_1+\mathrm{j}\omega L_1)(R_2+\mathrm{j}\omega L_2)+\omega^2M^2}{-\mathrm{j}\omega M}\dot{I}_2\end{aligned}$$

则有

$$B=\left.\frac{\dot{U}_1}{-\dot{I}_2}\right|_{\dot{U}_2=0}=\frac{(R_1+\mathrm{j}\omega L_1)(R_2+\mathrm{j}\omega L_2)+\omega^2M^2}{\mathrm{j}\omega M}$$

$$D=\left.\frac{\dot{I}_1}{-\dot{I}_2}\right|_{\dot{U}_2=0}=\frac{R_2+\mathrm{j}\omega L_2}{\mathrm{j}\omega M}$$

写成矩阵形式为

$$\begin{pmatrix}\dfrac{R_1+\mathrm{j}\omega L_1}{\mathrm{j}\omega M} & \dfrac{(R_1+\mathrm{j}\omega L_1)(R_2+\mathrm{j}\omega L_2)+\omega^2M^2}{\mathrm{j}\omega M}\\ \dfrac{1}{\mathrm{j}\omega M} & \dfrac{R_2+\mathrm{j}\omega L_2}{\mathrm{j}\omega M}\end{pmatrix}$$

9.1.4　混合参数方程和混合参数

在低频电子线路中，常将 $\dot{I}_1$、$\dot{U}_2$ 作为已知量，$\dot{U}_1$、$\dot{I}_2$ 作为待求量，这种以二端口网络的电压 $\dot{U}_2$ 和电流 $\dot{I}_1$ 来表征电压 $\dot{U}_1$ 和电流 $\dot{I}_2$ 的方程，称为二端口网络的混合参数方程，也称为 H 参数方程。该方程的一般形式为

$$\begin{cases}\dot{U}_1=H_{11}\dot{I}_1+H_{12}\dot{U}_2\\ \dot{I}_2=H_{21}\dot{I}_1+H_{22}\dot{U}_2\end{cases}\tag{9-7}$$

式(9-7)称为混合参数方程，其矩阵形式为

$$\begin{pmatrix}\dot{U}_1\\ \dot{I}_2\end{pmatrix}=H\begin{pmatrix}\dot{I}_1\\ \dot{U}_2\end{pmatrix}$$

式中，$H=\begin{bmatrix}H_{11} & H_{12}\\ H_{21} & H_{22}\end{bmatrix}$称为混合参数矩阵。$H_{11}$、$H_{12}$、$H_{21}$、$H_{22}$称为混合参数或 H 参数。混合参数可由下式求得:

$H_{11}=\left.\dfrac{\dot{U}_1}{\dot{I}_1}\right|_{\dot{U}_2=0}$，$H_{11}$为输出端口短路时，输入端的入端阻抗。

$H_{21}=\left.\dfrac{\dot{I}_2}{\dot{I}_1}\right|_{\dot{U}_2=0}$，$H_{21}$为输出端口短路时，输出电流与输入电流之比。

$H_{12}=\left.\dfrac{\dot{U}_1}{\dot{U}_2}\right|_{\dot{I}_1=0}$，$H_{12}$为输入端口开路时，输入电压与输出电压之比。

$$H_{22}=\left.\frac{\dot{I}_2}{\dot{U}_2}\right|_{\dot{I}_1=0}$$，H_{22}为输入端口开路时，输出端的入端导纳。

上式中，H_{11}具有阻抗的量纲；H_{22}具有导纳的量纲；H_{21}和H_{12}无量纲。对于互易二端口网络可以证明$H_{12}=-H_{21}$；对于对称二端口网络，还有$H_{11}H_{22}-H_{12}H_{21}=1$。

例 9-7 求图 9-12 所示二端口网络的 H 参数。

解 根据定义计算，将输出端口短路，$\dot{U}_2=0$，如图 9-13 所示。

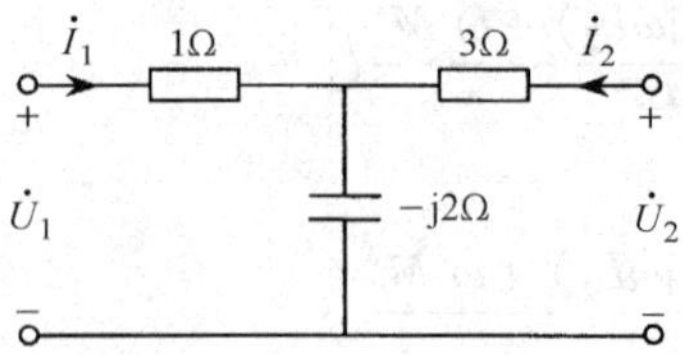

图 9-12 例 9-7 电路

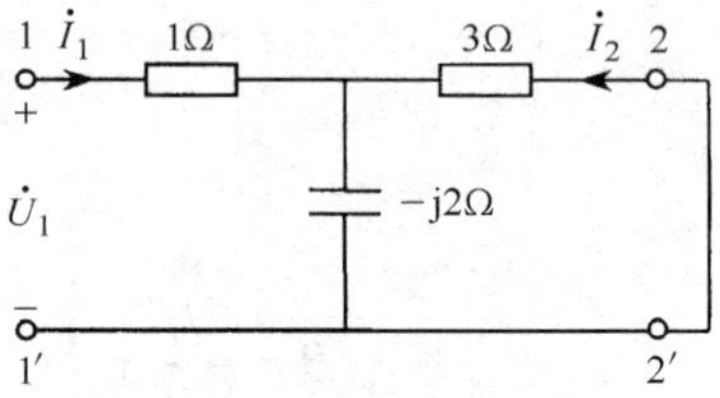

图 9-13 例 9-7 中输出端口短路电路图

则
$$\dot{U}_1=\left[1+\frac{3(-\mathrm{j}2)}{3-\mathrm{j}2}\right]\dot{I}_1$$

由分流关系可得
$$\dot{I}_2=-\frac{-\mathrm{j}2}{3-\mathrm{j}2}\dot{I}_1=\frac{\mathrm{j}2}{3-\mathrm{j}2}\dot{I}_1$$

由以上两式得
$$H_{11}=\left.\frac{\dot{U}_1}{\dot{I}_1}\right|_{\dot{U}_2=0}=\left(1+\frac{3(-\mathrm{j}2)}{3-\mathrm{j}2}\right)\Omega=(1.92-\mathrm{j}1.38)\Omega$$
$$H_{21}=\left.\frac{\dot{I}_2}{\dot{I}_1}\right|_{\dot{U}_2=0}=\frac{\mathrm{j}2}{3-\mathrm{j}2}=-0.31+\mathrm{j}0.46$$

在图 9-12 中，输入端开路，即$\dot{I}_1=0$，则
$$\dot{I}_2=\frac{1}{3-\mathrm{j}2}\dot{U}_2$$
$$\dot{U}_1=-\mathrm{j}2\dot{I}_2=\frac{-\mathrm{j}2}{3-\mathrm{j}2}\dot{U}_2$$

由上两式可得
$$H_{22}=\left.\frac{\dot{I}_2}{\dot{U}_2}\right|_{\dot{I}_1=0}=\left(\frac{1}{3-\mathrm{j}2}\right)\mathrm{S}=(0.23+\mathrm{j}0.15)\mathrm{S}$$
$$H_{12}=\left.\frac{\dot{U}_1}{\dot{U}_2}\right|_{\dot{I}_1=0}=\frac{-\mathrm{j}2}{3-\mathrm{j}2}=0.31-\mathrm{j}0.46$$

写成矩阵形式为
$$H=\begin{bmatrix}1.92-\mathrm{j}1.38 & 0.31-\mathrm{j}0.46\\-0.31+\mathrm{j}0.46 & 0.23+\mathrm{j}0.15\end{bmatrix}$$

上述四组方程以及与之对应的四种参数，均可以表征同一个二端口网络的电气性能。实际上工程中根据不同的要求有不同的应用。就一个具体网络而言，某一种参数可能较易测定(例如晶体管中的 H 参数)，而在网络分析中，采用另一种参数(例如传输参数)有时却较为方便。对同一个二端口网络而言，可以用参数方程中的一组参数求出其他三组参数。表 9-1

列出了它们之间的转换关系。但要注意，并不是所有的二端口网络都同时存在四种参数，有的网络无 Y 参数，有的无 Z 参数，有的既无 Y 参数又无 Z 参数(如理想变压器)。

表 9-1 二端口网络四种参数的转换关系

	用 Z 参数表示	用 Y 参数表示	用 H 参数表示	用 T 参数表示
Z 参数	$\begin{matrix} Z_{11} & Z_{12} \\ Z_{21} & Z_{22} \end{matrix}$	$\begin{matrix} \dfrac{Y_{22}}{\Delta Y} & -\dfrac{Y_{12}}{\Delta Y} \\ -\dfrac{Y_{21}}{\Delta Y} & \dfrac{Y_{11}}{\Delta Y} \end{matrix}$	$\begin{matrix} \dfrac{\Delta H}{H_{22}} & \dfrac{H_{12}}{H_{22}} \\ -\dfrac{H_{21}}{H_{22}} & \dfrac{1}{H_{22}} \end{matrix}$	$\begin{matrix} \dfrac{A}{C} & \dfrac{\Delta T}{C} \\ \dfrac{1}{C} & \dfrac{D}{C} \end{matrix}$
Y 参数	$\begin{matrix} \dfrac{Z_{22}}{\Delta Z} & -\dfrac{Z_{12}}{\Delta Z} \\ -\dfrac{Z_{21}}{\Delta Z} & \dfrac{Z_{11}}{\Delta Z} \end{matrix}$	$\begin{matrix} Y_{11} & Y_{12} \\ Y_{21} & Y_{22} \end{matrix}$	$\begin{matrix} \dfrac{1}{H_{11}} & -\dfrac{H_{12}}{H_{11}} \\ \dfrac{H_{21}}{H_{11}} & \dfrac{\Delta H}{H_{11}} \end{matrix}$	$\begin{matrix} \dfrac{D}{B} & -\dfrac{\Delta T}{B} \\ -\dfrac{1}{B} & \dfrac{A}{B} \end{matrix}$
H 参数	$\begin{matrix} \dfrac{\Delta Z}{Z_{22}} & \dfrac{Z_{12}}{Z_{22}} \\ -\dfrac{Z_{21}}{Z_{22}} & \dfrac{1}{Z_{22}} \end{matrix}$	$\begin{matrix} \dfrac{1}{Y_{11}} & -\dfrac{Y_{12}}{Y_{11}} \\ \dfrac{Y_{21}}{Y_{11}} & \dfrac{\Delta Y}{Y_{11}} \end{matrix}$	$\begin{matrix} H_{11} & H_{12} \\ H_{21} & H_{22} \end{matrix}$	$\begin{matrix} \dfrac{B}{D} & \dfrac{\Delta T}{D} \\ -\dfrac{1}{D} & \dfrac{C}{D} \end{matrix}$
T 参数	$\begin{matrix} \dfrac{Z_{11}}{Z_{21}} & \dfrac{\Delta Z}{Z_{21}} \\ \dfrac{1}{Z_{21}} & \dfrac{Z_{22}}{Z_{21}} \end{matrix}$	$\begin{matrix} -\dfrac{Y_{22}}{Y_{21}} & -\dfrac{1}{Y_{21}} \\ -\dfrac{\Delta Y}{Y_{21}} & -\dfrac{Y_{11}}{Y_{21}} \end{matrix}$	$\begin{matrix} -\dfrac{\Delta H}{H_{21}} & -\dfrac{H_{11}}{H_{21}} \\ -\dfrac{H_{22}}{H_{21}} & -\dfrac{1}{H_{21}} \end{matrix}$	$\begin{matrix} A & B \\ C & D \end{matrix}$

表中 $\Delta Z = \begin{vmatrix} Z_{11} & Z_{12} \\ Z_{21} & Z_{22} \end{vmatrix}$ $\qquad \Delta Y = \begin{vmatrix} Y_{11} & Y_{12} \\ Y_{21} & Y_{22} \end{vmatrix}$

$$\Delta H = \begin{vmatrix} H_{11} & H_{12} \\ H_{21} & H_{22} \end{vmatrix} \qquad \Delta T = \begin{vmatrix} A & B \\ C & D \end{vmatrix}$$

9.2 二端口网络的等效电路

任何一个无源二端网络，不管其内部如何复杂，从外部特性来看，总可以用一个阻抗(或导纳)来等效代替。同理，一个无源线性二端口网络也可以找到一个与之等效的电路来代替。也就是说，在已知二端口网络的某种参数时，可以找到一个具体的电路与该二端口网络等效，以便于进行模拟研究。等效条件是：二端口等效电路的网络方程必须与被代替的二端口网络方程相同。

上一节讨论了表征二端口网络的四种参数，每一种参数都有四个参数，但由于无源线性二端口网络具有互易性，因此仅有三个参数是独立的。所以无源线性二端口网络的等效电路中可以只包含三个元件。这样自然就想到了用 T 形或 Π 形网络作为其等效电路，如图 9-14 所示。本节只讨论互易二端口网络的等效电路。

9.2.1 T 形等效电路

图 9-14a 所示的任一无源线性二端口网络的 Z 参数为

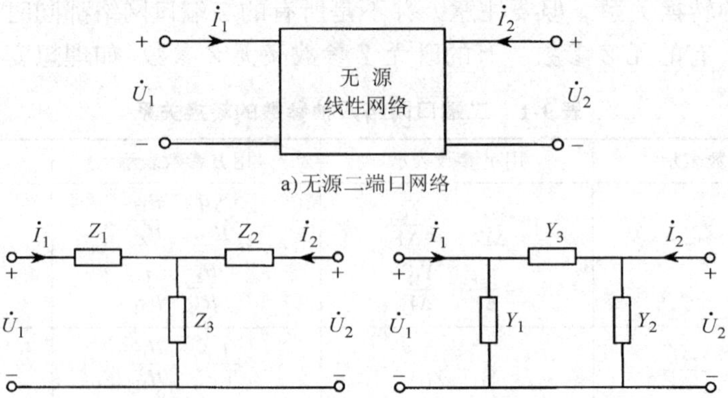

a) 无源二端口网络

b) T 形等效电路 c) Π形等效电路

图 9-14 无源线性二端口网络的等效电路

$$Z=\begin{pmatrix} Z_{11} & Z_{12} \\ Z_{21} & Z_{22} \end{pmatrix}$$

相应的 Z 参数方程为

$$\begin{cases} \dot{U}_1 = Z_{11}\dot{I}_1 + Z_{12}\dot{I}_2 \\ \dot{U}_2 = Z_{21}\dot{I}_1 + Z_{22}\dot{I}_2 \end{cases} \tag{9-8}$$

对图 9-14b 所示 T 形电路列 KVL 方程，得

$$\begin{cases} \dot{U}_1 = Z_1\dot{I}_1 + Z_3(\dot{I}_1 + \dot{I}_2) \\ \dot{U}_2 = Z_2\dot{I}_2 + Z_3(\dot{I}_1 + \dot{I}_2) \end{cases} \tag{9-9}$$

因为图 9-14a 的二端口网络与 T 形电路等效，对比式(9-8)、式(9-9)可得

$$\begin{cases} Z_{11} = Z_1 + Z_3 \\ Z_{12} = Z_{21} = Z_3 \\ Z_{22} = Z_2 + Z_3 \end{cases}$$

解 Z_1、Z_2、Z_3 得

$$\begin{cases} Z_1 = Z_{11} - Z_{12} \\ Z_2 = Z_{22} - Z_{21} \\ Z_3 = Z_{12} = Z_{21} \end{cases} \tag{9-10}$$

故知道原网络的 Z 参数，就可以确定 T 形等效电路的三个参数。

若给出二端口网络 Y 参数、T 参数或 H 参数，求 T 形等效电路，也可以利用表 9-1 转换成 Z 参数，然后用式(9-10)确定 Z_1、Z_2、Z_3。例如给出 T 参数，用此方法可得

$$Z_1 = \frac{A-1}{C},\ Z_2 = \frac{D-1}{C},\ Z_3 = \frac{1}{C} \tag{9-11}$$

9.2.2 Π形等效电路

图 9-14a 所示的无源线性二端口网络的 Y 参数方程为

$$\begin{cases} \dot{I}_1 = Y_{11}\dot{U}_1 + Y_{12}\dot{U}_2 \\ \dot{I}_2 = Y_{21}\dot{U}_1 + Y_{22}\dot{U}_2 \end{cases} \tag{9-12}$$

对图 9-14c Π形电路列 KCL 方程，得

$$\begin{cases}\dot{I}_1 = Y_1\dot{U}_1 + Y_3(\dot{U}_1 - \dot{U}_2) = (Y_1 + Y_3)\dot{U}_1 - Y_3\dot{U}_2 \\ \dot{I}_2 = Y_2\dot{U}_2 + Y_3(\dot{U}_2 - \dot{U}_1) = -Y_3\dot{U}_1 + (Y_2 + Y_3)\dot{U}_2\end{cases} \tag{9-13}$$

对比式(9-12)、式(9-13)可得

$$Y_{11} = Y_1 + Y_3$$
$$Y_{12} = Y_{21} = -Y_3$$
$$Y_{22} = Y_2 + Y_3$$

解 Y_1、Y_2、Y_3 得

$$\begin{cases}Y_1 = Y_{11} + Y_{12} \\ Y_2 = Y_{21} + Y_{22} \\ Y_3 = -Y_{12} = -Y_{21}\end{cases} \tag{9-14}$$

式(9-14)表明，知道原网络的 Y 参数，就可以确定Π形等效电路的三个参数 Y_1、Y_2、Y_3。

若给出二端口网络 Z 参数、T 参数或 H 参数，求Π形等效电路，也可以利用表(9-1)转换成 Y 参数，然后利用式(9-14)确定 Y_1、Y_2、Y_3。例如给出 T 参数，用此方法可得

$$Y_1 = \frac{D-1}{B},\ Y_2 = \frac{A-1}{B},\ Y_3 = \frac{1}{B} \tag{9-15}$$

例 9-8 已知某二端口网络的传输参数为 $A=7$，$B=3\Omega$，$C=9\text{S}$，$D=4$。试求 T 形和Π形等效电路各元件参数值。

解 首先验证网络的互易性。

$$AD - BC = 7\times4 - 3\times9 = 1$$

故原网络为互易网络。

T 形等效电路元件值为

$$Z_1 = \frac{A-1}{C} = \frac{2}{3}\Omega$$
$$Z_2 = \frac{D-1}{C} = \frac{1}{3}\Omega$$
$$Z_3 = \frac{1}{C} = \frac{1}{9}\Omega$$

Π形等效电路元件值为

$$Y_1 = \frac{D-1}{B} = 1\text{S}$$
$$Y_2 = \frac{A-1}{B} = 2\text{S}$$
$$Y_3 = \frac{1}{B} = -\frac{1}{3}\text{S}$$

9.3 二端口网络的联结

几个简单的二端口网络按一定方式连接起来，就构成一个复合二端口网络。当然，一个复杂的二端口网络，也可以看作是由若干个简单的二端口网络按不同方式连接而成的。二端

口网络的基本连接方式有串联、并联、级联等，其电路结构如图 9-15 所示。

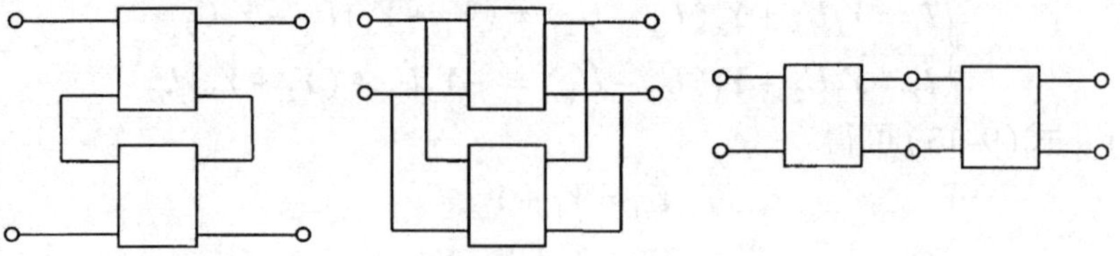

图 9-15 二端口网络的连接方式

9.3.1 二端口网络的串联

当两个二端口网络的对应端口分别作串联连接时，称为二端口网络的串联。串联连接时两个二端口网络的端口电压、电流关系如图 9-16 所示。

由图 9-16 可知，串联时，通过各二端口网络对应端口的是同一电流。并且，根据基尔霍夫电压定律，串联二端口网络的端口电压为

$$\dot{U}_1 = \dot{U}_1' + \dot{U}_1''$$
$$\dot{U}_2 = \dot{U}_2' + \dot{U}_2''$$

或写成矩阵形式

$$\begin{pmatrix} \dot{U}_1 \\ \dot{U}_2 \end{pmatrix} = \begin{pmatrix} \dot{U}_1' \\ \dot{U}_2' \end{pmatrix} + \begin{pmatrix} \dot{U}_1'' \\ \dot{U}_2'' \end{pmatrix} \tag{9-16}$$

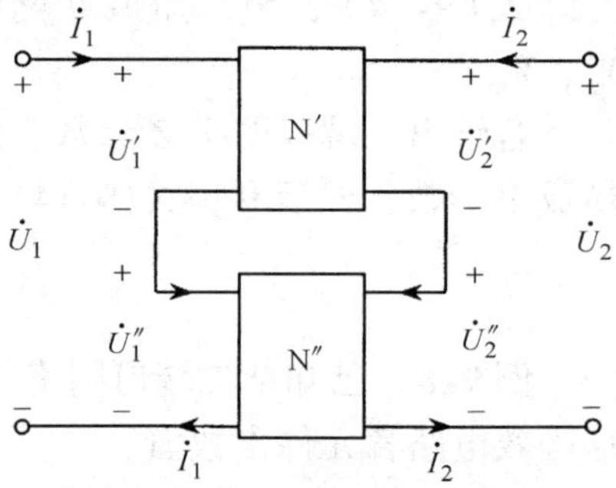

图 9-16 二端口网络的串联

二端口网络串联时，采用 Z 参数分析比较方便，二端口网络 N' 和 N'' 的 Z 参数方程矩阵形式为

$$\begin{pmatrix} \dot{U}_1' \\ \dot{U}_2' \end{pmatrix} = \begin{pmatrix} Z_{11}' & Z_{12}' \\ Z_{21}' & Z_{22}' \end{pmatrix} \begin{pmatrix} \dot{I}_1 \\ \dot{I}_2 \end{pmatrix} = Z' \begin{pmatrix} \dot{I}_1 \\ \dot{I}_2 \end{pmatrix}$$

$$\begin{pmatrix} \dot{U}_1'' \\ \dot{U}_2'' \end{pmatrix} = \begin{pmatrix} Z_{11}'' & Z_{12}'' \\ Z_{21}'' & Z_{22}'' \end{pmatrix} \begin{pmatrix} \dot{I}_1 \\ \dot{I}_2 \end{pmatrix} = Z'' \begin{pmatrix} \dot{I}_1 \\ \dot{I}_2 \end{pmatrix}$$

将以上两式代入(9-16)得

$$\begin{pmatrix} \dot{U}_1 \\ \dot{U}_2 \end{pmatrix} = Z' \begin{pmatrix} \dot{I}_1 \\ \dot{I}_2 \end{pmatrix} + Z'' \begin{pmatrix} \dot{I}_1 \\ \dot{I}_2 \end{pmatrix} = (Z' + Z'') \begin{pmatrix} \dot{I}_1 \\ \dot{I}_2 \end{pmatrix} = Z \begin{pmatrix} \dot{I}_1 \\ \dot{I}_2 \end{pmatrix} \tag{9-17}$$

其中

$$Z = Z' + Z'' = \begin{pmatrix} Z_{11}' + Z_{11}'' & Z_{12}' + Z_{12}'' \\ Z_{21}' + Z_{21}'' & Z_{22}' + Z_{22}'' \end{pmatrix} \tag{9-18}$$

即两个二端口网络串联连接的等效 Z 参数矩阵等于各二端口网络的 Z 参数矩阵 Z' 和 Z'' 之和。同理，当 n 个二端口网络串联时，复合后的二端口网络的 Z 参数矩阵为

$$Z = Z_1 + Z_2 + Z_3 + \cdots + Z_n \tag{9-19}$$

9.3.2　二端口网络的并联

两个二端口网络的对应端口分别作并联连接时，称为二端口网络的并联。并联连接时两个二端口网络的端口电压、电流关系如图 9-17 所示。

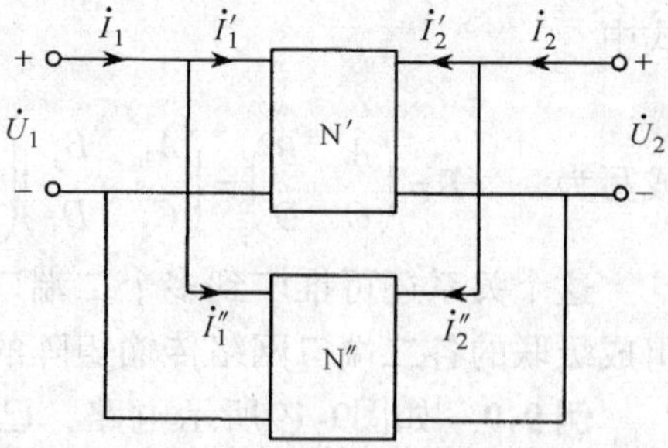

图 9-17　二端口网络的并联

由图 9-17 可知，并联时，各二端口网络对应端口的电压相同。并且，根据基尔霍夫电流定律，并联二端口网络的端口电流为

$$\dot{I}_1 = \dot{I}_1' + \dot{I}_1''$$
$$\dot{I}_2 = \dot{I}_2' + \dot{I}_2''$$

或写成矩阵形式

$$\begin{pmatrix}\dot{I}_1\\ \dot{I}_2\end{pmatrix} = \begin{pmatrix}\dot{I}_1'\\ \dot{I}_2'\end{pmatrix} + \begin{pmatrix}\dot{I}_1''\\ \dot{I}_2''\end{pmatrix} \tag{9-20}$$

二端口网络并联时，采用 Y 参数分析比较方便，二端口网络 N' 和 N'' 的 Y 参数方程矩阵形式为

$$\begin{pmatrix}\dot{I}_1'\\ \dot{I}_2'\end{pmatrix} = \begin{pmatrix}Y_{11}' & Y_{12}'\\ Y_{21}' & Y_{22}'\end{pmatrix}\begin{pmatrix}\dot{U}_1\\ \dot{U}_2\end{pmatrix} = Y'\begin{pmatrix}\dot{U}_1\\ \dot{U}_2\end{pmatrix}$$

$$\begin{pmatrix}\dot{I}_1''\\ \dot{I}_2''\end{pmatrix} = \begin{pmatrix}Y_{11}'' & Y_{12}''\\ Y_{21}'' & Y_{22}''\end{pmatrix}\begin{pmatrix}\dot{U}_1\\ \dot{U}_2\end{pmatrix} = Y''\begin{pmatrix}\dot{U}_1\\ \dot{U}_2\end{pmatrix}$$

将以上两式代入(9-20)得

$$\begin{pmatrix}\dot{I}_1\\ \dot{I}_2\end{pmatrix} = Y'\begin{pmatrix}\dot{U}_1\\ \dot{U}_2\end{pmatrix} + Y''\begin{pmatrix}\dot{U}_1\\ \dot{U}_2\end{pmatrix} = (Y' + Y'')\begin{pmatrix}\dot{U}_1\\ \dot{U}_2\end{pmatrix} = Y\begin{pmatrix}\dot{U}_1\\ \dot{U}_2\end{pmatrix} \tag{9-21}$$

其中

$$Y = Y' + Y'' = \begin{pmatrix}Y_{11}' + Y_{11}'' & Y_{12}' + Y_{12}''\\ Y_{21}' + Y_{21}'' & Y_{22}' + Y_{22}''\end{pmatrix} \tag{9-22}$$

即两个二端口网络并联连接的等效 Y 参数矩阵等于各二端口网络的 Y 参数矩阵 Y' 和 Y'' 之和。同理，当 n 个二端口网络并联时，复合后的二端口网络的 Y 参数矩阵为

$$Y = Y_1 + Y_2 + Y_3 + \cdots + Y_n \tag{9-23}$$

9.3.3　二端口网络的级联

两个二端口网络的级联，是指第一个二端口网络的输出端口直接与第二个二端口网络的输入端口相联，如图 9-18 所示，其中第一个二端口网络 T_1 的传输参数方程为

$$\begin{pmatrix}\dot{U}_1\\ \dot{I}_1\end{pmatrix} = \begin{pmatrix}A_1 & B_1\\ C_1 & D_1\end{pmatrix}\begin{pmatrix}\dot{U}_2\\ -\dot{I}_2\end{pmatrix} = T_1\begin{pmatrix}\dot{U}_2\\ -\dot{I}_2\end{pmatrix} \tag{9-24}$$

第二个二端口网络 T_2 的传输参数方程为

$$\begin{pmatrix}\dot{U}_2\\ -\dot{I}_2\end{pmatrix} = \begin{pmatrix}A_2 & B_2\\ C_2 & D_2\end{pmatrix}\begin{pmatrix}\dot{U}_3\\ -\dot{I}_3\end{pmatrix} = T_2\begin{pmatrix}\dot{U}_3\\ -\dot{I}_3\end{pmatrix} \tag{9-25}$$

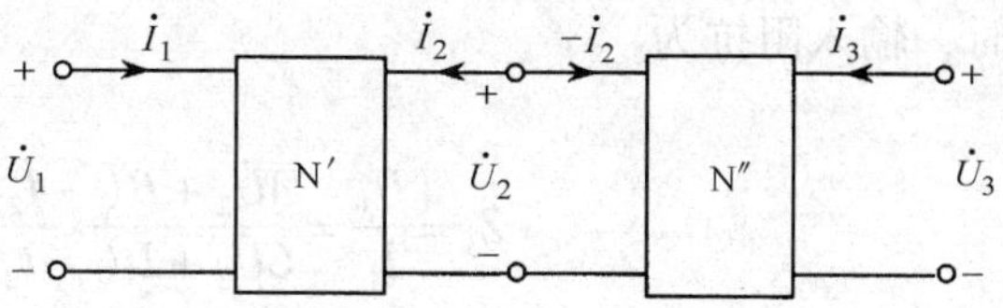

图 9-18　二端口网络的级联

将式(9-25)代入式(9-24)，得

$$\begin{pmatrix}\dot U_1\\ \dot I_1\end{pmatrix}=T_1\cdot T_2\begin{pmatrix}\dot U_3\\ -\dot I_3\end{pmatrix}=T\begin{pmatrix}\dot U_3\\ -\dot I_3\end{pmatrix}\tag{9-26}$$

式中

$$T=T_1\cdot T_2$$

或写为

$$T=\begin{pmatrix}A & B\\ C & D\end{pmatrix}=\begin{pmatrix}A_1 & B_1\\ C_1 & D_1\end{pmatrix}\begin{pmatrix}A_2 & B_2\\ C_2 & D_2\end{pmatrix}=\begin{pmatrix}A_1A_2+B_1C_2 & A_1B_2+B_1D_2\\ C_1A_2+D_1C_2 & C_1B_2+D_1D_2\end{pmatrix}\tag{9-27}$$

这个关系还可推广到多个二端口网络级联的情况，即级联二端口网络的传输矩阵，等于组成级联的各二端口网络传输矩阵的乘积。

例 9-9 如图9-19所示电路，已知 T 形网络中三个元件的导纳分别为 Y_1、Y_2、Y_3，求二端口网络的传输参数。

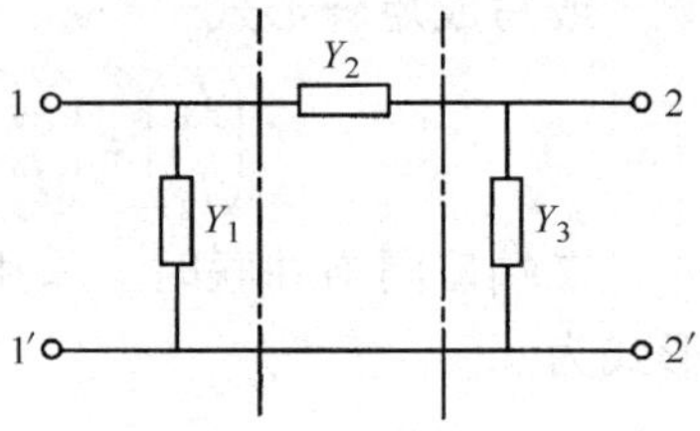

图 9-19 例 9-9 电路

解 图示二端口网络可看作是三个简单二端口网络的级联。各级二端口网络的传输矩阵为

$$T_1=\begin{pmatrix}1 & 0\\ Y_1 & 1\end{pmatrix}\qquad T_2=\begin{pmatrix}1 & \dfrac{1}{Y_2}\\ 0 & 1\end{pmatrix}\qquad T_3=\begin{pmatrix}1 & 0\\ Y_3 & 1\end{pmatrix}$$

所求二端口网络的传输矩阵为

$$T=T_1\cdot T_2\cdot T_3=\begin{pmatrix}1 & 0\\ Y_1 & 1\end{pmatrix}\begin{pmatrix}1 & \dfrac{1}{Y_2}\\ 0 & 1\end{pmatrix}\begin{pmatrix}1 & 0\\ Y_3 & 1\end{pmatrix}$$

$$=\begin{pmatrix}1 & \dfrac{1}{Y_2}\\ Y_1 & \dfrac{Y_1}{Y_2}+1\end{pmatrix}\begin{pmatrix}1 & 0\\ Y_3 & 1\end{pmatrix}=\begin{pmatrix}1+\dfrac{Y_3}{Y_2} & \dfrac{1}{Y_2}\\ Y_1+Y_3+\dfrac{Y_1Y_3}{Y_2} & 1+\dfrac{Y_1}{Y_2}\end{pmatrix}$$

9.4 二端口网络的特性阻抗

二端口网络在实际使用时，输入端都接有电源，输出端接有负载，本节主要研究二端口网络接有电源和负载后的一些特性。

9.4.1 输入阻抗与输出阻抗

当二端口网络的输入端接有电压源，输出端接有负载 Z_L 时，如图 9-20a 所示，此时输入端的电压 $\dot U_1$ 与电流 $\dot I_1$ 之比称为输入阻抗，用 Z_i 表示。当二端口网络用 T 参数方程来表征时，输入阻抗为

$$Z_i=\frac{\dot U_1}{\dot I_1}=\frac{A\dot U_2+B(-\dot I_2)}{C\dot U_2+D(-\dot I_2)}=\frac{A\left(\dfrac{\dot U_2}{-\dot I_2}\right)+B}{C\left(\dfrac{\dot U_2}{-\dot I_2}\right)+D}=\frac{AZ_L+B}{CZ_L+D}\tag{9-28}$$

式中

$$Z_L = \frac{\dot{U}_2}{-\dot{I}_2}$$

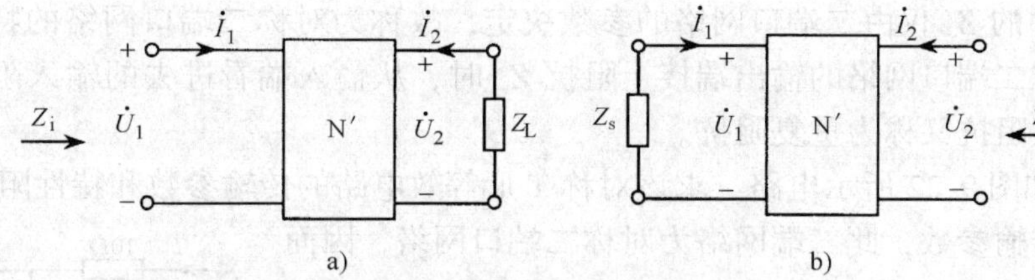

图 9-20 输入阻抗和输出阻抗

当二端口网络输入端的电源为零，保留内阻 Z_s 时，如图 9-20b 所示，此时二端口网络输出端的电压 $\dot{U}_2$ 与电流 $\dot{I}_2$ 之比称为输出阻抗，用 Z_o 表示。在输入端口处有

$$\dot{U}_1 = -Z_s\dot{I}_1$$

代入二端口网络的 T 参数方程，有

$$-Z_s\dot{I}_1 = A\dot{U}_2 - B\dot{I}_2$$

$$Z_s\dot{I}_1 = Z_s(C\dot{U}_2 - D\dot{I}_2)$$

将以上两式相加得

$$A\dot{U}_2 - B\dot{I}_2 + Z_s(C\dot{U}_2 - D\dot{I}_2) = 0$$

输出阻抗为

$$Z_o = \frac{\dot{U}_2}{\dot{I}_2} = \frac{DZ_s + B}{CZ_s + A} \tag{9-29}$$

由式(9-28)和式(9-29)可见，二端口网络的输入阻抗和输出阻抗不仅与它的参数有关，还与外接的负载阻抗或电源的内阻抗有关。对于不同的二端口网络，Z_i 与 Z_L、Z_o 与 Z_s 的关系不同，这就意味着二端口网络具有变换阻抗的作用。

9.4.2 特性阻抗

对于对称二端口网络，由于 $A = D$，故得输入阻抗和输出阻抗为

$$Z_i = \frac{AZ_L + B}{CZ_L + A}$$

$$Z_o = \frac{AZ_s + B}{CZ_s + A}$$

上式中，在 $Z_L = Z_s$ 的情况下，有 $Z_i = Z_o$。如果当 $Z_L = Z_s = Z_c$ 时，恰好使 $Z_i = Z_o = Z_c$，如图 9-21 所示，则有

$$Z_c = \frac{AZ_c + B}{CZ_c + A}$$

由此可得

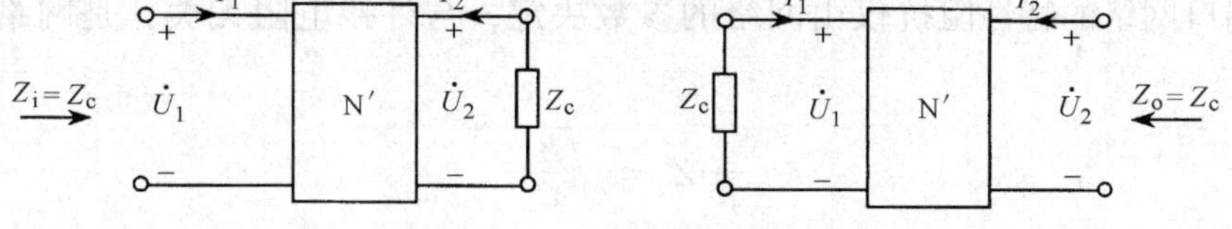

图 9-21 特性阻抗

$$Z_c = \sqrt{\frac{B}{C}} \tag{9-30}$$

式(9-30)中的 Z_c 仅由二端口网络的参数决定，故称为对称二端口网络的特性阻抗。由前面所述，当在二端口网络的输出端接上阻抗 Z_c 时，从输入端看进去的输入阻抗恰好等于 Z_c，因此，特性阻抗又称为重复阻抗。

例 9-10　如图 9-22 所示电路，求该对称 T 形等效电路的传输参数和特性阻抗。

解　先求传输参数，此二端口网络为对称二端口网络，因而

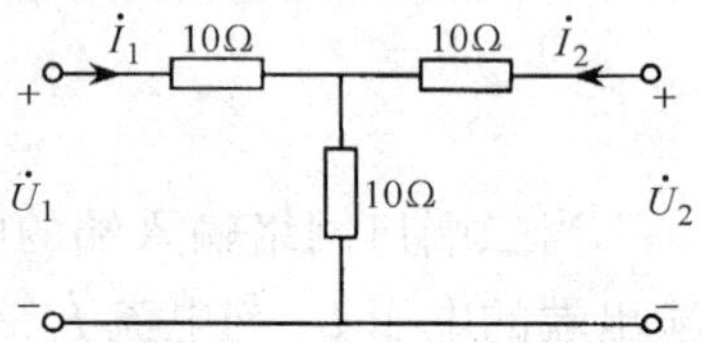

图 9-22　例 9-10 电路

$$A = D = \left.\frac{\dot{U}_1}{\dot{U}_2}\right|_{\dot{I}_2=0} = \frac{20}{10} = 2$$

$$B = \left.\frac{\dot{U}_1}{-\dot{I}_2}\right|_{\dot{U}_2=0} = \frac{(10 + 10/\!/10)\dot{I}_1}{\frac{1}{2}\dot{I}_1} = 30\Omega$$

$$C = \left.\frac{\dot{I}_1}{\dot{U}_2}\right|_{\dot{I}_2=0} = \frac{\dot{I}_1}{10\dot{I}_1} = 0.1\text{S}$$

特性阻抗为

$$Z_c = \sqrt{\frac{B}{C}} = \sqrt{\frac{30}{0.1}} = 17.32\Omega$$

本章小结

1. 当四端网络的四个端钮满足二端口条件时，称为二端口网络。二端口网络的分析方法不同于以前的电路分析方法，它是从端口测试(或计算分析)着手，其性能可用网络的参数方程来表征。

2. 输入和输出端口的电压、电流四个量中，只有两个是独立的，因此，任取两个为自变量，另两个为因变量，可以列出六种不同的网络方程，相应地可以得到六种网络参数。其中常用的有 Y、Z、T、H 四种。参数之间可以互相转换。

3. 互易二端口网络的各种参数，只有三个是独立的。对称二端口网络只有两个参数是独立的。

4. 当已知网络结构与各元件参数时，可根据定义求出各种网络参数；当网络结构无法得知时，可用试验的方法测量、计算出各种网络参数。

5. 二端口网络可以用相应的等效电路代替，等效电路与原网络应具有相同的外部特性。如果原二端口网络是对称的，其等效网络也是对称的。

6. 一个复杂的二端口网络，可以认为是简单二端口网络通过一定方式连接得到的，这样可使复杂网络的分析、计算简化。

7. 二端口网络的特性阻抗仅由网络的参数决定，与外接电阻无关，是网络本身所固有的，其值为

$$Z_c = \sqrt{\frac{B}{C}}$$

习 题 九

1. 什么叫二端口条件？四端网络一定是二端口网络吗？

2. 什么叫互易二端口网络？什么是对称二端口网络？它们各自有什么特点？

3. 求图9-23所示二端口网络的Y、Z、T、H参数矩阵。

4. 求图9-24所示空心变压器的Z参数。已知$R_1=10\Omega$，$R_2=10\Omega$，$\omega L_1=20\Omega$，$\omega L_2=10\Omega$，$\omega M=5\Omega$。

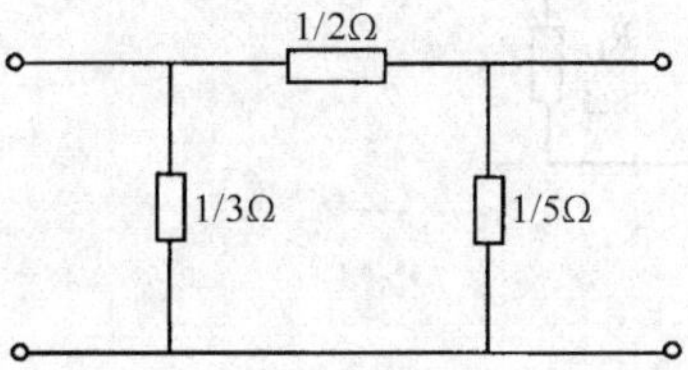

图 9-23

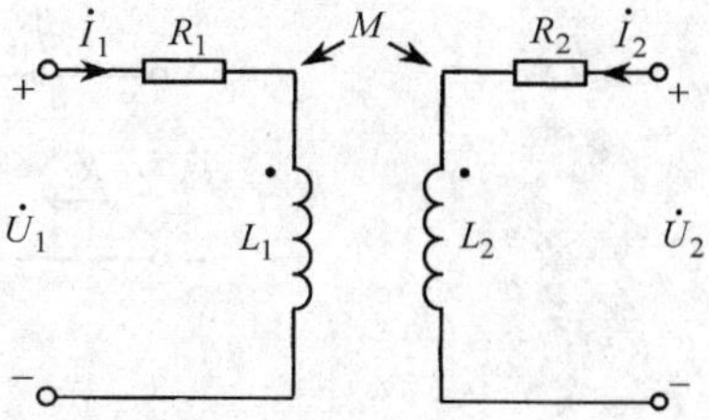

图 9-24

5. 求图9-25所示二端口网络的Z参数矩阵(设电源角频率为ω)。

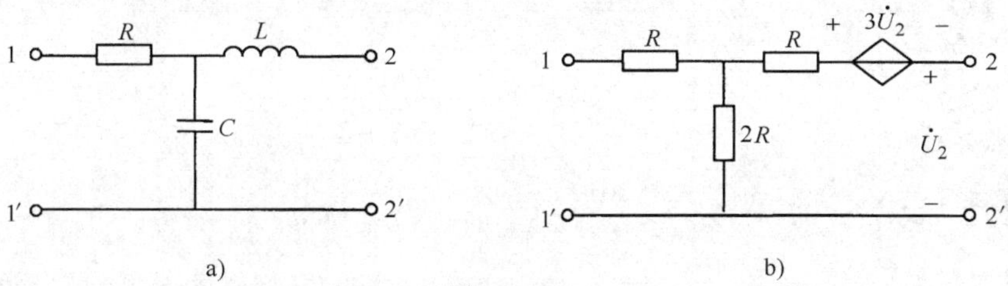

图 9-25

6. 试画出对应下列Z矩阵的二端口网络的等效电路。

(1) $\begin{pmatrix}3 & 1\\1 & 2\end{pmatrix}$　　(2) $\begin{pmatrix}5 & 3\\3 & 7\end{pmatrix}$

7. 试画出对应下列Y矩阵的二端口网络的等效电路。

(1) $\begin{pmatrix}5 & -2\\-2 & 3\end{pmatrix}$　　(2) $\begin{pmatrix}8 & -3\\-3 & 6\end{pmatrix}$

8. 求图9-26所示二端口网络的Y、Z参数矩阵(电源角频率为ω)。

9. 求图9-27所示二端口网络的T参数。

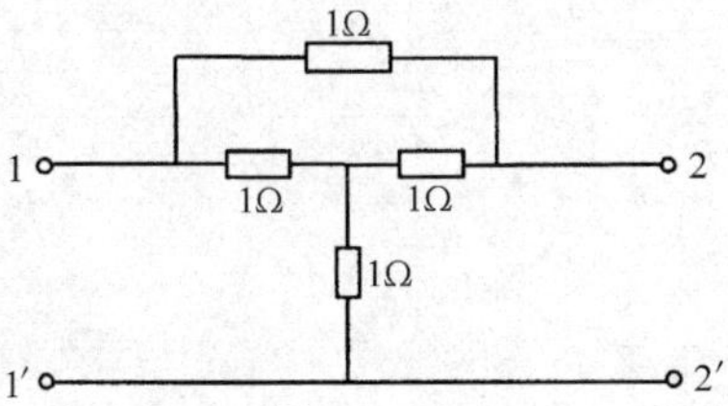

图 9-26

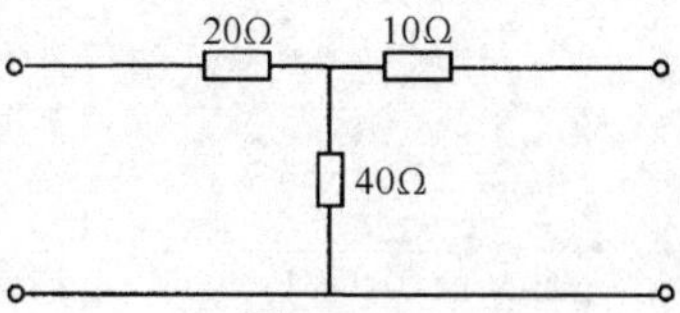

图 9-27

10. 求图9-28所示二端口网络的特性阻抗(电源角频率为ω)。

11. 图9-29所示电路中，已知二端口网络N的参数矩阵为：$Z=\begin{pmatrix}2 & 3\\3 & 3\end{pmatrix}$，求$\dot{U}_2/\dot{U}_S$值。

12. 图9-30所示二端口网络N的参数矩阵为：$Y=\begin{pmatrix}4 & 2\\2 & 1\end{pmatrix}$，$R_L=8\Omega$，求输入端等效电阻$R_i$。

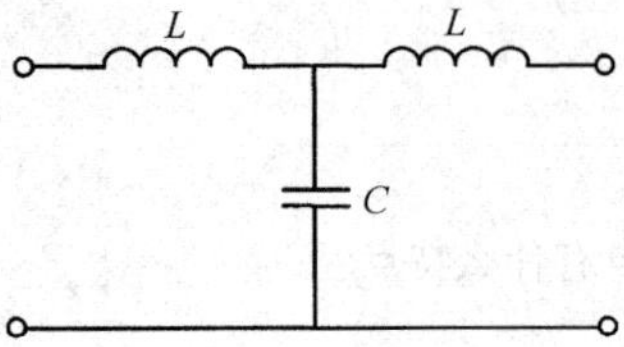

图 9-28

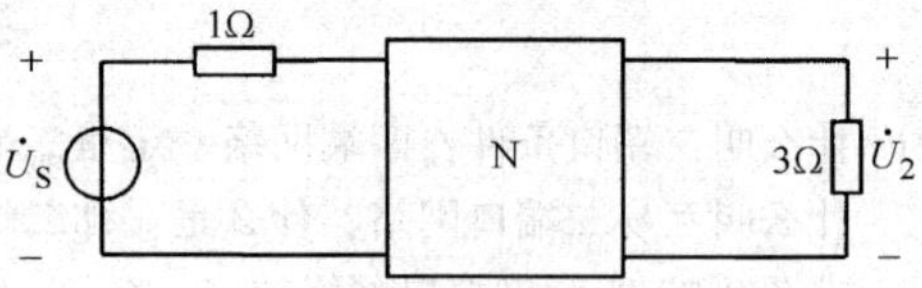

图 9-29

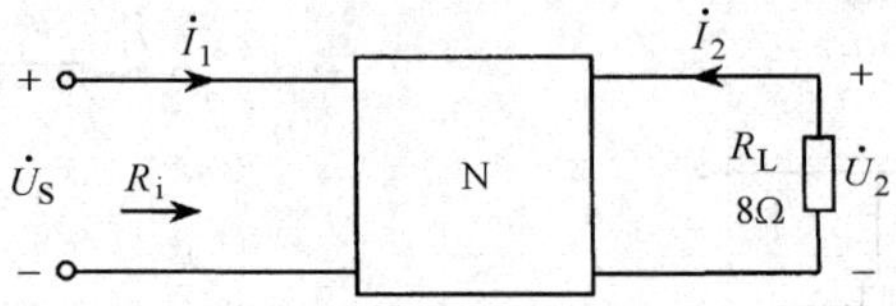

图 9-30

*第 10 章　低压电器与电动机

本章提要：

随着生产自动化的日益发展，要求拖动生产机械运动的电动机能按照工艺要求，自动地完成起动、制动、调速及正反转等各种动作。本章将着重介绍常用的低压电器，三相异步电动机的基本结构、工作原理和机械特性，异步电动机的起动、调速、制动等。另外，对异步电动机的基本控制电路作一些简单介绍。

10.1　常用低压电器

所谓低压电器就是根据外界指令，自动或手动接通和断开电路，连续或断续地改变电路参数，实现对被控对象的切换、控制、保护、检测和调节的电气设备。本节所讨论的低压电器是指工作在交流电压 1200V，或直流电压 1500V 以下的控制电器。

低压电器的种类很多，按照动作的性质分为手动和自动电器。手动电器是由操作人员手动操作的，如刀开关、按钮等。自动电器是按照指令、信号或者物理量的变化而动作的电器，如接触器、行程开关等。

10.1.1　开关

1. 刀开关

刀开关是结构最简单、应用最广泛的一种手动电器。

刀开关由主触刀(动触片)和夹座(静触片)组成。图 10-1 所示为刀开关的结构示意图和符号，它用瓷质做底，刀片和刀座用胶木盖罩住，是最简单的手动控制电器，俗称胶盖瓷底闸刀开关。胶盖除了保护刀片和刀座外，还可以熄灭因切断电源时在刀片和刀座间产生的电弧，防止电弧烧伤操作人员。

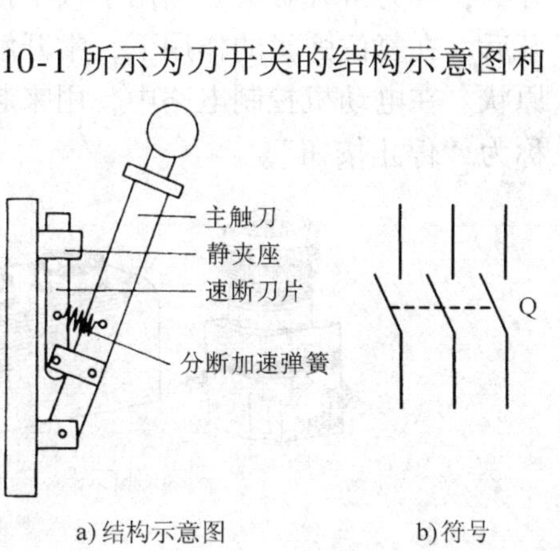

图 10-1　刀开关

刀开关在低压电器中用于不频繁的接通和切断电路，也可以用来对小容量的电动机作不频繁的直接起动。刀开关常在电路中作隔离电源的开关使用。

按极数不同刀开关分单极、双极和三极三种，HK 系列刀开关的额定电压通常为 220V 和 380V 两种，额定电流为 10 ~ 60A 不等。当用于小容量电动机的起动控制时，其额定电流应大于电动机的起动电流。

2. 组合开关

组合开关又称转换开关，实质上也是一种刀开关，不过它的刀片是转动的，结构比刀开关紧凑。图 10-2 所示为常用的 HZ10 系列组合开关，它有三对静触头，固定在胶木盒内的绝缘垫板上，三对动触头套在装有手柄的绝缘轴上。转动手柄就可将三对触头同时接通或断开。组合开关通常是不带负载操作的，在机床电气系统中多用作电源隔离开关，也可用于小容量电动机的不频繁起动，以及控制局部照明电路等。

组合开关有单极、双极、三极和多极几种，其图形及文字符号如图 10-2b 所示。组合开关的额定持续电流有 10A、25A、60A 和 100A 等多种。当其用于起、停小容量电动机时，额定电流的选择和刀开关相同。

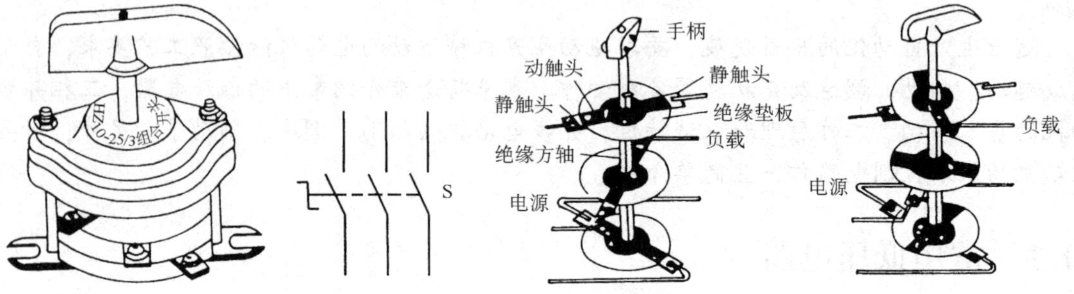

a)外形图　b)符号　c)接通位置　d)断开位置

图 10-2　组合开关

10.1.2　按钮

按钮也是一种手动控制电器，通常用于发出操作信号，接通和断开电流较小的控制电路以控制电流较大的电动机或其他电气设备的运行。

图 10-3 是按钮的外形、结构示意图及符号。它由按钮帽、动触头、静触头和复位弹簧等构成。按钮有两对静触头和一对动触头，动触头的两个触头之间是导通的。在正常状态下，上面的一对静触头与动触头是接通的，称为常闭触头；下面的一对静触头与动触头是断开的，称为常开触头。当用手按下按钮帽时，常闭触头先断开，然后常开触头闭合；手指放开后，在复位弹簧的作用下，常开触头先断开，常闭触头后闭合，即触头的通、断状态恢复原状。在电动机控制电路中，用来起动电动机的按钮称为“起动按钮”，停止电动机的按钮称为“停止按钮”。

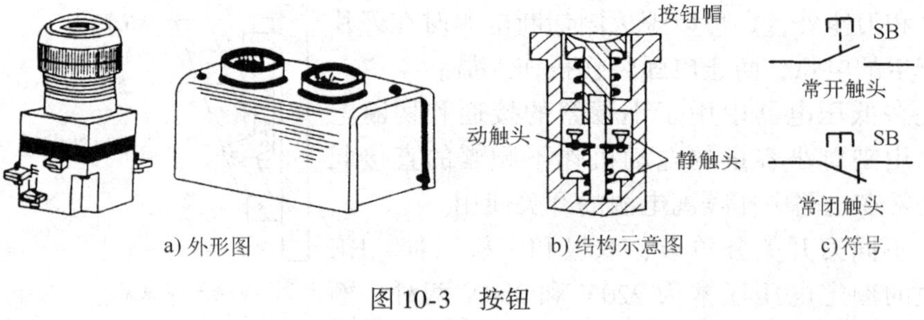

a) 外形图　b) 结构示意图　c) 符号

图 10-3　按钮

10.1.3　熔断器

熔断器是最简便而又可靠的短路保护电器，熔断器中的熔丝或熔片统称为熔体。是用电阻率较高的易熔合金制成，如铅锡合金等。熔断器串接在被保护的电路中，当电路发生短路时熔体立即熔断，将电路切断，从而达到保护线路及电气设备的目的。

图 10-4 是常用的三种熔断器的结构图。其图形及文字符号如图 10-4d 所示。

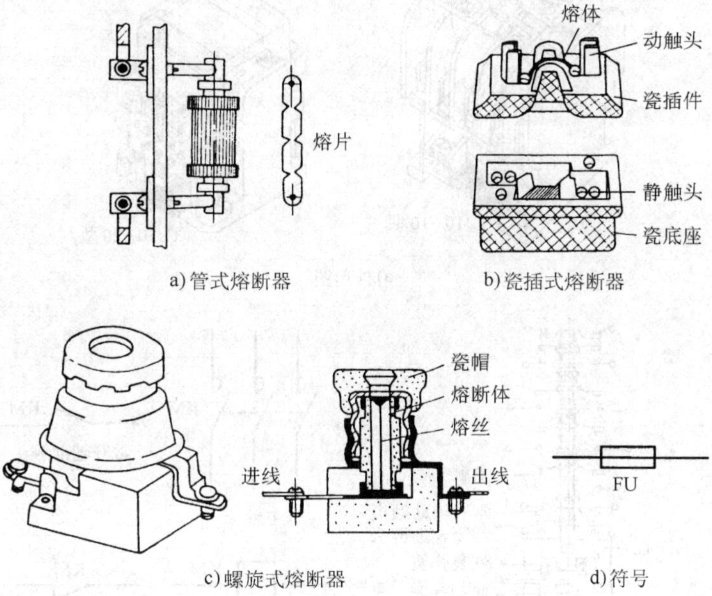

图 10-4　熔断器

选择熔断器主要是确定熔体的额定电流。对于照明、电热电路中的熔丝，其额定电流(熔断电流)应大于或稍大于负载的额定电流。

若负载是一台电动机，为防止电动机起动时电流过大而烧断熔丝，不能按电动机的额定电流选择熔丝，而应按下式选择：

熔丝额定电流≥(1.5~2.5)电动机的额定电流

若负载为多台电动机，则大致上可按下式选择：

熔丝额定电流≥(1.5~2.5)容量最大的一台电动机的额定电流+其余电动机额定电流之和。

10.1.4　交流接触器

交流接触器是一种自动控制电器，常用来频繁地接通或断开电动机或其他电气设备的主电路。图 10-5 所示为交流接触器的外形图、结构原理图及符号。交流接触器主要由电磁铁和触头两部分组成。电磁铁分为吸引线圈和上铁心、下铁心。下铁心为固定不动的静铁心，上铁心可上下移动。触头分常开(动合)触头和常闭(动断)触头，每对触头又包括静触头和动触头两部分，动触头与动铁心直接连接。电磁铁的吸引线圈装在静铁心上。

当吸引线圈上加额定电压时，产生磁场，上、下铁心间即产生电磁吸力，将动铁心吸下，动铁心带动动触头一起下移，使常闭触头分断、常开触头闭合。当吸引线圈断电时，电磁吸力消失，动铁心在弹簧作用下恢复原来的位置。因此，只要控制吸引线圈通电或断电，就可以使接触器的触头闭合或断开，从而达到控制主电路接通或断开的目的。

根据用途的不同，接触器的触头分主触头和辅助触头两种。辅助触头通过电流较小，常

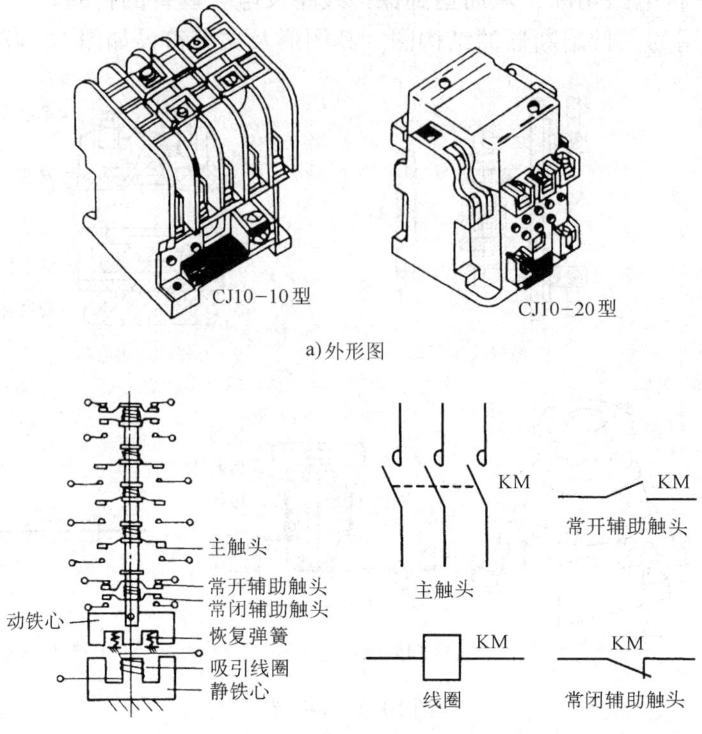

a) 外形图　b) 结构原理图　c) 符号

图 10-5　交流接触器

接在电动机的控制电路中；主触头能通过较大的电流，接在电动机的主电路中，如 CJ10-20 型交流接触器有三对常开主触头、四对辅助触头（两对常开触头、两对常闭触头）。

当主触头断开时，其间产生电弧，会烧坏触头，并使分断时间拉长，因此，必须采取灭弧措施。通常交流接触器触头都做成桥式，它有两个断点，以降低触头断开时加在断点上的电压，使电弧容易熄灭，并且每对触头间有绝缘隔板，以免短路。在电流较大的接触器中还设有专门的灭弧装置。

交流接触器线圈的额定电压常有 380V、220V 两种，也有 36V 的低压线圈；主触头的额定电流有 5A、10A、20A、40A、75A、120A 六种。在选用时，应注意它的额定电流（应大于或等于电动机的额定电流）、线圈电压及触头数量等。

10.1.5　热继电器

热继电器是用来保护电动机使其免受长期过载危害的一种保护电器。

图 10-6a 为热继电器的原理示意图。热继电器主要由热元件、双金属片和触头系统等组成。图中热元件是一段电阻不大的电阻丝，接在电动机的主电路中；双金属片由两种具有不同热膨胀系数的金属辗压而成。下层金属片的热膨胀系数大，上层金属片热膨胀系数小。当电动机过载时，电动机主电路中电流超过允许值，在一定时间内双金属片受热，它便向上弯曲，造成扣扳动作，扣板在弹簧的拉力作用下将常闭触头断开。常闭触头是串接在电动机的控制电路中的，控制电路断开便使接触器的线圈断电，从而断开电动机的主电路。主电路断

电后，双金属片经过一段时间冷却后会自行恢复。若要使热继电器即时复位，必须手动按下复位按钮，使常闭触头复位。

应当指出，热继电器由于热惯性而不可能立即动作，因此在电路中不能用作短路保护，而这种特性也正是我们需要的。在电动机起动或短时间过载时，热继电器不会动作，这样就避免了电动机的不必要的停车。

热继电器的图形及文字符号如图 10-6b 所示。热继电器的主要技术参数是整定电流值。所谓整定电流值，是指热元件中通过的电流超过此值的 20% 时，热继电器应在 20min 内动作，各种型号的热继电器均有不同的整定电流规格，选用时应使电动机的额定电流在其整定电流范围内，然后调节整定电流旋钮，使两者基本一致。

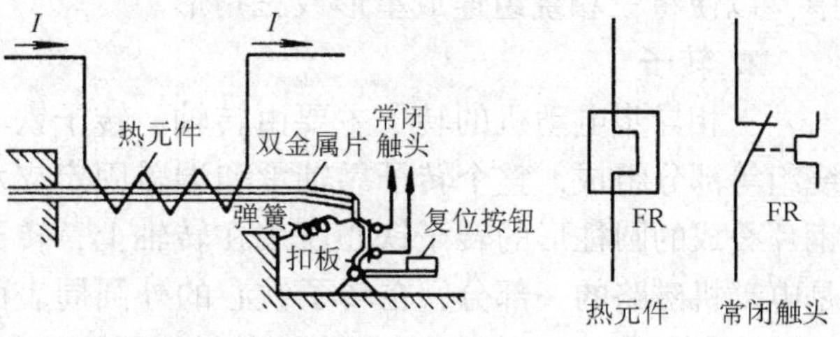

a) 原理示意图　b) 符号

图 10-6　热继电器

10.2　三相异步电动机的结构与工作原理

三相异步电动机是交流电动机的一种，它具有结构简单、制造容易、运行可靠、维修方便、效率较高、价格低廉等一系列优点，因此被广泛地用来驱动各种金属切削机床、起重机、锻压机、铸造机械、风机及水泵等。

本节重点讨论三相异步电动机的结构、旋转磁场的形成过程及工作原理。

10.2.1　三相异步电动机的结构

三相异步电动机主要由定子（固定部分）和转子（旋转部分）两大部分组成。较小容量笼型三相异步电动机的主要部件如图 10-7 所示。

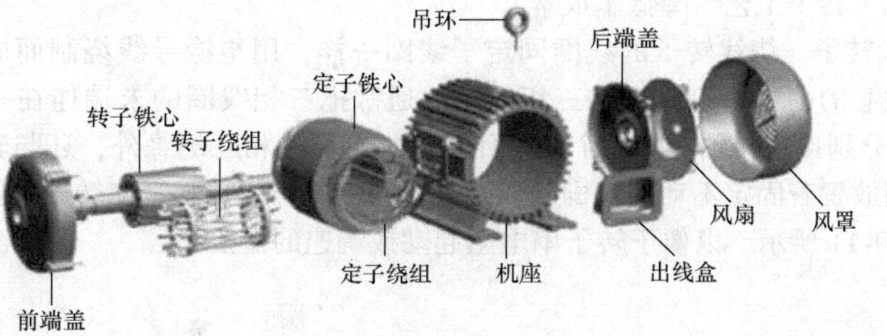

图 10-7　三相笼型异步电动机的主要部件

1. 定子

三相异步电动机的定子主要由机座、定子铁心和定子绕组等部分组成。

机座用来支承铁心和固定端盖。定子铁心是电动机磁路的一部分，它由相互绝缘的硅钢片叠成圆筒状，装在机座内壁上。在定子铁心的内圆周表面均匀冲有槽孔，如图 10-8a 所示，用来嵌放定子线圈。

定子绕组是用绝缘铜线或铝线制成绕圈，对称三相定子线圈 U_1-U_2、V_1-V_2、W_1-W_2 按一定的规律嵌放于槽中，三相定子线圈的 6 个接线端都引到机座外的接线盒中，以便将三相绕组连成星形或三角形。

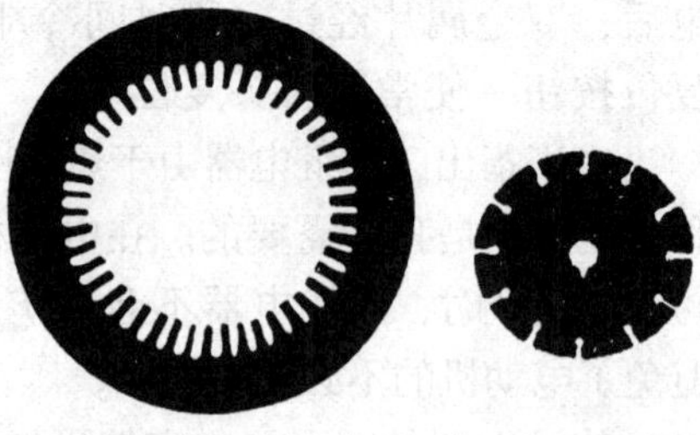

a) 定子的硅钢片　b) 转子的硅钢片

图 10-8　定子、转子铁心的硅钢片

2. 转子

三相异步电动机的转子主要由转轴、转子铁心和转子绕组等部分组成，整个转子靠轴承和端盖固定支承。由硅钢片叠成的圆柱形的转子铁心压装在转轴上，转子铁心也是电动机磁路的一部分，在转子铁心的外圆周表面均匀冲有槽孔。如图 10-8b 所示，槽内嵌放转子线圈。根据转子线圈结构不同，三相异步电动机又分为笼型异步电动机和绕线转子异步电动机两种。

（1）笼型转子　笼型转子的结构如图 10-9 所示，在转子铁心的槽内放置铜条，铜条的两端用端环(铜环)短接，由铜条和端环所构成的转子线圈，其形状与笼子相似，故称笼型转子。

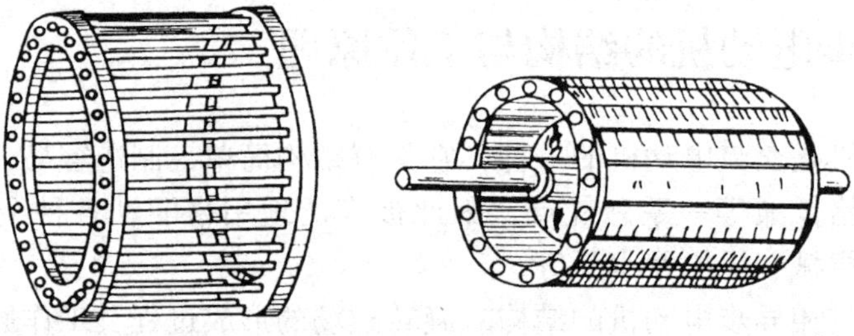

a) 笼型绕组　b) 转子外形

图 10-9　笼型转子

目前，中、小型笼型异步电动机大都采用铸铝转子，即将熔化的铝浇铸在转子铁心槽内构成转子绕组，冷却用的风扇叶片也一起铸成，如图 10-10 所示。这样可用比较便宜的铝代替铜，且简化了转子工艺，降低了成本。

（2）绕线转子　绕线转子的线圈同定子线圈一样，用绝缘导线绕制而成，按一定规律嵌放于转子铁心的槽中，组成对称三相绕组。通常把三相线圈的末端连在一起，即星形联结，3 个首端分别接在转轴上的 3 个集电环上。集电环除相互绝缘外，还与转轴绝缘。在各个环上，分别放置着固定不动的电刷。通过电刷与集电环的接触，使转子线圈与外加变阻器接通，如图 10-11 所示，以便于转子串电阻起动或调速的需要。

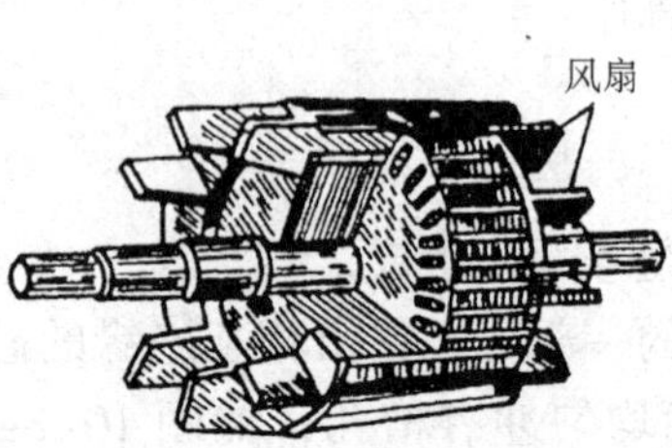

图 10-10　铸铝的笼型转子

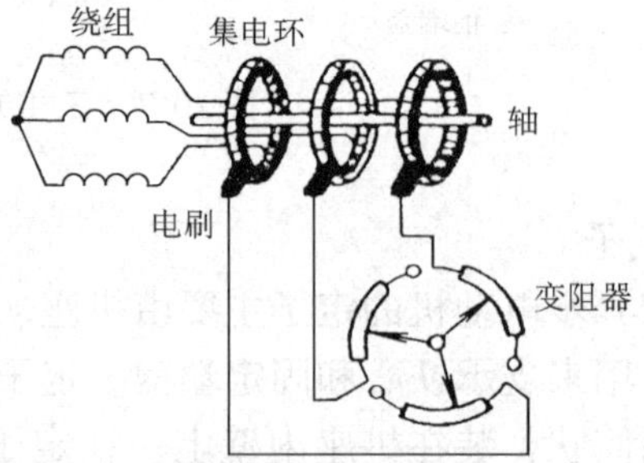

图 10-11　绕线转子绕组与外接变阻器的连接

笼型电动机由于构造简单、价格低廉、工作可靠且维修方便，在生产上得到了广泛应用。绕线转子异步电动机的构造比较复杂，成本较高，但它具有较好的起动和调速性能，一般用在有特殊需要的场合。

10.2.2　旋转磁场

三相异步电动机的磁场是由对称三相电流产生的。当对称三相电流通入定子的三相对称绕组时，就在定子内建立起一个在空间连续旋转的磁场，称为旋转磁场。

1. 旋转磁场的产生

图 10-12a 为三相异步电动机的定子绕组星形联结电路图。

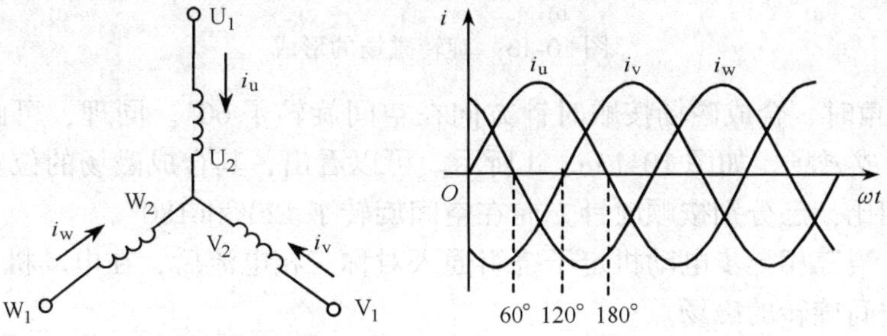

a) 三相定子绕组作星形联结　　b) 三相定子电流波形

图 10-12　三相异步电动机定子绕组示意图

假设定子铁心只有 6 个槽，它的每相绕组由一个线圈组成。三相绕组 U_1-U_2、V_1-V_2、W_1-W_2 在空间相差 120°，对称地嵌放在定子铁心槽中，绕组的末端 U_2、V_2、W_2 连在一起形成星形联结，绕组的首端 U_1、V_1、W_1 分别接在三相对称电源 U、V、W 相上，绕组中便有三相对称电流流过，即

$$i_u = I_m \sin\omega t$$
$$i_v = I_m \sin(\omega t - 120°)$$
$$i_w = I_m \sin(\omega t + 120°)$$

其波形如图 10-12b 所示。我们规定：每相电流的参考方向是从绕组的首端流进，末端流出。在电流的正半周时，电流的实际方向与参考方向一致，即电流从首端流进，末端流出；在电流的负半周时，电流的实际方向与参考方向相反，即电流从末端流进，首端流出。图 10-13 所示为三相定子绕组中通入三相对称交流电流后产生的磁场情况，其中用符号“⊗”表示电流流进，“⊙”表示电流流出。

三相绕组通入三相交流电后，将产生各自的交变磁场，现通过几个特定时刻来分析三相交变电流所产生的合成磁场情况。

当 $\omega t = 0°$时，$i_U = 0$，U 相中没有电流；$i_V < 0$，电流从末端 V_2 流进，从首端 V_1 流出；$i_W > 0$，电流从首端 W_1 流进，从末端 W_2 流出。根据右手螺旋定则可以画出这一瞬间的合成磁场，如图 10-13a 所示。从图可知，这种在空间互差 120°的三相绕组通入对称三相电流所产生的磁场是两极的，即磁极对数 $p = 1$。

当 $\omega t = 60°$时，$i_U > 0$，电流从首端 U_1 流进，从末端 U_2 流出；$i_V < 0$，电流由末端 V_2 流进，从首端 V_1 流出；$i_W = 0$，W 相中没有电流。其合成磁场如图 10-13b 所示，可以看出当

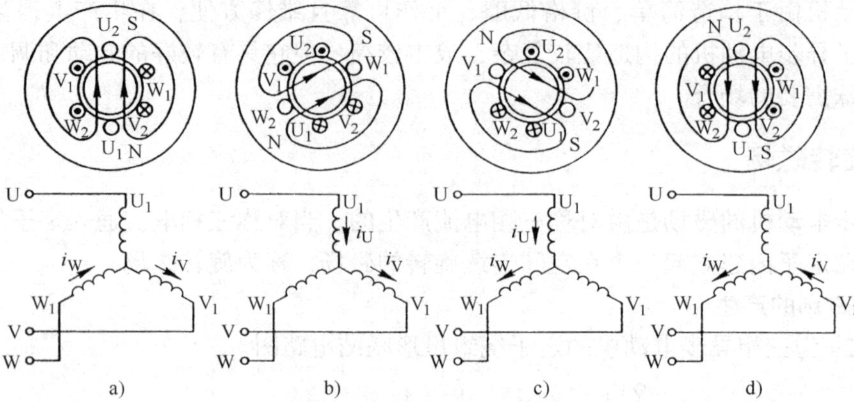

图 10-13 旋转磁场的形成

电流变化了 60°角时，合成磁场按顺时针方向在空间旋转了 60°。同理，可画出 $\omega t=120°$ 和 $\omega t=180°$时的合成磁场，如图 10-13c、d 所示。可以看出，其合成磁场的位置和 $\omega t=0°$时的合成磁场位置相比，已分别按顺时针方向在空间旋转了 120°和 180°。

由此可见，当三相异步电动机定子绕组通入对称三相电流后，在电动机中所产生的合成磁场是一个在空间旋转的磁场。

2. 旋转磁场的旋转方向

从图 10-13 可知，当定子三相绕组中的电流相序是 U→V→W 时，旋转磁场是按顺时针方向旋转，即由 U 相→V 相→W 相；如果改变定子三相绕组中电流的相序，如相序为 V 相→U 相→W 相，仍用图 10-13 的方法分析，可知旋转磁场将按逆时针方向旋转。所以，旋转磁场的方向总是和定子三相绕组中电流的相序一致。

3. 旋转磁场的转速

旋转磁场的磁极对数 p 与三相定子绕组的结构有关。在图 10-12 所示的定子三相绕组中，每相只有一个线圈，三相绕组的首端(或末端)在空间互差 120°，所产生的旋转磁场具有一对磁极，即 $p=1$。当电流变化一周，磁场在空间旋转一周，若电流的频率为 f_1，则旋转磁场每分钟的转速 $n_1=60f_1$，转速单位为转/分(r/min)。

如果把定子每相绕组改为由两个线圈串联组成(如第一相绕组由 U_1-U_2 与 U'_1-U'_2 串联组成)，并使绕组的各首端(或末端)之间在空间互差 60°，如图 10-14 所示。在这样的三相绕组中通入对称三相电流后，运用前述的分析方法，可得到图 10-15 所示的两对磁极($p=2$)旋转磁场，从图 10-15 可知，当电流变化一周，磁场在空间仅旋转了半周，故此时旋转磁场每分钟的转速为 $n_1=\dfrac{60f_1}{2}$。

用同样的方法，可以证明，当旋转磁场具有 p 对磁极时，电流变化 1 周，旋转磁场在空间旋转了 $\dfrac{1}{p}$ 周，因此，旋转磁场的转速为

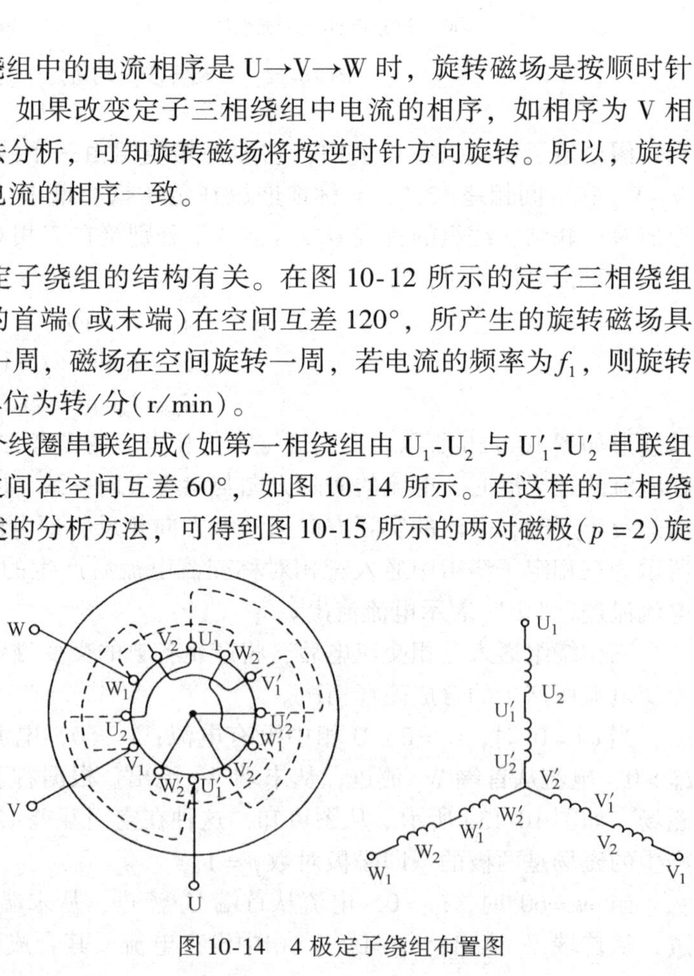

图 10-14 4 极定子绕组布置图

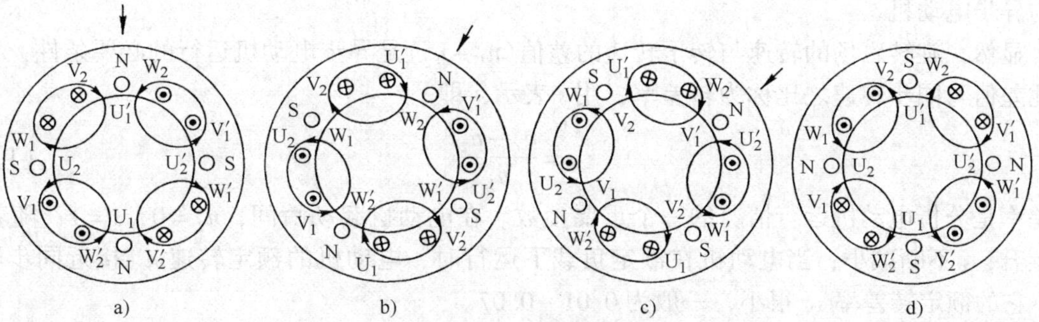

图 10-15　4 极旋转磁场

$$n_1 = \frac{60f_1}{p} \tag{10-1}$$

上式表明：旋转磁场的转速 n_1 与电源的频率 f_1 成正比，与磁极对数 p 成反比。我国电源的标准频率为 50Hz，表 10-1 列出了由式(10-1)得出的不同磁极对数的电动机所对应的旋转磁场的转速。旋转磁场的转速 n_1 也称为同步转速。

表 10-1　不同磁极对数电动机的同步转速

p	1	2	3	4	5	6
n_1/(r/min)	3000	1500	1000	750	600	500

10.2.3　三相异步电动机的转动原理

图 10-16 是三相异步电动机的工作原理示意图。如果在定子三相绕组中通入对称三相电流，便在空间产生旋转磁场。设旋转磁场以同步转速 n_1 按顺时针方向旋转，这时静止的转子同旋转磁场之间存在着相对运动，即转子导体逆时针切割旋转磁场的磁力线，因而在转子导体中产生感应电动势，其方向由右手定则确定，转子上半部分导体中感应电动势的方向是垂直纸面向外的，下半部分导体中感应电动势的方向是垂直纸面向里的(图 10-16)。由于所有转子导体两端被两个端环连在一起构成了闭合回路，故在此感应电动势的作用下，转子导体中就有感应电流通过，感应电流的方向与电动势的方向一致。该电流与旋转磁场相互作用又产生电磁力 F，其方向由左手定则确定，各转子导体所受的电磁力对转轴形成一电磁转矩，电磁转矩的方向与旋转磁场的旋转方向相同。转子便在电磁转矩的作用下顺着旋转磁场的方向而转动起来。

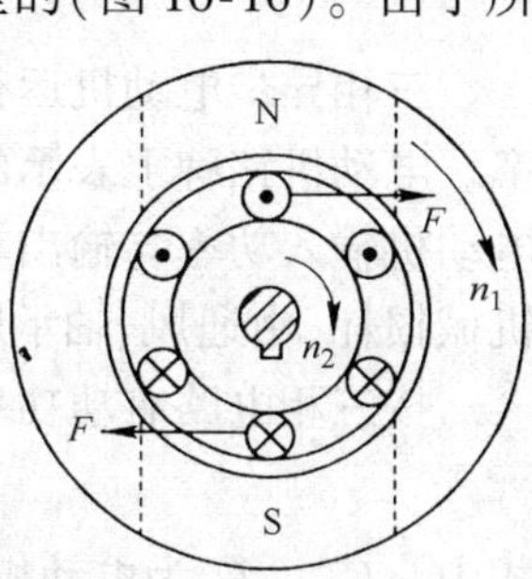

图 10-16　异步电动机的工作原理

电动机的转速 n_2 是指转子的转速，转子的转速 n_2 总是小于旋转磁场的转速 n_1。这是因为，如果电动机的转速与旋转磁场的转速相等，即 $n_2 = n_1$，则转子与旋转磁场之间就不存在相对运动，转子导体中便不会产生感应电动势和感应电流，因而就不会产生电磁力，也不会产生电磁转矩驱使转子旋转。由于这种电动机的定子和转子之间只有磁的耦合而无电的联系，转子绕组中的电流是由电磁感应而产生的，所以称之为感应电动机。又因为这种电动机的转子转速总是小于同步转速，是一种异步运行的电动机，所以这种感应电动机也称为异步电动机。

显然，旋转磁场的转速与转子转速的差值(n_1-n_2)是异步电动机运行的必要条件，我们将此差值与同步转速之比称为转差率，用 s 表示，即

$$s=\frac{n_1-n_2}{n_1} \tag{10-2}$$

转差率是分析电动机运行情况的一个重要参数。在电动机起动瞬间，$n_2=0$，$s=1$；随着 n_2 的上升，s 不断减小；当电动机在额定负载下运行时，电动机的额定转速 n_N 接近同步转速 n_1，它的额定转差率 s_N 很小，一般为 0.01～0.07。

根据式(10-2)，可得电动机转速表达式为

$$n_2=(1-s)n_1 \tag{10-3}$$

从上面的分析还可以看出，异步电动机转子的转动方向是由旋转磁场的转向决定的。而旋转磁场的旋转方向又由三相电源的相序决定。因此，要改变电动机的转动方向，只需改变三相电源的相序，即把接到定子三相绕组首端上的任意两根电源线对调即可。

例 10-1 一台型号为 Y112M-4 的三相异步电动机，已知它的旋转磁场有 4 个磁极，额定转速 n_N 为 1440r/min，试求它的额定转差率 s_N。

解 由已知条件得电动机的磁极对数 $p=2$，根据式(10-1)可得电动机的同步转速

$$n_1=\frac{60f_1}{p}=\frac{60\times 50}{2}\text{r/min}=1500\text{r/min}$$

电动机的额定转差率为

$$s_N=\frac{n_1-n_N}{n_1}=\frac{1500-1440}{1500}=0.04$$

10.3 三相异步电动机的功率、电磁转矩与机械特性

10.3.1 三相异步电动机的功率

三相异步电动机运行时，把输入到定子绕组中的电功率转换成转子转轴上输出的机械功率。电动机铭牌上表示的额定功率，指的是电动机在额定运行情况下轴上输出的机械功率。电动机输入功率与输出功率的差值(P_1-P_2)称为电动机的功率损耗，它包括铜损、铁损及机械损耗(由通风、轴承摩擦等引起)等。

按三相电路有功功率计算方法，可知电源输入电动机的电功率 P_1 为

$$P_1=\sqrt{3}U_{1N}I_{1N}\cos\varphi \tag{10-4}$$

式中，U_{1N}、I_{1N}为电动机的额定电压与额定电流，它们分别表示电动机额定运行时定子绕组上应加的线电压和线电流的数值。

电动机的效率 η 定义为电动机的输出功率 P_2 与输入功率 P_1 的百分比，即

$$\eta=\frac{P_2}{P_1}\times 100\% \tag{10-5}$$

例 10-2 某三相异步电动机的额定输出功率为 10kW，额定电流为 20.7A，额定电压为 380V，效率为 86%，采用星形联结，求电动机的额定功率因数。

解　根据式　$\eta = \frac{p_2}{p_1} \times 100\%$，得

$$P_1 = \frac{P_2}{\eta} \times 100\% = \frac{10}{0.86}\text{kW} = 11.6\text{kW}$$

根据　$P_1 = \sqrt{3} U_{1N} I_{1N} \cos\varphi$，得

额定功率因数为

$$\cos\varphi = \frac{P_1}{\sqrt{3} U_{1N} I_{1N}} = \frac{11.6 \times 10^3}{\sqrt{3} \times 380 \times 20.7} = 0.85$$

10.3.2　转子电路各量的分析

1. 转子绕组的感应电动势 E_2 和转子电流频率 f_2

转子绕组被旋转磁场切割，产生交变的感应电动势 e_2，由电磁感应定律可知，$e_2 = Blv$，可见，e_2 的大小不仅与磁通密度有关，而且与旋转磁场磁通切割转子绕组的速度有关。当转子不动时(起动瞬间)，$n_2 = 0$，旋转磁场以 n_1 的相对转速切割转子绕组，此时转子绕组中产生的感应电动势最大，其有效值用 E_{20} 表示。当转子以速度 n_2 在旋转时，旋转磁场则以 $n_1 - n_2 = sn_1$ 的相对转速切割转子导线，此时它的感应电动势 E_2 是 E_{20} 的 s 倍，即

$$E_2 = sE_{20} \tag{10-6}$$

转子绕组中的电流频率也与转差率有关，当转子不动时，$n_2 = 0$，旋转磁场以每秒 $n_1/60$ 的相对转速切割转子绕组，如果旋转磁场的磁极对数为 p，则转子绕组每秒被旋转磁场的 N 极和 S 极切割 $pn_1/60$ 次，因此，$n_2 = 0$ 时，转子绕组中感应电动势和电流的频率为

$$f_{20} = \frac{pn_1}{60} = f_1 \tag{10-7}$$

式(10-7)说明，当转子不动时，转子绕组中的电流频率与定子绕组中的电流频率相等。

若转子以速度 n_2 在旋转，则旋转磁场以每秒 $p(n_1 - n_2)/60 = psn_1/60$ 的相对转速切割转子绕组，此时转子绕组中的电流频率为

$$f_2 = \frac{spn_1}{60} = sf_1 \tag{10-8}$$

由此可见，转子旋转得越快，则 f_2 越低。$f_1 = 50\text{Hz}$，则三相异步电动机在额定负载时，其转子绕组的电流频率约为 1～3Hz。

2. 转子绕组中的漏感抗 $X_{\sigma 2}$

在异步电动机中既有主磁通也有漏磁通，当定子绕组通过电流时，定子电流产生的磁通大部分都穿过转子铁心与转子绕组相交链，这部分磁通称为主磁通。仅有极少量的磁通不穿过转子铁心，不与转子绕组相交链，而沿定子铁心经空气隙自行闭合，这部分磁通是定子绕组的漏磁通 $\Phi_{\sigma 1}$。漏磁通 $\Phi_{\sigma 1}$ 在定子绕组中产生漏感抗。同样，在转子绕组的周围也有极少量的磁通不穿过定子铁心，不与定子绕组相交链，而沿转子铁心经空气隙自行闭合，这部分磁通称为转子绕组的漏磁通 $\Phi_{\sigma 2}$。漏磁通 $\Phi_{\sigma 2}$ 在转子绕组中产生漏感抗。因此，转子绕组不仅有电阻 R_2，还有漏感抗 $X_{\sigma 2}$。转子绕组的电阻是不变的，但漏感抗随转子电流频率 f_2 而变，因此随转差率 s 而变。当转子不动时，f_2 最高，此时漏感抗最大，用 X_{20} 表示，即

$$X_{20} = 2\pi f_{20} L_{\sigma 2} = 2\pi f_1 L_{\sigma 2} \tag{10-9}$$

式中，$L_{\sigma2}$为转子绕组每相漏电感。

转子转动后的漏感抗为

$$X_{\sigma2}=2\pi f_2L_{\sigma2}=2\pi sf_1L_{\sigma2}=sX_{20} \tag{10-10}$$

可见，转子旋转得越快，则转子绕组中的漏感抗越小。

3. 转子绕组的电流 I_2

转子电路的电阻为 R_2，电抗为 $X_{\sigma2}$，故其阻抗模为

$$|Z_2|=\sqrt{R_2^2+(sX_{20})^2} \tag{10-11}$$

因此，转子绕组中的电流为

$$I_2=\frac{E_2}{|Z_2|}=\frac{sE_{20}}{\sqrt{R_2^2+(sX_{20})^2}} \tag{10-12}$$

式(10-12)说明，转子电路的电流随转差率的增大而增大。其变化规律如图 10-17 所示。

4. 转子电路的功率因数 $\cos\varphi_2$

转子电路为感性电路，其转子电流 I_2 比电动势 E_2 滞后 φ_2 角度，所以转子电路的功率因数为

$$\cos\varphi_2=\frac{R_2}{|Z_2|}=\frac{R_2}{\sqrt{R_2^2+(sX_{20})^2}} \tag{10-13}$$

式(10-13)表明，转子电路的功率因数随转差率的增大而下降，其变化规律如图 10-17 所示。

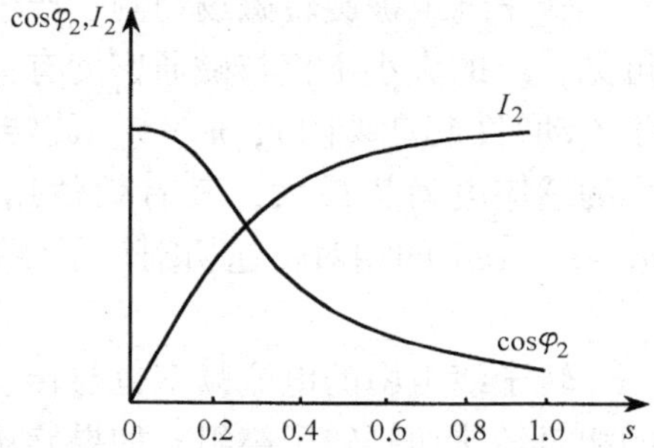

图 10-17 转子电流、转子电路功率因数与转差率 s 的关系

10.3.3 三相异步电动机的电磁转矩

从三相异步电动机的工作原理可知，电磁转矩是由转子电流与旋转磁场相互作用而产生的，所以电磁转矩 T 与主磁通 Φ 及转子电流 I_2、转子电路功率因数 $\cos\varphi_2$ 有关。可以证明，三相异步电动机的电磁转矩表达式为

$$T=C_T\Phi I_2\cos\varphi_2 \tag{10-14}$$

式中，C_T 为电动机的转矩常数，它与电动机的结构有关；Φ 为磁极磁通的平均值，在电源电压和频率一定的情况下，其值为常量。

式(10-14)说明异步电动机的电磁转矩是由每极气隙主磁通 Φ 与转子电流的有功分量 $I_2\cos\varphi_2$ 相互作用而产生的。将式(10-12)、式(10-13)代入式(10-14)，推得

$$T=C_T\Phi\frac{sE_{20}}{\sqrt{R_2^2+(sX_{20})^2}}\frac{R_2}{\sqrt{R_2^2+(sX_{20})^2}}=C_T\Phi\frac{sE_{20}R_2}{R_2^2+(sX_{20})^2} \tag{10-15}$$

由式(10-15)可见，若定子电路的外加电压 U_1 及其频率 f_1 为定值，则 Φ、E_{20} 及 X_{20} 均为常数，因此电磁转矩仅随转差率而改变。当 s 很小时，则 $R_2^2\gg(sX_{20})^2$，此时 $T\propto s$。当 s 很大时，$R_2^2\ll(sX_{20})^2$，此时 $T\propto 1/s$。由此可绘出电磁转矩 T 与转差率 s 之间的关系曲线，即转矩特性曲线，如图 10-18 所示。

由图 10-18 可见，电磁转矩的最大值为 T_m，最大转矩时对应的转差率为 s_m，称为临界转差率。利用数学方法，将式(10-15)对 s 求导，并取 $dT/ds=0$，即可求出

$$s_m=\frac{R_2}{X_{20}} \tag{10-16}$$

$$T_{\mathrm{m}} = C_{\mathrm{T}} \Phi E_{20} \frac{1}{2X_{20}} \tag{10-17}$$

由式(10-16)和式(10-17)可知，异步电动机的最大转矩 T_{m} 与转子电阻 R_2 无关，但临界转差率 s_{m} 与 R_2 有关，通常转子电阻 R_2 的值很小，因此 s_{m} 也很小。对于绕线转子异步电动机，由于转子绕组可外接电阻，因为可以通过改变转子回路的电阻来改变 s_{m}，如图 10-19 所示。利用这一原理可以调节绕线转子异步电动机的转速。

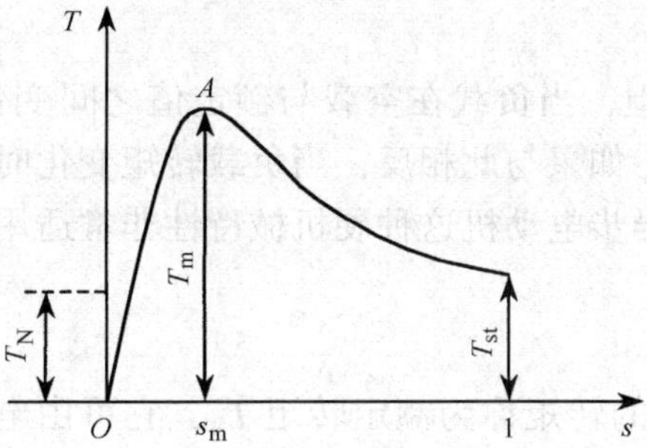

图 10-18　转矩特性曲线

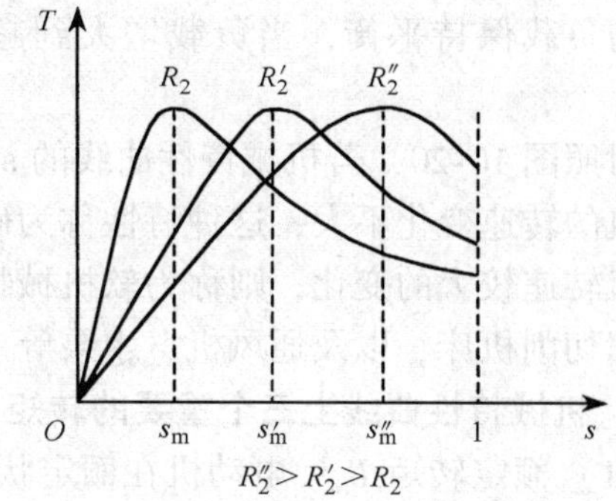

图 10-19　不同转子电阻时的转矩曲线

另外，电磁转矩 T 与定子绕组电压 U_1 的平方成正比，因为式(10-15)中，当 s 一定时，T 正比于 Φ 与 E_{20} 的乘积，由于 $E_{20} \propto U_1$，而 $\Phi \propto U_1$，所以 $T \propto U_1^2$，因此，电源电压的波动对电动机的转矩将产生很大的影响。

10.3.4　三相异步电动机的机械特性

在电力拖动中，为了便于分析，通常把电磁转矩 T 与转差率 s 的关系曲线 $T = f(s)$，改画成转速 n_2 与电磁转矩 T 的关系，即 $n_2 = f(T)$ 曲线，称为异步电动机的机械特性曲线。电动机的机械特性就是指电动机的转速和电磁转矩之间的关系，如图 10-20 所示。

1. 稳定区

由图 10-20 可知，b 点是极值点，将特性曲线分成两部分。ab 段为稳定区，在这一区域电动机的电磁转矩会随着转速的增大而下降，当电动机在对应于机械特性曲线上某一点匀速运行时，电磁转矩 T 与负载的反抗转矩 T_{Z} 相平衡，即

$$T = T_{\mathrm{Z}}$$

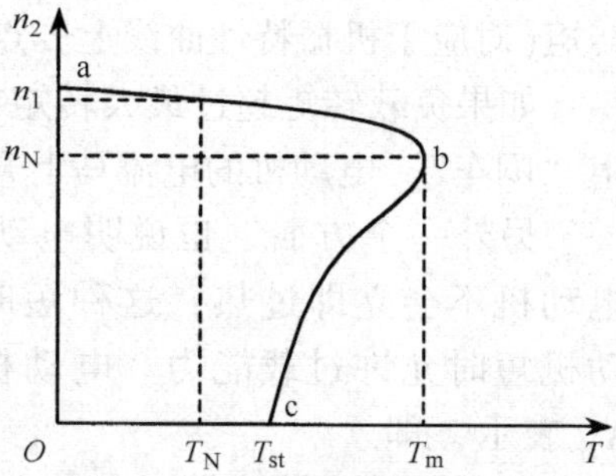

图 10-20　电动机的机械特性

当电动机拖动的负载发生变化，如负载增大时，由于电动机的惯性作用，在最初瞬间电动机的转速保持不变，故转矩 T 也保持不变，所以 $T < T_{\mathrm{Z}}$，电动机减速。从 $n_2 = f(T)$ 曲线可知，在稳定区，转速 n_2 下降，电磁转矩 T 增大，当电磁转矩增加到等于负载转矩时，电动机在新的一个较低的转速下达到稳定运行。即在稳定区，电动机能适应负载的变化而自动调节达到稳定运行。电动机正常工作时工作在稳定区。

2. 不稳定区

bc 段为不稳定区，在这一区域内电动机的电磁转矩会随着转速的下降而减小。

电动机在起动的一瞬间，$n_2=0$，此时的转矩称为起动转矩，如图中的 T_{st}，当起动转矩大于电动机轴上的反抗转矩时，转子便旋转起来，并逐渐加速，电动机的电磁转矩沿着$n_2=f(T)$曲线的 cb 部分上升，经过最大转矩后又沿着 ba 部分逐渐下降，最后当 $T=T_Z$ 时，电动机就以某一转速匀速运转，可见，只要异步电动机的起动转矩大于反抗转矩，一经起动后，电动机会立即进入机械特性曲线的 ab 部分稳定地运行。

当电动机在 ab 部分工作时，如把负载增大，此时电动机的转速下降，电磁转矩上升，从而与负载保持平衡，当负载增大到超过了最大转矩，则电动机的转速急剧下降，直到停转。

对照图 10-20，若机械特性曲线的 ab 段比较平坦，当负载在空载与额定值之间变化时，电动机的转速变化不大，这种特性称为硬机械特性。如果与此相反，当负载转矩变化时，引起电机转速较大的变化，则称为软机械特性。三相异步电动机这种硬机械特性非常适用于一般金属切削机床，以及通风机、水泵等。

3. 机械特性曲线上三个重要的转矩

（1）额定转矩 T_N　电动机在额定状态下运行时的转矩称为额定转矩 T_N，它可由电动机铭牌上的 P_N 和 n_N 求得

$$T_N=9550\frac{P_N}{n_N} \tag{10-18}$$

式中，P_N 为电动机额定状态下运行时轴上输出的机械功率(kW)；n_N 为电动机的额定转速(r/min)。

例如，某三相异步电动机的额定功率 $P_N=7.5\text{kW}$，额定转速 $n_N=1450\text{r/min}$，则它的额定转矩为

$$T_N=9550\frac{P_N}{n_N}=9550\times\frac{7.5}{1450}\text{N}\cdot\text{m}=49.4\text{N}\cdot\text{m}$$

（2）最大转矩 T_m　最大转矩 T_m 是表示电动机能产生的电磁转矩的最大值，又称为临界转矩(对应于机械特性曲线上 b 点的转矩)。

如果负载转矩超过最大转矩，电动机就带不动了，发生所谓的“闷车”现象。一旦发生“闷车”，电动机的电流马上升高 6 ~ 7 倍，电动机严重过热，以致烧坏。

另外一个方面，也说明电动机的最大负载可以接近最大转矩。只要过载时间较短，电动机不会立即过热，这种短时过载还是容许的。从这一点出发，最大转矩也表示电动机短时允许过载能力。电动机的最大转矩 T_m 与额定转矩 T_N 之比称为过载能力，用 λ_m 表示，即

$$\lambda_m=\frac{T_m}{T_N} \tag{10-19}$$

一般三相异步电动机的过载能力 λ_m 为 1.6 ~ 2.2。

在选用电动机时，必须考虑可能出现的最大负载转矩。根据电动机的过载能力算出所选电动机的最大转矩，它必须大于最大负载转矩，否则，就要重新选择电动机。

（3）起动转矩 T_{st}　电动机在接通电源起动的瞬间($n=0,s=1$)所产生的电磁转矩称为起动转矩。为了保证电动机能正常起动，电动机的起动转矩必须大于电动机静止时的负载转矩。起动转矩大，起动就快。电动机的起动转矩 T_{st}与额定转矩 T_N 的比值称为电动机的起动

能力，用 λ_{st} 表示，即

$$\lambda_{st}=\frac{T_{st}}{T_N} \tag{10-20}$$

一般异步电动机的起动能力 $\lambda_{st}=1.0\sim2.0$。

例 10-3　三相笼型异步电动机，其额定功率为 30kW，额定转速为 1470r/min，$\lambda_{st}=\frac{T_{st}}{T_N}=2$，$\lambda_m=\frac{T_m}{T_N}=2.2$，求这台电动机的额定转矩 T_N、起动转矩 T_{st} 和最大转矩 T_m。

解　由式(10-18)可知，电动机的额定转矩为

$$T_N=9550\frac{P_N}{n_N}=9550\times\frac{30}{1470}\text{N}\cdot\text{m}=194.9\text{N}\cdot\text{m}$$

起动转矩为

$$T_{st}=\lambda_{st}T_N=2\times194.9\text{N}\cdot\text{m}=389.8\text{N}\cdot\text{m}$$

最大转矩为

$$T_m=\lambda_m T_N=2.2\times194.9\text{N}\cdot\text{m}=428.8\text{N}\cdot\text{m}$$

10.4　三相异步电动机的起动、调速与制动

10.4.1　三相异步电动机的起动

三相异步电动机的起动是指电动机接通电源后，由静止状态加速到稳定运行状态的过程。电动机接通电源后，旋转磁场与静止的转子之间的相对转速最大，转子电路的感应电动势很大，因此转子电流也很大。转子电流大时，定子电流也相应增大，即起动电流 I_{st} 也很大，一般约为额定值的 4～7 倍。因为电动机的起动时间比较短，因此大的起动电流对电动机本身不会造成危险，但大的起动电流会引起供电线路上电压的显著下降，在起动大型电动机时，这种现象尤为明显，这会影响到同一供电线路上其他设备的正常运行。因此对异步电动机起动的要求，主要有以下两点：

1）起动电流要小，以减小对电网的冲击。

2）起动转矩要大，以加速起动过程，缩短起动时间。

下面介绍异步电动机常用的起动方法。

1. 直接起动

直接起动(又称全压起动)是将电动机的定子绕组直接接到具有额定电压的电源上。直接起动适用于容量不大的笼型异步电动机，由于电动机的容量小，它的起动电流对电网影响并不严重。直接起动电路如图 10-21 所示。

生产实践中，一般异步电动机的功率低于 7.5kW 时允许直接起动。如果功率大于 7.5kW，而供电变压器容量较大，能符合下面经验公式要求的异步电动机，也可采用直接起动。

$$\frac{I_{st}}{I_N}\leqslant\frac{1}{4}\left[3+\frac{\text{供电变压器容量(kV}\cdot\text{A)}}{\text{电动机的容量(kW)}}\right]$$

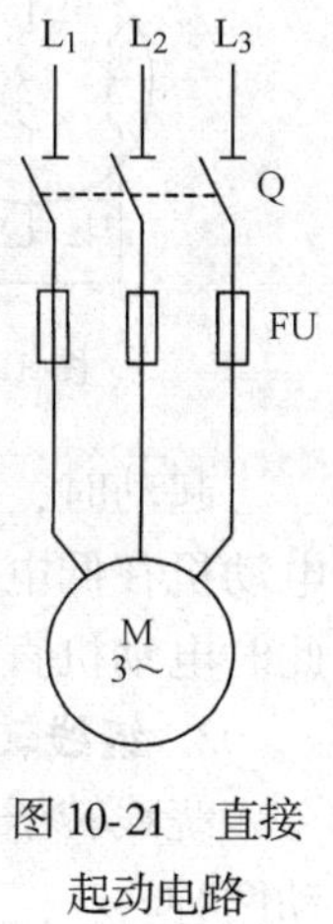

图 10-21　直接起动电路

式中，I_{st}/I_N 表示起动电流和额定电流的倍数关系。例如，设供电变压器容量为250kV·A，电动机的起动电流倍数 $I_{st}/I_N=7$，则容量不超过10kW的异步电动机都可采用直接起动法。

直接起动的优点是起动设备简单、操作方便、起动时间短。因此，只要情况允许，应尽可能地采用直接起动。

2. 减压起动

如果笼型电动机的容量较大或起动频繁，为了减小它的起动电流，通常采用减压起动。即起动时给电动机的定子绕组加一个较低的电压，当电动机的转速接近额定转速时，再加额定电压运行。由于降低了起动电压，因此起动电流减小了；但由于起动转矩与定子每相电压的二次方成正比，所以起动转矩也显著减小了，因此这种方法只适用于空载或轻载起动。减压起动的方法很多，下面介绍常用的两种。

（1）Y—△起动　Y—△起动只适用于正常运行时定子绕组接成三角形的电动机。起动时，定子绕组接成星形，加在每相绕组上的电压降低到正常运行时（定子绕组接成三角形）电压的 $1/\sqrt{3}$，从而达到降低起动电流的目的。起动完毕后定子绕组恢复三角形联结，使它在额定电压下运行。由于电磁转矩与电源电压的二次方成正比，因此采用这种方法起动时，其起动转矩只有直接起动时的1/3。因此Y—△起动只适用于空载或轻载起动的生产机械。

图10-22是Y—△起动的电路图。这种起动方法的优点是起动设备费用小，在起动过程中没有电能损失。

（2）自耦变压器减压起动　利用变压器降压原理，使用自耦变压器把电网电压降低到合适的数值加到电动机定子绕组上，达到降低起动电流的目的。其起动连接电路如图10-23所示。

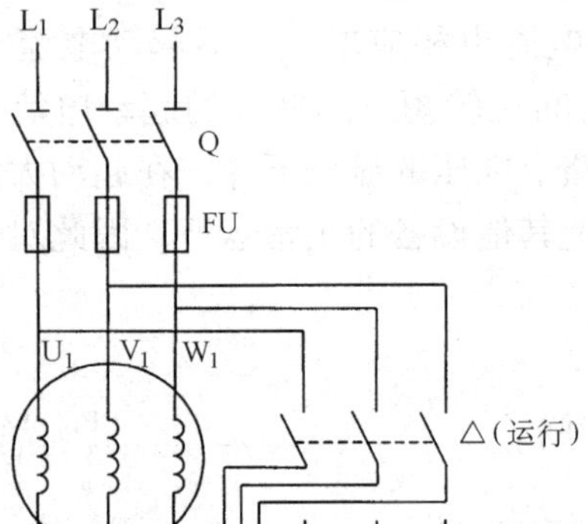

图10-22　Y—△起动电路图

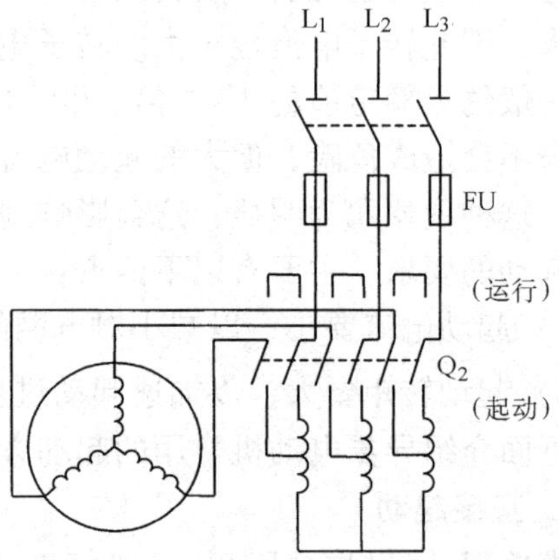

图10-23　自耦变压器减压起动电路

起动时，将开关扳到“起动”位置，则电动机的定子绕组与变压器的低压侧相连，使电动机在低电压下起动，待电动机的转速升高到一定值后，再将开关扳到“运行”位置，此时电动机直接和电网相联，电动机在额定电压下运行。

3. 绕线转子异步电动机的转子串接电阻起动

绕线转子异步电动机的起动方法主要有转子电路串接起动变阻器起动和串频敏变阻器起动两种。

(1) 绕线转子串接起动变阻器　绕线转子异步电动机在转子铁心槽中嵌有三相绕组线圈，起动时转子电路中串入起动变阻器，并将起动变阻器调到最大位置，然后闭合定子电路中的三相开关，电动机被起动。转子开始转动后，逐步减小变阻器的电阻，起动完毕后，应将变阻器电阻全部切除，转子电路自行短路。图 10-24 为转子电路串接起动变阻器的接线图。

转子电路串接起动变阻器，一方面可使起动电流减小到额定电流的 1.5 ~2 倍，从而达到限制起动电流的目的。同时，转子电阻的增加又可使转子功率因数 $\cos\varphi_2$ 提高。根据式(10-14)可知，这样提高了电动机的起动转矩，从而改善电动机的起动性能。

(2) 绕线转子串频敏变阻器起动　频敏变阻器就是一个三相铁心线圈，它的铁心是由几块 30 ~50mm 厚的方钢叠装而成。频敏变阻器的电阻随它的线圈中所通过的电流频率而变。当线圈中通过频率较高的电流时，频敏变阻器的铁心中就有频率较高的交变磁通产生。磁通变化在铁心中引起很强的涡流，于是铁心发热，消耗功率，这就使频率变阻器的等效电阻增大。

转子绕组串频敏变阻器的电路如图 10-25 所示。电路接通后，电动机开始起动，此时 $n_2=0$，$s=1$，转子电流的频率 f_2 最高，它等于电源频率 f_1。因此频敏变阻器的等效电阻和感抗最大，这就相当于在转子电路中串接了一个较大的阻抗，从而使起动电流减小。若频敏变阻器的参数适当，则电动机的起动转矩可以大于它的额定转矩。

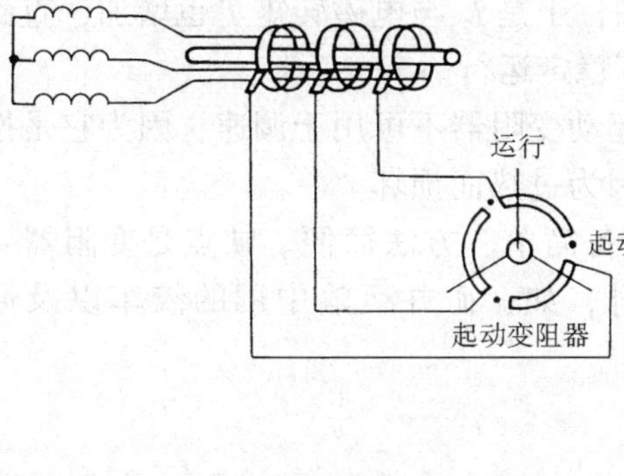

图 10-24　绕线转子与起动变阻器的连接

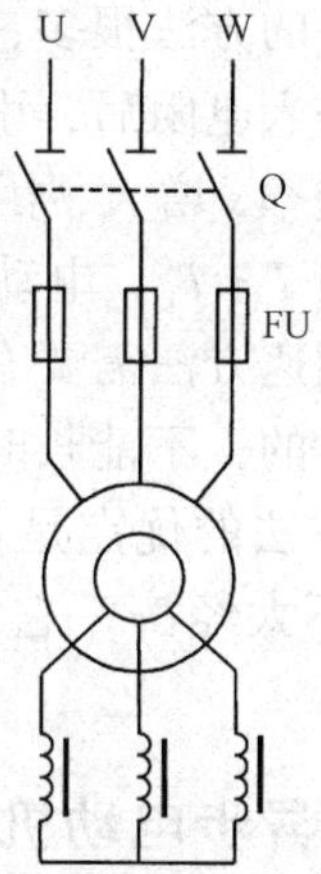

图 10-25　转子绕组串频敏变阻器的电路

随着电动机转速的升高，s 逐渐减小，转子电流频率逐渐降低，频敏变阻器的等效电阻和感抗下降，起动完毕后，把电动机的转子绕组短接，频敏变阻器从转子电路中切除。

10.4.2 三相异步电动机的调速

有些生产机构在工作中要求获得不同的转速，以满足生产工艺的要求，这就需要调速。所谓调速，就是指在电动机负载不变的情况下，用人为的方法改变电动机的转速。由式(10-1)、式(10-2)可得，三相异步电动机的转速为

$$n_2 = (1-s)n_1 = (1-s)\frac{60f_1}{p} \tag{10-21}$$

由式(10-21)可知，要改变三相异步电动机的转速有 3 种方法：改变电源频率 f_1、磁极

对数 p 或转差率 s。笼型异步电动机的转子不能从外电路接入任何电气元件来改变转子电路参数，所以一般用改变电源频率和磁极对数来调速。绕线转子异步电动机可用转子回路串电阻的方法进行调速。

1. 变频调速

根据式(10-21)可知，连续调节电源频率，就可以平滑地改变电动机的转速。由于电力网的交流电频率为50Hz，因此变频调速需要有专门的变频设备。变频电源目前都采用晶闸管变频装置，可以平滑地调节交流电的频率，因而能对笼型异步电动机实现均匀调速。变频调速具有的优点是：调速范围较大、平滑性好、能适应各种不同负载的要求。缺点是：变频设备复杂、价格较高。

2. 变极调速

由式(10-21)可知，若磁极对数 p 减小一半，则转子转速 n_2 提高一倍。因此改变磁极对数 p 可以得到不同的转速。而磁极对数 p 与定子绕组的分布与连接方式有关。笼型异步电动机常采用这种方法调速。绕组的磁极对数可以改变的电动机称为多速电动机，通常可制成双速、三速和四速电动机。

这种调速方法比较经济、简便，但只能实现分级调速，不能均匀调速。常用于金属切削机床或其他不要求均匀调速的生产机械上，来代替笨重的变速箱。

3. 变转差率调速

改变转差率的方法很多，这里介绍改变转子电路电阻的调速方法。

转子电路串入电阻后，引起转子电流 I_2 减小，电磁转矩 T 也相应减小。因为 $T<T_L$，电动机减速，转差率 s 增大，因此转子中的电动势增加，于是 I_2 与电磁转矩 T 也增加，直到达到新的转矩平衡 $T=T_L$，电动机在一个较低的转速下稳定运行。

采用这种调速方法需要有专门的调速变阻器。起动变阻器不可用于调速，因为它是按短时间运行而设计的，不能长时间通过电流，否则会因为过热而损坏。

这种调速方法的优点是：能实现平滑调速、设备简单、方法简便。缺点是变阻器要消耗大量电能、不太经济。它常用于起重设备的提升，如：矿井运输中用的绞车以及通风机等。

10.4.3 三相异步电动机的制动

电动机切断电源后，由于电动机及生产机械的转动部分有转动惯性，所以在停电后，还需一段时间才能停转。为了提高生产机械的生产效率，保证安全运行，有些生产工艺常常要求电动机能够迅速停车，因此需要对电动机进行制动。制动的方法很多，这里介绍常用的反接制动和能耗制动。

1. 反接制动

在电动机要停车时，将三相电源引线中的任意两相对调后接到定子绕组上，这样旋转磁场的方向与原来相反，所产生的电磁转矩方向也反向，而转子则由于机械惯性仍然原方向旋转。由于电磁转矩方向与电机转速方向相反，因而可以起到制动作用。

反接制动时，由于转子和旋转磁场相对速度很大，制动瞬间电流很大，因而通常在定子电路中串接限流电阻。当转速接近零时，应立即断开电源，以免电动机反转。反接制动电路原理如图10-26所示。

2. 能耗制动

这种制动方法就是在切断三相电源的同时，给定子两相绕组通入直流电源，直流电在定子铁心中产生一个固定的不旋转的磁场。转子在惯性的作用下旋转就切割固定磁场的磁力线，使旋转的转子产生感应电动势和电流，从而获得一制动转矩。制动转矩与转子的旋转方向相反，使电动机迅速停车。因为这种方法是把电动机轴上的旋转动能转变为电能消耗在回路的电阻上，因此称为能耗制动。能耗制动的电路原理如图 10-27 所示。

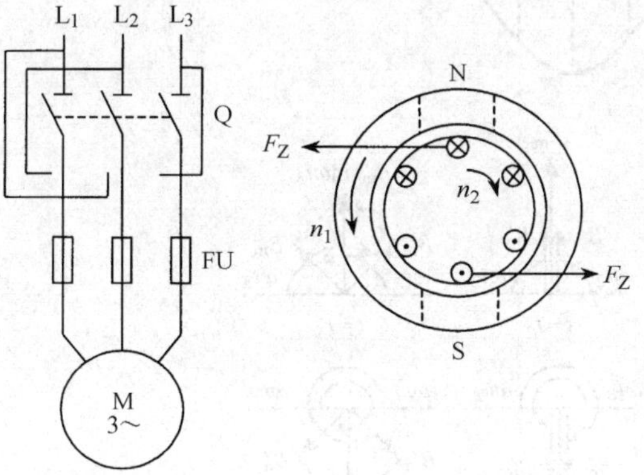

图 10-26　反接制动

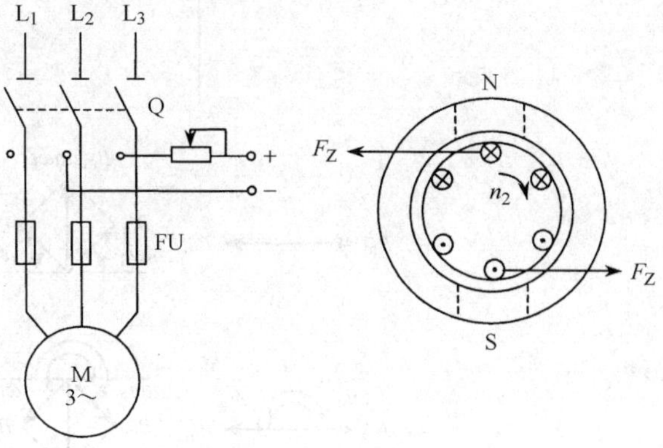

图 10-27　能耗制动

两种制动方法相比较，各有优缺点。反接制动的制动力大，无需直流电源，但制动过程中冲击力较大，易损坏传动零件，并且频繁的反接制动容易使电动机过热而损坏。能耗制动的制动平稳，无冲击，能准确停车，但需直流电源，大功率电动机的直流制动设备价格较贵；电动机低速运行时制动转矩小。

10.5　单相异步电动机

单相异步电动机在结构上与三相笼型异步电动机相仿，转子也为一笼形转子，只是定子的工作绕组只有一相。其结构原理如图 10-28 所示。单相异步电动机的功率一般在 750W 以内，它广泛应用于小型机床、轻工设备、医疗机械、家用电器、电动工具、仪器仪表等众多领域中。

10.5.1　单相异步电动机的工作原理

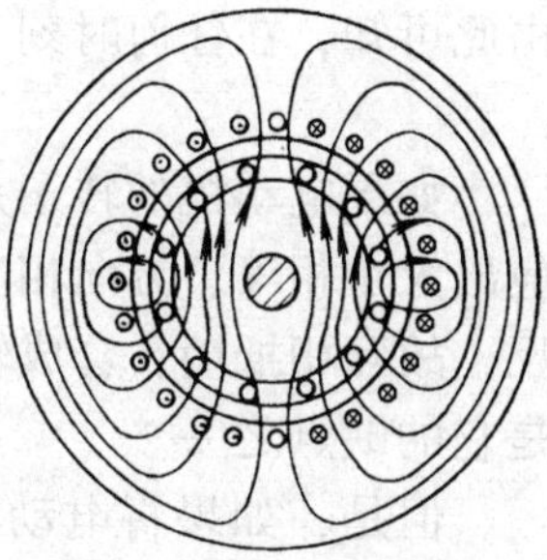
图 10-28　单相异步电动机的结构原理图

当单相正弦交流电通过定子绕组时，就在绕组的轴线方向上产生一个交变的脉动磁场。单相异步电动机中的磁场和三相异步电动机中的磁场是不同的。前者是一个静止的脉动磁场，后者是一个旋转磁场。但我们仍可以用三相异步电动机的工作原理来分析单相异步电动机。

为了便于分析，可以将这种静止的交变脉动磁场分解为两个旋转磁场，它们以同一转速 n_1 在相反的方向旋转$\left(n_1 = \pm\frac{60f_1}{p}\right)$。两个旋转磁场的磁感应强度的幅值相等，且等于脉动磁场的磁感应强度幅值的一半，即 $B'_m = B''_m = \frac{1}{2}B_m$。

两个旋转磁场在任何瞬间的合成磁感应强度，等于脉动磁场在同一瞬间的磁感应强度，如图 10-29 所示。

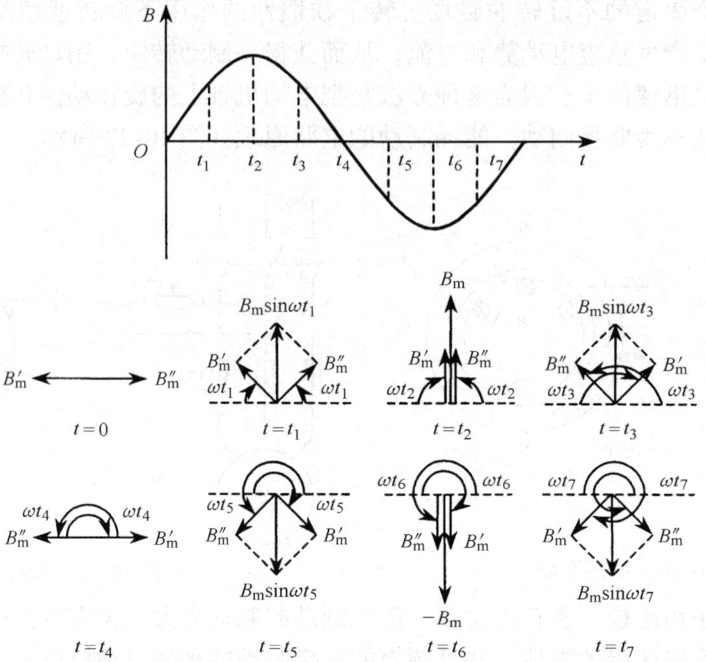

图 10-29 脉动磁场分解为两个反方向旋转的旋转磁场

在 $t=0$ 时，两个旋转磁场转到相反的位置，故它们在轴线方向上的合成磁感应强度 $B=0$，此时绕组中的电流为零。到 $t=t_1$ 时，B'_m 和 B''_m 按相反方向各自在空间转过 ωt_1 的空间角度，它们在轴线方向上的合成磁感应强度为

$$B=2\times\frac{1}{2}B_m\sin\omega t_1=B_m\sin\omega t_1$$

在 $t=t_2$ 时，B'_m 和 B''_m 各自在相反方向转过 ωt_2 的空间角度，且正好旋转到轴线方向，它们在轴线方向上的合成磁感应强度为

$$B=B_m$$

由此可知，在任何时刻 t，轴线方向上的合成磁感应强度应为

$$B=B_m\sin\omega t$$

如果电动机的转子是静止的，即 $n_2=0$，则两个转向相反的旋转磁场，分别在转子中感应出大小相等、方向相反的电动势和电流。因此，产生的电磁转矩也必然大小相等、方向相反，故互相抵消，合成转矩为零，即单相异步电动机没有起动转矩。这是它的最大特点，也是它的缺点之一。

但是，如果将电动机的转子顺时针或逆时针方向推动一下，那么电动机转子就会在推动方向继续旋转下去。这是因为顺时针方向推动时，顺时针方向旋转磁场产生的电磁转矩 T^+ 大于逆时针方向旋转磁场产生的电磁转矩 T^-，其合成转矩 $T>0$，于是电动机在顺时针方向继续转动。同理，逆时针方向推动时，$T^->T^+$，合成转矩 $T<0$，电动机就在逆时针方向继续转动。可见单相异步电动机的转子一经转动，就会在电磁转矩的作用下不停地旋转起来。

单相异步电动机的转矩特性如图 10-30 所示。

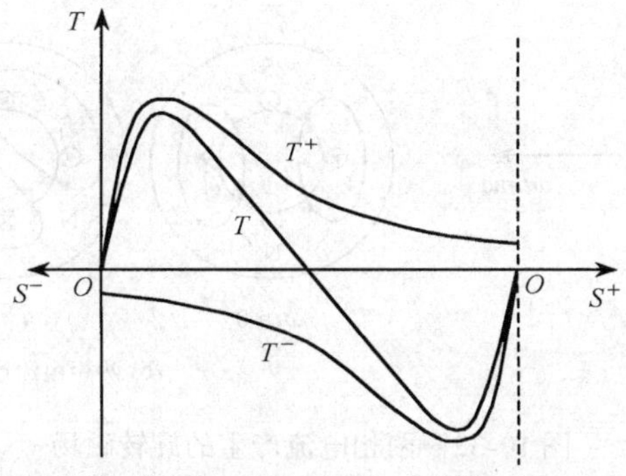

图 10-30　单相异步电动机的转矩曲线

10.5.2　单相异步电动机的起动

要使单相异步电动机能够产生起动转矩，关键是要在起动时在电动机内部形成一个旋转磁场。单相异步电动机常用的起动方式是在电动机的定子铁心上安装一起动绕组。图 10-31 所示为带有电容式起动绕组的单相异步电动机。

图 10-31 中，在异步电动机的定子上除了工作绕组 U_1-U_2 外，还有一个起动绕组 Z_1-Z_2，工作绕组和起动绕组在空间互差 90°电角度放置，起动绕组与电容 C 串联，经离心开关 S 与工作绕组 U_1-U_2 并联到单相电源上。如果电容选得适当，则可使起动绕组中的电流 i_2 比工作绕组中的电流 i_1 在相位上超前 90°。在空间互差 90°的两个绕组，分别通入在相位上相差 90°的正弦电流，就产生了一个旋转磁场。下面以图 10-32 分析两极旋转磁场的形成过程。

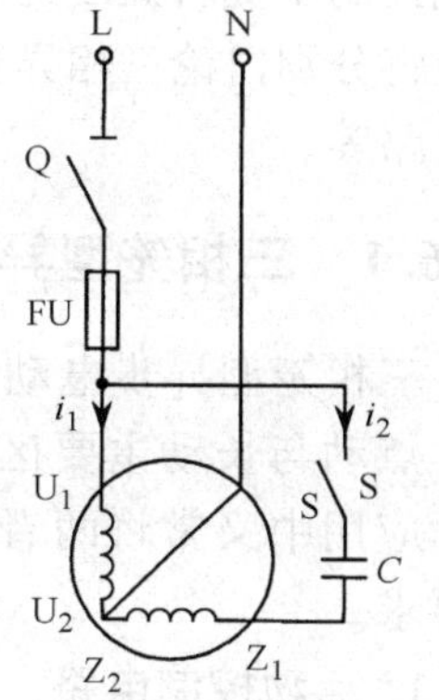

图 10-31　电容分相式单相异步电动机

设两相电流分别为

$$i_1 = I_{1m}\sin\omega t$$

$$i_2 = I_{2m}\sin(\omega t + 90°)$$

由图 10-32 很容易看出两相电流所产生的合成磁场是在空间旋转的。在旋转磁场的作用下，电动机的转子就会转动起来。单相异步电动机在起动后，若把起动绕组去掉，电动机仍能继续旋转，故通常在这种单相异步电动机内装一离心开关，当电动机起动后，待转速接近额定转速时，借助离心力的作用把开关 S 断开，即自动切除起动绕组，于是电动机只靠工作绕组运行。

除用电容来分相外，也可以与起动绕组串联适当的电阻（或起动绕组本身的电阻比工作绕组大得多），这样，工作绕组中的电流比起动绕组中的电流滞后，也可以产生一个旋转磁场使电动机起动。但起动转矩要比电容分相的起动转矩小些。

同单相异步电动机相似，三相异步电动机在起动时如果接到电源的三根导线中由于某种原因断了一根，则不能起动；如果在运行中断了一根线，则电动机将继续转动，若此时还带动额定负载，其他两相电路中的电流将超过额定电流，时间一长，也会使电动机烧坏。因此，在实际工作中必须特别注意三相异步电动机在运行时有无发生一相熔丝烧断现象，一旦发生，要立即采取自动保护措施。

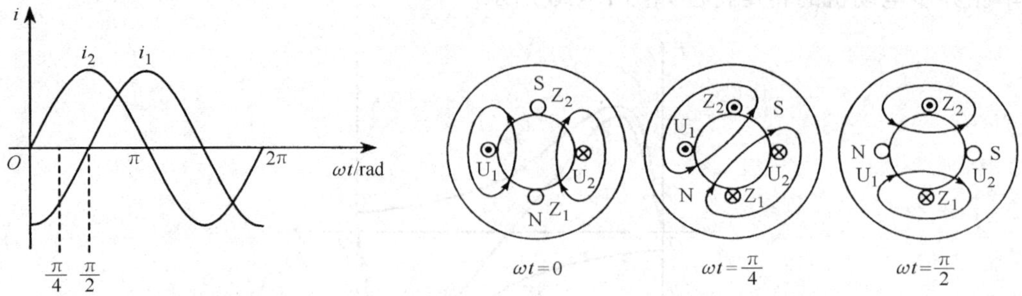

a) 两相电流波形　　b) 两相电流产生的旋转磁场

图 10-32　两相电流产生的旋转磁场

10.6　三相异步电动机的基本控制电路

利用本章第一节介绍的常用低压电器，可以构成各种不同的控制电路，完成生产机械对电气控制系统所提出的要求。无论多么复杂的控制电路，都是由一些基本控制电路组成的。本节将分别讨论三相异步电动机的直接起动控制、正反转控制、行程控制、时间控制以及保护电路等。

10.6.1　三相笼型异步电动机的直接起动控制

三相笼型异步电动机的直接起动控制又称为全压起动控制，分为点动与长动控制方式。点动与长动主要区别在于松开起动按钮后，电动机能否继续保持得电运转的状态。实际应用中又常将两者结合起来使用，使同一台电动机既能点动又能长动，以达到控制的要求。

1. 点动控制电路

点动控制是指按下按钮时，电动机就得电运转，松开按钮时电动机就断电停止的电气控制。点动控制电路如图 10-33 所示。图中三相电源经刀开关 Q、熔断器 FU_1、接触器 KM 的三对主触头接到三相异步电动机的定子绕组上，构成主电路。主电路中流过的电流是电动机的工作电流，电流值较大。熔断器 FU_2、按钮 SB 和接触器励磁 KM 串联构成控制电路，控制电路电流较小。

点动控制电路工作原理是：合上刀开关 Q，然后按下点动按钮 SB，控制电路中接触器 KM 绕圈得电，其主回路中的常开触头闭合，电动机得电运行。松开按钮 SB，按钮在复位弹簧作用下自动复位，控制电路 KM 线圈断电，主电路中 KM 触头恢复原来断开状态，电动机停止转动。

电路中，Q 称为隔离开关，它不能直接给电动机供电，只起到隔离电源的作用。主回路熔断器 FU_1 对主电路起短路保护作用，如发生三相电路的任两相电路短路

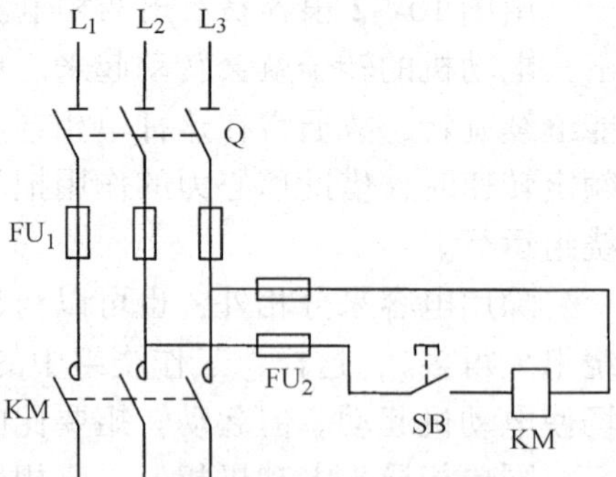

图 10-33　点动控制电路

或是任一相电路发生对地短路，短路电流将使熔断器迅速熔断，从而切断主电路电源，实现对电动机的过电流保护。控制电路中的 FU_2 对控制电路起短路保护作用。

2. 长动控制电路

长动控制是相对点动控制而言的，它是指在按下起动按钮起动电动机后，若松开按钮，电动机仍能够得电连续运行。实现长动的方法很多。

长动控制电路如图 10-34 所示，由图可见长动控制在起动按钮 SB_2 上并联了一个接触器的辅助常开触头 KM。

长动控制电路工作原理为：合上刀开关 Q，按下起动按钮 SB_2，接触器 KM 线圈得电。一方面它的主触头闭合，保证电动机得电运转；另一方面与按钮 SB_2 并联的辅助常开触头 KM 闭合，这时即使松开 SB_2 按钮（复位），控制电路由于该触头闭合仍能保证接触器 KM 线圈得电，使得电动机能够继续运转下去。这种并联在起动按钮 SB_2 上的常开辅助触头称为自锁触头。若在电动机运行中按下停止按钮 SB_1，接触器 KM 线圈断电，它的主触头和自锁触头都断开，电动机停止运转。

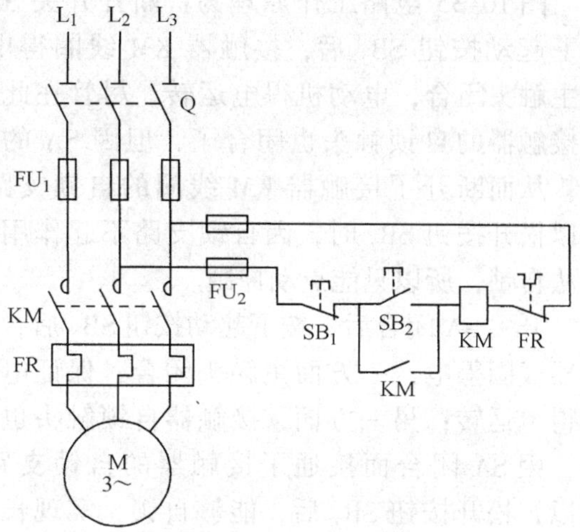

图 10-34　长动控制电路

在具有接触器自锁的控制电路中，还具有对电动机失电压、欠电压、过载保护的功能。

1）失电压保护。在电动机运行时，由于外界的原因突然断电后又重新供电，如果没有失电压保护的功能，电动机会自动运转，造成危害。在图 10-34 电路中，一旦发生断电，自锁触头 KM 就会断开，接触器 KM 线圈断电，不重新按下起动按钮 SB_2，电动机将无法自行起动。只有在操作人员有准备的情况下再次按下起动按钮 SB_2，电动机才能重新起动，从而保证了人身和设备的安全。

2）欠电压保护。欠电压是指电动机主电路和控制电路的供电电压低于电动机应加的额定电压，这样的后果会使电动机的转矩明显下降，并且转速也随之降低，影响电动机的正常工作。在欠电压严重时，会烧毁电动机，发生事故。在图 10-34 电路中，控制电路接通后，若电源电压下降到一定值（一般降低到额定值的 85% 以下）时，会因通过接触器绕组中的磁通减弱，电磁吸力减弱，动铁心在弹簧反作用下释放，自锁触头断开，失去自锁作用，同时主触头断开，电动机停转，达到欠电压保护目的。

3）过载保护。图 10-34 所示电路中的热继电器对电动机起到过载保护的作用。电动机在运转过程中若遇到频繁起、停操作，负载过重或缺相运行时，会引起电动机定子绕组中的负载电流长时间的超过额定工作电流，过载电流使得串入电动机主电路中热继电器的发热元件发热，热继电器双金属片弯曲动作，使串联在控制电路的热继电器常闭触头断开，从而使控制电路断电，接触器 KM 线圈断电，主触头断开，电动机脱离电源停转。

3. 同时具有点动与长动的控制电路

在生产设备正常工作时，电动机一般都处于长期或短期的连续(长动)状态下工作，同时生产机械又需要试验各部件的动作情况。例如机床中进给刀具和工件之间的调整工作，为了实现这一工艺要求，控制电路就必须既能够连续(长动)控制电动机，又能点动控制电动机。

实现既能点动又能长动的控制电路很多。图 10-35 为利用选择开关 SA 进行控制的电路。SA 断开时，按 SB_2 为点动操作；当 SA 闭合时，按 SB_2 为长动操作。

图 10-35 电路工作原理为：断开开关 SA，按下起动按钮 SB_2 后，接触器 KM 线圈得电，其主触头闭合，电动机得电运转。尽管在此同时接触器的自锁触头也闭合了，但因 SA 的断开，从而断开了接触器 KM 线圈的自锁支路，所以松开按钮 SB_2 时，因自锁支路不起作用而无法自锁，所以只能点动控制。

开关 SA 闭合后，按下起动按钮 SB_2 后，接触器线圈得电，一方面主触头闭合，保证电动机得电运转；另一方面，接触器自锁触头也闭合，因 SA 闭合而接通了接触器的自锁支路，所以，松开按钮 SB_2 后，能够自锁，实现长动控制。

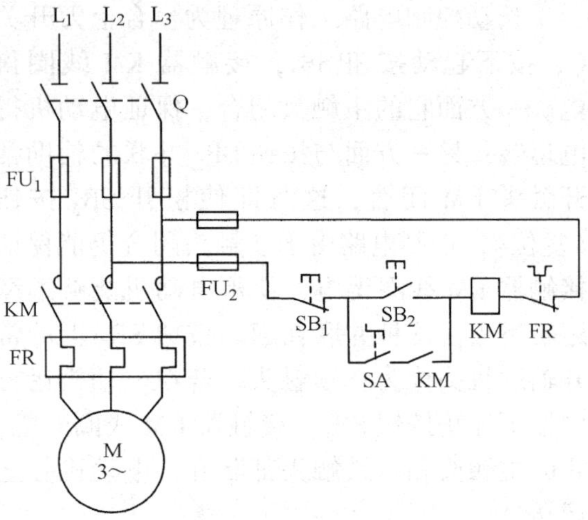

图 10-35 点动与长动控制电路

10.6.2 正、反转控制电路

正、反转也称可逆旋转，它在生产中可实现控制运动部件向正、反两个方向运动。例如，工作台的前进与后退；提升机构的上升和下降；机械装置的夹紧与放松等。对于笼型三相异步电动机来说，就是实现正、反转控制，控制方法是将主电路中的三相电源线的任意两相对调。

1. 接触器互锁正反转控制电路

图 10-36 为接触器互锁正反转控制电路，KM_1 为正转接触器，KM_2 为反转接触器。在主电路中，KM_1 的主触头和 KM_2 的主触头可分别接通电动机的正转和反转主电路。显然 KM_1 和 KM_2 两组主触头不能同时闭合，否则会引起电源相间短路。Q 为隔离开关，FU 为熔断器起短路保护作用，FR 为热继电器起过载保护作用。

控制电路中，正、反转接触器 KM_1 和 KM_2 线圈支路都分别串联了对方的一个常闭触头，在这种电路中，一个接触器接通时另一个接触器必然处于断电释放的状态。例如正转接触器 KM_1 线圈被接通得电，它的辅助常闭触头被断开，将反转接触器 KM_2 线圈支路切断，KM_2 线圈在 KM_1 接触器得电的情况下是无法接通得电的。反之，KM_2 线圈得电后，KM_1 线圈也就无法得电了。两个接触器之间的这种相互关系称为“互锁”。在图 10-36 所示电路中，互锁是依靠电气元件来实现的，所以也称为电气互锁。实现电气互锁的触头称为互锁触头。

图 10-36 所示接触器互锁正、反转控制电路工作原理为：按下正转起动按钮 SB_2，正转接触器 KM_1 线圈得电，一方面 KM_1 主电路中的主触头和自锁触头闭合，使电动机正转；另

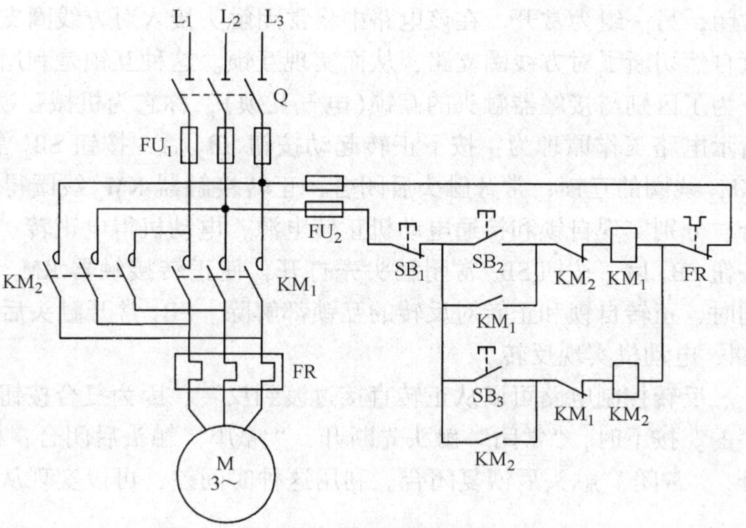

图 10-36　接触器互锁正反转控制电路

一方面，常闭互锁触头 KM_1 断开，切断反转接触器 KM_2 线圈支路，使得它无法得电，实现互锁。此时，即使按下反转起动按钮 SB_3 时，反转接触器 KM_2 线圈因 KM_1 互锁触头断开也不会得电。

要实现反转控制，必须先按下停止按钮 SB_1，切断正转控制电路，然后才能起动反转控制电路。

同理可知，反转起动按钮 SB_3 按下（正转停止）时，反转接触器 KM_2 线圈得电。一方面接通主电路反转主触头和控制电路反转自锁触头，另一方面常闭互锁触头断开，使正转接触器 KM_1 线圈支路无法接通，实现互锁。

接触器互锁正、反转控制电路存在的主要问题是，电动机从一个转向过渡到另一个转向时，要先按停止按钮 SB_1，不能直接过渡，显然这是十分不方便的。

2. 按钮互锁正反转控制电路

按钮互锁控制电路如图 10-37 所示。控制电路中使用了复合按钮 SB_2、SB_3。它们有两组

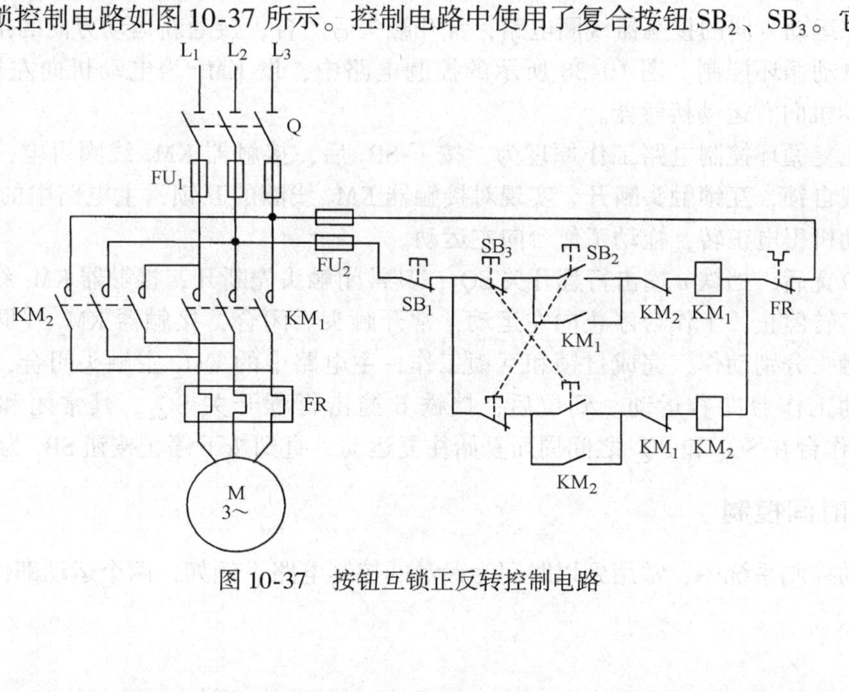

图 10-37　按钮互锁正反转控制电路

触头，一组为常闭，另一组为常开。在该电路中将常闭触头接入对方线圈支路中。这样，只要按下按钮，就自然切断了对方线圈支路，从而实现互锁。这种互锁是利用按钮这种机械的方法来实现的，为了区别与接触器触头的互锁(电气互锁)，称它为机械互锁。

图10-37所示电路工作原理为：按下正转起动按钮SB_2后，按钮SB_2常闭触头先打开，实现对接触器KM_2线圈的互锁；常开触头后闭合，正转接触器KM_1线圈得电，其自锁触头和主触头都闭合，分别实现自锁和接通电动机正转电源，电动机得电正转。

按下反转按钮SB_3后，按钮SB_3常闭触头先打开，使正转接触器KM_1线圈断电。在正转电源切断的同时，正转自锁和正转对反转的互锁都解除。SB_3常开触头后闭合，接通反转接触器KM_2线圈，电动机实现反转。

按钮互锁正、反转控制电路可以从正转直接过渡到反转，因为复合按钮两组触头动作情况是有先后次序的。按下时，“常闭”触头先断开，“常开”触头后闭合；松开时，“常开”触头先恢复断开，“常闭”触头后恢复闭合。利用这种时间差，可以实现从正转直接过渡到反转。

10.6.3 行程控制

行程控制也称为限位控制，这种控制电路广泛应用在运料机、锅炉上煤机和某些机床的进给限位运动的电气控制中，生产机械运动部件的运动状态的转换是靠部件运行到一定位置时由行程开关(位置开关)发出信号进行自动控制的。例如：行车运动到终端位置时自动停车；工作台在指定区域内的自动往返移动等。

行程开关，又称限位开关，它主要用于限制机械运动的位置。行程开关的动作原理与按钮相似，二者的区别在于：按钮是用手来操作的，而行程开关是靠机械碰撞来实现其动作的。

图10-38为自动往复循环控制电路及工作示意图。工作台在行程开关SQ_1和SQ_2之间自动往复运动，调节挡铁a和b的位置，就可以调节工作行程往复的区域大小。SQ_1和SQ_2各有一对常开和常闭触头，当挡铁撞到任何一个行程开关时，都是该行程开关的常闭触头先断开，切断原运动方向的接触器线圈电路；常开触头后闭合，接通新运动方向的接触器线圈电路，实现自动循环控制。图10-38所示的控制电路中，设KM_1为电动机向左运动接触器，KM_2为电动机向右运动接触器。

自动往复循环控制电路工作原理为：按下SB_2后，接触器KM_1线圈得电，其自锁触头闭合，实现自锁，互锁触头断开，实现对接触器KM_2线圈的互锁，主电路中的KM_1主触头闭合，电动机得电正转，拖动工作台向左运动。

到达位置后，挡铁a撞击行程开关SQ_1，其常闭触头先断开，接触器KM_1线圈断电，电动机断电正转停止，工作台停止向左运动；常开触头后闭合，接触器KM_2线圈得电，其自锁、互锁触头分别动作，完成自锁和互锁工作，主电路中的KM_2主触头闭合，电动机得电反转，拖动工作台向右运动。到位后，挡铁b撞击行程开关SQ_2，其常闭和常开触头动作……。工作台在SQ_1和SQ_2之间周而复始往复运动，直到按下停止按钮SB_1为止。

10.6.4 时间控制

在自动控制系统中，常用到以时间为参量的控制电路。例如，两个运动部件按一定时间

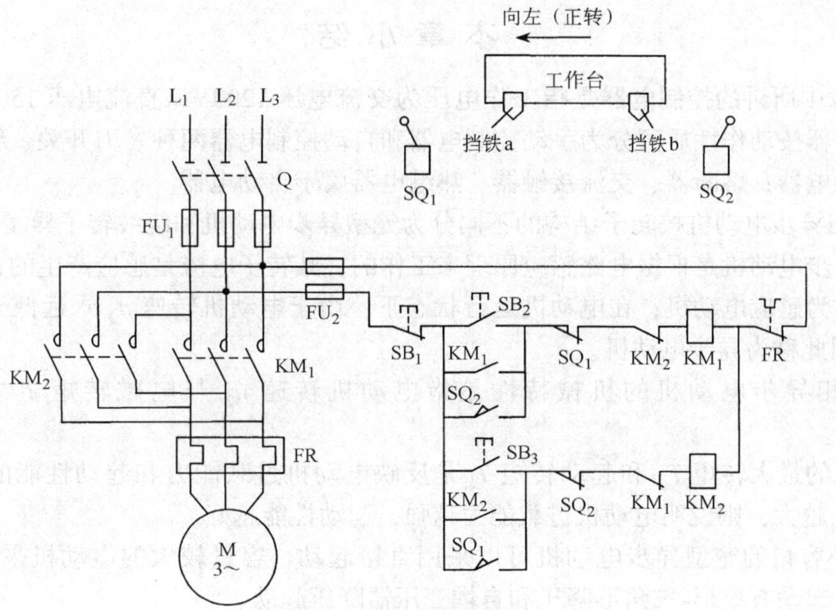

图 10-38 自动往复循环控制电路

间隔先后起动，某些机械设备按一定时间要求完成相应的工作等，这些都属于时间控制。时间控制是利用时间继电器来完成的。时间继电器是在感受到外界信号后，其执行部分需要延迟一定时间才动作的一种继电器。按照其延时的方式可分为通电延时型时间继电器和断电延时型时间继电器两种。

图 10-39 是采用时间继电器控制两台电动机顺序起动的控制电路。图中 KT 为时间继电器。此电路的工作过程为：按下起动按钮 SB_2，接触器线圈 KM_1 得电，电动机 M_1 运行，接触器的常开触头闭合，完成自锁。同时时间继电器 KT 线圈也通电，经过一段时间后，时间继电器的延时常开触头闭合，使线圈 KM_2 通电，电动机 M_2 运行，实现了时间控制。当需要停止时，按下停止按钮 SB_1，两个接触器线圈断电，两台电动机同时停止。

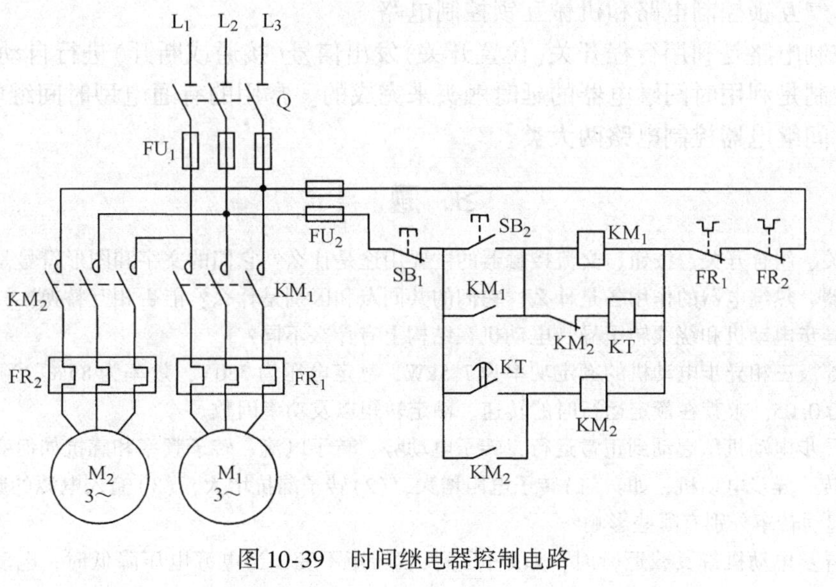

图 10-39 时间继电器控制电路

本章小结

1. 本章中所讲的控制电器是指工作电压为交流电压1200V、直流电压1500V以下的电器。控制电器按动作性质可分为手动控制电器和自动控制电器两种。刀开关、组合开关、按钮属于手动电器；熔断器、交流接触器、热继电器属于自动电器。

2. 三相异步电动机按转子结构的不同分为笼型异步电动机和绕线转子异步电动机两种。

三相异步电动机是根据电磁感应原理来工作的，其转子电流是感应产生的，故三相异步电动机又称为感应电动机；在电动机运行状态下，由于电动机转速 n_2 永远低于旋转磁场的转速 n_1，因此称为异步电动机。

3. 三相异步电动机的机械特性是指电动机转速 n_2 与电磁转矩 T 之间的关系，即$n_2=f(T)$。

电动机的最大转矩 T_m 和起动转矩 T_{st} 是反映电动机过载能力和起动性能的两个重要指标。T_m、T_{st}越大，则说明电动机过载能力越强，起动性能越好。

4. 较小容量的笼型异步电动机可以采用直接起动，容量较大的电动机采用降压起动。常用的降压起动有星形-三角形降压和自耦变压器降压起动。

绕线转子异步电动机可采用转子串电阻起动，具有起动电流小、起动转矩大的特点。

三相异步电动机的制动方式包括：能耗制动和反接制动。

三相异步电动机的调速方法有变频调速、变极调速和变转差率调速三种。笼型异步电动机一般采用变频调速、变极调速；绕线转子异步电动机一般采用变转差率调速。

5. 单相异步电动机产生的磁场是一脉动磁场，无起动转矩。通常采用电容分相式起动方法。

6. 三相笼型异步电动机的直接起动控制又称为全压起动控制，分为点动与长动控制方式。点动与长动主要区别在于松开起动按钮后，电动机能否继续保持得电运转的状态。

三相电动机的正反转控制是利用控制电器改变加在电动机定子绕组上的电源相序。即正转时加在电动机上的为正电源相序，反转时加在电动机上的为负电源相序。电机正反转控制电路中有电气互锁控制电路和机械互锁控制电路。

行程控制电路是利用行程开关(位置开关)发出信号(接通或断开)进行自动控制。

时间控制是利用时间继电器的延时触头来完成的。常用的有通电型时间继电器控制电路和断电型时间继电器控制电路两大类。

习 题 十

1. 刀开关、组合开关、按钮、交流接触器的主要用途是什么？它们的文字和图形符号是什么？

2. 熔断器、热继电器的作用各是什么？它们的共同点和区别是什么？能否相互替换？

3. 笼型异步电动机和绕线转子异步电动机在结构上有什么不同？

4. 一台6极三相异步电动机的额定功率为7.5kW，额定电压为380V，效率为85%，额定电流为15A，额定转差率为0.05。求其在额定运行时的转速、额定转矩以及功率因数。

5. 三相异步电动机从起动到正常运行，转子电动势、转子电流、转子频率和感抗如何变化？

6. 绕线转子异步电动机，如：(1)转子电阻增大，(2)转子漏抗增大，(3)输入电源的频率增大，则对最大转矩和起动转矩分别有哪些影响？

7. 三相异步电动机带负载运行时，如果保持负载转矩不变，当电源电压降低时，电动机的最大转矩

T_m、起动转矩 T_{st}、定子电流 I_1、转子电流 I_2 和转速 n_2 如何变化？

8. 两台三相异步电动机的额定功率都为10kW，它们的额定转速分别为2880r/min和720r/min，试比较它们的额定转矩，并指出说明了什么问题？

9. 有一台Y225M－4型三相异步电动机，其额定数据如下：额定功率 $P_N = 40\text{kW}$，额定电压 $U_N = 380\text{V}$，额定转速 $n_N = 1470\text{r/min}$，额定效率 $\eta_N = 90\%$，额定功率因数 $\cos\varphi_N = 0.9$，$\frac{I_{st}}{I_N} = 6.5$，$\frac{T_{st}}{T_N} = 1.6$，$\frac{T_m}{T_N} = 2.2$。试求：(1)额定输入电流 I_{1N}，(2)额定转差率 s_N，(3)额定转矩 T_N，最大转矩 T_m，起动转矩 T_{st}。

10. 单相异步电动机为什么不能自行起动？

11. 点动和长动的根本区别是什么？各应用在什么场合？同一电路中如何实现既有点动又有长动的控制？

12. 在电动机正反转控制电路中，为什么已经采用了按钮机械互锁，还要采用电气互锁？

13. 试设计一个控制装置，在两个行程开关 SQ_1、SQ_2 区域内自动往返循环运动。

14. 某机床有两台电动机，要求主电动机 M_1 起动后，辅助电动机 M_2 延时自动起动，设计此控制电路。

习 题 答 案

习 题 一

1. a）吸收30W，发出30W；b）吸收10W，吸收4W，发出14W
2. a）8V；b）-2A；c）-2V；d）4A
3. $-e^{-1000t}$
4. （1）$-500\sin 50t$A；（2）10A；（3）0A
5. $4000e^{-200t}$
6. $-\cos 50t$V，-0.866A
7. -10V，-2.5A
8. a）10V，5Ω；b）10V，2Ω
9. a）2A，5Ω；b）4A，1.2Ω
10. 16V
11. 0.7A
12. a）$U_{ab}=7$V；b）6A，1.2Ω
13. S打开：6Ω；S闭合：5.6Ω
14. a）6.75Ω；b）4.4Ω
15. 8W，12W，-20W
16. -0.5A
17. $V_a=-25$V，$V_b=-20$V
18. a）-10Ω；b）15Ω；c）16Ω；d）-6Ω
19. 1.4A
20. $2.6I+5$V
21. 5V

习 题 二

1. -6A，2A，-4A
2. 22A，-11A，-11A
3. 电流：2.6A，0.4A，3A　吸收功率：-260W，270.4W，135W，1.6W，-147W
4. 5A
5. 2.25A
6. 20V
7. a）10V，3Ω　3.33A，3Ω　b）6V，16Ω　0.375A，16Ω
8. 0.5A
9. 2.44A
10. 2.5A

11. 2A，-1A，3A
12. 360W
13. 5A，2A，6A，4A
14. -8V
15. 2A，-1A，3A，3A，4A，-1A
16. 20W
17. 6V
18. 4/7A，8/7V
19. 60/11V

习 题 三

1. 50Hz，0.02s，70.7A，30°
2. $i=537\sin(314t-30^\circ)$ A
3. $u=311\sin\left(314t-\dfrac{\pi}{6}\right)$V
4. $u=100\sin\left(314t+\dfrac{\pi}{6}\right)$V，86.6V
5. -160°
6. 311V，220V
7. （1）$5\angle 53.1^\circ$　（2）$3.2\angle -108.4^\circ$　（3）$10\angle -53.1^\circ$
（4）$3.6\angle 146.3^\circ$　（5）$22.4\angle 26.6^\circ$　（6）$7.6\angle -23.2^\circ$
8. （1）5+j8.66　（2）j6　（3）0.9-j3.9　（4）3+j4
9. （1）$220\angle 30^\circ$V　（2）$10\angle -60^\circ$A　（3）$35.4\angle 120^\circ$A
10. （1）$3\angle 20^\circ$A，$5\angle -35^\circ$A　（2）$7.2\sqrt{2}\sin(\omega t-15^\circ)$A　（3）$15\sqrt{2}\sin(\omega t-15^\circ)$A
11. $2.2\angle 150^\circ$A
12. 6.28Ω，62.8Ω
13. $11\sqrt{2}\sin(100t-120^\circ)$A
14. 31.85Ω，26.54Ω
15. 0.02Ω，$0.4\sqrt{2}\sin(10^6t-60^\circ)$mV
16. 7.07A，10A
17. 70.7V，50V
18. $69.6\angle 64.5^\circ\Omega$
19. $10.7\sqrt{2}\sin(314t+127.2^\circ)$A
20. （1）$25\angle 53.1^\circ\Omega$，感性，（2）$4\angle -53.1^\circ$A，$60\angle -53.1^\circ$V，$240\angle 36.9^\circ$V，$160\angle -143.1^\circ$V
21. （1）(0.1+j0.058)S，（2）$12\angle 0^\circ$A，$8\angle -90^\circ$A，$15\angle 90^\circ$A，$13.9\angle 30.3^\circ$A
22. (0.005-j0.031)S
23. $1.75\angle 37.9^\circ$A，$1.24\angle -60.2^\circ$A，$19.1\angle -7.8^\circ$V
24. 1.73A，-379.9Var

25. $44\angle 60°\Omega$, 0.5, 550W, $550\sqrt{3}$Var, 1100V·A
26. $3.35\angle 48°$A, $1.77\angle 20°$A, $1.97\angle 73°$A, 0.67
27. 24.67μF

习 题 四

1. 1.59kHz
2. 20.55kHz, 387.2Ω, 41.2, 4.12V
3. 4Ω, 0.04H, 0.25μF, 100
4. 2kΩ, 4μH, 0.01μF
5. 1.59MHz, 1mA
7. a) $\begin{cases} u_1 = L_1 \dfrac{di_1}{dt} - M\dfrac{di_2}{dt} \\ u_2 = -L_2 \dfrac{di_2}{dt} + M\dfrac{di_1}{dt} \end{cases}$　b) $\begin{cases} u_1 = -L_1 \dfrac{di_1}{dt} - M\dfrac{di_2}{dt} \\ u_2 = -L_2 \dfrac{di_2}{dt} - M\dfrac{di_1}{dt} \end{cases}$

c) $\begin{cases} u_1 = L_1 \dfrac{di_1}{dt} - M\dfrac{di_2}{dt} \\ u_2 = L_2 \dfrac{di_2}{dt} - M\dfrac{di_1}{dt} \end{cases}$　d) $\begin{cases} u_1 = L_1 \dfrac{di_1}{dt} + M\dfrac{di_2}{dt} \\ u_2 = -L_2 \dfrac{di_2}{dt} - M\dfrac{di_1}{dt} \end{cases}$

8. 21H, 5H
9. 6.875H, 1.96H
10. $120.8\angle 65.6°$V
11. 3.67H, 6.9H
12. S打开：$17.68\angle -45°$A；S闭合：$21.85\angle 125°$A
13. $14.36\angle 28.5°\Omega$
14. $1.9\angle -59.7°$A, $0.76\angle -6.6°$A
15. $17.15\angle -31°$V
16. $n=2$, 0.125W
17. 1.25kΩ, 0.5W
18. $\dfrac{40}{3}\angle 0°$V
19. 480Ω

习 题 五

2. $220\angle -150°$V, $220\angle 90°$V
3. $220\angle -60°$V
4. $6.67\angle -30°$A
5. Y：相电压：$220\angle 0°$V，$220\angle -120°$V，$220\angle 120°$V
   相电流和线电流：$2.23\angle -66°$A，$2.23\angle 174°$A，$2.23\angle 54°$A
   △：相电压：$380\angle 30°$V，$380\angle -90°$V，$380\angle 150°$V

相电流：3.86$\angle -36°$A，3.86$\angle -156°$A，3.86$\angle 84°$A

线电流：6.68$\angle -66°$A，6.68$\angle 174°$A，6.68$\angle 54°$A

6. 相电压：220$\angle 0°$V，220$\angle -120°$V，220$\angle 120°$V

相电流和线电流：15.1$\angle -15.9°$A，15.1$\angle -135.9°$A，15.1$\angle 104.1°$A

7. Y负载：相电流和线电流：1.47$\angle -53.1°$A，1.47$\angle -173.1°$A，1.47$\angle 66.9°$A

相电压：220$\angle 0°$V，220$\angle -120°$V，220$\angle 120°$V

线电压：380$\angle 30°$V，380$\angle -90°$V，380$\angle 150°$V

△负载：相电流：7.6$\angle -60°$A，7.6$\angle -180°$A，7.6$\angle 60°$A

线电流：13.16$\angle -90°$A，13.16$\angle 150°$A，13.16$\angle 30°$A

相电压和线电压：380$\angle 30°$V，220$\angle -90°$V，220$\angle 150°$V

8. 相电流和线电流：22$\angle 0°$A，22$\angle 150°$A，22$\angle -150°$A

中性线电流：16$\angle 180°$A；有功功率：4.84kW

9. 10.5A

10. 17.8A，220V，0.43，12.36$\angle 64.5°\Omega$

11. Y负载：3.35kW，6.69kVar，7.48kVA；△负载：17.33kW，0，17.33kVA

习 题 六

1. $f(t)=\frac{4}{\pi}A\left(\frac{1}{2}+\frac{1}{3}\cos 2\omega t-\frac{1}{15}\cos 4\omega t+\frac{1}{35}\cos 6\omega t-\cdots\right)$

2. 0.3I_m，0.02I_m

3. 22.4V

4. (1) 123V，45.6A；(2) 2535W

5. $i(t)=10+5\sin(3\omega t-45°)$A，$u_L=100\sin(3\omega t+45°)$

6. $1.25+5\sin(\omega t-45°)+0.16\sqrt{2}\sin(3\omega t-72°)$，3.75A，281.7W

7. (1) $i(t)=0.77\sqrt{2}\sin(\omega t-57.2°)+0.079\sqrt{2}\sin(3\omega t+6.4°)$A，

$u_C(t)=20+12.2\sqrt{2}\sin(\omega t-147.2°)+0.42\sqrt{2}\sin(3\omega t-83.6°)$V

(2) 25.5V，0.77A

(3) 5.96W

8. 3.93A，27.6V，92.8W

9. $u_{C1}=14.1$V，$u_{C2}=2$V，$u_{C3}\approx 0.2$V

10. 0.2$\angle 90°\Omega$，0.5$\angle -90°\Omega$，∞，0W

习 题 七

1. 4V，1A，1A，0A

2. 2.25A，1.5A，0.75A，3V

3. 1.5μs，2μs

4. 0.2s

5. $30e^{-50t}$V，$-7.5e^{-50t}$mA

6. 1μF

7. $2e^{-3000t}$A，$-18e^{-3000t}$V

8. $i(t)=8e^{-2t}$mA，$u_C(t)=40(1-e^{-2t})$V，$u_R(t)=40e^{-2t}$V

9. $U_S(1-e^{-\frac{t}{R_2C}})$V

10. $4(1-e^{-\frac{5}{3}t})$A

11. $(5.2-0.2e^{-\frac{5}{3}t})$A

12. $u_{C1}(t)=(30-10e^{-50000t})$V，$u_{C2}(t)=(30-20e^{-50000t})$V，$i(t)=0.2e^{-5000t}$A

13. $(1.67+0.33e^{-\frac{t}{5}})$V

14. $\left(\frac{1}{5}+\frac{2}{15}e^{-2.5\times10^3t}\right)$A，$-\frac{2}{3}e^{-2.5\times10^3}$V

15. $(15-10e^{-500t})$A

16. $(0.238+0.029e^{-35t})$A，$(0.095-0.028e^{-35t})$A，$(0.143+0.057e^{-35t})$A

17. $100(1-e^{-20t})\cdot 1(t)$V，$0.01e^{-20t}\cdot 1(t)$A

18. $[10e^{-10t}\cdot 1(t)+20e^{-10(t-0.2)}\cdot 1(t-0.2)]$V

19. (1) $(10e^{-0.21t}-0.44e^{-4.79t}-10)$V，(2) te^{-t}V，(3) $[11.54e^{-0.5t}\sin(0.866t+60°)-10]$V，(4) $(10\cos t-10)$V

习 题 八

1. (1) $5-5e^{-2t}$

(2) $33.3-20e^{-t}-3.33e^{-3t}$

(3) $2\delta(t)+2e^{-t}+e^{-2t}$

(4) $t-1+e^{-t}$

(5) $-8e^{-t}+9te^{-t}+8e^{-2t}$

(6) $-0.8e^{-2t}+0.9\cos(t+26.6°)$

3. $i(t)=2e^{-10t}$mA，$u_C(t)=(10-10e^{-10t})$V

4. $i(t)=2e^{-1.5t}$A

5. $u_L(t)=(-5te^{-t}+5e^{-t})$V

6. $u_C(t)=(-3.33\times10^3e^{-1000t}+1.333\times10^4e^{-4000t})$V

7. $i(t)=(-50000te^{-500t}+100e^{-500t})$A

习 题 九

3. $\begin{bmatrix}5 & -2\\ -2 & 7\end{bmatrix}$，$\begin{bmatrix}\frac{7}{31} & \frac{2}{31}\\ \frac{2}{31} & \frac{5}{31}\end{bmatrix}$，$\begin{bmatrix}\frac{7}{2} & \frac{1}{2}\\ \frac{31}{2} & \frac{5}{2}\end{bmatrix}$，$\begin{bmatrix}\frac{1}{5} & \frac{2}{5}\\ -\frac{2}{5} & \frac{31}{5}\end{bmatrix}$

4. $\begin{bmatrix}10+j20 & j5\\ j5 & 10+j10\end{bmatrix}$

5. a) $\begin{bmatrix} R+\frac{1}{j\omega C} & \frac{1}{j\omega C} \\ \frac{1}{j\omega C} & j\omega L+\frac{1}{j\omega C} \end{bmatrix}$; b) $\begin{bmatrix} 3R & 2R \\ \frac{1}{2}R & \frac{3}{4}R \end{bmatrix}$

6. T形：(1) $Z_1=2\Omega$，$Z_2=1\Omega$，$Z_3=1\Omega$；(2) $Z_1=2\Omega$，$Z_2=3\Omega$，$Z_3=4\Omega$

7. Π形：(1) $Y_1=3S$，$Y_2=2S$，$Y_3=1S$；(2) $Y_1=5S$，$Y_2=3S$，$Y_3=3S$

8. $\begin{bmatrix} \frac{5}{3} & -\frac{4}{3} \\ -\frac{4}{3} & \frac{5}{3} \end{bmatrix}$，$\begin{bmatrix} \frac{5}{3} & \frac{4}{3} \\ \frac{4}{3} & \frac{5}{3} \end{bmatrix}$

9. $\begin{bmatrix} \frac{3}{2} & 35 \\ \frac{1}{40} & \frac{5}{4} \end{bmatrix}$

10. $\sqrt{\frac{2L}{C}-\omega^2 L^2}$

11. $U_2/U_S=1$

12. $9/4\Omega$

习 题 十

4. 950r/min，75.4N·m，0.89

8. 33.16N·m，132.6N·m

9. (1) 75A；(2) 0.02；(3) 259.9N·m，571.8N·m，415.8N·m

参考文献

[1] 邱关源．电路[M]．5版．北京：高等教育出版社，2011.
[2] 蔡元宇．电路及磁路[M]．4版．北京：高等教育出版社，2013.
[3] 白乃平．电工基础[M]．4版．西安：西安电子科技大学出版社，2017.
[4] 李福民，姚建永．电工基础[M]．北京：人民邮电出版社，2003.
[5] 李翰荪．电路分析[M]．4版．北京：高等教育出版社，2015.
[6] 王兆奇．电工基础[M]．3版．北京：机械工业出版社，2015.
[7] 高有华，袁宏．电工技术[M]．2版．北京：机械工业出版社，2010.
[8] 陈菊红．电工基础[M]．4版．北京：机械工业出版社，2016.
[9] 江更生．电工与工业电子学[M]．西安：西安电子科技大学出版社，2002.
[10] 胡翔骏．电路分析[M]．3版．北京：高等教育出版社，2016.
[11] 杨善．电路基础理论[M]．北京：天津大学出版社，2004.
[12] 康巨珍．电路原理[M]．北京：国防工业出版社，2006.
[13] 蔡伟建．电路原理[M]．浙江：浙江大学出版社，2006.